全国水利行业规划教材　高职高专水利水电类

中国水利教育协会策划组织

水利工程资料整编

主　编　龙振华　　张保同　　龙立华

副主编　徐智刚　　刘能胜　　薛　桦

　　　　闫玉民　　杨　艳

主　审　毕守一

U0235194

黄河水利出版社

·郑州·

内 容 提 要

本书是全国水利行业规划教材,是根据中国水利教育协会全国水利水电高职教研会制定的水利工程资料整编课程标准编写完成的。本书共分8章,主要内容包括:水利工程资料整编基础知识、水利工程建设管理资料整编、水利工程施工资料整编、水利工程监理资料整编、水利工程质量评定资料整编、金属结构与机电设备安装质量评定资料整编、水利工程工艺设备材料资料整编、水利工程竣工验收资料整编。

本书是一本专业技能型课程教材,适用于高职高专水利类专业和相关专业的教学,亦可供相关专业工程技术人员学习参考。

图书在版编目(CIP)数据

水利工程资料整编/龙振华,张保同,龙立华主编. —郑州:黄河水利出版社,2013.1 (2014.6 修订重印)
ISBN 978 - 7 - 80734 - 883 - 2

Ⅰ.①水… Ⅱ.①龙…②张…③龙… Ⅲ.①水利工程 - 资料 Ⅳ.①TV

中国版本图书馆 CIP 数据核字(2013)第 004469 号

组稿编辑:王路平 电话 0371 - 66022212 E-mail:hhslwlp@ 163. com

出 版 社:黄河水利出版社
　　　　　地址:河南省郑州市顺河路黄委会综合楼 14 层　　　邮政编码:450003
发行单位:黄河水利出版社
　　　　　发行部电话:0371 - 66026940、66020550、66028024、66022620(传真)
　　　　　E-mail:hhslcbs@ 126. com
承印单位:黄河水利委员会印刷厂
开本:787 mm ×1 092 mm 　1/16
印张:24.25
字数:560 千字　　　　　　　　　　　　　　印数:4 101—8 000
版次:2013 年 1 月第 1 版　　　　　　　　　印次:2014 年 6 月第 2 次印刷
　　　2014 年 6 月修订
定价:48.00 元

前　言

本书是根据《教育部关于全面提高高等职业教育教学质量的若干意见》（教高［2006］16号）、《教育部关于推进高等职业教育改革创新引领职业教育科学发展的若干意见》（教职成［2011］12号）等文件精神，由全国水利水电高职教研会拟定的教材编写规划，在中国水利教育协会指导下，由全国水利水电高职教研会组织编写的第二轮水利水电类专业规划教材。第二轮教材以学生能力培养为主线，具有鲜明的时代特点，体现出实用性、实践性、创新性的教材特色，是一套理论联系实际、教学面向生产的高职高专教育精品规划教材。

近年来，随着工程建设规范化管理的推进，水利工程资料整编已经成为水利工程建设过程中一项十分重要的工作，水利工程资料的准确性和完整性成为评判工程合格与否的一个重要的指标。为了进一步推进教学改革，促进教学过程与生产实践密切结合，培养学生的专业技能，我们本着"必需、够用、实用"的原则，围绕高等职业培养目标，遵循职业教育规律，注重针对性、科学性、实用性，将与专业技能培养有关的教学内容综合化，尽可能地反映水利工程专业发展动态和当前水利水电工程领域的新技术、新规范、新工艺、新方法，为培养学生综合职业能力打下良好基础。

本书编写人员及编写分工如下：第一章由湖北水利水电职业技术学院龙振华、湖北工业大学李季编写；第二章由湖北水利水电职业技术学院刘能胜编写；第三章由湖北水利水电职业技术学院龙立华编写；第四章由河南水利与环境职业学院张保同编写；第五章由浙江同济科技职业学院徐智刚编写；第六章由山西水利职业技术学院薛桦编写；第七章由辽宁水利职业学院闫玉民编写；第八章由长江工程职业技术学院杨艳编写。全书由龙振华、张保同、龙立华担任主编，龙振华负责全书统稿；由徐智刚、刘能胜、薛桦、闫玉民、杨艳担任副主编；由安徽水利水电职业技术学院毕守一担任主审。

在本书编写过程中，编者参考引用了有关专业的培训教材和生产单位的文件资料，得到了中国水利教育协会高等职业教育研究会的大力支持和帮助，得到了有关编审人员所在学院领导和老师们的大力支持和帮助，在此表示衷心的感谢！

由于编者水平有限，书中难免存在一些不足之处，敬请广大读者来信来电批评指正，以便此书再版时进一步完善。

编　者

2014年6月

目　录

第一章 水利工程资料整编基础知识

水利水电工程资料具有内容广泛、知识面广、专业性强、要求严格等特点,同时水利水电工程建设关系到国计民生,其建设规模庞大、涉及专业较多、牵涉范围广泛、质量要求严格、施工地点偏僻、地质地形复杂、施工组织管理困难,因此工程资料编制内容庞杂、整理难度较大。

第一节 水利工程基本建设程序与项目审批

一、水利工程基本建设程序

基本建设程序是指基本建设项目从决策、设计、施工到竣工验收全过程中各项工作所必须遵循的先后次序。水利水电基本建设因其规模大、施工难、费用高、制约因素多等特点,更具复杂性及失事后的严重性。水利水电工程建设须经规划、设计、施工等阶段及试运转和验收等过程,各工作环节必须环环相扣,紧密相连,正确反映工程建设的整个过程,确保水利水电工程建设顺利进行。

(一) 工程基本建设的特点

综合分析水利水电工程建设的各个阶段,不难发现水利水电工程基本建设具有以下特点:

(1)工程差异大,各具不同特点。水电建设项目有特定的目的和用途,须单独设计和单独建设。即使是相同规模的同类项目,由于工程地点、地区条件和自然条件(如水文、气象)等不同,其设计和施工也具有一定的差异。

(2)工程耗资大,工期相对较长。水利水电建设项目施工中需要消耗大量的人力、物力和财力。由于工程的复杂性和艰巨性,建设周期长,大型水利水电工程工期甚至长达十几年,如小浪底水利枢纽工程、长江三峡工程、南水北调工程等。

(3)工程环节多,需要统筹兼顾。由于水利水电建设项目的特殊性,建设地点须经多方案选择和比较,并进行规划、设计和施工等工作。在河道中施工时,需考虑施工导流、截流及水下作业等问题。

(4)涉及面较广,关系错综复杂。水利水电建设项目一般为多目标综合开发利用工程(如水库、大坝、溢洪道、泄水建筑物、引水建筑物、电厂、船闸等),具有防洪、发电、灌溉、供水、航运等综合效益,需要科学组织和编写施工组织设计,并采用现代施工技术和科学的施工管理方法,确保优质、高效地完成预期目标。

(二)工程基本建设程序

针对水利水电工程建设的各个阶段,我们可以看出水利水电工程建设基本程序如图 1-1 所示。

图 1-1　水利水电工程建设基本程序简图

1. 流域(或区域)规划阶段

流域(或区域)规划就是根据流域(或区域)的水资源条件和国家长远计划对地区水利水电建设发展的要求,提出的流域(或区域)水资源的梯级开发和综合利用的最优方案。

2. 项目建议书阶段

项目建议书是在流域(或区域)规划的基础上,由主管部门提出的建设项目轮廓设想,主要是从宏观上衡量分析项目建设的必要性和可能性,即分析其建设条件是否具备,是否值得投入资金和人力。项目建议书是进行可行性研究的依据。

3. 可行性研究阶段

可行性研究的目的是研究兴建本工程技术上是否可行,经济上是否合理。其主要任务包括以下几点:

(1)论证工程建设的必要性,确定工程建设任务和综合利用的主次顺序。

(2)确定主要水文参数和成果,查明影响工程的主要地质条件和存在的主要地质问题。

(3)基本选定工程规模。

(4)初选工程总体布置,选定基本坝型和主要建筑物的基本形式。

(5)初选水利工程管理方案。

(6)初步确定施工组织设计中的主要问题,提出控制性工期和分期实施意见。

(7)评价工程建设对环境和水土保持设施的影响。

(8)提出主要工程量和建材需用量,估算工程投资。

（9）明确工程效益，分析主要经济指标，评价工程的经济合理性和财务可行性。

4. 初步设计阶段

初步设计是在可行性研究的基础上进行的，是安排建设项目和组织施工的主要依据。初步设计阶段的主要任务包括以下几点：

（1）复核工程任务，确定工程规模，选定水位、流量、扬程等特征值，明确运行要求。

（2）复核区域构造稳定性，查明水库地质和建筑物工程地质条件、灌区水文地质条件和设计标准，给出相应的评价和结论。

（3）复核工程的等级和设计标准，确定工程总体布置以及主要建筑物的轴线、结构形式与布置、控制尺寸、高程和工程数量。

（4）提出消防设计方案和主要设施布置方案。

（5）选定对外交通方案、施工导流方式、施工总体布置和总进度、主要建筑物施工方法及主要施工设备，确定建筑材料、劳动力、供水和供电的需要量及其来源。

（6）进行环境保护措施设计，编制水土保持方案。

（7）拟定水利水电工程的管理机构，确定工程管理范围、保护范围以及主要管理措施。

（8）编制初步设计概算，利用外资的工程应编制外资概算。

（9）复核经济评价。

5. 施工准备阶段

项目在主体工程开工之前，必须完成以下各项施工准备工作：

（1）施工现场的征地、拆迁工作。

（2）完成施工用水、用电、通信、道路、通气和场地平整等工程。

（3）必需的生产、生活临时建筑工程。

（4）组织招标设计、咨询、设备和物资采购等服务。

（5）组织建设监理和主体工程招投标，并择优选定建设监理单位和施工承包队伍。

6. 建设实施阶段

建设实施是指主体工程的全面建设实施，项目法人按照批准的建设文件组织工程建设，保证项目建设目标的实现。主体工程开工必须具备以下条件：

（1）前期工程各阶段文件已按规定批准，施工详图设计可满足初期主体工程施工需要。

（2）建设项目已列入国家或地方水利水电建设投资年度计划，年度建设资金已落实。

（3）主体工程招标已经决标，工程承包合同已经签订，并已得到主管部门同意。

（4）现场施工准备和征地移民等建设外部条件能够满足主体工程开工需要。

（5）建设管理模式已经确定，投资主体与项目主体的管理关系已经理顺。

（6）项目建设所需全部投资来源已经明确，且投资结构合理。

7. 生产准备阶段

生产准备是项目投产前要进行的一项重要工作，是建设阶段转入生产经营的必要条件。项目法人应按照建管结合和项目法人责任制的要求，适时做好有关生产准备工作。生产准备应根据不同类型的工程要求确定，一般应包括以下内容：

（1）生产组织准备。

（2）招收和培训人员。

（3）生产技术准备。

（4）生产物资准备。

（5）正常的生活福利设施准备。

8. 竣工验收阶段

竣工验收是工程完成建设目标的标志，是全面考核基本建设成果、检验设计和工程质量的重要步骤。竣工验收合格的项目即可从基本建设转入生产或使用。

当建设项目的建设内容全部完成，经过单位工程验收，符合设计要求并按水利基本建设项目档案管理的有关规定，完成了档案资料的整理工作，在完成竣工报告、竣工决算等必需文件的编制后，项目法人按照有关规定，向验收主管部门提出申请，根据国家和部颁验收规程组织验收。竣工决算编制完成后，须由审计机关组织竣工审计，其审计报告作为竣工验收的基本资料。

二、基本建设项目审批

（一）规划及项目建议书阶段审批

规划报告及项目建议书编制一般由政府或开发业主委托有相应资质的设计单位承担，并按国家现行规定权限向主管部门申报审批。

（二）可行性研究阶段审批

可行性研究报告按国家现行规定的审批权限报批。申报项目可行性研究报告，必须同时提出项目法人组建方案及执行机制、资金筹措方案、资金结构及回收资金办法，并依照有关规定附具有管辖权的水行政主管部门或流域机构签署的规划同意书。

（三）初步设计阶段审批

可行性研究报告被批准以后，项目法人应择优选定有与本项目相应资质的设计单位承担勘测设计工作。初步设计文件完成后报批前，一般由项目法人委托有相应资质的工程咨询机构或组织有关专家，对初步设计中的重大问题进行咨询论证。

（四）施工准备阶段和建设实施阶段审批

施工准备工作开始前，项目法人或其代理机构须依照有关规定，向水行政主管部门办理报建手续，项目报建须交验工程建设项目的有关批准文件。工程项目进行项目报建登记后，方可组织施工准备工作。

（五）竣工验收阶段审批

在完成竣工报告、竣工决算等必需文件的编制后，项目法人应按照有关规定，向验收主管部门提出申请，根据国家和部颁验收规程组织验收。

第二节　水利工程质量验收标准常用术语

水利水电工程质量验收标准常用术语如下：

（1）水利水电工程质量。指工程满足国家和水利行业相关标准及合同约定要求的程度,在安全、功能、适用、外观及环境保护等方面的特性总和。

(2)质量检验。指通过检查、量测、试验等方法,对工程质量特性进行的符合性评价。

(3)质量评定。将质量检验结果与国家和行业技术标准以及合同约定质量标准所进行的比较活动。

(4)单位工程。指可独立发挥作用或具有独立施工条件的建筑物。

(5)分部工程。指在一个建筑物内能组合发挥一种功能的建筑安装工程,是单位工程的组成部分。对单位工程安全、功能或效益起决定性作用的分部工程称为主要分部工程。

(6)单元工程。指在分部工程中由几个工序(或工种)施工完成的最小综合体,是日常质量考核的基本单位。

(7)关键部位单元工程。指对工程安全或效益或使用功能有显著影响的单元工程。

(8)重要隐蔽单元工程。指主要建筑物的地基开挖、地下洞室开挖、地基防渗、加固处理和排水等隐蔽工程中,对工程安全或使用功能有严重影响的单元工程。

(9)主要建筑物及主要单位工程。主要建筑物,指失事后将造成下游灾害或严重影响工程效益的建筑物,如堤坝、泄洪建筑物、输水建筑物、电站厂房及泵站等。属于主要建筑物的单位工程称为主要单位工程。

(10)中间产品。指工程施工中使用的砂石骨料、石料、混凝土拌和物、砂浆拌和物、混凝土预制构件等土建类工程的成品及半成品。

(11)见证取样。指在监理机构或项目法人监督下,由施工单位有关人员进行的现场取样。

(12)外观质量。指通过观察和必要的量测所反映的工程外表质量。

(13)质量事故。指在水利水电工程建设过程中,由于建设管理、监理、勘测、设计、咨询、施工、材料、设备等原因造成工程质量不符合国家和行业相关标准以及合同约定的质量标准,影响使用寿命和对工程安全运行造成隐患和危害的事件。

(14)质量缺陷。指对工程质量有影响,但小于一般质量事故的质量问题。

(15)建筑工程。指为新建、改建或扩建房屋建筑物和附属构筑物设施所进行的规划、勘察、设计和施工、竣工等各项技术工作和完成的工程实体。

(16)建筑工程质量。指反映建筑工程满足相关标准规定或合同约定要求的程度,包括其在安全、使用功能及耐久性能、环境保护等方面所有明显的隐含能力的特性总和。

(17)验收。指在施工单位自行质量检查评定的基础上,参与建设活动的有关单位共同对检验批、分项、分部、单位工程的质量进行抽样复验,根据相关标准以书面形式对工程质量达到合格与否做出确认。

(18)进场验收。指对进入施工现场的材料、构配件、设备等按相关标准规定要求进行检验,对产品达到合格与否做出确认。

(19)检验批。指按同样的生产条件或按规定的方式汇总起来供检验用的,由一定数量样本组成的检验体。

(20)检验。指对检验项目中的性能指标进行量测、检查、试验等,并将结果与标准规定要求进行比较,以确定每项性能是否合格所进行的活动。

（21）见证取样检测。指将施工单位的见证取样送至具备相应资质的检测单位所进行的检测。

（22）交接检验。指由施工的承接方与完成方双方检查并对可否继续施工做出确认的活动。

（23）主控项目。指建筑工程中对安全、卫生、环境保护和公众利益起决定性作用的检验项目。

（24）一般项目。指除主控项目外的检验项目。

（25）抽样检验。指按照规定的抽样方案，随机地从进场的材料、构配件、设备或建筑工程检验项目中，按检验批抽取一定数量的样本所进行的检验。

（26）抽样方案。指根据检验项目的特性所确定的抽样数量和方法。

（27）计数检验。指在抽样的样本中，记录每一个体有某种属性或计算每一个体中的缺陷数目的检查方法。

（28）计量检验。指在抽样检验的样本中，对每一个体测量其某个定量特性的检查方法。

（29）观感质量。指通过观察和必要的量测所反映的工程外在质量，又称外观质量。

（30）返修。指对工程不符合标准规定的部位采取的整修等措施。

（31）返工。指对不合格的工程部位采取的重新制作、重新施工等措施。

水利水电工程最重要的固有特性是安全性、功能性、适用性、外观及环保功能。安全性指建筑物的强度、稳定性、耐久性对建筑物本身、人及周围环境的保证。功能性指水利水电工程对建设目的（如蓄水、输水、发电、挡水、防洪等）的保证。适用性指水利工程满足技术先进、布局合理、使用方便、功能适宜等要求。外观是工程外在质量特性的体现。环保功能指水利工程的兴建对自然环境和社会环境有利影响的利用程度和不利影响的减免或改善程度。国家和水利行业标准及合同的规定就是水利水电工程应满足的要求。

水利水电工程质量包含设计质量、施工质量和管理质量。施工质量检验评定规程，只涉及工程施工质量。按其规定，工程建设中发生的以下质量问题属于质量缺陷：①发生在大体积混凝土、金属结构制作安装及机电设备安装工程中，处理所需物资、器材及设备、人工等直接损失费用不超过 20 万元人民币；②发生在土石方工程或混凝土薄壁工程中，处理所需物资、器材及设备、人工等直接损失费用不超过 10 万元人民币；③处理后不影响工程正常使用和寿命。

第三节　水利工程建设项目的划分

一、项目名称

（1）水利水电工程质量检验与评定应进行项目划分。项目按级划分为单位工程、分部工程、单元（工序）工程等三级。

（2）工程中永久性房屋（管理设施用房）、专用公路、专用铁路等工程项目，可按相关行业标准划分和确定项目名称。

二、项目划分原则

水利水电工程项目划分应结合工程结构特点、施工部署及施工合同要求进行,划分结果应有利于保证施工质量以及施工质量管理。

(一)单位工程项目划分原则

(1)枢纽工程,一般以每座独立的建筑物为一个单位工程。当工程规模较大时,可将一个建筑物中具有独立施工条件的一部分划分为一个单位工程。

(2)堤防工程,按标段或工程结构划分单位工程。规模较大的交叉联结建筑物及管理设施以每座独立的建筑物为一个单位工程。

(3)引水(渠道)工程,按标段或工程结构划分单位工程。大、中型引水(渠道)建筑物以每座独立的建筑物为一个单位工程。

(4)除险加固工程,按标段或加固内容,并结合工程量划分单位工程。

(二)分部工程项目划分原则

(1)枢纽工程,土建部分按设计的主要组成部分划分;金属结构及启闭机安装工程和机电设备安装工程按组合功能划分。

(2)堤防工程,按长度或功能划分。

(3)引水(渠道)工程中的河(渠)道按施工部署或长度划分。大、中型建筑物按设计主要组成部分划分。

(4)除险加固工程,按加固内容或部位划分。

(5)在同一单位工程中,各个分部工程的工程量(或投资)不宜相差太大,每个单位工程中的分部工程数目不宜少于 5 个。

(三)单元工程划分原则

(1)按《水电水利基本建设工程单元工程质量等级评定标准》(DL/T 5113.1~8—2005)(以下简称《单元工程评定标准》)及《堤防工程施工质量评定与验收规程》(试行)(SL 239—1999)规定进行划分。

(2)河(渠)道开挖、填筑及衬砌单元工程划分界限宜设在变形缝或结构缝处,长度一般不大于 100 m。同一分部工程中各单元工程的工程量(或投资)不宜相差太大。

(3)《单元工程评定标准》中未涉及的单元工程可依据设计结构、施工部署或质量考核要求划分的层、块、段进行划分。

三、项目划分程序

(1)由项目法人组织监理、设计及施工等单位进行工程项目划分,并确定主要单位工程、主要分部工程、重要隐蔽单元工程和关键部位单元工程。项目法人在主体工程开工前将项目划分表及说明书面报送相应质量监督机构确认。

(2)工程质量监督机构收到项目划分书面报告后,应在 14 个工作日内对项目划分进行确认,并将确认结果书面通知项目法人。

(3)工程实施过程中,需对单位工程、主要分部工程、重要隐蔽单元工程和关键部位单元工程的项目划分进行调整时,项目法人应重新报送工程质量监督机构进行确认。

第四节　施工检查、验收用表的签字责任人说明

为了执行相关责任制度,参加有关工程检查、验收、处理某项工程事宜的人员,需要在施工检查、验收用表中签字。各责任人说明如下:

(1)建设单位项目负责人,指建设单位派驻施工现场代表建设单位(甲方)负责建设项目设计施工中协调工作的负责人。签字有效。

(2)设计单位项目负责人,指设计单位派驻施工现场代表设计单位(乙方)负责建设项目施工过程设计问题的负责人。签字有效。

(3)勘察单位项目负责人,指勘察单位派驻施工现场代表勘察单位(乙方)负责建设项目勘察工作的负责人。签字有效。

(4)监理单位的总监理工程师,指由监理单位法定代表人书面授权,全面负责委托监理合同的履行、主持项目监理机构工作的监理工程师。签字有效。

(5)专业监理工程师,指根据项目监理岗位职责分工和总监理工程师的指令,负责实施某一专业或某一方面的监理工作,具有相应文件签字权的监理工程师。签字有效。

(6)项目经理,指企业法人指派到承包的建设工程施工项目上的委托代理人。签字有效。

(7)建设单位代表,指由建设单位派遣的参加工程建设某项事宜、工程检查或验收等,代表建设单位行使授权范围内事宜的代表人。签字有效。

(8)监理单位代表,指由监理单位派遣的参加工程建设某项事宜、工程检查或验收等,代表监理单位行使授权范围内事宜的代表人。签字有效。

(9)设计单位代表,指由设计单位派遣的参加工程建设某项事宜、工程检查或验收等,代表设计单位行使授权范围内事宜的代表人。签字有效。

(10)施工单位代表,指由施工单位派遣的参加工程建设某项事宜、工程检查或验收等,代表施工单位行使授权范围内事宜的代表人。签字有效。

(11)专业工长,通常指施工单位的单位工程专业技术负责人。签字有效。

(12)专职质检员,指负责该单位工程的某一专业的专职质检员。签字有效。

(13)施工班组长,指施工单位直接参加该项工程施工操作的班组长。签字有效。

第五节　水利工程资料分类与编制要求

一、水利工程资料分类

水利工程资料是指在水利水电工程建设过程中形成并收集汇编的各种形式的信息记录,一般可分为基建资料、监理资料、施工资料及竣工验收资料等。

(1)基建资料。建设单位在工程建设过程中形成并收集汇编的关于立项、征用地、拆迁、地质勘察、测绘、设计、招投标、工程验收等的文件或资料的统称。

(2)监理资料。监理单位在工程建设监理过程中所形成资料的统称,包括监理规划、

监理实施细则、监理月报、监理日志、监理工作记录、竣工验收资料、监理工作总结及其他资料。

（3）施工资料。施工单位在施工过程中所形成资料的统称，包括施工管理资料、施工技术文件、施工物资资料、施工测量监测记录、施工记录、施工试验记录、施工验收资料、施工质量评定资料等。

（4）竣工验收资料。在工程竣工验收过程中形成的资料，如竣工验收申请及其批复、竣工验收会议文件材料、竣工图、竣工验收鉴定书等。

二、工程资料编制要求

（1）工程资料应真实反映工程的实际情况，具有永久和长期保存价值的材料必须完整、准确和系统。

（2）工程资料应使用原件，因各种原因不能使用原件的，应在复印件上加盖原件存放单位公章、注明原件存放处，并有经办人签字及时间。

（3）工程资料应保证字迹清晰，签字、盖章手续齐全，签字必须使用档案规定用笔。计算机形成的工程资料应采用内容打印、手工签名的方式。

（4）施工图的变更、洽商绘图应符合技术要求。凡采用施工蓝图改绘竣工图的，必须使用反差明显的蓝图，竣工图图面应整洁。

（5）工程档案的填写和编制应符合档案缩微管理和计算机输入的要求。

（6）工程档案的缩微制品，必须按国家缩微标准进行制作，主要技术指标（解像力、密度、海波残留量等）应符合国家标准规定，保证质量，以适应长期安全保管的需要。

（7）工程资料的照片及声像档案，应图像清晰，声音清楚，文字说明或内容准确。

第六节　各单位水利工程资料管理职责

水利水电工程资料的形成，应符合国家、地方相关法律、法规、施工质量验收标准和规范、工程合同与设计文件的规定。各建设单位对工程建设中所形成的各类资料的管理职责包括以下内容。

一、通用职责

（1）工程项目各参建单位应将工程资料的形成和积累纳入工程建设管理的各个环节，并设置专职或兼职人员具体负责。

（2）在项目建设过程中，所形成的各类工程资料应随工程进度同步收集和整理，并按有关规定进行移交。

（3）工程资料应实行分级管理，由建设、监理、施工单位主管（技术）负责人组织本单位工程资料的全过程管理工作。工程资料的收集、整理工作和审核工作应由专人负责，并按规定取得相应的岗位资格。

（4）工程各参建单位应确保各自文件的真实、有效、完整和齐全，对工程资料进行涂改、伪造、随意抽撤或损毁、丢失等，应按有关规定予以处罚，情节严重的，应依法追究法律责任。

二、建设单位管理职责

（1）建设单位应负责基建文件的管理工作，并设专人对基建文件进行收集、整理和归档。

（2）在工程招标及与参建各方签订合同或协议时，应对工程资料和工程档案的编制责任、套数、费用、质量和移交期限等提出明确要求。

（3）必须向参与工程建设的勘察、设计、施工、监理等单位提供与建设工程有关的资料。

（4）由建设单位采购的建筑材料、构配件和设备，建设单位应保证其符合设计文件和合同要求，并保证相关物资文件的完整、真实和有效。

（5）应负责组织监督和检查各参建单位工程资料的形成、积累和立卷工作，也可委托监理单位检查工程资料的形成、积累和立卷归档工作。对必须由建设单位签认的工程资料签署意见。

（6）应收集和汇总勘察、设计、监理和施工等单位立卷归档的工程档案。建设单位在组织工程竣工验收前，应提请工程管理单位档案管理部门对工程档案进行预验收；未取得工程档案预验收认可的，不得组织工程验收。

（7）建设单位应在工程竣工验收后三个月内将工程档案移交工程管理单位档案管理部门。

（8）对列入城建档案馆接收范围的工程档案，建设单位应在组织工程竣工验收前提请城建档案馆进行预验收。未取得"建设工程竣工预验收合格意见"的不得组织竣工验收。

三、勘察、设计单位管理职责

（1）工程项目勘察、设计单位应按合同和规范要求提供勘察、设计文件。

（2）对需勘察、设计单位签认的工程资料应签署意见，并出具工程质量检查报告。

四、监理单位管理职责

（1）应负责监理资料的管理工作，并设专人对监理资料进行收集、整理和归档。

（2）应按照合同约定，检查工程资料的真实性、完整性和准确性。对按规定应由监理签认的工程资料予以签认。

（3）对列入工程管理单位档案管理部门接收范围的监理资料，监理单位应在工程竣工验收后三个月内移交建设单位。

五、施工单位管理职责

（1）应负责施工资料的管理工作，实行主管负责人负责制，逐级建立健全施工资料管理岗位责任制。

（2）总承包单位负责汇总、审核各分包单位编制的施工资料。分包单位应负责其分包范围内施工资料的收集和整理工作,并对施工资料的真实性、完整性和有效性负责。

(3)对列入工程管理单位档案管理部门接收范围的工程资料,施工单位应在工程竣工验收后两个月内移交建设单位。

(4)施工单位负责编制的施工资料除自行保存一套外,移交建设单位两套,其中包括移交城建档案馆原件一套。资料的保存年限应符合相应规定。如建设单位对施工资料的编制套数有特殊要求,可另行约定。

第七节　水利工程资料员的职责与工作内容

水利工程资料员担负着水利工程资料管理的重要责任,具体内容如下:

(1)应负责接收、收集、保管和利用档案的日常管理工作。

(2)应负责对城建档案的编制、整理、归档工作进行监督、检查、指导,对国家重点、大型工程项目的工程档案编制、整理、归档工作,应指派专业人员进行指导。

(3)在工程竣工验收前,应对列入城建档案馆接收范围的工程档案进行预验收,并出具建设工程竣工档案预验收意见。

一、资料员的基本要求

资料员是施工企业六大员(施工技术员、质量员、安全员、材料员、资料员、造价员)之一。一个建设工程的质量具体反映在两方面:一是建筑物的实体质量,即所谓的硬件;二是工程技术资料质量,即所谓的软件。工程资料的形成,主要靠资料员的收集、整理、编制成册,因此资料员在施工过程中担负着十分重要的责任。

要当好资料员,除具有认真、负责的工作态度外,还必须了解建设工程项目的概况,熟悉工程的施工图、施工基础知识、施工技术规范、施工质量验收规范、建筑材料的技术性能、质量要求及使用方法,有关政策、法规和地方性法规、条文等;要了解和掌握施工管理的全过程,了解和掌握各资料在什么时候产生。

二、资料员的工作职责

(一)熟练掌握档案资料工作的有关业务知识

(1)国家、地区、上级单位有关档案资料管理的法规、条例、规定等。

(2)资料的收集、整理、归档。

(3)报送建设单位归档资料。

(4)施工单位归档资料。

(5)报送城建档案馆归档资料。

(二)资料收集过程中应遵循的3项原则

(1)参与的原则。工程资料管理必须纳入项目管理的程序中,资料员应参加生产协调会、项目管理人员工作会等,及时掌握施工管理信息,便于对资料的管理监控。

(2)同步的原则。工程资料的收集必须与实际施工进度同步。

(3)否定的原则。对分包单位必须提供的施工技术资料应严格把关,对所提供的资料不符合规定要求的不予结算工程款。

(三)资料的保管

(1)分类整理。按工程质量验收记录、工程质量控制资料核查记录、工程施工技术管理资料、工程安全与功能检验资料核查和主要功能抽查资料等划分,同类资料按产生时间的先后排列。

(2)固定存放。根据实际条件,配备必要的箱柜存放资料,并注意做到防火、防蛀、防霉。

(3)借阅规范。必须建立一定的借阅制度,并按制度办理借阅手续。

(4)移交归档。项目通过竣工验收后,按时移交给公司、建设单位和城建档案部门。

三、资料员的工作内容

资料员的工作内容按不同阶段划分,可分为施工前期阶段、施工阶段、竣工验收阶段。各阶段工作内容各有侧重。

(一)施工前期阶段

(1)熟悉建设项目的有关资料和施工图。

(2)协助编制施工技术组织设计(施工技术方案),并填写施工组织设计(施工方案)报审表报现场监理机构审批。

(3)填报开工报告,填报工程开工报审表,填写开工通知单。

(4)协助编制各工种的技术交底材料。

(5)协助制定各种规章制度。

(二)施工阶段

(1)及时搜集整理进场的工程材料、构配件、成品、半成品和设备的质量保证资料(出厂质量证明书、生产许可证、准用证、交易证),填报工程材料、构配件、设备报审表,由监理工程师审批。

(2)与施工进度同步,做好隐蔽工程验收记录及检验批质量验收记录的报审工作。

(3)及时整理施工试验记录和测试记录。

(4)阶段性地协助整理施工日志。

(三)竣工验收阶段

(1)工程竣工资料的组卷包括以下几个方面:①单位(子单位)工程质量验收记录。②单位(子单位)工程质量控制资料核查记录。③单位(子单位)工程安全与功能检验资料核查及主要功能抽查资料。④单位(子单位)工程施工技术管理资料。

(2)归档资料(提交城建档案馆)包括以下几个方面:①施工技术准备文件,包括图纸会审记录、控制网设置资料、工程定位测量资料、基槽开挖线测量资料。②工程图纸变更记录,包括设计图纸会审记录、设计变更记录、工程洽谈记录等。③地基处理记录,包括地基钎探记录和钎探平面布置点、验槽记录和地基处理记录、桩基施工记录及试桩记录等。④施工材料预制构件质量证明文件及复试试验报告。⑤施工试验记录,包括土壤试验记录、砂浆混凝土抗压强度试验报告、商品混凝土出厂合格证和复试报告及钢筋接头焊接报告等。⑥施工记录,包括工程定位测量记录、沉降观测记录、现场施工预应力记录、工程竣工测量记录、新型建筑材料及施工新技术记录等。⑦隐蔽工程检查记录,包括基础与主体结构钢筋工程、钢结构工程、防水工程检查记录及高程测量记录等。⑧工程质量事故处理记录。

第八节 档案管理、归档与移交

一、档案管理

(一)档案与档案工作

(1)水利工程档案是指水利工程在前期、实施、竣工验收等各建设阶段形成的,具有保存价值的文字、图表、声像等不同形式的历史记录。

(2)水利工程档案工作是水利工程建设与管理工作的重要组成部分。有关单位应加强领导,将档案工作纳入水利工程建设与管理工作中,明确相关部门、人员的岗位职责,健全制度,统筹安排档案工作经费,确保水利工程档案工作的正常开展。

(二)档案管理的内容

(1)水利工程档案工作应贯穿于水利工程建设的各个阶段。即:从水利工程建设前期就应进行文件材料的收集和整理工作;在签订有关合同、协议时,应对水利工程档案的收集、整理、移交提出明确要求;在检查水利工程进度与施工质量时,要同时检查水利工程档案的收集、整理情况;在进行项目成果评审、鉴定和水利工程重要阶段的验收与竣工验收时,要同时审查、验收工程档案的内容与质量,并做出相应的鉴定评语。

(2)各级建设管理部门应积极配合档案业务主管部门,认真履行监督、检查和指导职责,共同抓好水利工程档案工作。

(3)项目法人对水利工程档案工作负总责,须认真做好档案的收集、整理、保管工作,并应加强对各参建单位归档工作的监督、检查和指导。大中型水利工程的项目法人,应设立档案室,落实专职档案人员。其他水利工程的项目法人也应配备相应人员负责工程档案工作。项目法人的档案人员对各职能处室归档工作具有监督、检查和指导职责。

(4)勘察、设计、监理、施工等参建单位,应明确本单位相关部门和人员的归档责任,切实做好职责范围内水利工程档案的收集、整理、归档和保管工作;属于向项目法人等单位移交的应归档文件材料,在完成收集、整理、审核工作后,及时提交给项目法人。项目法人应认真做好有关档案的接收、归档和向流域机构档案馆的移交工作。

(5)工程建设的专业技术人员和管理人员是归档工作的直接责任人,须按要求将工作中形成的应归档文件材料,进行收集、整理、归档,如遇工作变动,须先交清原岗位应归档的文件材料。

(6)水利工程档案的质量是衡量水利工程质量的重要依据,应将其纳入工程质量管理程序。质量管理部门应认真把好质量监督检查关,凡参建单位未按规定要求提交工程档案的,不得通过验收或进行质量等级评定。工程档案达不到规定要求的,项目法人不得返还其工程质量保证金。

(7)大中型水利工程均应建设与工作任务相适应的、符合规范要求的专用档案库房,配备必要的档案装具和设备;其他建设项目也应有满足档案工作需要的库房、装具和设备。所需费用可分别列入工程总概算的管理房屋建设工程项目类和生产准备费中。

(8)项目法人应按照国家信息化建设的有关要求,充分利用新技术,开展水利工程档案数字化工作,建立工程档案数据库,大力开发档案信息资源,提高档案管理水平,为工程建设与管理服务。

(三)项目法人上交资料

项目法人应按时向上级主管单位报送"水利工程建设项目档案管理情况登记表"。国家重点建设项目,还应同时向水利部报送"国家重点建设项目档案管理登记表"。

水利工程建设项目档案管理情况登记表式样见表1-1,国家重点建设项目档案管理登记表式样见表1-2。

表1-1 水利工程建设项目档案管理情况登记表

项目名称				
主要项目法人				
主要设计单位				
主要施工单位				
主要安装单位				
主要监理单位				
主要管理单位				
批准概算总投资	万元	计划工期	××年×月×日至××年×月×日	
项目档案资料管理情况(项目法人)				
档案资料管理部门	隶属部门		负责人	联系电话
联系地址			邮编	
库房面积		档案工作其他用房面积		
设备	档案架(套/组)	计算机(台)	复印机(台)	空调机(台)	其他设备
资料数量				
项目法人代表:(公章)			日期:××年×月×日	

二、归档与移交

水利工程档案的归档工作,一般是由产生文件材料的单位或部门负责的。总包单位对各分包单位提交的归档材料负有汇总责任。各参建单位技术负责人应对其提供档案的内容及质量负责;监理工程师对施工单位提交的归档材料应履行审核签字手续,监理单位应向项目法人提交对工程档案内容与整编质量情况的专题审核报告。

（一）文件材料

水利工程文件材料的收集、整理应符合《科学技术档案案卷构成的一般要求》（GB/T 11822—2008）。归档文件材料的内容与形式均应满足档案整理规范要求，即：内容上，应完整、准确、系统；形式上，应字迹清楚、图样清晰、图表整洁，竣工图及声像材料须标注的内容清楚，签字（章）手续完备；归档图纸应按《技术制图　复制图的折叠方法》（GB/T 10609.3—2009）要求统一折叠。

表1-2　国家重点建设项目档案管理登记表

项目名称				
建设单位或项目法人				
地址			邮编	
上级主管部门				
批准概算总投资	万元	计划工期	××年×月×日至××年×月×日	
主要单位工程名称				
现已完成单位或单项工程				
主要设计单位				
主要施工单位				
主要安装单位				
主要监理单位				
项目档案资料管理情况				
档案资料管理部门			隶属部门	
联系地址/电话			负责人	
项目建档时间				
专职档案人员数量				
库房面积/档案其他用房面积				
设施设备				
现有档案资料数量（正本）				卷（册）
图纸张数				
对项目档案日常监督、指导的上级单位				
填报单位： （公章） ××年×月×日				

说明：此表应于项目开工后6个月内，经行业主管部门报国家档案局，对于未验收的国家建设项目，应每年填报一次。

(二)竣工图

竣工图是水利工程档案的重要组成部分,必须做到完整、准确、清晰、系统、修改规范、签字手续完备。项目法人应负责编制项目总平面图和综合管线竣工图。施工单位应以单位工程或专业为单位编制竣工图。竣工图须由编制单位在图标上方空白处逐张加盖竣工图章,有关单位和责任人应严格履行签字手续。每套竣工图应附编制说明、鉴定意见及目录。施工单位应按以下要求编制竣工图:

(1)按施工图施工没有变动的,须在施工图上加盖竣工图章。应在图章制作时,直接填写上工程项目的全称。竣工图章与确认章中的编制单位和监理单位均可在图章制作时,直接填写清楚。

(2)一般性的图纸变更及符合杠改或划改要求的,可在原施工图上更改,在说明栏内注明变更依据,加盖并签署竣工图章。

(3)凡涉及结构形式、工艺、平面布置等的重大改变,或图面变更超过1/3的,应重新绘制竣工图(可不再加盖竣工图章)。重绘图应按原图编号,并在说明栏内注明变更依据,在图标栏内注明"竣工阶段"和绘制竣工图的时间、单位、责任人。监理单位应在图标上方加盖竣工图章。

(三)工程建设声像档案

水利工程建设声像档案是纸质载体档案的必要补充。参建单位应指定专人负责各自产生的照片、胶片、录音、录像等声像材料的收集、整理、归档工作,归档的声像材料均应标注事由、时间、地点、人物、作者等内容。工程建设重要阶段、重大事件、事故,必须有完整的声像材料归档。

(四)电子文件与电子档案管理

1. 电子文件的代码标示和格式

(1)电子文件的代码应包括稿本代码和类别代码,并应符合以下规定:①稿本代码应按表1-3标示。②类别代码应按表1-4标示。

(2)各种不同类别电子文件的存储应采用通用格式。各类电子文件的通用格式应符合表1-5的规定。

表1-3 稿本代码

稿本	代码
草稿性电子文件	M
非正式电子文件	U
正式电子文件	F

表1-4 类别代码

文件类别	代码
文本文件(Text)	T
图像文件(Image)	I
图形文件(Graphics)	G
影像文件(Video)	V
声音文件(Audio)	A
程序文件(Program)	P
数据文件(Data)	D

表1-5 各类电子文件的通用格式

文件类别	通用格式
文本文件	XML、DOC、TXT、RTF
表格文件	XLS、ET
图像文件	JPEG、TIFF
图形文件	DWG
影像文件	MPEG、AVI
声音文件	WAV、MP3

（3）各种不同类别电子文件的存储亦可采用国务院建设行政主管部门和信息化主管部门认可的，能兼容各种电子文件的通用文档格式。

（4）脱机存储电子档案的载体应采用一次写入型光盘、磁带、可擦写光盘、硬盘等。移动硬盘、U盘、软盘等不宜作为电子档案长期保存的载体。

2. 电子文件的收集与积累

1）收集积累的范围

（1）凡是在工程建设活动中形成的具有重要凭证、依据和参考价值的电子文件和数据等都应属于建设系统业务管理电子文件的收集范围。

（2）凡是记录与工程建设有关的重要活动、记载工程建设主要过程和现状的具有重要凭证、依据和参考价值的电子文件和相关数据等，都应属于建设工程电子文件的收集范围。

2）收集积累的要求

（1）建设电子文件形成单位必须做好电子文件的收集积累工作。

（2）建设电子文件的内容必须真实、准确。工程电子文件内容必须与工程实际相符合，且内容及深度必须符合国家有关工程勘察、设计、施工、监理、测量等方面的技术规范、标准和规程。

（3）记录重要文件的主要修改过程和办理情况，有参考价值的建设电子文件的不同稿本均应保留。

（4）凡属于收集积累范围的建设电子文件，收集积累时均应进行登记。登记时应按照表1-6和表1-7的要求，填写建设电子文件（档案）的案卷级和文件级登记表。

（5）应采取严密的安全措施，保证建设电子文件在形成和处理过程中不被非正常改动。在积累过程中更改建设系统业务管理电子文件或建设工程电子文件应按要求填写建设电子文件更改记录表（见表1-8）。

（6）应定期备份建设电子文件，并存储于能够脱机保存的载体上。对于多年才能完成的项目，应实行分段积累，宜一年拷贝一次。

（7）对由通用软件产生的建设电子文件，应同时收集其软件型号、名称、版本号和相关参数手册、说明资料等。由专用软件产生的建设电子文件应转换成通用型建设电子文件。

（8）对内容信息是由多个子电子文件或数据链接组合而成的建设电子文件，链接的电子文件或数据应一并归档，并保证其可准确还原；当难以保证归档建设电子文件的完整性与稳定性时，可采取固化的方式将其转换为一种相对稳定的通用文件格式。

（9）与建设电子文件的真实性、完整性、有效性、安全性等有关的管理控制信息（如电子签章等）必须与建设电子文件一同收集。

（10）对采用统一套用格式的建设电子文件，在保证能恢复原格式形态的情况下，其内容信息可不按原格式存储。

（11）计算机系统运行和信息处理等过程中涉及的与建设电子文件处理有关的著录数据、元数据等必须与建设电子文件一同收集。

3）收集积累的程序

（1）收集积累建设电子文件，均应进行登记，并应符合以下规定：①工作人员应按本单位文件归档和保管期限的规定，从电子文件生成之时起对需归档的电子文件性质、类别、期限等进行标记。②应运用建设电子文件归档与管理系统对每份建设电子文件进行登记,电子文件登记表应与电子文件同时保存。

表1-6 建设电子文件(档案)案卷(或项目)级登记表

文件特征	内容				
	工程地点				
	形成单位	名称			
		联系人		联系电话	
	归档时间				
	载体类型			载体编号	
设备环境特征	硬件环境(主机、网络服务器型号、制造厂商等)				
	软件环境(型号、版本等)	操作系统			
		数据库系统			
		相关文件(文字处理工具、浏览器、压缩或解密软件等)			
文件记录特征	记录结构(物理、逻辑)		记录类型	□定长 □可变长 □其他	记录总数	
					总字节数	
	记录字符、图形、音频、视频文件格式				
	文件载体	型号: 数量: 备份数:		□一件一盘 □多件一盘 □一件多盘 □多件多盘	
制表审核				填表人(签名): ××年×月×日	
				审核人(签名): ××年×月×日	

表1-7　建设电子文件(档案)文件级登记表

文件编号	文件名	文件稿本代码	文件类别代码	形成时间	载体编号	保管期限	备注

表1-8　建设电子文件更改记录表

序号	电子文件名	更改单号	更改者	更改日期	备注

(2)对已登记的建设电子文件必须进行初步鉴定,并将鉴定结果录入建设电子文件归档与管理系统。

(3)对经过初步鉴定的建设电子文件应进行著录,并将结果录入建设电子文件归档与管理系统。

(4)对已收集积累的建设电子文件,应按业务案件或工程项目来组织存储。

(5)存储的建设电子文件的名称,宜由3位阿拉伯数字或3位阿拉伯数字加汉字组成,数字是文件保管单元内电子文件编排顺序号,汉字部分则体现电子文件的内容及特征或图纸的专业名称和编号。建设电子文件保管单元的命名可按建设电子文件的命名规则进行。

(6)建设电子文件与相应的纸质文件应建立关联,在内容、相关说明及描述上应保持一致。

3.电子文件的整理、鉴定、归档与检验、汇总

1)整理

(1)建设电子文件的形成单位应做好电子文件的整理工作。

（2）对于建设系统业务管理电子文件或建设工程电子文件，业务案件办理完结或工程项目完成后，应在收集积累的基础上，对该案件或项目的电子文件进行整理。

（3）整理应遵循建设系统业务管理电子文件或建设工程电子文件的自然形成规律，保持案件或项目内建设电子文件间的有机联系，便于建设电子档案的保管和利用。

（4）同一个保管单元内建设电子文件的组织和排序可按相应的建设纸质文件整理要求进行。

2）鉴定

（1）鉴定工作应贯穿于建设电子文件归档与电子档案管理的全过程。电子文件的鉴定工作，应包括对电子文件的真实性、完整性、有效性的鉴定及确定归档范围和划定保管期限。

（2）归档前，建设电子文件形成单位应按照规定的项目，对建设电子文件的真实性、完整性和有效性进行鉴定。

（3）建设电子文件的归档范围、保管期限应按照国家关于建设纸质文件材料归档范围、保管期限的规定执行。建设电子文件元数据的保管期限应与内容信息的保管期限一致。

3）归档

（1）建设电子文件形成单位应定期把鉴定合格的电子文件向本单位档案部门归档移交。

（2）归档的建设电子文件应符合以下要求：①已按电子档案管理要求的格式将其存储到符合保管要求的脱机载体上。②必须完整、准确、系统，能够反映建设活动的全过程。

（3）建设电子文件的归档方式包括在线式归档和离线式归档。可根据实际情况选择其中的一种或两种方式进行电子文件的归档。

（4）建设系统业务管理电子文件的在线式归档可实时进行，离线式归档应与相应的建设系统业务管理纸质或其他载体形式文件归档同时进行。工程电子文件应与相应的工程纸质或其他载体形式文件同时归档。

（5）建设电子文件形成单位在实施在线式归档时，应将建设电子文件的管理权从网络上转移至本单位档案部门，并将建设电子文件及其元数据等通过网络提交给档案部门。

（6）建设电子文件形成单位在实施离线式归档时，应按以下步骤进行：

①将已整理好的建设电子文件及其著录数据、元数据、各种管理登记数据等分案件（或项目）按要求从原系统中导出。

②将导出的建设电子文件及其著录数据、元数据、各种管理登记数据等按照要求存储到耐久性好的载体上，同一案件（或项目）的电子文件及其著录数据、元数据、各种管理登记数据等必须存储在同一载体上。

③应对存储的建设电子文件进行检验。

④在存储建设电子文件的载体或装具上编制封面。封面内容的填写应符合表1-9的要求，同时存储载体应设置成禁止写操作的状态。

⑤将存储建设电子文件并贴好封面的载体移交给本单位档案部门。

表 1-9　建设电子文件(档案)载体封面

载体编号:＿＿＿＿＿	类别:＿＿＿＿＿
档　　号:＿＿＿＿＿	套别:＿＿＿＿＿
内　　容:＿＿＿＿＿	
地　　址:＿＿＿＿＿	
编制单位:＿＿＿＿＿	编制日期:＿＿＿＿＿
保管期限:＿＿＿＿＿	密级:＿＿＿＿＿
文件格式:＿＿＿＿＿	
软硬件平台说明:＿＿＿＿＿	

⑥归档移交时,交接双方必须办理归档移交手续。档案部门必须对归档的建设电子文件进行检验,并按照要求填写建设电子档案移交、接收登记表(见表 1-10)。交接双方负责人必须签署审核意见。当文件形成单位采用了某些技术方法以保证电子文件的真实性、完整性和有效性时,应把其技术方法和相关软件一同移交给接收单位。

表 1-10　建设电子档案移交、接收登记表

载体编号		载体标示	
载体类型		载体数量	
载体外观检查	有无划伤	是否清洁	
病毒检查	杀毒软件名称		版本
	病毒检查结果报告:		
载体存储电子文件检验项目	载体存储电子文件总数		文件夹数
	已用存储空间		字节
载体存储信息读取检验项目	编制说明文件中的相关内容记录是否完整		
	是否存有电子文件目录文件		
	载体存储信息能否正常读取		
移交人(签名): 　　　　　×× 年 × 月 × 日		接收人(签名): 　　　　　×× 年 × 月 × 日	
移交单位审核人(签名): 　　　　　×× 年 × 月 × 日		接收单位审核人(签名): 　　　　　×× 年 × 月 × 日	
移交单位(印章): 　　　　　×× 年 × 月 × 日		接收单位(印章): 　　　　　×× 年 × 月 × 日	

密级指文件的保密等级。按 GB/T 7156—2003 第五章文献保密等级代码表划分为五个等级,见表 1-11。

表 1-11 文件保密等级代码表

名称	数字代码	汉语拼音代码	汉字代码	名称	数字代码	汉语拼音代码	汉字代码
公开级	1	GK	公开	机密级	4	JM	机密
限制级	2	XZ	限制	绝密级	5	UM	绝密
秘密级	3	MM	秘密				

4)检验

(1)建设系统业务管理电子文件形成部门在向本单位档案部门移交电子文件之前,以及本单位档案部门在接收电子文件之前,均应对移交的载体及其技术环境进行检验,检验合格后方可进行交接。

(2)勘察、设计、施工、监理、测量等单位形成的工程电子档案应由建设单位进行检验。检验审查合格后方可向建设单位移交。

(3)在对建设电子档案进行检验时,应重点检查以下内容:①建设电子档案的真实性、完整性、有效性。②建设电子档案与纸质档案是否一致,是否已建立关联。③载体有无病毒、有无划痕。④登记表、著录数据、软件、说明资料等是否齐全。

5)汇总

建设单位应将勘察、设计、施工、监理、测量等单位提交的工程电子档案及相关数据与本单位形成的工程前期电子档案及验收电子档案一起按项目进行汇总,并对汇总后的工程电子档案按要求进行检验。

4.电子档案的验收与移交

1)建设系统业务管理电子档案的移交

(1)建设系统业务管理电子档案形成单位应按照有关规定,定期向城建档案馆(室)移交已归档的建设系统业务管理电子档案。移交方式包括在线式和离线式。

(2)凡已向城建档案馆(室)移交建设系统业务管理电子档案的单位,如工作中确实需要继续保存纸质档案,可适当延缓向城建档案馆(室)移交纸质档案的时间。

2)建设工程电子档案的验收与移交

(1)建设单位在组织工程竣工验收前,提请当地建设(城建)档案管理机构对工程纸质档案进行预验收时,应同时提请对工程电子档案进行预验收。

(2)对列入城建档案馆(室)接收范围的建设工程,建设单位向城建档案馆(室)移交工程纸质档案时,应同时移交一套工程电子档案。

(3)停建、缓建建设工程的电子档案,暂由建设单位保管。

(4)对改建、扩建和维修工程,建设单位应组织设计、施工单位据实修改、补充、完善原工程电子档案。对改变的部位,应重新编制工程电子档案,并和重新编制的工程纸质档案一起向城建档案馆(室)移交。

3）办理移交手续

（1）城建档案馆（室）接收建设电子档案时，应按要求对电子档案进行再次检验，检验合格后，将检验结果按要求填入"建设电子档案移交、接收登记表"（见表1-10），交接双方签字、盖章。

（2）登记表应一式两份，移交和接收单位各存一份。

5. 电子档案的管理

1）脱机保管

（1）建设电子档案的保管单位应配备必要的计算机及软、硬件系统，实现建设电子档案的在线管理与集成管理，并将建设电子档案的转存和迁移结合起来，定期将在线建设电子档案按要求转存为一套脱机保管的建设电子档案，以保障建设电子档案的安全保存。

（2）脱机建设电子档案（载体）应在符合保管条件的环境中存放，一式三套，一套封存保管，一套异地保存，一套提供利用。

（3）脱机建设电子档案的保管，应符合以下条件：①归档载体应作防写处理，不得擦、划、触摸记录涂层。②环境温度应保持在 17～20 ℃，相对湿度应保持在 35%～45%。③存放时应注意远离强磁场，并与有害气体隔离。④存放地点必须做到防火、防虫、防鼠、防盗、防尘、防湿、防高温、防光。⑤单片载体应装盒，竖立存放，且避免挤压。

2）有效存储

（1）建设电子档案保管单位应每年对电子档案读取、处理设备的更新情况进行一次检查登记。设备环境更新时应确认库存载体与新设备的兼容性，如不兼容，必须进行载体转换。

（2）对所保存的电子档案载体，必须进行定期检测及抽样机读检验，如发现问题应及时采取恢复措施。

（3）应根据载体的寿命，定期对磁性载体、光盘载体等载体的建设电子档案进行转存。转存时必须进行登记，登记内容应按表1-12的要求填写。

（4）在采取各种有效存储措施后，原载体必须保留 3 个月以上。

表1-12　建设电子档案转存登记表

存储设备更新与 兼容性检验情况登记		
光盘载体转存登记		
磁性载体转存登记		
填表人（签名）： 　　×× 年 × 月 × 日	审核人（签名）： 　　×× 年 × 月 × 日	单位（盖章）： 　　×× 年 × 月 × 日

3）迁移

（1）建设电子档案保管单位必须在计算机软、硬件系统更新前或电子文件格式淘汰前，将建设电子档案迁移到新的系统中或进行格式转换，保证其在新环境中完全兼容。

（2）建设电子档案迁移时必须进行数据校验，保证迁移前后数据的完全一致。

（3）建设电子档案迁移时必须进行迁移登记，登记内容应按表1-13的要求填写。

（4）建设电子档案迁移后，原格式电子档案必须同时保留的时间不少于3年，但对于一些较为特殊必须以原始格式进行还原显示的电子档案，可采用保存原始档案的电子图像的方式。

表1-13　建设电子档案迁移登记表

源 系 统 设备情况	硬件系统： 系统软件： 应用软件： 存储设备：
目标系统 设备情况	硬件系统： 系统软件： 应用软件： 存储设备：
被迁移归档 电子文件情况	源文件格式： 目标文件格式： 迁移文件数： 迁移时间：
迁移检验情况	硬件系统校验： 系统软件校验： 应用软件校验： 存储载体校验： 电子文件内容校验： 电子文件形态校验：
迁移操作者(签名)： ××年×月×日	迁移校验者(签名)： ××年×月×日	单位(盖章)： ××年×月×日

4）利用

（1）建设电子档案保管单位应编制各种检索工具，提供在线利用和信息服务。

（2）利用时必须严格遵守国家保密法规和规定。凡利用互联网发布或在线利用建设电子档案时，应报请有关部门审核批准。

（3）对具有保密要求的建设电子档案采用联网的方式利用时，必须按照国家、地方及部门有关计算机和网络保密安全管理的规定，采取必要的安全保密措施，报经国家或地方保密管理部门审批，确保国家利益和国家安全。

（4）利用时应采取在线利用方式或使用拷贝文件，电子档案的封存载体不得外借。

脱机建设电子档案(载体)不得外借,未经批准,任何单位或人员不得擅自复制、拷贝、修改、转送他人。

(5)利用者对电子档案的使用应在权限规定范围之内。

5)鉴定销毁

建设电子档案的鉴定销毁,应按照国家关于档案鉴定销毁的规定执行。销毁建设电子档案必须在办理审批手续后实施,并按要求填写建设电子档案销毁登记表(见表1-14)。

表1-14 建设电子档案销毁登记表

序号	文件名称	文件字号	归档日期	页次	销毁原因	销毁人签字	备注

第九节 工程档案的建立与验收

一、工程档案的建立

(一)工程档案封面

在水利工程资料案卷封面上,应注明工程名称、案卷题名、编制单位、单位主管、保管期限及档案密级等。工程资料案卷封面宜采用城市建设档案封面形式,见表1-15。

表1-15 工程档案封面格式

档案密级:＿＿＿＿＿＿＿＿＿＿ 工 程 资 料 名　　称:＿＿＿＿＿＿＿＿＿＿＿＿＿＿＿＿＿＿＿＿＿＿＿＿ 案卷题名:＿＿＿＿＿＿＿＿＿＿＿＿＿＿＿＿＿＿＿＿＿＿＿＿ 编制单位:＿＿＿＿＿＿＿＿＿＿＿＿＿＿＿＿＿＿＿＿＿＿＿＿ 单位主管:＿＿＿＿＿＿＿＿＿＿＿＿＿＿＿＿＿＿＿＿＿＿＿＿ 编制日期:　　　××年×月×日　　　　　起至　　＿＿＿＿＿＿××年×月×日 保管期限:＿＿＿＿＿＿＿＿＿＿＿＿＿＿＿＿＿＿＿＿＿＿＿＿ 档　　号:＿＿＿＿＿＿＿＿＿＿＿＿＿＿＿＿＿＿＿＿＿＿＿＿ 共　　册　第　　册

(二)工程资料总目录

工程资料总目录由工程资料总目录汇总表和单位工程资料总目录组成,资料编制人员应根据工程资料的组卷情况依次填写。

1.工程资料总目录汇总表

工程资料组卷完成后,应对案卷进行汇总记录,形成工程资料总目录汇总表(见表1-16),其内容应包括工程名称、案卷类别、案卷名称、册数、汇总日期、档案管理员签字。其填写要求如下:

表1-16 工程资料总目录汇总表

工程名称	××生态水系输水工程				
案卷类别	案卷名称	册数	汇总日期	档案管理员签字
J	基建文件	1	××年×月×日	×××
L	监理资料	4	××年×月×日	×××
S	施工资料	12	××年×月×日	×××
SP	水工建筑物质量评定资料	6	××年×月×日	×××
FY	房屋建筑质量验收资料	3	××年×月×日	×××

说明:1.各单位工程资料由各单位档案管理员负责组卷并签字。
 2.设计资料由建设单位档案管理员负责检查验收并签字。

(1)工程名称:填写工程建设项目竣工后使用名称(或曾用名)。若本工程分为几个(子)单位工程,应在第二行填写(子)单位工程名称。

(2)案卷名称:填写本卷卷名,如基建文件、监理资料、施工资料、质量评定资料、质量验收资料。

(3)册数:案卷的数量。

(4)汇总日期:填写卷内资料汇总的时间。

(5)档案管理员签字:各单位档案管理员签字。

2.单位工程资料总目录

单位工程资料总目录(见表1-17)的内容应包括序号、案卷号、案卷题名、起止页数、保存单位、保存期限、整理日期等。各单位档案管理员应分别对各个单位工程资料的组卷负责并签字。

(1)序号:按案卷内资料排列先后用阿拉伯数字从1开始依次标注。

(2)案卷题名:填写文字材料和图纸名称,无标题的资料应根据内容拟写标题。

(3)起止页数:填写每份资料在本案卷的页次或起止的页次。

(4)保存单位:填写资料的形成单位或主要负责单位名称。

(5)保存期限:长期、短期。

（6）整理日期：资料的形成时间（文字材料为原资料形成日期，竣工图为编制日期）。

表 1-17　单位工程资料总目录

工程名称			××水利枢纽工程			类别	T
整理单位			××建筑公司				
序号	案卷号	案卷题名	起止页数	保存单位	保存期限	整理日期	
1	J-1	基建文件	1～35	建设单位☑ 监理单位□ 施工单位□ 档案馆□	长期☑ 短期□	××年×月×日	
2	L-2	监理文件	36～100	建设单位□ 监理单位☑ 施工单位□ 档案馆□	长期☑ 短期□	××年×月×日	
3	S-1	施工资料	101～200	建设单位□ 监理单位□ 施工单位☑ 档案馆□	长期☑ 短期□	××年×月×日	
4	S-2	施工资料	201～350	建设单位□ 监理单位□ 施工单位☑ 档案馆□	长期☑ 短期□	××年×月×日	
档案管理员签字：×××							

（三）工程档案卷内目录与备案

1. 工程档案卷内目录

工程档案卷内目录（见表 1-18）一般包括序号、资料名称、资料编号、资料内容、编制日期、页次及备注等，其填写要求如下：

（1）填写的目录应与案卷内容相符，排列在卷内文件首页之前，原文件目录及文件图纸目录不能代替。编制单位即案卷编制单位。

（2）序号：按卷内文件排列先后用阿拉伯数字从 1 开始依次标注。

（3）资料名称：填写表格和图纸名称，无标题或无相应表格的文件应根据内容拟写标题。

（4）资料编号：填写表格编号或图纸编号。

（5）资料内容：填写资料的摘要内容。

（6）编制日期:填写资料的形成日期(文字材料为原文件形成日期,汇总表为汇总日期,竣工图为编制日期)。

（7）页次:填写每份文件材料在本案卷的页次或终止页次。

（8）备注:填写需要说明的问题。

表 1-18　工程档案卷内目录

工程名称	××水利枢纽工程		案卷编号		××－×
编制单位	××水利工程建筑有限公司				
序号	资料名称	资料编号	资料内容	编制日期	页次	备注
1	钢筋试验报告	××－132	拉伸、弯曲试验	××年×月×日	1	
2	水泥试验报告	××－134	强度、安定性、凝结时间	××年×月×日	45	
3	砂试验报告	××－175	含泥量、泥块含量	××年×月×日	66	
4	碎石试验报告	××－176	含泥量、泥块含量	××年×月×日	73	
5	外加剂试验报告	××－13	强度、减水率	××年×月×日	82	
⋮						

2. 工程档案卷内备案

工程档案卷内备案(见表 1-19)的内容包括卷内文字资料张数、图样资料张数、照片张数等,立卷单位的立卷人、审核人及接收单位的审核人、接收人应签字。

（1）工程档案卷内备案表分为上下两栏,上栏由立卷单位填写,下栏由接收单位填写。

（2）上栏应标明本案卷已编号资料的总张数,包括文字资料、图样资料、照片等的张数。审核说明填写立卷时资料的完整和质量情况,以及应归档而缺少的资料的名称和原因;立卷人由责任立卷人签名;审核人由案卷审查人签名;年月日按立卷、审核时间分别填写。

（3）下栏由接收单位根据案卷的完整及质量情况标明审核意见。技术审核人由接收单位工程档案技术审核人签名;档案接收人由接收单位档案管理接收人签名;年月日按审核、接收时间分别填写。

表 1-19　工程档案卷内备案

案卷编号：××

本案卷已编号的文件资料共 268 张,其中:文字资料220 张,图样资料36 张,照片12 张。 对本案卷完整、准确情况的说明:本案卷完整准确。 　　　　　　　　　　　　　　立卷人:×××　　　日期:××年×月×日 　　　　　　　　　　　　　　审核人:×××　　　日期:××年×月×日
接收单位的审核人说明: 　　工程资料齐全、有效,符合规定要求。 　　　　　　　　　　　　　　技术审核人:×××　　　日期:××年×月×日 　　　　　　　　　　　　　　档案接收人:×××　　　日期:××年×月×日

（四）档案交接

工程档案的归档与移交必须编制档案目录。档案目录应区分案卷密级,并填写工程档案交接单。交接双方应认真核对目录与实物,并由经手人签字、加盖单位公章确认。

工程档案的归档时间,可由项目法人根据实际情况确定。可分阶段在单位工程或单项工程完工后向项目法人归档,也可在主体工程全部完工后向项目法人归档。整个项目的归档工作和项目法人向有关单位的档案移交工作,应在工程竣工验收后 3 个月内完成。档案交接单式样见表 1-20。

表 1-20　档案交接单

××工程 档案交接单 　本单附有目录_____张,包含工程档案资料____卷。 　（其中长期____卷,短期____卷;在长期卷中包含竣工图____张）   归档或移交单位(盖章): 　　　　　　　　　　　　　　经手人:×××　　　日期:××年×月×日 接收单位(盖章): 　　　　　　　　　　　　　　经手人:×××　　　日期:××年×月×日

二、工程档案的验收

水利工程档案验收是水利工程竣工验收的重要内容,应提前或与工程竣工验收同步进行。凡档案内容与质量达不到要求的水利工程,不得通过档案验收;未通过档案验收或档案验收不合格的,不得进行或通过工程的竣工验收。

（一）档案验收要求

（1）各级水行政主管部门组织的水利工程竣工验收，应有档案人员作为验收委员参加。水利部组织的工程验收，由水利部办公厅档案部门派员参加；流域机构或省级水行政主管部门组织的工程验收，由相应的档案管理部门派员参加；其他单位组织的有关工程项目的验收，由组织工程验收单位的档案人员参加。

（2）大中型水利工程在竣工验收前要进行档案专项验收。其他工程的档案验收应与工程竣工验收同步进行。档案专项验收可分为初步验收和正式验收。初步验收可由工程竣工验收主持单位委托相关单位组织进行；正式验收应由工程竣工验收主持单位的档案业务主管部门负责。

（3）水利工程在进行档案专项验收前，项目法人应组织工程参建单位对工程档案的收集、整理、保管与归档情况进行自检，确认工程档案的内容与质量已达要求后，可向有关单位报送档案自检报告，并提出档案专项验收申请。

档案自检报告应包括工程概况，工程档案管理情况，文件材料的收集、整理、归档与保管情况，竣工图的编制与整编质量，工程档案完整性、准确性、系统性、安全性的自我评价等内容。

（4）档案专项验收的主持单位在收到申请后，可委托有关单位对其工程档案进行验收前检查评定，对具备验收条件的项目，应成立档案专项验收组进行验收。档案专项验收组由验收主持单位、国家或地方档案行政主管部门、地方水行政主管部门及有关流域机构等单位组成。必要时，可聘请相关单位的档案专家作为验收组成员参加验收。

（二）档案专项验收工作的步骤、方法与内容

（1）听取项目法人有关工程建设情况和档案收集、整理、归档、移交、管理与保管情况的自检报告。

（2）听取监理单位对项目档案整理情况的审核报告。

（3）对验收前已进行档案检查评定的水利工程，还应听取被委托单位的检查评定意见。

（4）查看现场（了解工程建设实际情况）。

（5）根据水利工程建设规模，抽查各单位档案整理情况。抽查比例一般不得少于项目法人应保存档案数量的8%，其中竣工图不得少于一套竣工图总张数的10%，抽查档案总量应在200卷以上。

（6）验收组成员进行综合评议。

（7）形成档案专项验收意见，并向项目法人和所有会议代表反馈。

（8）验收主持单位以文件形式正式印发档案专项验收意见。

（三）档案专项验收意见

档案专项验收意见主要包括以下内容：

（1）工程概况。

（2）工程档案管理情况：①工程档案工作管理体制与管理状况。②文件材料的收集、整理、立卷质量与数量。③竣工图的编制质量与整编情况。④工程档案的完整性、准确性、系统性评价。

（3）存在问题及整改要求。

（4）验收结论。

（5）验收组成员签字表。

思考题

1. 什么叫水利工程建设基本程序？绘出简单示意图。

2. 单位工程项目划分的原则是什么？

3. 档案管理有哪些主要内容？

4. 如何管理电子文件与电子档案？

5. 工程档案的封面、目录与备案有何规定？

6. 竣工图的绘制有什么要求？

7. 档案的验收有哪些要求？

第二章 水利工程建设管理资料整编

【学习目标】

知识目标:水利工程建设管理资料的基本类型和编制要求,水利工程建设管理资料的格式和内容。

能力目标:水利工程建设管理资料的编制方法。

水利工程建设管理资料包括流域(或区域)规划阶段至施工准备阶段的文件资料,由各主管部门负责完成,内容主要包括可行性研究报告、初步设计、招投标、移民拆迁安置补偿、环境影响评价等文件及批复。

第一节 项目建议书

一、项目建议书的概念与作用

工程项目建议书是指在流域规划基础上,由主管部门或投资者提出工程项目轮廓设想,主要从客观上分析项目建设的必要性和可能性,就项目是否有必要建设、是否具备建设条件等进行分析后,向国家有关部门提出申请建设该项目的建议文件,其主要作用如下:

(1)项目建议书是国家选择建设项目的依据。

(2)项目建议书批准后,即为立项。

(3)批准立项的工程即可进一步开展可行性研究。

(4)涉及利用外资的项目,只有在批准立项后方可对外开展工作。

二、项目建议书的内容

(一)建设规模

1.通则

(1)对规划阶段拟定的工程规模进行复核。

(2)在确定单项任务的工程规模时,应分析对其他综合利用任务的影响。必要时,应为以后的综合利用开发留有余地。

(3)对多泥沙河流应分析泥沙特点及对工程的影响,初拟工程运行方式。对有冰凌问题的工程,应分析冰凌特性和特殊冰情对工程的影响,初拟相应的措施。

(4)说明有关分期建设的要求及其原因。

(5)通过初步技术经济分析,初选工程规模指标。

2. 防洪工程

（1）分析防洪保护对象近、远期防洪要求，初步确定不同时期的防洪标准，初选防洪工程总体方案以及工程项目规模。

（2）河道与堤防工程。

①初步确定各河段安全泄量和控制断面设计水位。

②研究洪水特性及排涝要求，初选河道治理导线、堤线、堤距、行洪断面形式，以及重要的河道控制节点。

③对涨潮河段，应考虑潮位对行洪的影响。

（3）水库工程。

①根据防洪工程总体方案，初拟水库工程的防洪运用方式和泄量。

②初选水库防洪库容、防洪高水位、总库容和汛期限制水位。

（4）行、蓄、滞洪区。

①初拟行、蓄、滞洪区的控制运用原则，初选分洪口门位置、分洪水位和流量以及隔堤布置方案。

②初步确定行、蓄、滞洪的范围，初选行、蓄、滞洪区设计水位与相应库容，提出行、蓄、滞洪区生产、安全建设安排的总体设想。

3. 治涝工程

（1）初步确定治涝区范围、治涝标准和治涝措施，初选治涝工程总体布置方案。大型涝区应初拟治涝分区。

（2）初选治涝骨干沟道（渠道）的排水流量和水位。

（3）分析洪水期向外河排水时受外河水位及潮位顶托的影响，初拟相应的措施。

（4）采用抽排方式时，初选泵站装机容量、设计流量及扬程。

4. 河道整治工程

（1）初步确定河道的治理河段。

（2）初步确定治理河段的治理标准，对河道洪水流量进行断面复核，初选治理河段的设计水（潮）位、设计流量和设计河宽。

（3）研究河流、潮流水文特性和河床、河口演变规律及河势发展趋势，结合考虑岸线利用问题，初选治理河段和河道整治工程总体布置方案，初选重要河道控制节点的位置。

（4）初拟治理工程分期实施方案。

5. 灌溉工程

（1）分析灌溉水源可供水量，初步确定灌区范围和总灌溉面积，初拟灌区开发方式、设计水平年和灌溉保证率。

（2）初拟灌区作物种植结构、灌溉制度，分析灌溉定额，初步确定灌溉需水量和年内分配过程。

（3）初选灌区灌溉系统整体规划和工程总体布置方案。

（4）初选骨干渠道的渠首设计水位和设计引水流量。

（5）初选引水枢纽及泵站等水源工程的设计引水流量、扬程及装机容量。

（6）以水库为水源工程时，初选水库正常蓄水位、最低引水水位、灌溉调节库容和总库容,初拟引水方式。

(7)分析灌区排水条件和排水方式,对有排渍、改良盐碱要求的灌区,初拟排渍、改碱标准及排水工程措施和规模。

6. 城镇和工业供水工程

(1)初步确定工程供水范围、主要供水用户,初拟设计水平年和供水保证率。

(2)分析水源可供水量和水质状况,初选供水工程总体布置方案,初步确定引水工程设计引水流量、年引水总量。

(3)以水库为水源工程时,初选水库的正常蓄水位、最低引水水位、调节库容和总库容,初拟引水方式。

(4)初选主要输水、扬水、交叉建筑物的规模。

7. 跨流域调水工程

(1)初步确定工程总目标和主要任务以及分期实施顺序。

(2)分析水源条件,初步确定适宜的调水量、相应的水源工程以及补偿工程措施和规模。

(3)初步确定调水量在地区和部门间的分配,初拟输水工程、调蓄工程布置及规模。

8. 水力发电工程

(1)分析供电范围和电站在电力系统中的任务、作用,初拟设计水平年和设计保证率。

(2)初选水库正常蓄水位、死水位、调节库容和总库容,初拟其他特征水位。

(3)初选装机容量,提出电站的保证电力和多年平均发电量指标。

9. 垦殖工程

(1)初步确定垦殖区范围和垦殖面积,初拟开发利用方式。

(2)分析可利用的供水水源条件、水量及其保证程度。

(3)初步确定防洪、防潮设计标准,初选工程总体布置方案,初拟垦殖区灌溉、排水体系。

(4)初选挡水堤、围堤、涵闸等工程的位置和规模。

10. 综合利用工程

(1)综合利用水库按各综合利用任务的主次顺序,分析不同任务对水库水位、库容的要求,初拟水库运用方式,初选水库的正常蓄水位、防洪高水位和总库容,初拟其他特征水位。

(2)对具有综合利用和综合治理任务的其他枢纽工程,应按各项任务的主次顺序,协调各建筑物之间的关系,初拟整个枢纽工程的运用方式,初选各建筑物的设计流量和水位。

(3)有通航、过木要求的综合利用水利枢纽,应根据设计水平年通航、漂木发展需求及过坝(闸)运量,初选通航、过木建筑物规模。

11. 附图

(1)工程项目总体布置图(比例尺:1:1 000～1:200 000)。

(2)有分期建设要求的分期建设布置图(比例尺:1:1 000～1:200 000)。

(3)供电范围电力系统地理接线图(现状及远景)(比例尺:1:1 000 ~ 1:200 000)。

(二)主要建筑物布置

1.工程等别和标准

根据初选的建设规模及有关规定,初步确定工程等级及主要建筑物级别、相应的设计洪水标准和地震设防烈度。

2.工程选址(选线)、选型及布置

(1)根据规划阶段初拟的工程场址(坝址、闸址、厂址、洞线、河线、堤线、渠线等)的建筑条件、工程布置要求、施工和投资等因素以及必要的补充勘探工作,初选工程场址。

(2)初选主要建筑物基本形式,对工程量较大或关键性建筑物作方案比较,初拟次要建筑物的基本形式。

(3)根据初选(或初拟)的建筑物形式,经综合比较,提出工程总布置初步方案。

3.主要建筑物

简述主要建筑物初定的基本布置、结构形式、控制高程、主要尺寸及结构、水力学核算成果,初选地基处理措施。对技术难度大的特殊建筑物宜作重点分析研究。

4.机电和金属结构

(1)根据动能参数和装机规模,初拟水轮发电机组或水泵电动机组的单机容量、机组台数和机型。

(2)初拟输配电工程的规模,初步提出接入电力系统的供电或送电方向、进出线电压、回路数和输配电距离,初拟电气主接线。

(3)初拟金属结构及启闭设备的规模、形式及布置。

5.工程量

(1)分项列出工程各建筑物及地基处理的工程量。

(2)分项列出机电设备和金属结构的工程量。

6.附图

(1)工程总平面布置图(比例尺:1:1 000 ~ 1:2 000)。

(2)主要建筑物平、剖面图(比例尺:1:500 ~ 1:1 000)。

(3)大型长距离调水总干渠纵断面图(横向比例尺:1:5 000 ~ 1:10 000;纵向比例尺:1:500 ~ 1:1 000)。

(三)施工条件

(1)简述工程区水文气象、对外交通、通信及施工场地条件。

(2)初步提出施工期通航、过木、供水及排水等要求。

(3)简述主要外购材料来源及水、电、燃料等的供应条件。

(4)简述天然砂砾料、石料、土料等的来源、开采和运输方式。

(四)工程管理

(1)初步提出项目建设管理机构的设置与隶属关系以及资产权属关系。

(2)初步提出维持项目正常使用所需管理维护费用及其负担原则、来源和应采取的措施。

(3)根据工程管理有关规定,初步匡算工程管理占地规模。

(4)根据项目主管部门(业主)及有关部门意见,初步提出工程管理运用原则及要求。

(五)投资估算及资金筹措

1.投资估算

(1)简述投资估算的编制原则、依据及采用的价格水平年。初拟主要基础单价及主要工程单价。

(2)提出投资主要指标,包括主要单项工程投资、工程静态总投资及动态总投资。估算分年度投资。

(3)对主体建筑工程、导流工程应进行单价分析,按工程量估算投资。其他建筑工程、临时工程投资,可按类比法估算。交通、房屋、设备及安装工程投资,可采用扩大指标估算。其他费用可根据不同工程类别、不同工程规模逐项分别估算或综合估算。

(4)引进外资的投资估算,要结合利用外资特点考虑单价变化和可能发生的其他费用进行。

2.资金筹措设想

(1)提出项目投资主体的组成以及对投资承诺的初步意见和资金来源的设想。

(2)对利用国内外贷款的项目,应初拟资本金和贷款额度及来源、贷款年利率以及借款偿还措施。对利用外资的项目,还应说明外资用途及汇率。

(六)经济评价

1.经济评价依据

说明经济评价的基本依据。

2.国民经济初步评价

(1)说明采用的价格水平、主要参数及评价准则。

(2)费用估算。

①说明项目的固定资产投资和资金流量。简述流动资金及年运行费的计算方法及成果。

②简述综合利用工程费用,分摊原则、方法及成果。

(3)效益估算。

①概述项目的主要效益,对不能量化的效益进行初步分析。

②说明经济效益的估算方法及成果。

③对综合利用工程的效益进行初步分摊。

(4)国民经济评价。

①提出项目初步经济评价指标。必要时,提出综合利用工程各功能经济评价指标。

②对项目国民经济合理性进行初步评价及敏感性分析。

3.财务初步评价

(1)说明财务评价的价格水平、主要参数及评价准则。

(2)财务费用估算。

①说明项目总投资、资金来源和条件。

②说明各项财务支出。

③说明构成项目成本的各项费用。

（3）财务收入估算。

①初估项目收入。

②简述项目利润分配原则。

（4）财务评价。

①提出财务初步评价指标。

②简述还贷资金来源，预测满足贷款偿还条件的产品价格。

③对项目的财务可行性进行初步评价。

4.综合评价

综述项目的社会效益、经济效益和财务效益以及国民经济和财务初步评价结果，提出项目综合评价结论。

（七）水利工程建设项目

（1）水利工程建设项目提出的必要性和依据。

（2）产品方案、拟建规模和建设地点的初步设想。

（3）资源情况、建设条件、协作关系和引进国别、厂商的初步分析。

（4）投资估算的资金筹措设想。

（5）项目进度安排。

（八）更新改造项目

水利工程更新改造项目的项目建议书主要内容如下：

（1）对于限额以上项目，项目建议书中应明确提出项目建设的目的、必要性和依据，如企业概况和生产技术现状、与国外技术的差距等。如果是技术引进项目，还要说明引进的理由、联合引进的科研单位及其技术现状、与企业的分工、承担消化吸收的能力及目标设计等。更新改造和技术引进项目限额划分标准见表2-1。

（2）产品方案和引进技术消化吸收方案，应包括建设单位对市场需求的初步预测及对改造规模的初步意见。

表 2-1　更新改造和技术引进项目限额划分标准　　　　　　（单位：万元）

项目		总投资限额以上项目	总投资限额以下项目	小型
更新改造项目	能源、交通、原材料工业	≥5 000	100～5 000	<100
	其他项目	≥3 000	100～3 000	<100
技术引进项目		≥500	<500	—

（3）资源情况，包括建设条件、协作关系和可能从哪些国家、厂商引进的初步意见。

（4）投资估算和资金筹措办法，包括建设期内总投资额估算、偿还贷款能力的大体预测，利用外资项目要说明利用的方式和可能性。

（5）改造的主要内容和进度的初步安排，建设单位对经济效益和社会效益的初步估算。

（6）限额以下项目的项目建议书可简化，但至少应包括企业概况及需要改造理由、技术改造及技术引进的主要内容、改造后预期达到的技术经济效果、投资概算和资金来源以及经济效益和社会效益的初步估计。

(九)外商投资项目

外商投资项目的项目建议书主要内容包括：中方合营单位、合营目的、合营对象以及合营范围和规模；投资估算、投资方式和资金来源；生产技术和主要设备；主要原材料、水、电、气、运输等的需要量和来源；人员的数量、构成和来源；经济效益，并着重说明外汇收支的安排；主要附件。

三、项目建议书的编制要求

(1)项目建议书应根据国民经济和社会发展规划与地区经济发展规划的总要求，在经批准(审查)的江河流域(区域)综合利用规划或专业规划的基础上提出开发目标和任务，对项目的建设条件进行调查和必要的勘测工作，并在对资金筹措进行分析后，择优选定建设项目和项目的建设规模、地点和建设时间，论证工程项目建设的必要性，初步分析项目建设的可行性和合理性。

(2)水利水电工程项目建议书的编制，应贯彻国家有关基本建设的方针政策和水利行业及相关行业的法规，并应符合有关技术标准。

(3)水利水电工程项目建议书由项目业主或主管部门委托具有相应资格的水利水电勘测设计部门编制。项目业主应承担所需编制费用，并提供必要的外部条件。

工程项目建议书大多由项目法人委托咨询单位、设计单位负责编制，其主要表现在论证重点、宏观信息、估算误差(±20%左右)和最终结论等几个方面。

四、项目建议书的审批

(一)申请资料报送

(1)上报资料目录清单。

(2)县级以上水利(务)及发展和改革部门的初审意见。

(3)设计单位资质证明文件复印件。

(4)项目建议书。

(5)工程设计图纸。

(6)工程投资估算书(含电子文档光盘)。

(7)主管部门对工程项目(包括河流规划、水利发展计划等)的有关审批文件。

(8)有关地区和部门对本项目意见的书面文件(包括有关单位及提供资金单位的意向性文件；淹没区和占地范围所在地的地方政府及主管部门的书面意见；具有城镇工业和生活供水任务项目的供水意向协议书；具有通航任务的项目，附航道主管部门的初步意见；跨行政区或对其他行政区、部门有影响的项目，应附有关协调文件；涉及军事设施工程的项目，应附军事主管部门的书面意见等)。

(9)具有城镇工业和生活供水及改善水质任务项目的水质检测报告。

(10)主要机电设备定价依据(如厂家报价函等)。

(11)当地建设部门颁布的近期建筑材料信息价格。

(12)勘察及设计合同复印件。

（二）审批内容

（1）项目是否符合国家的建设方针和长期规划，以及产业结构调整的方向和范围。

（2）项目的产品符合市场需要的论证理由是否充分。

（3）项目建设地点是否合适，有无不合理的布局或重复建设。

（4）对项目的财务、经济效益和还款要求的粗略估算是否合理，与业主的投资设想是否一致。

（5）对遗漏、论证不足的问题，要求咨询单位补充修改。

（6）小型或限额以下的工程项目建议书，可按隶属关系，直接由各主管部门或省、自治区、直辖市的发改委审批。大中型及限额以上项目建议书的审批见表2-2。

（7）审批完项目建议书后，应按照国家颁布的有关文件规定、审批权限申请立项。

表2-2　大中型及限额以上项目建议书的审批

审批程序	审批单位	审批内容	备注
初审	行业归口主管部门	资金来源，建设布局，资源合理利用，经济合理性，技术政策	
终审	国家发展和改革委员会	建设总规模，生产力总布局，资源优化配置，资金供应可能性，外部协作条件	投资额超过2亿元的项目，还需报国务院审批

第二节　可行性研究报告

水利水电工程项目建议书由主管部门批准后，建设单位即可组织进行该项目的可行性研究工作。通过调查、勘测、方案比较等工作，对建设项目在技术上是否可行进行科学分析和研究，提出评价意见。可行性研究是进行建设项目立项决策的依据。

一、可行性研究报告的内容

水利水电工程项目可行性研究报告应按表2-3所示的内容进行编写。

二、可行性研究的依据

项目法人对项目进行可行性研究时，其主要依据如下：

（1）国家有关的发展规划、计划文件。

（2）项目主管部门对项目建设要求请示的批复。

（3）项目建议书及其审批文件，双方签订的可行性研究合同协议。

（4）拟建地区的环境现状资料，自然、社会、经济等方面的有关资料。

（5）试验、试制报告，主要工艺和设备的技术资料。

（6）项目法人与有关方面达成的协议，国家或地方颁布的与项目建设有关的法规、标准、规范、定额。

（7）其他有关资料。

表 2-3   项目可行性研究报告的内容

序号	项目	编写内容
1	总论	项目提出的背景与概况,可行性研究报告编制的依据,项目建设条件,问题与建议
2	资源条件评价	资源可利用量,资源品质情况,资源贮存条件,资源开发价值
3	建设规模	项目建设规模的构成,建设规模的比选及推荐采用的建设规模
4	场址选择	场址现状及建设条件描述,场址比选及推荐采用的场址方案
5	技术、设备、工程方案	技术方案选择,主要设备方案选择,工程方案选择
6	总平面布置图,运输与公用、辅助工程	总平面布置方案,场(厂)内外运输方案,公用工程与辅助工程方案
7	原材料、燃料供应	主要原材料供应方案选择,燃料供应方案选择
	节能措施	节能措施及能耗指标分析
	节水措施	节水措施及水耗指标分析
8	环境影响评价	环境条件调查,影响环境因素分析,环境保护措施
9	劳动安全卫生与消防	危险因素和危害程度分析,安全防范措施,卫生保健措施,消防设施
10	组织机构与人力资源配置	组织机构设置及其适应性分析,人力资源配置及员工培训
11	项目实施进度	建设工期,实施进度安排
12	投资估算	投资估算的范围与依据,建设投资估算,流动资金估算,总投资额及分年投资计划
13	融资方案	融资组织形式选择,资本金筹措,债务资金筹措,融资方案分析
14	财务评价	财务评价基础数据与参数选取,销售收入与成本费用估算,编制财务评价报表,盈利及偿债能力分析,不确定性分析,财务评价结论
15	国民经济评价	影子价格及评价参数的选取,效益费用范围调整,编制国民经济评价报表,计算国民经济评价指标,国民经济评价结论
16	社会评价	项目对社会影响分析,项目与所在地互适性分析,社会风险分析,社会评价结论
17	风险分析	项目主要风险,风险程序分析,防范与降低风险对策
18	研究结论与建议	推荐方案总体描述,推荐方案的优缺点描述,主要对比方案,结论与建议

三、可行性研究报告的审批

(一)需报送审核的资料

水利水电工程可行性研究报告审核时,需报送以下文件资料:

(1)上报资料目录清单。

(2)县级以上水利(务)及发展和改革部门的初审意见。

(3)自筹资金或资本金筹集的有效文件。

(4)设计单位资质证明文件复印件。

(5)可行性研究报告。

(6)工程地质报告。

(7)工程水文水利分析计算专题报告。

(8)工程设计图纸。

(9)工程投资估算书(含电子文档光盘1份)。

(10)水土保持方案专项设计报告。

(11)移民安置、淹没处理及工程永久占地处理专项报告(附补偿标准依据文件)。

(12)水情自动测报、自动化监测与控制系统、"三防"指挥系统等专题可行性研究报告。

(13)工程招标方式、组织形式及招标范围表。

(14)工程用地预审手续。

(15)工程管理单位定编批文和工程管理、养护维修经费测算及落实依据,政府批准或承诺的水价改革实施办法,工程管理体制改革措施。

(16)项目法人组建的有效文件。

(17)主要工程量计算书及初审单位审核表。

(18)主要机电设备定价依据(如厂家报价函等)。

(19)当地建设部门颁布的近期工程材料信息价格。

(20)勘察设计合同复印件。

(21)具有城镇工业和生活供水及改善水质任务项目的水质检测报告。

(22)具有城镇工业和生活供水任务项目的供水协议书。

(23)具有通航任务的项目,附航道主管部门的批复意见。

(24)跨行政区或对其他行政区、部门有影响的项目,附有关协调文件。

(25)涉及军事设施的项目,附军事主管部门的书面意见。

(26)涉及取水的项目,附取水许可预申请文件。

(27)水库(闸)工程安全鉴定批复(核查)意见,对重建泵站、电站工程,应附工程报废批复。

(二)对可行性研究报告的评价

可行性研究报告是项目法人做出投资决策的依据,必须对报告进行审查和评价。

1.建设项目的必要性

(1)从国民经济和社会发展等宏观角度审查建设项目是否符合国家的产业政策、行业规划和地区规划,是否符合经济和社会发展需要。

（2）分析市场预测是否准确,项目规模是否经济合理,产品的性能、品种、规格构成和价格是否符合国内外市场需求的趋势和有无竞争能力。

2. 建设条件与生产条件

（1）项目所需资金能否落实,资金来源是否符合国家有关政策规定。

（2）分析选址是否合理,总体布置方案是否符合国土规划、城市规划、土地管理和文物保护的要求和规定。

（3）项目建设过程中和建成投产后原料、燃料的供应条件,以及供电、供水、供热、交通运输等要求能否落实。

（4）项目的"三废"治理是否符合保护生态环境的要求。

3. 工艺、技术、设备

（1）分析项目采用的工艺、技术、设备是否符合国家的技术发展政策和技术装备政策,是否可行、先进、适用、可靠,是否有利于资源的综合利用,是否有利于提高产品质量、降低消耗、提高劳动生产率。

（2）项目所采用的新工艺、新技术、新设备是否安全可靠。

（3）引进设备有无必要,是否符合国家有关规定和国情,能否与国内设备、零配件、工艺技术相互配套。

4. 建设工程的方案和标准

（1）建设工程有无不同方案的比选,分析推荐的方案是否经济、合理。

（2）审核工程地质、水文、气象、地震等自然条件对工程的影响和采取的治理措施。

（3）建设工程采用的标准是否符合国家的有关规定,是否贯彻了勤俭节约的方针。

5. 基础经济数据的测算

（1）分析投资估算的依据是否符合国家或地区的有关规定,工程内容和费用是否齐全,有无高估冒算、任意提高标准、扩大规模以及有无漏项、少算、压低造价等情况。

（2）资金筹措方式是否可行,投资计划安排是否得当。

（3）报告中的各项成本费用计算是否正确,是否符合国家有关成本管理的标准和规定。

（4）产品销售价格的确定是否符合实际情况和预测变化趋势,各种税金的计算是否符合国家规定的税种和税率。

（5）对预测的计算期内各年获得的利润额进行审核与分析。

（6）分析报告中研究的项目建设期、投产期、生产期等时间安排是否切实可行。

6. 财务效益

从项目本身出发,结合国家现行财税制度和现行价格,项目的投入费用、产出效益、偿还贷款能力,以及外汇效益等财务状况,来判别项目财务上的可行性。

审查效益指标主要是复核财务内部收益率、财务净现值、投资回收率、投资利润率、投资利税率和固定资产借款偿还期。涉外项目还应评价外汇净现值、财务换汇成本和财务节汇成本等指标。

7. 国民经济效益

国民经济效益评价是从国家、社会的角度,考虑项目需要国家付出的代价和给国民经济带来的效益。一般审查时用影子价格、影子工资、影子汇率和社会折现率等,分析项目给国民经济带来的净效益,以判别项目在经济上的合理性。评价指标主要是审查计算的经济内部收益率、经济净现值、投资效益率等。

8. 社会效益

社会效益包括生态平衡、科技发展、就业效果、社会进步等方面。应根据项目的具体情况,分析和审查可能产生的主要社会效益。

9. 不确定性分析

审查不确定性分析一般应对报告中的盈亏平衡分析、敏感性分析进行鉴定,以确定项目在财务上、经济上的可靠性和抗风险能力。

业主对以上各方面进行审核后,对项目的投资机会进一步做出总的评价,进而做出投资决策。若认为推荐方案成立,可就审查中所发现的问题,要求咨询单位对可行性研究报告进行修改、补充、完善,提出结论性的意见并上报有关主管部门批准。

(三)水利工程项目可行性研究报告的审查

水利工程项目是一种非盈利或微利项目,在经济评价方面,应重点审查国民经济效益评价,财务评价不作为主要内容,只要求采取必要措施使之具有一定的生命力即可。

综合水利枢纽工程项目应作为一个系统进行总体评价,计算总效益和总费用。同时,还应按其中各个单位工程项目分别计算效益和费用。审查时,应注意防止效益的重复计算和漏算。水利工程项目的效益主要是防洪、防涝、灌溉、城镇供水、水土保持,以及发电、航运、养殖、旅游等产生的效益或减免的损失。计算范围应限于直接效益和一次相关效益,要考虑效益发生的随机性和计算期内的效益变化。对难以定量计算的效益应作定性描述。水利工程项目的总投资包括工程项目建设费用和运行费用两部分。投资来源包括国家、集体和个人投入的资金或劳动投入折算的费用。此外,还应计算相关工程费用,以及项目建设后产生的负效益。

第三节　工程各阶段鉴定书

一、分部工程验收鉴定书

分部工程验收鉴定书正本数量可按参加验收单位、质量和安全监督机构各一份以及归档所需要的份数确定。自验收鉴定书通过之日起 30 个工作日内,由项目法人发送有关单位,并报送法人验收监督管理机关备案。分部工程验收鉴定书填写式样见表 2-4。

二、单位工程验收鉴定书

单位工程验收鉴定书正本数量可按参加验收单位、质量和安全监督机构、法人验收监督管理机关各一份以及归档所需要的份数确定。自验收鉴定书通过之日起 30 个工作日内,由项目法人发送有关单位,并报送法人验收监督管理机关备案。单位工程验收鉴定书填写式样见表 2-5。

表 2-4　分部工程验收鉴定书

编号	前言(包括验收依据、组织机构、验收过程等)
××工程 ××分部工程验收 鉴定书 ××分部工程验收工作组 ××年×月×日 封面	一、分部工程开工、完工日期 二、分部工程建设内容 三、施工过程及完成的主要工程量 四、质量事故及质量缺陷处理情况 五、拟验工程质量评定(包括单元工程、主要单元工程个数、合格率和优良率,施工单位自评结果,监理单位复核意见,分部工程质量等级评定意见) 六、验收遗留问题及处理意见 七、结论 八、保留意见(保留意见人签字) 九、分部工程验收工作组成员签字表 十、附件 遗留问题处理记录 附页

填表说明:1.本表由项目法人或监理机构负责填写。

2.本表所填内容均为本分部工程相关资料。

3.本表书写材料应符合档案管理的有关规定,可使用打印件。

表 2-5　单位工程验收鉴定书

××工程 ××单位工程验收 鉴定书 ××单位工程验收工作组 ××年×月×日 封面	前言(包括验收依据、组织机构、验收过程等) 一、单位工程概况 　(一)单位工程名称及位置 　(二)单位工程主要建设内容 　(三)单位工程建设过程(包括工程开工、完工时间,施工中采取的主要措施等) 二、验收范围 三、单位工程完成情况和完成的主要工程量 四、单位工程质量评定 　(一)分部工程质量评定 　(二)工程外观质量评定 　(三)工程质量检测情况 　(四)单位工程质量等级评定意见 五、分部工程验收遗留问题处理情况 六、运行准备情况(投入使用验收需要此部分) 七、存在的主要问题及处理意见 八、意见和建议 九、结论 十、保留意见(应有本人签字) 十一、单位工程验收工作组成员签字表 十二、附件 　(一)提供给验收工作组的资料目录 　(二)分部工程验收鉴定书目录 附页

三、合同工程完工验收鉴定书

合同工程完工验收鉴定书正本数量可按参加验收单位、质量和安全监督机构各一份以及归档所需要的份数确定。自验收鉴定书通过之日起30个工作日内,由项目法人发送有关单位,并报送法人验收监督管理机关备案。合同工程完工验收鉴定书填写式样见表2-6。

表2-6　合同工程完工验收鉴定书

	前言(包括验收依据、组织机构、验收过程等)
	一、合同工程概况
××工程	(一)合同工程名称及位置
××合同工程验收	(二)合同工程主要建设内容
(合同名称及编号)	(三)合同工程建设过程
	二、验收范围
	三、合同执行情况(包括合同管理、工程完成情况和完成的主要工程量、结算情况等)
鉴定书	四、合同工程质量评定
	五、历次验收遗留问题处理情况
	六、存在的主要问题及处理意见
	七、意见和建议
	八、结论
	九、保留意见(应有本人签字)
××合同工程验收工作组	十、合同工程验收工作组成员签字表
××年×月×日	十一、附件
	(一)提供给验收工作组的资料目录
	(二)施工单位向项目法人移交的资料目录
封面	附页

第四节　工程建设管理文件

一、移民安置规划

(1)已经成立项目法人的大中型水利水电工程,由项目法人编制移民安置规划大纲,按照审批权限报省、自治区、直辖市人民政府或者国务院移民管理机构审批;省、自治区、直辖市人民政府或者国务院移民管理机构在审批前应征求移民区和移民安置区县级以上地方人民政府的意见。没有成立项目法人的大中型水利水电工程,项目主管部门应会同移民区和移民安置区县级以上地方人民政府编制移民安置规划大纲,按照审批权限报省、自治区、直辖市人民政府或者国务院移民管理机构审批。

(2)移民安置规划大纲根据工程占地和淹没区实物调查结果以及移民区、移民安置区经济社会情况和资源环境承载能力编制。工程占地和淹没区实物调查,由项目主管部门或者项目法人会同工程占地和淹没区所在地的地方人民政府实施;实物调查应全面准确,调查结果经调查者和被调查者签字认可并公示后,由有关地方人民政府签署意见。实物调查工作开始前,工程占地和淹没区所在地的省级人民政府应发布通告,禁止在工程占地和淹没区新增建设项目和迁入人口,并对实物调查工作做出安排。

(3)移民安置规划大纲主要包括移民安置的任务、去向、标准和农村移民生产安置方式以及移民生活水平评价和搬迁后生活水平预测、水库移民后期扶持政策、淹没线以上受影响范围的划定原则、移民安置规划编制原则等内容。

(4)编制移民安置规划大纲应广泛听取移民和移民安置区居民的意见;必要时,应采取听证的方式。经批准的移民安置规划大纲是编制移民安置规划的基本依据,应严格执行,不得随意调整或者修改;确需调整或者修改的,应报原批准机关批准。

(5)已经成立项目法人的,由项目法人根据经批准的移民安置规划大纲编制移民安置规划;没有成立项目法人的,项目主管部门应会同移民区和移民安置区县级以上地方人民政府,根据经批准的移民安置规划大纲编制移民安置规划。大中型水利水电工程的移民安置规划,按照审批权限经省、自治区、直辖市人民政府或者国务院移民管理机构审核后,由项目法人或者项目主管部门报项目审批或者核准部门,与可行性研究报告或者项目申请报告一并审批或者核准。省、自治区、直辖市人民政府或者国务院移民管理机构审核移民安置规划,应征求本级人民政府有关部门以及移民区和移民安置区县级以上地方人民政府的意见。

(6)编制移民安置规划应以资源环境承载能力为基础,遵循本地安置与异地安置、集中安置与分散安置、政府安置与移民自找门路安置相结合的原则。编制移民安置规划应尊重少数民族的生产、生活方式和风俗习惯。移民安置规划应与国民经济和社会发展规划以及土地利用总体规划、城市总体规划、村庄和集镇规划相衔接。

(7)移民安置规划应对农村移民安置、城(集)镇迁建、工矿企业迁建、专项设施迁建或者复建、防护工程建设、水库水域开发利用、水库移民后期扶持措施、征地补偿和移民安置资金概(估)算等做出安排。对淹没线以上受影响范围内因水库蓄水造成的居民生产、生活困难问题,应纳入移民安置规划,按照经济合理的原则妥善处理。

(8)对农村移民安置进行规划,应坚持以农业生产安置为主,遵循因地制宜、有利生产、方便生活、保护生态的原则,合理规划农村移民安置点;有条件的地方,可以结合小城镇建设进行。农村移民安置后,应使移民拥有与移民安置区居民基本相当的土地等农业生产资料。

(9)对城(集)镇移民安置进行规划,应以城(集)镇现状为基础,节约用地,合理布局。工矿企业的迁建,应符合国家的产业政策,结合技术改造和结构调整进行;对技术落后、浪费资源、产品质量低劣、污染严重、不具备安全生产条件的企业,应依法关闭。

(10)编制移民安置规划应广泛听取移民和移民安置区居民的意见;必要时,应采取听证的方式。经批准的移民安置规划是组织实施移民安置工作的基本依据,应严格执行,不得随意调整或者修改;确需调整或者修改的,应依照规定重新报批。未编制移民安置规划或者移民安置规划未经审核的大中型水利水电工程建设项目,有关部门不得批准或者核准其建设,不得为其办理用地等有关手续。

(11)征地补偿和移民安置资金、依法应缴纳的耕地占用税和耕地开垦费以及依照国务院有关规定缴纳的森林植被恢复费等应列入大中型水利水电工程概算。征地补偿和移民安置资金包括土地补偿费、安置补助费,农村居民点迁建、城(集)镇迁建、工矿企业迁建以及专项设施迁建或者复建补偿费(含有关地上附着物补偿费),移民个人财产补偿费(含地上附着物和青苗补偿费)和搬迁费、库底清理费、淹没区文物保护费和国家规定的其他费用。

(12)农村移民集中安置的农村居民点、城(集)镇、工矿企业以及专项设施等基础设施的迁建或者复建选址,应依法做好环境影响评价、水文地质与工程地质勘察、地质灾害防治和地质灾害危险性评估。

(13)对淹没区内的居民点、耕地等,具备防护条件的,应在经济合理的前提下,采取修建防护工程等防护措施,减少淹没损失。防护工程的建设费用由项目法人承担,运行管理费用由大中型水利水电工程管理单位负责。

二、征地补偿

(1)依法批准的流域规划中确定的大中型水利水电工程建设项目的用地,应纳入项目所在地的土地利用总体规划。大中型水利水电工程建设项目核准或者可行性研究报告批准后,项目用地应列入土地利用年度计划。属于国家重点扶持的水利、能源基础设施的大中型水利水电工程建设项目,其用地可以以划拨方式取得。

(2)大中型水利水电工程建设项目用地,应依法申请并办理审批手续,实行一次报批、分期征收,按期支付征地补偿费。对于应急的防洪、治涝等工程,经有批准权的人民政府决定,可以先行使用土地,事后补办用地手续。

(3)大中型水利水电工程建设征收耕地的,土地补偿费和安置补助费之和为该耕地被征收前三年平均年产值的16倍。土地补偿费和安置补助费不能使需要安置的移民保持原有生活水平、需要提高标准的,由项目法人或者项目主管部门报项目审批或者核准部门批准。征收其他土地的土地补偿费和安置补助费标准,按照工程所在省、自治区、直辖市规定的标准执行。被征收土地上的零星树木、青苗等补偿标准,按照工程所在省、自治区、直辖市规定的标准执行。被征收土地上的附着建筑物,按照其原规模、原标准或者恢复原功能的原则补偿;对补偿费用不足以修建基本用房的贫困移民,应给予适当补助。使用其他单位或者个人依法使用的国有耕地,参照征收耕地的补偿标准给予补偿;使用未确定给单位或者个人使用的国有未利用地,不予补偿。

(4)大中型水利水电工程建设临时用地,由县级以上人民政府土地主管部门批准。

(5)工矿企业和交通、电力、电信、广播电视等专项设施以及中小学的迁建或者复建,应按照其原规模、原标准或者恢复原功能的原则补偿。

(6)大中型水利水电工程建设占用耕地的,应执行占补平衡的规定。为安置移民开垦的耕地、因大中型水利水电工程建设而进行土地整理新增的耕地、工程施工新造的耕地可以抵扣或者折抵建设占用耕地的数量。大中型水利水电工程建设占用25°以上坡耕地的,不计入需要补充耕地的范围。

三、移民安置

（1）大中型水利水电工程开工前，项目法人应根据经批准的移民安置规划，与移民区和移民安置区所在的省、自治区、直辖市人民政府或者市、县人民政府签订移民安置协议；签订协议的省、自治区、直辖市人民政府或者市、县人民政府，可以与下一级有移民或者移民安置任务的人民政府签订移民安置协议。

（2）项目法人应根据大中型水利水电工程建设的要求和移民安置规划，在每年汛期结束后60日内，向与其签订移民安置协议的地方人民政府提出下年度移民安置计划建议；签订移民安置协议的地方人民政府，应根据移民安置规划和项目法人的年度移民安置计划建议，在与项目法人充分协商的基础上，组织编制并下达本行政区域的下年度移民安置年度计划。

（3）项目法人应根据移民安置年度计划，按照移民安置实施进度将征地补偿和移民安置资金支付给与其签订移民安置协议的地方人民政府。

（4）农村移民在本县通过新开发土地或者调剂土地集中安置的，县级人民政府应将土地补偿费、安置补助费和集体财产补偿费直接全额兑付给该村集体经济组织或者村民委员会。农村移民分散安置到本县内其他村集体经济组织或者村民委员会的，应由移民安置村集体经济组织或者村民委员会与县级人民政府签订协议，按照协议安排移民的生产和生活。

（5）农村移民在本省行政区域内其他县安置的，与项目法人签订移民安置协议的地方人民政府，应及时将相应的征地补偿和移民安置资金交给移民安置区县级人民政府，用于安排移民的生产和生活。农村移民跨省安置的，项目法人应及时将相应的征地补偿和移民安置资金交给移民安置区所在的省、自治区、直辖市人民政府，用于安排移民的生产和生活。

（6）搬迁费以及移民个人房屋和附属建筑物、个人所有的零星树木、青苗、农副业设施等个人财产补偿费，由移民区县级人民政府直接全额兑付给移民。

（7）移民自愿投亲靠友的，应由本人向移民区县级人民政府提出申请，并提交接收地县级人民政府出具的接收证明；移民区县级人民政府确认其具有土地等农业生产资料后，应与接收地县级人民政府和移民共同签订协议，将土地补偿费、安置补助费交给接收地县级人民政府，统筹安排移民的生产和生活，将个人财产补偿费和搬迁费发给移民个人。

（8）城（集）镇迁建、工矿企业迁建、专项设施迁建或者复建补偿费，由移民区县级以上地方人民政府交给当地人民政府或者有关单位。因扩大规模、提高标准增加的费用，由有关地方人民政府或者有关单位自行解决。

（9）农村移民集中安置的农村居民点应按照经批准的移民安置规划确定的规模和标准迁建。农村移民集中安置的农村居民点的道路、供水、供电等基础设施，由乡（镇）、村统一组织建设。农村移民住房，应由移民自主建造。有关地方人民政府或者村民委员会应统一规划宅基地，但不得强行规定建房标准。

四、水资源论证报告书

(一)受理范围

对直接从江河、湖泊或者地下取水并需申请取水许可证的新建项目,或涉及取水规模、取水口位置、取水用途等变化的改建、扩建的建设项目,在报审可行性研究报告前,应先报审建设项目水资源论证报告书。省级水行政主管部门负责建设项目水资源论证报告书的审批工作。其受理范围为日取地表水 5 000 m³ 及以上,且符合下列条件之一的:

(1)省管水利(含供水)工程的取水。

(2)总装机容量 5 万 kW 及以上的水电工程取水。

(3)跨地级以上市行政区域的取水。

(4)其他日取地表水 15 万 m³ 及以上工程的取水。

(5)其他由水利部门授权办理取水许可的项目取水。

(二)审批依据

水利工程建设项目水资源论证报告书审批依据主要有以下三种:

(1)《国务院对确需保留的行政审批项目设定行政许可的决定》(2004 年 6 月中华人民共和国国务院令第 412 号)。

(2)《建设项目水资源论证管理办法》(2002 年 3 月水利部、国家发展计划委员会令第 15 号)。

(3)《水利部关于修改或者废止部分水利行政许可规范性文件的决定》(2005 年水利部令第 25 号)。

(三)审批条件

(1)建设项目利用水资源符合江河流域或区域的综合规划及水资源保护规划等专项规划。

(2)遵守经批准的水量分配方案或协议。

(3)业主单位应委托有建设项目水资源论证资质的单位,对其建设项目进行水资源论证。

(4)建设项目水资源论证报告书,应包括建设项目概况,取水水源论证,用水合理性论证,退(排)水情况及其对水环境影响的分析,对其他用水户权益的影响分析及其他事项等内容。

(四)需提交的申请材料

水行政主管部门采用一般受理程序时,申请人应提交以下申请材料:

(1)申请人对审批机关提出申请审查的公函(送审稿,一式一份,原件)。

(2)建设项目水资源论证报告书(纸质资料原件一式两份,并附电子文档的光盘一份)。

(3)建设项目水资源论证工作委托合同(一式一份,复印件)。

(4)属于水库或自来水供水的提供供水协议、环境影响评价报告。

水资源论证报告书通过特别程序受理时,申请人应提交以下申请材料:

(1)经专家组组长和审批机关复核合格的建设项目水资源论证报告书(正式稿,纸质资料原件一式八份,并附电子文档的光盘三份)。

（2）建设项目水资源论证报告书评审专家意见(一式一份,复印件)。

（3）编制单位盖章的专家意见复核表(一式一份,原件)。

（4）经专家组组长同意"报告书满足评审要求"的证明。

（5）上报资料目录清单。

五、工程招投标与分包管理文件

（一）招标文件

招标文件包括表2-7所列文件。

表2-7　招标文件的组成

卷号	章号	名称	卷号	章号	名称
一		商务条款	…	…	
	1	投标邀请书		7	钻孔和灌浆
	2	投标须知		8	基础防渗工程
	3	合同条件		9	地基加固工程
	4	协议书、履约担保证件和工程预付款保函		10	土石方填筑工程
	5	投标报价书、投标保函和授权委托书		11	混凝土工程
				12	沥青混凝土工程
	6	工程量清单		13	砌体工程
	7	投标辅助资料		14	疏浚工程
	8	资格审查资料		15	压力钢管的制造和安装
	…	…		16	钢结构的制造和安装
二		技术条款		17	闸门及启闭机的安装
	1	一般规定		18	预埋件的埋设
	2	施工导流和水流控制		…	…
	3	土方明挖	三		招标图纸
	4	石方明挖		…	…

（二）投标文件

投标人应按招标文件规定的内容和格式编制并提交投标文件,投标文件除包括表2-7所列文件外,还包括以下补充内容:①投标报价书;②投标保函;③授权委托书;

④已标价的工程量清单;⑤投标辅助资料;⑥资格审查资料;⑦投标人按本投标须知要求提交的其他资料。

1. 应提交的资格材料

(1)投标人的基本情况,并附投标人的法人营业执照和企业资质证件的复印件及其证明。

(2)近期完成的类似工程的业绩情况。

(3)正在施工的和新承接的工程情况。

(4)最近三个年度的财务会计报表中的资产负债表和损益表的复印件(附审计报告或其他证明材料),并说明为实施本合同拟投入的流动资金金额及其来源(附证明材料)。

(5)履约信誉的证明材料和近三年内涉及的诉讼案件资料。

(6)近三年完成工程无质量事故证明。

2. 投标文件提交规定

(1)联合体各方应分别提交上述规定的全部文件。

(2)提交联合体各方共同签订的联合体协议。应指明其中的一方为联合体的责任方,并明确责任方和其他各方所承担的工作范围和责任,声明联合体各方应为履行合同承担连带责任。

(3)提交联合体各方的合法授权人共同签署的授权委托书。应授权其责任方代表联合体的任一方或全体成员承担本合同的责任,负责与发包人和监理人联系并接受指示,以及负责全面履行合同。

(4)不允许任一单位对同一合同提交或参与提交两份或两份以上不同的投标文件。

①除规定的替代方案的投标外,不允许一个投标人对同一合同提交两份或两份以上不同的投标文件。

②任一投标人或联合体的各成员均不准以任何方式参加其他投标人或变换联合体的责任方对同一合同投标。

3. 投标费用

投标人为准备和进行投标所发生的费用一概自理。除合同另有规定外,投标文件一律不予退还。

4. 保密

招投标双方应分别为对方在投标文件和招标文件中涉及的商业和技术等秘密保密,违者应对由此造成的后果承担责任。

5. 投标文件的提交

1)投标文件的密封和标记

(1)投标文件的正本和副本应分开装袋密封,不密封的投标文件无效。封袋面上应标明"正本"或"副本"字样,并写明:①发包人的名称和地址;②投标的合同名称及其编号;③在××年×月×日×时(规定的开标日期和时间)前不准启封;④投标人的名称和地址。

(2)若投标人未将投标文件按上述规定进行密封和标记,发包人将不承担与此有关的责任。

2）投标截止时间

（1）投标人应在××年×月×日×时前将投标文件送达指定地点，投标文件应当面提交。

（2）发包人认为有必要时可以发补充通知延长投标截止时间。若投标人同意延长投标截止时间，则招标文件规定的发包人和投标人与投标截止时间有关的义务和权利亦将适用至延长后的投标截止时间。

3）迟到的投标文件

在规定的投标截止时间以后送达的投标文件，发包人应当拒收。

4）投标文件的修改与撤回

（1）若投标人需要修改或撤回其投标文件，必须在规定的投标截止时间前将修改或撤回其投标文件的书面通知送达发包人。上述书面通知应按规定进行编制、密封和标记，并标明"修改"或"撤回"字样。

（2）除另有规定外，投标人不得在投标截止时间后修改投标文件。

（三）劳务、工程分包管理制度

（1）劳务、工程分包方的信息收集。在各工程项目合同签订（或项目部组建）后3日内，公司派员（或与项目人员）以合法有效的方式，向当地已快完工的建筑工程项目的各相应劳务班组、人员传递工程所需的劳务班组信息，以广泛收集当地劳务班组的相关信息资料。

（2）劳务、工程分包方的考察评价。在收到劳务班组报名后3日内，承建公司组织项目部等有关部门人员，对其进行考察、评价、筛选，了解其目前实际施工项目与其签订的分包合同及现场施工质量、能力、交工期、能否及时退场、信誉情况等，填写"劳务、工程分包方资格调查表"、"劳务、工程分包方主要业绩调查表"，推荐合格分包方，原则上每一分项工程选择3～5家合格分包方，报总经理审批后，公布"合格分包方名册"。

（3）劳务、工程分包方招标书的编制。劳务、工程分包方招标书由公司汇总编制。其中，工程分包合同由经营部提供，报价书由审计科提供，其他与工程相关的特殊内容由项目公司（项目部）提供。

（4）劳务、工程分包方的招投标。在项目公司（项目部）组建后2日内，须填报"××项目劳务招标计划表"，经工程部审核后，由公司按"合格分包方名册"进行工程分包招投标的组织实施。

①劳务、工程分包方按招标书内容进行投标。

②公司收标后2日内，即组织工程部等相关部门进行开标，并将开标记录及推荐中标候选单位的结果，报总经理审批后，由项目公司（项目部）与中标单位签订工程分包合同，经总经理签批后执行。

（5）如需从"合格分包方名册"以外的劳务公司（班组）选择投标方，项目公司（项目部）应将事先收集到的劳务公司（班组）资料随"××项目劳务招标计划表"一并传至公司，相关部门应进行评价，确认其是否为合格分包方。

（6）不招标项目，由项目部提出不招标申请报告，并由其选择队伍，同时附有关报价资料传至公司审核,经总经理签批后执行。

(7)劳务、工程分包方的管理和考评。

①项目部在施工过程中对劳务、工程分包方实施综合管理,并定期考评。

②各工程分包项目完成后,项目部对各劳务、工程分包方进行评价,评价记录报公司存档,作为该合格分包方年度评审的依据之一。参加管理评审的部门接到通知后,应提供在会上汇报的有关评审资料,并于5日内写出书面报告,交质量安全管理办公室。

③公司等相关部门协助项目部对劳务、工程分包方进行管理,并处理相关问题。

第五节　工程开工文件

已完成工程初步设计审批,具备主体工程开工条件的应按相关规定执行开工审批手续;属于省级水行政主管部门负责的水利基建项目,应由省级水行政主管部门负责审批。

一、开工申请条件

当水利工程建设项目具备以下条件时,均可提出水利工程开工审批行政许可申请:

(1)工程初步设计文件已经审批。

(2)项目法人(或责任主体)和法定代表人已按有关规定成立及任命。

(3)有关主体工程已按规定选择了监理与施工单位,并已签订经济合同。

(4)水利基本建设项目(含基建管理项目)投资承包合同书已签订。

(5)已签订《水利水电工程质量监督书》。

(6)到位资金满足当年施工需要。

(7)现场施工准备和征地移民拆迁等建设外部条件能够满足主体工程开工需要,并已获得有关土地使用计划或使用权的批准文件。

(8)项目法人与工程设计单位已签订设计图纸交付协议,施工详图设计可满足主体工程施工需要。

二、开工申请应提交的资料

(一)开工申请报送资料

工程建设单位进行开工申请时,报送的资料包括以下几部分:

(1)初步设计报告批准文件(复印件)。

(2)县级以上人民政府明确项目法人(或责任主体)和任命法定代表人的文件(复印件)。

(3)按规定须招标项目的中标通知书(复印件),以及勘察、设计、监理和施工等参建单位的资质等级证书(复印件)。

(4)双方已签订的水利基本建设项目(含基建管理项目)投资承包合同书(复印件)。

(5)水利水电工程质量监督书(复印件)。

(6)主体工程施工进度计划安排。

（7）施工年度计划有度汛任务的应提供足够年度度汛施工项目的资金到位证明。

（二）开工申请资料填写式样

开工申请资料填写式样见表2-8～表2-10。

表2-8　水利水电工程质量监督书

<table>
<tr><td colspan="2">

水利水电工程质量监督书

××建设管理局：

　　你单位申报工程质量监督时提供的文件和资料,经审查符合规定,已缴纳监督费,统一办理工程质量监督注册手续。我站将对其实施政府质量监督管理,并按《建设工程质量管理条例》第七章履行责任和义务。

工程名称：

工程地点：

注册登记号：

××市水利水电工程质量监督检查站（盖章）

</td></tr>
</table>

说明: 本监督书一式两份,业主和我站各执一份。

表2-9　水利水电工程质量监督注册登记表

登记号：

工程名称				工程地点	
联系人		联系电话		邮政编码	
工程概况					
开工时间			竣工时间		
施工单位			资质等级		
设计单位			资质等级		
监理单位			资质等级		
金结制造单位			金结安装单位		
机组制造单位			机组安装单位		
线路施工单位			资质等级		
电杆供应厂					
建设单位(盖章)：			项目法人(签字)：		

表 2-10 水利水电工程质量保证体系登记表

表 2-10 水利水电工程质量保证体系登记表

工程单位		
建设单位	法人代表	
	技术负责人	
施工单位	项目经理	
	技术负责人	
	质检员	
监理单位	总监	
	监理工程师	
	监理员	
设计单位	项目负责人	
	技术负责人	
	设计员	
设备制造和安装单位	项目负责人	
	技术负责人	
	施工员	
线路工程施工单位	项目负责人	
	技术负责人	
	施工员	

说明:以上单位若不止一家,应加页填写。

三、工程开工申请

(一)单位工程开工申请

承建单位应在单位工程开工前,将施工组织设计报送监理机构批准,并据批准文件向监理机构申请单位工程开工。单位工程开工申请单填写式样见表 2-11。

(二)分部(分项)工程开工申请

分部(分项)工程开工前,承建单位必须按工程承建合同文件和相应工程项目监理细则规定的程序、期限与要求,编报施工作业措施计划,并据监理机构的批准文件申请分部(分项)工程开工许可证。分部(分项)工程开工申请单填写式样见表 2-12。

表 2-11　单位工程开工申请单

承建单位：××水利水电第×工程局　　　　　合同编号：　　　　　编号：

致(工程监理单位)：		
鉴于本申请书申报单位工程的施工组织设计已经完成,施工设备已经基本调集进场,人员以及施工组织已经到位,开工条件业已具备,申请本单位工程开工,以便进行施工准备,促使首批开工的分部(分项)工程项目早日开工。 　　　　　　　　　　　　　　　　承建单位：××水利水电第×工程局 　　　　　　　　　　　　　　　　项目经理：××× 　　　　　　　　　　　　　　　　申报日期：××年×月×日		
承建单位申报记录	申请开工单位工程名称或编码	
	合同工期目标	
	计划施工时段	自××年×月×日至××年×月×日
	计划首批开工分部(分项)工程项目名称或编码	
附件目录	□施工组织设计 ☑控制性施工进度计划 ☑进场施工设备表 ☑施工组织及人员计划	监理机构 签收记录	开工指令于申报文件通过审议后专文发送。 　　　　　签收人：××× 　　　　　签收日期：××年×月×日

说明：一式四份报送监理部,签收后返回申请单位两份。

(三)单元工程开工申请

　　单元工程开工前,承建单位或其下级施工单位与授权管理机构必须依照工程承建合同文件规定和监理细则文件要求,向监理机构申报单元工程开工签证,并以此作为工程计量及支付申报的依据。

　　下序单元工程开工前,由承建单位质检部门凭上序工程施工质量终检合格证和单元工程质量评定表向监理机构申办开工签证,联检单元工程的开工或开仓还需附施工质量联合检验合格证。

　　凡需要进行地质编录或竣工地形测绘的,在工程开工前,还必须同时具备该项工作完成的签证记录。

　　为有利于工程施工的紧凑进行,对于开工准备就绪,并且工程开工不影响地质编录或测绘工作完成的,经承建单位或其施工单位申报,监理工程师也可依照监理机构授权在上序单元工程检验合格的同时,签发下序单元工程开工签证。

表 2-12　分部(分项)工程开工申请单

承建单位：××水利水电第×工程局　　　　　　合同编号：　　　　　编号：

申请开工分部(分项)工程 或分部(分项)工程编码		××水利工程 2# 堤防	工程部位	
申请开工日期	××年×月×日	计划工期	××年×月×日至××年×月×日	
施工准备工作检查记录	序号	检查内容	检查结果	
	1	设计文件、施工技术、措施、计划交底	资料完整	
	2	主要施工设备、机具到位	设备到位	
	3	施工安全、工程管理和质量保证措施到位	具备安全防护措施	
	4	建筑材料、成品或半成品报验合格	进场材料已通过试验检测，可以开始施工	
	5	劳动组织及人员组合安排完成	人员已经到位，资格证、上岗证齐全	
	6	风、水、电等必需的辅助生产设施就绪	具备开工条件	
	7	场地平整、交通、临时设施和准备工作就绪	具备开工条件	
	8			
	9			
附件目录	☑分部(分项)工程施工措施计划 ☑分部(分项)工程施工进度表			
承建单位申报记录	本项工程开工条件已经具备，施工准备已经就绪。报请检查并批准按申请日期开工。 　申报单位：××水利水电第×工程局 　项目经理：××× 　日期：××年×月×日		监理机构签收记录	监理单位：××监理公司监理部 签收人：××× 签收日期：××年×月×日

说明：一式四份报送监理部，签收后返回申请单位两份。

第六节　工程施工方案

　　水利水电工程的施工方案是对整个建设项目全局做出统筹规划和全面安排，主要解决影响建设项目全局的重大战略问题。它是施工组织设计的中心环节，是对整个建设项目带有全局性的总体规划。

一、工程施工方案的编制

(一)施工方案的编制依据

　　施工方案编制的主要依据是：施工图纸、施工现场勘察调查的资料和信息、施工验收规范、质量检查验收标准、安全与技术操作规程、施工机械性能手册、新技术、新设备、新工艺等资料。

（二）施工方案的编制要求

在进行施工方案编制时,应对具体情况进行具体分析,按总工期、合同工期的要求,事先制定出必须遵循的原则,做出切实可行的施工方案。

1. 分期分批施工

对于大中型、总工期较长的工程建设项目,一般应在保证总工期的前提下,实行分期分批建设。在对工程进行分期分批时,应根据生产工艺要求、工程规模大小、施工难易程度、建设单位要求、资金和技术资源情况等,由建设单位、监理单位和施工单位共同研究确定。这样既可使各具体项目迅速建成,及早发挥工程效益,又可在全局上实现施工的连续性和均衡性,减少临时工程数量,降低工程成本。

2. 确定施工顺序

由于建设产品具有固定性,且必须在同一场地上进行,如果没有前一阶段的工作,后一阶段的工作就不能进行,因此建设施工活动具有一定的顺序性。即使它们之间交错搭接地进行,也必须按照一定的顺序。

在确定施工顺序时,除了应满足施工工艺的要求,不能违背各施工顺序间存在的工艺顺序关系,还应考虑施工组织、施工质量的要求,如施工顺序有多种方式,应按照对施工组织有利和方便的原则来确定。例如水闸在施工时,因闸室基础较深,而相邻结构基础浅,则应根据施工组织的要求,先施工闸室深基础,再施工相邻的浅基础。

在安排施工项目先后顺序时,还应按照各工程项目的重要程度,优先安排以下工程:

(1)先期投入生产或起主导性作用的工程项目。

(2)工程量大、施工难度大、施工工期长的工程项目。

(3)生产需先期使用的机修车间、车床、办公楼及部分宿舍等。

(4)供施工使用的项目,如钢筋加工厂、木材加工厂、各种预制构件加工厂、混凝土搅拌站、采砂(石)场等附属企业及其他为施工服务的临时设施。

3. 施工季节的影响

不同季节对施工有很大影响,它不仅影响施工进度,而且影响工程质量和投资效益,在确定工程施工时应特别注意。在多雨地区施工时,必须先进行土方工程施工,再进行其他工程的施工;大规模的土方工程和深基础工程施工,最好不要安排在雨季;在寒冷地区施工时,最好在入冬时转入室内作业和设备安装。

（三）施工方案的内容

由于建设项目的性质、规模、客观条件不同,施工方案的内容和侧重点也各不相同,其主要内容应包括施工方法、施工工艺流程和施工机械设备等。

对施工方法的确定,要兼顾技术工艺的先进性和经济的合理性;对施工工艺流程的确定,要符合施工的技术规律;对施工机械的选择,应使主要施工机械的性能满足工程的需要,辅助配套机械的性能应与主要施工机械相适应,并能充分发挥主要施工机械的工作效率。

在现代化施工条件下,施工方法与施工机械关系极为密切,一旦确定了施工方法,施工机械也就随之而定。施工方法的选择随工种、工程的不同而不同,例如,土石方工程中,应先确定土石方开挖方法或爆破方法;在钢筋混凝土工程中,应先确定模板类型及支撑方法,选择混凝土的搅拌、运输和浇筑方法等。所选择的机械化施工总方案,不仅应在技术上先进、适用,而且在经济上也应是合理的。

(四)施工方案的选择

在确定施工方案前,还应对施工方案进行技术经济评价,其目的在于对单位工程各个可行的施工方案进行比较,选择出工期短、质量好、成本低的最佳方案。

对施工方案常用的评价方法有定量和定性分析评价两种,其对施工方案的选择具有非常重要的作用。

1. 定量分析评价

定量分析评价是通过计算各方案的一些主要技术经济指标,包括工程的工期指标、劳动量指标、主要材料消耗指标和成本指标等,然后进行综合比较分析,从中选出综合指标较佳方案的一种方法。

2. 定性分析评价

定性分析评价是指结合施工经验,对多个施工方案的优缺点进行分析比较,最后选定较优方案的评价方法。

水利水电工程施工方案的编制工作非常重要,只有编制出切合实际的施工方案,才能保证水利水电工程建设的顺利进行。

二、工程施工方案的审核

(一)审核依据

对于省管河道及出海、河口水域滩涂开发利用的工程建设方案,水利工程主管部门进行审核时,应依据《中华人民共和国水法》《中华人民共和国防洪法》等相关法律、法规和地方性管理条例。审核时,应先进行技术评审,合格后交主管领导审核批准。

(二)审批条件

(1)符合流域综合规划,并与土地利用总体规划、海域开发利用总体规划、城市总体规划和航道整治规划相协调。

(2)符合河口滩涂开发利用规划,河口滩涂高程较稳定,且处于淤涨拓宽状态。

(3)符合防洪标准和有关技术规范要求。

(4)符合河道行洪纳潮、生态环境保护、河势稳定、防汛工程设施安全等的要求。

(三)需提交的申请材料

(1)经有审批权的环保部门审查同意的河口滩涂开发利用环境影响评价报告。

(2)建设项目所在地县级以上水行政主管部门的初审意见。

(3)河口滩涂开发利用项目所涉及的防洪措施。

(4)河口滩涂开发利用项目对河口变化、行洪纳潮、堤防安全、河口水质的影响以及所采取的措施。

(5)开发利用河口滩涂的用途、范围和开发期限。

(四)省管河道管理范围内工程建设方案的审批

1. 受理范围及审批依据

在本行政区域内主要河道及其出海口河道管理范围内,修建跨河、穿河、穿堤或临河的水利工程时,必须提交工程建设方案,经水利工程主管部门审核批准。若水利工程设施涉及或影响的范围较大,还应提交上一级主管部门审核批准。审批提交的工程建设方案时,应依据《中华人民共和国水法》、《中华人民共和国河道管理条例》以及本地区相关行政法规和规章等进行,审核合格后,方可作为工程建设的依据。

2. 审批条件

(1)符合江河流域综合规划和有关的国土及区域发展规划。

(2)符合防洪标准和有关技术规范要求,且不得妨碍防洪抢险。

(3)对河道行洪纳潮、河势稳定、水流流态、水质、冲淤变化及堤防、护岸和其他水利工程安全的影响较小,且采取相应的补救措施。

3. 提交的申请材料

工程建设单位应提交的申请材料包括:建设项目所在地县级以上人民政府和建设单位上级主管部门的文件或意见,建设项目所在地县级以上水行政主管部门的初审意见,可行性研究阶段的建设项目设计资料和文件清单,防洪评估报告。

以上材料要求一式两份。

4. 新建、扩建、改建工程建设方案的审批

在省管权限的水利工程管理和保护范围内,对新建、扩建、改建的工程建设方案审批时,应提交以下申请材料:

(1)申请报告。

(2)水利工程管理单位意见。

(3)工程建设设计报告(方案)。

(4)工程建设设计计算书。

(5)工程建设项目设计图纸。

(6)涉及通航水域的建设项目,应提及航道主管部门的批复意见。

(7)涉及河道防洪的建设项目,应提及防洪评估报告。

水利工程主管部门接到申请材料后,应认真审查,符合审批条件的应予以批准;不符合审批条件的,可予以驳回。

第七节 水利工程建设管理文件资料归档范围与保管期限

水利水电工程建设前期与工程建设管理文件资料归档范围与保管期限见表2-13。

表 2-13　文件资料归档范围与保管期限

序号	归档文件	保管期限		
		项目法人	运行管理单位	流域机构档案馆
1	工程建设前期工作文件资料			
1.1	勘测设计任务书、报批文件及审批文件	长期	长期	
1.2	规划报告书、附件、附图、报批文件及审批文件	长期	长期	
1.3	项目建议书、附件、附图、报批文件及审批文件	长期	长期	
1.4	可行性研究报告书、附件、附图、报批文件及审批文件	长期	长期	
1.5	初步设计报告书、附件、附图、报批文件及审批文件	长期	长期	
1.6	各阶段的环境影响、水土保持、水资源评价等专项报告及批复文件	长期	长期	
1.7	各阶段的评估报告	长期	长期	
1.8	各阶段的鉴定、试验等专题报告	长期	长期	
1.9	招标设计文件	长期	长期	
1.10	技术设计文件	长期	长期	
1.11	施工图设计文件	长期	长期	
2	工程建设管理文件资料			
2.1	工程建设管理有关规章制度、办法	长期	长期	
2.2	开工报告及审批文件	长期	长期	
2.3	重要协调会议与有关专业会议的文件及相关材料	长期	长期	
2.4	工程建设大事记	长期	长期	长期
2.5	重大事件、事故声像材料	长期	长期	
2.6	有关工程建设管理及移民工作的各种合同、协议书	长期	长期	
2.7	合同谈判记录、纪要	长期	长期	
2.8	合同变更文件	长期	长期	
2.9	索赔与反索赔材料	长期	长期	
2.10	工程建设管理涉及的有关法律事务往来文件	长期	长期	
2.11	移民征地申请、批准文件及红线图(含土地使用证)、行政区域图、坐标图	长期	长期	
2.12	移民拆迁规划、安置、补偿及实施方案和相关的批准文件	长期	长期	
2.13	各种专业会议记录	长期	＊长期	
2.14	专业会议纪要	长期	＊长期	＊长期

序号	归档文件	保管期限		
		项目法人	运行管理单位	流域机构档案馆
2.15	有关领导的重要批示	长期	长期	
2.16	有关工程建设计划、实施计划和调权计划	长期		
2.17	重大设计变更及审批文件	长期	长期	长期
2.18	有关质量及安全生产事故处理文件材料	长期	长期	
2.19	有关招标技术设计、施工图设计及其审查文件材料	长期	长期	
2.20	有关投资、进度、质量、安全、合同等控制性文件材料	长期		
2.21	招标文件、招标修改文件、招标补遗及答疑文件	长期		
2.22	投标书、资质资料、履约类保函、委托授权书和投标澄清文件、修正文件	长期		
2.23	开标、评标会议文件及中标通知书	长期		
2.24	环保、档案、防疫、消防、人防、水土保持等专项验收的请示、批复文件	长期	长期	
2.25	工程建设不同阶段产生的有关工程启用、移交的各种文件材料	长期	长期	*长期
2.26	出国考察报告及外国技术人员提供的有关文件材料	长期		
2.27	项目法人在工程建设管理方面与有关单位(含外商)的重要来往函电	长期		

注:保存期限中有 * 的类项,表示相关单位只保存与本单位有关或较重要的相关文件资料。

思考题

1. 水利工程建设项目主要内容包括哪些?

2. 水利水电工程建设前期工作文件的内容有哪些?

3. 项目建议书的主要内容是什么?如何编制项目建议书?

4. 对项目建议书的报送与审批有何要求?

5. 水利水电工程各阶段的鉴定书如何填写?

6. 对水利水电工程前期工作文件资料的归档范围与保管期限有何规定?

第三章　水利工程施工资料整编

【学习目标】

　　知识目标:了解工程施工过程中所涉及的主要工程施工资料整编工作。

　　能力目标:理解和掌握现场施工管理、施工技术、施工测量记录、施工物资、施工试验记录和施工安全管理等资料的收集范围、整编要求和编制方法,正确填写施工资料。

第一节　施工管理资料

一、工程概况表

　　工程概况表是对工程基本情况的简单叙述,应包括工程名称、建设地点、工程造价、开工日期、计划竣工日期、施工许可证号、监督注册号、建设单位、勘测单位、监理单位、设计单位、施工单位、工程分类、工程内容、结构类型、主要工程量、主要施工工艺和其他等相关内容,具体要求如下:

　　(1)从工程名称到施工单位栏内,按工程实际情况填写,必须与建设工程规划许可证、施工许可证及施工图纸一致。

　　(2)工程分类栏内:结合工程设计要求,做到重点突出。

　　(3)工程内容栏内:按照施工合同约定的施工内容填写。

　　(4)结构类型栏内:按建筑物设计的实际类型填写。

　　(5)主要工程量栏内:按实际施工内容填写主要工程量。

　　(6)主要施工工艺栏内:按施工组织要求,填写主要施工工艺过程。

　　(7)其他栏内:填写工程机电系统等独特特征,或采用的新技术、新产品、新工艺等。

　　工程概况表样表见表3-1。

二、现场施工管理资料

(一)现场见证取样及送检资料

　　水利工程施工现场见证取样及送检资料主要有:见证取样和送检见证人备案书、见证记录、见证试验汇总表等。

1.见证取样和送检见证人备案书

　　见证取样和送检见证人备案书填写说明如下:

　　(1)见证人一般由施工现场监理人员担任,施工和材料、设备供应单位人员不得担任。见证人员必须由责任心强、工作认真的人担任。

　　(2)工程见证人确定后,由建设单位向该工程的监督机构递交备案书进行备案,如见证人更换须办理变更备案手续。

表 3-1　工程概况表

工程概况表（表 SL1－1）		编号	
工程名称			
建设地点		工程造价	（万元）
开工日期	年　月　日	计划竣工日期	年　月　日
施工许可证号		监督注册号	
建设单位		勘测单位	
监理单位		设计单位	
监督单位		工程分类	
施工单位	名称		
	工程项目经理		
	现场管理负责人		
工程内容			
结构类型			
主要工程量			
主要施工工艺			
其他			

注：本表由施工单位填写并保存。

（3）所取试样必须送到有相应资质的检测单位。

见证取样和送检见证人备案书填写范例见表 3-2。

表 3-2　见证取样和送检见证人备案书

××××试验室：

我单位决定，由×××同志担任××发电厂房工程见证取样和送检见证人。有关的印章和签字如下，请查收备案。

见证取样和送检印章	见证人签字
××监理公司 见证取样和送检印章	××× ×××

建设单位名称（盖章）：××水利工程开发总公司　　　　　　××年×月×日

监理单位名称（盖章）：××监理公司　　　　　　　　　　　××年×月×日

施工项目负责人签字：×××　　　　　　　　　　　　　　　××年×月×日

2．见证记录

在水利工程施工现场，见证人员及检测人员必须对所取试样实事求是，不许弄虚作假，否则应承担相应的法律责任。

（1）施工过程中，见证人应按照事先编写的见证取样和送检计划进行取样及送检。

（2）试样上应做好样品名称、取样部位、取样日期等标示。

（3）单位工程见证取样和送检次数不得少于试验总次数的30%，试验总次数在10次以下的不得少于2次。

（4）送检试样应在施工现场随机抽取，不得另外制作。

见证记录填写范例见表3-3。

表3-3　见证记录

编号：

工程名称：××水库混凝土坝	取样部位：坝基上×m处	样品名称：混凝土标养试块
取样数量：　　　一组	取样地点：　施工现场	取样日期：××年×月×日

见证记录：

　　见证取样取自06号罐车。试块上已做明标示。

见证取样和送检印章：

××监理公司
见证取样和送检印章

取样人签字：×××

见证人签字：×××

3. 见证试验汇总表

见证试验汇总表由施工单位填写，并纳入工程档案。见证取样及送检资料必须真实、完整，符合规定，不得伪造、涂改或丢失。如试验不合格，应加倍取样复试。

见证试验汇总表（见表3-4）填写说明及要求如下：

（1）"试验项目"指规范规定的应进行见证取样的某一项目。

（2）"应送试总次数"指该项目按照设计、规范、相关标准要求及试验计划应送检的总次数。

（3）"见证试验次数"指该项目按见证取样要求的实际试验次数。

表3-4　见证试验汇总表

工程名称：××××　　　　施工单位：××工程局　　　　建设单位：××水利工程开发总公司

监理单位：××监理公司　　　见证人：×××　　　　试验室名称：××××

试验项目	应送试总次数	见证试验次数	不合格次数	备注
混凝土试块	65	27	0	
砌筑砂浆试块	20	8	0	
钢筋原材	42	5	0	
直接螺纹钢筋接头	20	18	0	
SBS防水卷材	5	3	0	

施工单位：××工程局　　　　制表人：×××　　　　填制日期：××年×月×日

(二)施工日志

施工日志是现场施工情况的真实记录,由施工单位相关人员据实填写,样表见表3-5。

表3-5　施工日志

施工日志(表SL1－2)				编号			
工程名称							
施工单位							
	天气状况		风力(级)	最高、最低温度(℃)		备注	
白天							
夜间							
生产情况记录:(施工生产的调度、存在问题及处理情况;安全生产和文明施工活动及存在问题等)							
技术质量工作记录:(技术质量活动、存在问题、处理情况等)							
项目负责人			填写人			日期	年　月　日

注:本表由施工单位填写并保存。

(1)施工日志是施工活动的原始记录,是编制施工文件、积累资料、总结施工经验的重要依据,由项目技术负责人具体负责。

(2)施工日志应以单位工程为记载对象。从工程开工起至工程竣工止,按专业指定专人负责逐日记载,并保证内容真实、连续和完整。

(3)施工日志填写内容应根据工程实际情况确定,一般应含工程概况、当日生产情况、技术质量安全情况、施工中发生的问题及处理情况、各专业配合情况、安全生产情况等。

(4)施工日志可以采用计算机录入、打印,也可按规定样式手工填写,并装订成册,必须保证字迹清晰、内容齐全,由各专业负责人签字。

(三)施工现场质量管理检查记录

(1)水利工程项目经理部应建立质量责任制度及现场管理制度,健全质量管理体系,执行施工技术标准,审查资质证书、施工图、地质勘察资料和施工技术文件等。

(2)施工单位应按规定填写"施工现场质量管理检查记录"(见表3-6),报项目总监理工程师(或建设单位项目负责人)检查,并做出检查结论。

三、工程质量事故报告

(一)工程质量事故调(勘)查记录

水利工程质量事故调(勘)查记录(见表3-7)是当工程发生质量事故后,调查人员对工程质量事故进行初步调查了解和现场勘察所形成的记录。

(1)本表应由调查人员来填写,各有关单位保存。

(2)本表应本着实事求是的原则填写,严禁弄虚作假。应采用影像的形式真实记录现场情况,作为分析事故的依据。

(3)"调(勘)查笔录"栏应填写工程质量事故发生时间、具体部位、原因等,并初步估计造成的损失。

表 3-6 施工现场质量管理检查记录

编号：

工程名称	××工程	施工许可证	××××	开工日期	××年×月×日
设计单位	××水利水电工程勘察设计院		项目负责人		
建设单位	××水利工程开发总公司		项目负责人		
监理单位	××监理公司		总监理工程师		
施工单位	××工程局	项目经理	×××	项目技术负责人	×××
1	现场质量管理制度		质量例会制度,月评比及奖惩制度,三检及交接检制度,质量与经济挂钩制度		
2	主要责任制		岗位责任制,设计交底制,技术交底制,挂牌制度		
3	主要专业工种操作上岗证书		测量工、钢筋工、起重工、电焊工、架子工等有证		
4	分包管理制度		分包方资质与分包单位的管理制度		
5	施工图审查情况		审查报告及审查批准书(建结设28号)		
6	地质勘察资料		地质勘探报告		
7	施工组织设计、施工方案及审批		施工组织设计编制、审核、批准资料齐全		
8	施工技术标准		模板、钢筋、混凝土灌注等标准		
9	工程质量检验制度		原材料及施工检验制度,抽测项目的检验计划		
10	搅拌站及计量设置		管理制度和计量设施精确度及控制措施		
11	现场材料、设备存放与管理		钢材、砂石、水泥及玻璃、地面砖的管理办法		

检查结论：

施工现场质量管理制度完整,符合要求,工程质量有保障。

总监理工程师

(建设单位项目负责人)：×××   ××年×月×日

表 3-7 水利工程质量事故调(勘)查记录

编号：

工程名称	××工程		日期		××年×月×日
调查时间	××年×月×日×时×分至×时×分				
调查地点	(工程项目所在地)				
参加人员	单位	姓名	职务		联系电话
被调查人员	××工程局	×××	项目经理		×××
陪同调(勘)查人员	×××	×××	质检员		×××
	×××	×××	质检员		×××
调(勘)查笔录	××年×月×日在混凝土施工时,由于振捣工没有按照混凝土振捣操作规程操作,致使坝面与坝基交接处有长100 cm、宽10 cm的混凝土发生漏筋、孔洞等质量缺陷				
现场证物照片	☑有	□无	共×张	共×页	
事故证据资料	☑有	□无	共×张	共×页	
被调查人签字	×××		调(勘)查人		×××

(二)工程质量事故报告单

工程发生重大质量事故后,调查人员应如实填写工程质量事故报告单(见表3-8),并交各有关单位保存。

表3-8 工程质量事故报告单

(承包[××]事故××号)

合同名称:××水利施工合同　　承包人:××市水利水电第×工程局　　合同编号:

致:(监理机构) ××年×月×日×时,在××(工程地点)发生×××事故,现将事故发生情况报告如下,待调查结果出来后,再另行做详情报告	
事故简述	混凝土施工时,由于振捣工没有按照混凝土振捣操作规程操作,致使坝基与垫层交接处出现一长90 cm、宽10 cm的缺口,发生漏筋、漏石等质量缺陷
初步处理意见	①该处工程拆除返工,重新进行浇筑。②对直接责任人进行质量意识教育,并处以50元罚款。③对所在班组提出批评,并停工一天进行规程培训
已采取应急措施	
(填报说明)	监理机构将另行签发批复意见。
承包人(全称及盖章): 项目经理(签名): 日期:××年×月×日	监理机构(全称及盖章): 签收人(签名): 日期:××年×月×日

工程质量事故报告单中,事故发生时间应记载年、月、日、时、分;估计造成的损失,指因质量事故导致的返工、加固等费用,包括人工费、材料费和一定数额的管理费;事故情况,包括倒塌情况(整体倒塌或局部倒塌的部位)、损失情况(伤亡人数、损失程度、倒塌面积等);事故原因,包括设计原因(计算错误、构造不合理等)、施工原因(施工粗制滥造,材料、构配件或设备质量低劣等)、设计与施工的共同问题、不可抗力等;处理意见,包括现场处理情况、设计和施工的技术措施、主要责任者及处理结果。

第二节　施工技术资料

一、施工技术交底记录

(一)技术交底规定

(1)重点和大型工程施工组织设计交底应由施工企业的技术负责人把主要设计要求、施工措施以及重要事项对项目主要管理人员进行交底。其他工程施工组织设计交底应由项目技术负责人负责。

(2)专项施工方案技术交底应由项目专业技术负责人负责,根据专项施工方案对专业工长进行交底。

(3)分项工程施工技术交底应由专业工长对专业施工班组(或专业分包)进行交底。

(4)"四新"(新材料、新产品、新技术、新工艺)技术交底应由项目技术负责人组织有关专业人员编制。

(5)设计变更技术交底应由项目技术部门根据变更要求,并结合具体施工步骤、措施及注意事项等对专业工长进行交底。

(二)技术交底记录

(1)技术交底记录(见表3-9)应包括施工组织设计交底、专项施工方案技术交底、分项工程施工技术交底、"四新"技术交底和设计变更技术交底。各项交底应有文字记录,交底双方签认应齐全。

表3-9　技术交底记录

编号:

工程名称	引水隧洞	交底日期	××年×月×日
施工单位	××水利水电第×工程局	分项工程名称	隧洞开挖与衬砌
交底提要	锚喷支护		

交底内容:
　(1)锚喷支护用的锚杆材质符合设计要求,使用的钢筋要调直、除锈、去污。
　(2)水泥强度等级不低于42.5级,宜选用普通硅酸盐水泥,所用外加剂中严禁含有对锚杆有腐蚀作用的化学成分。
　(3)对易风化、易崩解和具膨胀性的岩体,开挖后要及时封闭岩体,并采取防水、排水措施

审核人	×××	交底人	×××	接受交底人	×××

(2)施工技术交底的内容应具有可操作性和针对性,能够切实地指导施工,不允许出现"详见×××规程"之类的语言。技术交底记录应对安全事项重点单独说明。

(3)当作分项工程施工技术交底时,应填写"分项工程名称"栏,其他技术交底可不填写。

(4)附件收集:必要的图纸、图片、"四新"的相关文件。

二、图纸会审纪要

图纸会审纪要应由建设、设计、监理和施工单位的项目相关负责人签认,形成正式图纸会审纪要。不得擅自在会审纪要上涂改或变更其内容。

监理、施工单位应将各自提出的图纸问题及意见,按专业整理、汇总后报建设单位,由建设单位提交设计单位做交底准备。

图纸会审纪要应由施工单位根据不同的专业进行汇总、整理。图纸会审纪要一经各方签字确认后即成为设计文件的一部分,是现场施工的依据。

图纸会审纪要填写式样见表3-10。

三、施工组织设计

(一)施工组织设计的内容

(1)工程概况。

(2)开工前施工准备。

(3)施工部署与施工方案。

表 3-10　图纸会审纪要

工程名称		×××工程	分类工程名称		×××	
工程地点		（工程项目所在地）	日期		××年×月×日	
序号	图号	图纸问题		图纸问题交底		
1	结-1	结构说明3中,混凝土材料:沥青混凝土心墙使用的抗渗混凝土未给出抗渗等级		抗渗等级为P8		
2	结-10	Z14中标高为25.20~28.00 m,与剖面图不符		Z14标高应改为21.50~28.00 m		
签字栏		建设单位	监理单位	设计单位		施工单位
		××××	××××	××××		××××

（4）施工进度计划。

（5）施工现场平面布置图。

（6）劳动力、机械设备、材料和构件等供应计划。

（7）建筑工地施工业务的组织规划。

（8）主要技术经济指标的确定。

在上述几项基本内容中,第（3）、（4）、（5）项是施工组织设计的核心部分。

（二）施工组织设计的编制依据

（1）《水电工程可行性研究报告编制规程》（DL/T 5020—2007）。

（2）可行性研究报告及审批意见、上级单位对本工程建设的要求或批件。

（3）工程所在地区有关基本建设的法规或条例,地方政府、业主对本工程建设的要求。

（4）国民经济各有关部门（铁道、交通、林业、灌溉、旅游、环境保护、城镇供水等）对本工程建设期间的有关要求及协议。

（5）当前水利水电工程建设的施工装备、管理水平和技术特点。

（6）工程所在地区和河流的自然条件（地形、地质、水文、气象特征和当地建材情况等）、施工电源、水源及水质、交通、环境保护、旅游、防洪、灌溉、航运、供水等现状和近期发展规划。

（7）当地城镇现有修配、加工能力,生活、生产物资和劳动力供应条件,居民生活、卫生习惯等。

（8）施工导流及通航等水工模型试验、各种原材料试验、混凝土配合比试验、重要结构模型试验、岩土物理力学试验等成果。

（9）工程有关工艺试验或生产性试验成果。

（10）勘测、设计各专业有关成果。

（11）有关技术新成果和类似工程的经验资料等。

（三）施工组织机构

施工组织设计必须有施工组织机构图,以概要说明承担本工程的项目经理部资质、人员构成基本情况。现场组织机构及主要人员报审表式样见表3-11。

表 3-11　现场组织机构及主要人员报审表

（承包［×　×］机人××号）

合同名称：　　　　　　　　合同编号：　　　　　　　　承包人：

序号	机构设置	职责范围	负责人/联系方式	主要技术管理人员	各工种技术工人	备注

现提交第×次现场组织机构及主要人员报审表,请审查。

附件:相关人员资质、资格或岗位证书

承包人（全称及盖章）：　　　　项目经理（签名）：　　　　日期：××年×月×日

监理机构将另行签发审核意见。

监理机构（全称及盖章）：　　　　签收人（签名）：　　　　日期：××年×月×日

说明:本表一式×份,由承包人填写,监理机构审核后,随同审核意见承包人、监理机构、发包人各一份。

（四）施工总进度

施工总进度的任务是根据工程所在地区的自然条件、水工设计方案、工程施工方案、工程施工特性、社会经济资源及工程建设目标,研究确定关键性工程的施工进度,从而选择合理的总工期及相应的总进度;在保证工程质量和施工安全的前提下,协调平衡和安排其他单项工程的施工进度,使工程各阶段、各单项工程、各工序间统筹兼顾,最大限度地合理使用建设资金、劳动力、机械设备和工程材料。

施工设备选择及劳动力组合宜遵循以下原则:

（1）适应工程所在地的施工条件,符合设计要求,劳动力满足施工强度要求。

（2）设备性能机动、灵活、高效、能耗低,运行安全可靠,符合环境保护要求。

（3）根据各单位工程工作面、施工强度、施工方法进行设备配套选择;有利于人员和设备的调动,减少资源浪费。

（4）设备通用性强,能在工程项目中持续使用。

（5）设备购置及运行费用较低,易于获得零、配件,便于维修、保养、管理和调度。

（6）新型施工设备宜成套应用于工程,单一施工设备应用时,应与现有施工设备生产率相适应。

（7）在设备选择配套的基础上,施工作业人员应按工作面、工作班组、施工方法以混合工种结合国内平均先进水平进行劳动力优化组合设计。

劳动力需要量表填写式样见表 3-12。

施工进度计划申报表填写式样见表 3-13。

月份施工进度计划表式样见表 3-14。

（五）主要物资供应计划

根据施工总进度的安排和定额资料的分析,对主要工程材料（如钢材、钢筋、木材、水泥、粉煤灰、油料、炸药等）和主要施工机械设备,列出总需要量和分年需要量计划;必要时还需提出进行试验研究和补充勘测的建议,为进一步深入设计和研究提供依据。

表 3-12 劳动力需要量表

序号	工种名称	需要总工期	需用人数及进场日期												备注
			1月	2月	3月	4月	5月	6月	7月	8月	9月	10月	11月	12月	
1	钢筋工	××													计划人数××
2	电工	××													计划人数××
3	焊工	××													计划人数××
4	起重工	××													计划人数××
5	爆破工	××													计划人数××
6	砌筑工	××													计划人数××
7	防水工	××													计划人数××
8	混凝土工	××													计划人数××
9	机电工	××													计划人数××
10	普工	××													计划人数××
11	其他	××													计划人数××
	合计	××													×××
施工技术负责人	×××		造价员			×××			日期			××年×月×日			

表 3-13 施工进度计划申报表

（承包[××]进度××号）

合同名称：　　　　　　合同编号：　　　　　　承包人：

致：（监理机构）
我方今提交××××工程（名称）的：
□工程总进度计划　　　　　□工程年进度计划　　　　　□工程月进度计划
请贵方审查。
附件：1. 施工进度计划。
2. 图表、说明书共××页。
3. 月份施工进度计划表。
承包人（全称及盖章）：　　　　　项目经理（签名）：　　　　　日期：××年×月×日
监理机构将另行签发审批意见。
监理机构（全称及盖章）：　　　　　签收人（签名）：　　　　　日期：××年×月×日

说明：本表一式×份，由承包人填写，监理机构审核后，随同审批意见承包人、监理机构、发包人、设计代表各一份。

表 3-14 月份施工进度计划表

承建单位：　　　　　　合同编号：　　　　　　编号：

项目号	分项工程名称	单位	工程量	单价(元)	计划产值(元)	上月						本月																					
						26	27	28	29	30	31	1	2	3	4	5	6	7	8	9	10	11	12	13	14	15	16	17	18	19	20	21 22 23 24 25
备注																																

·72·

主要物资供应计划填写式样见表 3-15 ~ 表 3-17。

表 3-15　主要材料计划

序号	名称	规格	单位	数量	供应日期	备注
1	钢筋	××	t	1 260	××年×月×日	
2	碎石	××	m³	1.37 万	××年×月×日	
3	预拌混凝土	××	m³	1 519 万	××年×月×日	
项目经理	×××	施工技术负责人	×××	日期	××年×月×日	

表 3-16　成品、半成品、构配件加工计划

序号	名称	设计代号	标准图及型号	规格(mm)	单位	数量	备注
1	钢筋	××	××	××	t	2 371	
2	混凝土	××	××	××	t	1.9	
3	压力钢筋	××	××	××	t	118	
项目经理	×××	施工技术负责人	×××	日期	××年×月×日		

表 3-17　主要机具设备计划

序号	名称	规格型号	需要量		使用起止日期	备注
			单位	数量		
1	挖掘机	××	辆	2	××年×月×日	
2	装载机	××	辆	1	××年×月×日	
3	采砂船	××	艘	3	××年×月×日	
4	羊脚碾	××	台	7	××年×月×日	
5	电焊机	××	台	6	××年×月×日	
6	混凝土搅拌机	××	辆	6	××年×月×日	
7	潜水泵	××	台	4	××年×月×日	
项目经理	×××	技术员		×××	日期	××年×月×日

(六)施工现场平面图

在完成上述设计内容时,还应提交以下附图:

(1)施工场外交通图及施工转运站规划布置图。

(2)施工征地规划范围图及施工总布置图。

(3)施工导流方案综合比较图及施工导流分期布置图。

(4)导流工程结构布置图及导流工程施工方法示意图。

(5)施工期通航过木布置图。

(6)主要工程土石方开挖程序及基础处理示意图。

(7)主要工程的混凝土及土石方填筑施工程序、施工方法及施工布置示意图。

(8)地下工程开挖、衬砌施工程序、施工方法及施工布置示意图。

(9)机电设备、金属结构安装施工示意图。

(10)砂石料系统、混凝土拌和及制冷系统布置图。

(11)当地工程材料开采、加工及运输路线布置图。

(12)施工总进度表及施工关键线路图。

施工现场平面图应有比例尺,应能明确区分原有建筑及各类暂设(中粗线)、拟建建

筑(粗线)和尺寸(细线),应有指北针、图框。

(七)施工组织设计内部审批

(1)施工组织设计编制完成后,项目部各部门参与编制的人员在"施工组织设计会签表"(见表3-18)上签字,交由项目经理签署意见并在会签表上签字。

表3-18 施工组织设计会签表

工程名称			××发电厂厂房工程			
建设单位	××水利工程建设指挥部		施工单位	××市第×工程局	编制部门	××水利水电第×工程局
编制人	×××		编制时间	××年×月×日	报审时间	××年×月×日
会签部门	生产经理		×××	安全		×××
	总工程师		×××	消防保卫		×××
	生产		×××	材料		×××
	技术		×××	机械		×××
	质量		×××	行政		×××
会签意见:						
					经理:×××	
					日期:××年×月×日	

(2)签字齐全后报上级部门(公司技术部门),由上级部门组织同级相关部门对施工组织设计进行讨论,将讨论意见签署在"施工组织设计审批会签表"(见表3-19)上。

表3-19 施工组织设计审批会签表

工程名称		××发电厂厂房工程	
建设规模			
建设单位	××水利工程建设指挥部	施工单位	××市第×工程局
会签部门		会签意见	会签人签字
技术部门		同意	×××
质量部门		同意	×××
生产部门		同意	×××
安全部门		同意	×××
消防保卫部门		同意	×××

(3)由总工程师对施工组织设计进行审批,将审批意见签于"施工组织设计审批表"(见表3-20)上。

(八)施工组织设计申报审批

(1)施工单位在完成施工组织设计内部审批后,填写工程技术文件报审表上报建设(监理)单位批复,然后由施工单位依据批复意见对方案进行技术审核,以进入分项工程施工报验流程。

表 3-20　施工组织设计审批表

工程名称	××发电厂厂房工程	结构形式	
建设规模			
建设单位	××水利工程建设指挥部	施工单位	××市第×工程局
编制部门		编 制 人	×××
编制时间		报审时间	××年×月×日
审批部门		审批时间	××年×月×日
审 批 人	×××		
审批意见：			

（2）如监理单位提出修改意见，则施工单位应重新上报修改审批表。

工程技术文件报审表填写式样见表 3-21。

表 3-21　工程技术文件报审表

编号：

工程名称	××工程	日期	××年×月×日

现报上关于××工程的工程技术文件，请予以审定

序号	类别	编制人	册数	页数
1	施工组织设计	×××	1	104

编制单位名称：××水利水电第×工程局

技术负责人（签字）：×××　　　　　　　　　　申报人（签字）：×××

施工单位审核意见：

　　同意上报施工组织设计及土方开挖施工方案，请施工单位严格按施工组织设计的部署施工。出现变更要及时补充修改施工组织设计或方案。

　　□有/☑无　　　附页

施工单位名称：××水利水电第×工程局　　审核人（签字）：×××　　审核日期：××年×月×日

监理单位审核意见：

　　同意。请施工单位在实施过程中严格执行。我单位做好过程中的监督工作。

审定结论：☑同意　　　　　　□修改后再报　　　　　□重新编制

监理单位名称：××监理工程公司　　监理工程师（签字）：×××　　　日期：××年×月×日

说明：本表由施工单位填报，建设单位、监理单位、施工单位各保存一份。

四、设计变更通知单

（1）设计变更通知单是施工图纸补充和修改的记载，是现场施工的依据。设计变更通知单由设计单位发出，转签后建设单位、监理单位、施工单位各保存一份。

（2）建设单位提出设计变更时，必须经设计单位同意。不同专业的设计变更应分别办理，不得办理在同一份设计变更通知单上。

（3）设计单位应及时下达设计变更通知单，内容应翔实，必要时应附图，并逐条注明应修改图纸的图号。设计变更通知单应由设计专业负责人以及建设（监理）和施工单位的相关负责人签认。

（4）设计变更通知单填写式样见表3-22。

表3-22　设计变更通知单

（第××号）

承建单位：	合同编号：	编号：

致：（承包人） 　　根据合同一般条款规定，现决定对＿＿＿＿＿＿的设计进行变更，请按变更后的图纸组织施工，正式的变更指令另发。 　　变更项目内容的细节： 　　变更后合同金额的增减估计： 　　附件：变更设计图纸
监理部：　　　　　　　　　　　　　　　　　日期：××年×月×日
承建单位签收：   　　　　　　　　　　　　　　　　　　　　　　　日期：××年×月×日

说明：本表一式两份，承建单位签收后自留一份，退监理部一份，签发变更指令时附副本。

五、工程洽商单

（一）工程洽商单填写要求

（1）工程洽商单由施工单位、建设单位或监理单位其中一方发出，经各方签认后存档。

（2）工程洽商记录应分专业办理，内容应翔实，必要时应附图，并逐条注明应修改图纸的图号。

（3）不同专业的洽商应分别办理，不得办理在同一份上。签字应齐全，签字栏内只能填写人员姓名，不得另写其他意见。

"专业名称"栏应按专业如实填写，收集的附件包括所附的图纸及说明文件等。

（4）设计单位如委托建设（监理）单位办理签认，应办理委托手续。

（二）工程洽商单填写式样

工程洽商单填写式样见表3-23。

表 3-23　工程洽商单

编号：

工程名称	混凝土大坝		专业名称	坝基防渗与排水
提出单位名称	××××		日期	××年×月×日
内容摘要		关于垂直排水孔的设置		
内容	图号	洽商内容		
1	建－1	原垂直排水孔孔深为 12 m,允许偏差 ±0.6 m,现改为孔深15 m,允许偏差 ±0.3 m		
2	建－1	原垂直排水孔倾斜度允许偏差不大于 1.5%,现改为倾斜度允许偏差不大于 1%		
3	建－1	原垂直排水孔平面位置偏差小于 10 m,现改为孔口平面位置偏差不大于 10 cm		
签字栏	建设单位	监理单位	设计单位	施工单位
	××××	××××	××××	××××

六、技术联系(通知)单

技术联系(通知)单是施工单位与建设、设计、监理等单位进行技术联系与处理时使用的文件。技术联系(通知)单应写明需解决或交代的具体内容。经协商各方同意签字可代替设计变更通知单。

技术联系(通知)单填写式样见表 3-24。

表 3-24　技术联系(通知)单

工程名称	××工程	编号	×××
提出单位	××水利水电第×工程局	日期	××年×月×日
事项			
提出内容: 　申请单、设计院设计变更通知单一并上报。 　已进入雨期,工期紧张,请抓紧给予审查并批准使用。			
建设单位意见:同意。 　(公章): 负责人签字：×××	监理单位意见:同意。 　(公章): 监理工程师签字：×××	施工单位意见:同意。按设计变更的要求抓紧施工。 　(公章): 技术负责人签字：×××	

第三节　施工测量记录资料

一、施工放样报验单

(一)施工放样报验单填写要求

(1)施工单位应在完成施工测量方案、红线桩的校核成果、水准点的引测成果及施工过程中各种测量记录后,填写施工放样报验单。

（2）施工单位填写后报送监理单位，经审批后返还，建设单位、施工单位及监理单位各存一份。

（二）施工放样报验单填写式样

施工放样报验单填写式样见表3-25。

表3-25　施工放样报验单

工程名称：　　　　　　　　合同编号：　　　　　　　　编号：

致：＿＿＿＿＿＿＿＿ 　　根据合同要求，我们已完成＿＿＿＿＿＿的施工放样工作。清单如下，请予以查验。 附件：测量及放样资料 承建单位：　　　　　　　　　　　　　　　　　　日期：××年×月×日		
工程或部位名称	放样内容	备注
查验结果： 　　测量员：　　　　　　　　　　　　　　　　日期：××年×月×日		

工程承建单位 复查检验记录	复检人： 复检日期：××年×月×日	报送附件目录

监理工程师的结论： 　　□复查合格　　　　　□纠正差错后合格　　　　　□纠正差错后再报 　　　　监理工程师：　　　　　　　　　　　日期：××年×月×日

说明：由承建单位呈报两份，作出结论后监理部留档一份，另一份退承建单位。

二、施工定位测量记录和报审表

工程定位测量是指施工方依据测绘部门提供的放线成果、红线桩及场地控制网测定建设项目位置、主控轴线、高程等，标明现场标准水准点、坐标点位置，并填写工程定位测量记录表。

（一）工程定位测量记录表填写要求

（1）工程名称与图纸标签栏内名称要一致。

（2）表中的测量单位是指施工单位的测量单位（填写具体施测单位名称即可）。

（3）图纸编号填写施工蓝图编号。

（4）施测日期、复测日期按实际日期填写。

（5）定位抄测示意图要标注准确。

（6）复测结果一栏必须填写具体数字、各坐标点的具体数值。

（7）签字栏中专业技术负责人为项目总工，测量负责人为施测单位主管，施测人是指定位仪器操作者，复测人是指施测单位的上一级测量人员。

（二）工程定位测量记录表和施工测量成果报审表填写式样

工程定位测量记录表填写式样见表3-26，施工测量成果报审表填写式样见表3-27。

表 3-26　工程定位测量记录表

编号：

工程名称	××水利工程	委托单位	××公司	
图纸编号	×××	施测日期	××年×月×日	
平面坐标依据	×××	复测日期	××年×月×日	
高程依据	×××	使用仪器	DSI 96007	
允许误差	±13 mm	仪器检验日期	××年×月×日	
定位抄测示意图：				
复测结果：				
签字栏	建设(监理)单位	施工(测量)单位	××水利水电第×工程局	测量人员岗位证书号	027 – 001038
	专业技术负责人	测量负责人	复测人	施测人
	×××	×××	×××	×××

表 3-27　施工测量成果报审表

承建单位：　　　　　　　　合同编号：　　　　　　　　编号：

单位工程名称或编码		分部工程名称或编码	
分项工程名称或编码		单元工程名称或编码	
工程部位			
施测内容	施测单位		施测说明
承建单位复查检验记录	复检人： 日期：××年×月×日	报送附件目录	
承建单位报送记录		监理机构认证意见	□成果验收合格 □按意见修改后执行 □重新报送工程监理部
	报送单位： 日期：××年×月×日		认证人： 日期：××年×月×日

说明: 本表一式四份报送监理部(处)，完成认证后返回报送单位两份，留作单元、分部、单位工程质量评定资料备查。

第四节　施工物资资料

一、施工物资分类

水利水电工程施工物资主要包括原材料、成品、半成品、构配件及设备等，其主要类型如下：

（1）Ⅰ类物资，指仅须有质量证明文件的工程物资，如大型混凝土预制构件、一般设备、仪表、管材等。

（2）Ⅱ类物资，指到场后除必须有出厂质量证明文件外，还必须通过复试检验（试验）

才能认可其质量的物资,如水泥、钢筋、砌块、混凝土外加剂、石灰、小型混凝土预制构件、防水材料、关键防腐材料(产品)、保温材料、锅炉、进口压力容器等。

Ⅱ类物资进场后应按规定进行复试,验收批量的划分及必试项目按相关规定执行,可根据工程的特殊需要另外增加试验项目。

水泥出厂超过三个月、快硬硅酸盐水泥出厂一个月后必须进行复试并提供复试检验(试验)报告,复试结果有效期限同出厂有效期限。

(3)Ⅲ类物资,指除须有出厂质量证明文件、复试检验(试验)报告外,施工完成后,还需要通过规定龄期后再经检验(试验)方能认可其质量的物资,如混凝土、沥青混凝土、砌筑砂浆、石灰粉煤灰砂砾混合料等。

二、施工物资分级管理

(一)分级管理的原则

(1)供应单位或加工单位负责收集、整理和保存所供物资原材料的质量证明文件。

(2)施工单位需收集、整理和保存供应单位或加工单位提供的质量证明文件及进场后进行的试(检)验报告。

(3)各单位应对各自范围内工程资料的汇集、整理结果负责,并保证工程资料的可追溯性。

(二)分级管理的规定

1. 钢筋

(1)钢筋多采用场外委托加工的形式,委托加工单位应保存钢筋的原材出厂证明、复试报告、接头连接试验报告等资料,并保证资料的可追溯性;加工单位必须向施工单位提供"半成品钢筋出厂合格证"。

(2)半成品钢筋进场后施工单位还应进行外观质量检查,如对质量产生怀疑或有其他约定,可进行力学性能和工艺性能的抽样复试。

(3)对钢筋进行力学性能和工艺性能试验时,应以同一出厂批、同规格、同品种、同加工形式为一验收批,对钢筋连接接头,每不大于300个接头取样不少于一组。

2. 混凝土

(1)现场混凝土多采用搅拌站预拌的方式。预拌混凝土供应单位应提供以下资料,并保证资料的可追溯性:混凝土试配记录、水泥出厂合格证和试(检)验报告、砂和碎(卵)石试验报告、轻骨料试(检)验报告、外加剂和掺合料产品合格证和试(检)验报告、开盘鉴定、混凝土抗压强度报告(出厂检验混凝土强度值应填入预拌混凝土出厂合格证)、抗渗试验报告(试验结果应填入预拌混凝土出厂合格证)、混凝土坍落度测试记录(搅拌站测试记录)和原材料有害物含量检测报告。

(2)预拌混凝土供应单位必须向施工单位提供:混凝土配合比通知单、预拌混凝土运输单、预拌混凝土出厂合格证(32 d 内提供)、混凝土氯化物和碱总量计算书等。

(3)在混凝土浇筑施工中,施工单位应形成的资料包括:混凝土浇灌申请书,混凝土抗压强度报告(现场检验),抗渗试验报告(现场检验),混凝土试块强度统计、评定记录等。

(4)预拌混凝土供应单位必须向施工单位提供质量合格的混凝土,并随车提供预拌混凝土发货单,在32 d 内提供预拌混凝土出厂合格证。有抗冻、抗渗等特殊要求的预拌混凝土合格证提供时间一般不大于 60 d,由供应单位和施工单位在合同中明确规定。

(5)采用现场搅拌混凝土方式的,施工单位应收集、整理上述资料中除预拌混凝土出厂合格证、预拌混凝土运输单外的所有资料。

3.预制构件

(1)施工单位使用预制构件时,预制构件加工单位应保存各种原材料的质量合格证明、复试报告以及混凝土、钢构件、木构件的性能试验报告和有害物含量检测报告等资料,并应保证各种资料的可追溯性。

(2)施工单位必须保存加工单位提供的预制混凝土构件出厂合格证、钢构件出厂合格证以及其他构件合格证和进场后的试(检)验报告。

三、材料进场检验相关资料

(一)材料进场检验相关资料填写要求

(1)工程物资进场后,施工单位应及时组织相关人员检查外观、数量及供货单位提供的质量证明文件等,合格后填写于表内。

(2)填写时应准确、统一,日期应准确,填写内容应规范。

(3)检验结论及相关人员签字应清晰可认,严禁他人代签。

(4)按规定应进行复试的工程物资必须在进场检查验收合格后取样复试。

(二)材料进场检验相关资料填写式样

材料进场检验相关资料填写式样详见第七章。

四、施工物资资料编制

(一)编制要求

施工物资资料是反映施工所用的物资质量是否满足设计和规范要求的各种质量证明文件和相关配套文件(如使用说明书、安装维修文件等)的统称。其编制要求如下:

(1)工程所用物资均应具有出厂质量证明文件(包括产品合格证、出厂检验(试验)报告、产品生产许可证和质量保证书等)。质量证明文件应反映工程物资的品种、规格、数量、性能指标等,并与实际进场物资相符。当无法或不便提供质量证明文件原件时,复印件亦可。复印件必须清晰可辨认,其内容应与原件一致,并应加盖原件存放单位公章,注明原件存放处,有经办人签字和时间。

(2)凡使用的新材料、新产品,应由具备鉴定资格的单位或部门出具鉴定证书,同时具有产品质量标准和试验要求,使用前应按其质量标准和试验要求进行试验或检验。新材料、新产品还应提供安装、维修、使用要求和工艺标准等相关技术文件。

(3)进口材料和设备等应有商检证明(中国国家认证认可监督管理委员会公布的强制性认证 CCC 产品除外)、中文版的质量证明文件、性能检测报告以及中文版的安装、维修、使用、试验要求等技术文件。

(4)涉及结构安全和使用功能的材料需要代换且改变设计要求时,必须有设计单位签署的认可文件。涉及安全、卫生、环保的物资应有相应资质等级检测单位的检测报告。

(二)材料进场检验报告

材料、构配件进场后,应由建设(监理)单位会同施工单位共同对进场物资进行检查验收,并填写相关质量检验资料。填写时,工程物资名称、规格、数量、检验项目和结果等填写应规范、准确;检验结论及相关人员签字应清晰可辨认,严禁其他人代签。常用的材料进场检验报告详见第七章。

(三)材料试验报告

材料试验报告由具备相应资质等级的检测单位出具,作为各种相关材料的附件进入资料流程。工程名称、使用部位及代表数量应准确并符合规范要求。

按规范要求须做进场复试的物资,应按其相应专用复试表格填写,未规定专用复试表格的,应按材料试验报告(通用)(见表3-28)填写。

表 3-28　材料试验报告(通用)

编号:

工程名称及使用部位				试样编号	
委托单位		试验委托人		委托编号	
材料名称及规格				产地、厂别	
代表数量		采样日期	××年×月×日	试验日期	××年×月×日
要求试验项目及说明:					
试验结果:					
结论:					
批准		审核		试验人员	
试验单位				报告日期	××年×月×日

(四)出厂证明文件

工程所用材料应有出厂证明文件。建设(监理)单位和施工单位除应对材料质量进行检查外,还应填写材料出厂证明文件,如建筑材料质量检验合格证。

(五)设备开箱检验记录

工程设备进场后,应由施工单位、建设(监理)单位、供货单位共同开箱检验。其检验项目应包括:设备的产地、品种、规格、外观、数量、附件情况、标示和质量证明文件、相关技术文件等。

设备开箱检验记录式样详见第七章。

第五节　施工记录资料

一、通用记录表

(一)隐蔽工程检查记录

隐蔽工程是指上道工序被下道工序所掩盖,其自身质量无法再进行检查的工程。隐蔽工程检查,简称隐检,即对隐蔽工程进行抽查,并通过表格的形式将工程隐检内容、质量情况、检查意见等记录下来,作为工程维护、改造等的重要技术资料。

隐蔽工程检查记录(见表3-29)由施工单位填报,其中审核意见、复查结论由监理单位填写。其填写要求如下:

(1)工程名称、隐检项目、隐检部位及隐检日期必须填写准确。

(2)隐检依据、主要材料名称及规格/型号应准确,尤其对设计变更、洽商等容易遗漏的资料应填写完全。隐检内容应填写规范,必须符合各种规程规范的要求。

表3-29　隐蔽工程检查记录

编号:

工程名称	××工程右坝段	隐检项目	右坝肩接头
隐检部位	基础1-1	隐检日期	××年×月×日

隐检依据:
　施工图纸(施工图纸号_____)、设计变更/洽商(编号_____)及有关国家现行标准等。

主要材料名称及规格/型号:_____

隐检内容:
　(1)基础面松动岩块、陡坎、尖角均已撬挖处理。局部有爆孔。
　(2)坝基开挖面基本平顺,局部出现不平顺光面,不平处用混凝土块填平补齐。
　(3)基坑边坡稳定,无反坡,无松动岩石,坡面大致平整。
　隐检内容已做完,请予以检查。

审核意见:
　经检查,上述各项内容均符合设计要求及规范规定。

检查结论:☑同意隐蔽　　　　　　□不同意,修改后进行复检

复查结论:
　符合规范规定,可进行下一道工序。

复查人:×××
复查日期:××年×月×日

签字栏	建设(监理)单位	施工单位	××水利水电第×工程局	
		专业技术负责人	专业质检员	专业工长
	××××	×××	×××	×××

(3)审核意见应明确,将隐检内容是否符合要求表述清楚。

(4)复查结论主要是针对上一次隐检出现的问题而言的,因此要对质量问题整改的结果描述清楚。

(5)签字应完整,严禁他人代签。

(二)预检记录

预检是对施工过程中某重要工序进行的预先质量控制检查。预检合格后方可进入下一道工序。依据现行施工规范,对于涉及工程结构安全、整体质量、建筑观感及人身安全,须做质量预控的重要工序,应做质量预控,并填写预检记录。

预检记录(见表3-30)填写要求如下:

(1)工程名称应与施工图纸中的名称相一致;预检项目要按实际检查的项目填写,检查多个项目时要分别填写,不得将几个预检项目统写在一个栏内。

表3-30　预检记录

工程名称	××发电厂厂房工程	预检项目	模板
预检部位	××××	检查日期	××年×月×日
依据:施工图纸(施工图纸号××－×)、设计变更/洽商(编号××－×)和有关规范、规程。 主要材料或设备(钢模板、木模板、架管等)规格/型号:_____			
预检内容: 　(1)模板清理,隔离剂涂刷。 　(2)模板及支撑系统的承载能力、刚度和稳定性。 　(3)模板几何尺寸、轴线位置、垂直度、平整度、板间接缝。 　预检内容均已做完,请予以检查。			
检查意见: 　经检查,模板几何尺寸、轴线位置、预埋件、预留孔洞位置和尺寸符合设计要求。标高传递准确,模板清理干净,隔离剂涂刷均匀,无遗漏,模内清理到位,可进行下道工序施工。			
复查意见:完全符合要求,可进行下道工序施工。			
复查人:×××		复查日期:××年×月×日	
施工单位	××水利水电第×工程局		
专业技术负责人	专业质检员		专业工长
×××	×××		×××

　(2)预检部位及检查日期应按照实际检查部位和检查时间填写。

　(3)预检依据包括:施工图纸、设计变更、工程洽商及相关施工质量验收规范、标准规程等。主要材料或设备应按实际发生材料、设备项目填写,其规格、型号要表述清楚。

　(4)检查意见应明确,一次验收未通过的要注明质量问题,并提出复查要求。

　(5)复查意见主要是针对上一次验收的问题进行的,因此应把质量问题改正的情况表述清楚。

　（三）施工检查记录

　对隐蔽工程检查记录和预检记录不适用的其他重要工序,应按照现行规范要求进行施工质量检查,填写施工检查记录(通用)(见表3-31),并收集相关图表、图片、照片及说明文件等附件。

　（四）交接检查记录

　交接检查记录(见表3-32)由移交单位形成,适用于不同施工单位之间的移交检查。当前一专业工程施工质量对后续专业工程施工质量产生直接影响时,应进行交接检查。

　(1)不同工序交接应填写工序交接检查记录,记录表格可自行设定,不使用交接检查记录。

　(2)分项(分部)工程完成后,在不同专业施工单位之间应进行工程交接,并应进行专业交接检查,填写交接检查记录。

　(3)移交单位、接收单位和见证单位共同对移交工程进行验收,并对质量情况、遗留问题、工序要求、成品保护、注意事项等进行记录,填写专业交接检查记录。

表 3-31 施工检查记录(通用)

编号:

工程名称	水闸工程	检查项目	地基开挖及处理
检查部位	0-115~0-145 段地基开挖	检查日期	××年×月×日

检查依据:

 (1)施工图纸(施工图纸号水-3、水-50)。

 (2)《水闸施工规范》(SL 27—91)。

检查内容:

 (1)基坑开挖前,地下水位低于开挖面 0.57 m。

 (2)机械布置合理,分层分段依次开挖,排水沟逐层设置。

 (3)地基已清理干净,无树根、草皮、乱石、坟墓,水井泉眼已处理。地质条件符合设计。

 (4)岸坡清理不彻底,有树根、草皮,已责成施工人员重新清理。

检查结论:

 经检查,岸坡已清理干净。无树根、草皮、乱石,且有裂隙处及洞穴已处理,符合《水电水利基本建设工程单元工程质量等级评定标准 第 1 部分:土建工程》(DL/T 5113.1—2005)的规定。

复查意见:

复查人: 复查日期:××年×月×日

施工单位	××水利水电第×工程局		
专业技术负责人	专业质检员		专业工长
×××	×××		×××

表 3-32 交接检查记录

编号:

工程名称	××大坝		
移交单位	××市第×工程局	接收单位	××水电工程局
交接部位	防渗面板	检查日期	××年×月×日

交接内容:

 按《水工碾压式沥青混凝土施工规范》(DL/T 5363—2006)的规定,防渗面板施工前对基础进行验收。

 内容包括:坝体的强度等级、坐标、标高、几何尺寸、表面处理状况等。

检查结果:

 经检查,碾压式土石坝防渗面板基础质量符合施工要求,验收合格。同意进行设备安装。

复查意见:

复查人:×××   复查日期:××年×月×日

见证单位意见:

 符合设计及规范要求,同意交接。

见证单位名称	××工程公司××工程项目质量部		
签字栏	移交单位	接收单位	见证单位
	×××	×××	×××

(4)"见证单位名称"栏内应填写施工总承包单位质量技术部门,参与移交及接收的部门不得作为见证单位。

当在总包管理范围内的分包单位之间移交时,见证单位应为总包单位;当在总包单位和其他专业分包单位之间移交时,见证单位应为建设(监理)单位。

见证单位应根据实际检查情况,并汇总移交单位和接收单位意见形成见证单位意见。

(5)由移交单位、接收单位和见证单位三方共同签认的交接检查记录方可生效。

交接检查记录填写式样见表3-32。

二、地基基础检查记录

(一)地基验槽检查记录

(1)水利工程基础施工应进行施工验槽,检查内容包括基坑位置、平面尺寸、持力层核查、基底绝对高程标高(即相对标高及绝对高程)、基坑土质及地下水位等,对基础桩支护或桩基工程,还应有工程桩的检查。

(2)地基验槽检查记录(见表3-33)应由建设、勘察、设计、监理、施工单位共同验收签认。地基需处理时,应由勘察、设计部门提出处理意见。

表3-33　地基验槽检查记录

编号:

工程名称	××工程	验槽日期	××年×月×日
验槽部位	××××		

依据:
　　施工图纸(施工图纸号结-1、结-3)、设计变更/洽商(编号＿＿＿＿＿)及有关规范、规程。

验槽内容:
　　(1)基槽开挖至勘探报告第×层,持力层为×层。
　　(2)基底绝对高程各相对标高××m-8.10m。
　　(3)土质情况:2类黏土,基底为老土层,均匀密实。
　　(附:钎探记录及钎探点平面布置图)
　　(4)桩位置＿/＿、桩类型＿/＿、数量＿/＿,承载力满足设计要求。
　　(附:□施工记录、□桩检测记录)
　　注:若建筑工程无桩基或人工支护,则相应在第(4)条填写处画"/"。

申报人:×××

检查意见:
　　槽底土均匀密实,与地质勘探报告(编号××)相符。基槽平面位置、几何尺寸、基槽标高、定位符合设计要求。地下水情况:槽底地下水位低于槽底标高0.5m,无坑、穴洞。
　　检查结论:☑无异常,可进行下道工序　　□需要地基处理

签字公章栏	建设单位	监理单位	设计单位	勘察单位	施工单位
	×××	×××	×××	×××	×××

(3)对于进行地基处理的基槽,还应再办理一次地基验槽检查记录,并将地基处理的

洽商编号、处理方法等注明。

(4)验槽内容:注明地质勘察报告编号,基槽标高、断面尺寸,必要时可附断面简图示意;注明土质情况,附上钎探记录和钎探点平面布置图。若采用桩基还应说明桩的类型、数量等,附上桩基施工记录、桩基检测报告等。

(5)检查意见要明确,验槽内容要符合要求且描述清楚。在检查中,一次验收未通过的要注明质量问题,并提出具体处理意见。

(二)地基处理记录

地基需处理时,应由勘察、设计部门提出处理意见,施工单位应依据勘察、设计单位提出的处理意见进行地基处理,完工后填写地基处理记录(见表3-34),内容包括地基处理方式、处理部位、深度及处理结果等。地基处理完成后,应报请勘察、设计、监理部门复查。当地基处理范围较大、内容较多、用文字描述较困难时,应附简图示意。如勘察、设计单位委托监理单位进行复查,应有书面的委托记录。

表3-34　地基处理记录

编号:

工程名称	××工程		日期	××年×月×日
处理依据及方式: 处理依据: (1)《建筑地基基础工程施工质量验收规范》(GB 50202—2002)。 (2)《建筑地基处理技术规范》(JGJ 79—2012)。 (3)本工程地基基础施工方案。 (4)设计变更/洽商(编号××)及钎探记录。 方式:填级配石厚200 mm。				
处理部位及深度(或用简图表示): □有　　　☑无　　　附页(图)				
处理结果: 填级配石厚200 mm。 (1)将基底松土及橡皮土清至老土层。 (2)按设计要求两侧钉好水平桩。标高控制在 -2.2 m,与回填级配石上平。 (3)回填级配石的粒径不大于10 cm,且无草根、垃圾等有机物。 (4)填好级配石后用平板振动器振捣遍数不少于三遍。 (5)排水沟内填卵石,不含有沙子,标高至基底上表面。 (6)级配石的运输方法:用钉好的溜槽投料,严禁将配石由上直接投入槽中。				
检查意见: 经复验,已按洽商要求施工完毕,符合质量验收规范要求,可以进行下道工序施工。(由勘察、设计单位签署复查意见)。				

签字栏	监理单位	设计单位	勘察单位	施工单位	××水利水电第×工程局	
				专业技术负责人	专业质检员	专业工长
	×××	×××	×××	×××	×××	×××

（三）地基钎探记录

（1）地基钎探记录（见表3-35）主要包括钎探点平面布置图和钎探记录。钎探前应绘制钎探点平面布置图,确定钎探点布置及顺序编号。

表 3-35　地基钎探记录

编号：

工程名称	××工程		钎探日期		××年×月×日			
套锤重	12 kg		自由落距	60 cm		钎径		φ35
顺序编号	各步锤击数							备注
	0~30 cm	30~60 cm	60~90 cm	90~120 cm	120~150 cm	150~180 cm	180~210 cm	
1	15	39	722	85	25	72	88	
2	14	15	78	57	28	35	43	
3	18	48	89	29	16	18	29	
4	14	40	46	99	35	36	65	
5	18	55	89	40	25	42	34	
6	18	81	143	58	47	39	17	
7	17	69	154	38	34	75	69	
8	56	58	32	26	82	82	68	
9	18	65	75	48	18	29	33	
10	24	75	106	88	20	36	18	
11	16	68	115	66	26	44	69	
12	16	67	113	42	41	67	65	
13	21	72	97	30	26	44	42	
14	25	68	68	42	25	31	29	
15	17	61	76	70	19	90	85	
16	15	54	80	63	19	23	27	
17	16	56	100	116	41	111	58	
施工单位	××工程公司							
专业技术人员			专业工长			记录人		
×××			×××			×××		

（2）地基钎探主要用于检验浅土层(如基槽)的均匀性,确定基槽的容许承载力及检验填土质量。钎探中如发现异常情况,应在地基钎探记录的"备注"栏内注明。

（3）专业工长负责钎探的实施，并按照钎探图及有关规定进行钎探和记录。地基钎探记录中施工单位、工程名称要写具体，套锤重、自由落距、钎径、钎探日期要依据现场情况填写。

（4）地基钎探记录应附有原始记录表，污损严重的可重新抄写，但原始记录要保存好，并附在新件之后。

三、混凝土检查记录

（一）混凝土浇筑申请书

（1）混凝土浇筑申请书（见表3-36）的内容应包括：工程名称、申请浇筑部位及时间、混凝土强度等级、准备工作情况、审批意见及审批人等。各项内容应根据实际情况填写清楚、齐全，不得有缺项、漏项。

表3-36　混凝土浇筑申请书

编号：

工程名称	××水利水电工程	申请浇筑时间	××年×月×日×时
申请浇筑部位	混凝土防渗墙基础	申请方量（m³）	×××
技术要求	坍落度170 cm，初凝时间2.3 h	强度等级	C35
搅拌方式（搅拌站名称）	××混凝土公司	申请人	×××

依据：施工图纸（施工图纸号××－×）、设计变更/洽商（编号＿＿××＿＿）和有关规范、规程。

施工准备检查		专业工长 （质量员）签字	备注
1.隐检情况：	☑已　□未完成隐检	×××	
2.预检情况：	☑已　□未完成预检	×××	
3.水电预埋情况：	☑已　□未完成并未经检查	×××	
4.施工组织情况：	☑已　□未完备	×××	
5.机械设备准备情况：	☑已　□未准备	×××	
6.保温及有关准备：	☑已　□未准备	×××	

审批意见：

原材料、机械设备及施工人员已就位。

施工方案及技术交底工作已落实。

计量设备已准备完毕。

各种隐预检、水电预埋工作完毕。

审批结论：☑同意浇筑　　□整改后自行浇筑　　□不同意，整改后重新申请

审批人：×××　　　　　　　　　　　　　　审批日期：××年×月×日

施工单位名称：××工程公司

（2）混凝土浇筑申请书应由施工班组填写申报，由管理单位和技术负责人或质量检查人员批准，每一台班都应填写。

（3）正式浇筑混凝土前，施工单位应检查各项准备工作（如钢筋、模板工程检查，水电预埋检查，材料、设备及其他准备检查等），自检合格填写混凝土浇筑申请书报监理单位后方可浇筑混凝土。

（二）预拌混凝土运输单

（1）预拌混凝土供应单位应随车向施工单位提供预拌混凝土运输单。

（2）预拌混凝土运输单有正、副本之分，其内容应包括工程名称、使用部位、供应方量、配合比、要求坍落度、出站时间、到场时间和测定的现场实测坍落度等，见表3-37。

（3）预拌混凝土运输单的正本由供应单位保存，副本由施工单位保存。

表3-37　预拌混凝土运输单（正本）

编号：

合同编号	×××		任务单号		×××	
供应单位	××混凝土公司		生产日期		××年×月×日	
工程名称及使用部位	××工程××部位					
委托单位	×××	混凝土强度等级	C30		抗渗等级	××
混凝土输送方式	泵送	其他技术要求	—			
本车供应方量	30	要求坍落度（cm）	140～160		实测坍落度（cm）	150
配合比编号	××-×	配合比比例	C∶W∶S∶G=1.0∶0.49∶2.42∶3.17			
运距（km）	20	车号	×××	车次	16	司机 ×××
出站时间（时∶分）	13∶38	到场时间（时∶分）	14∶28		现场出罐温度（℃）	20
开始浇筑时间（时∶分）	14∶36	完成浇筑时间（时∶分）	15∶00		现场坍落度（cm）	150
签字栏	现场验收人		混凝土供应单位质量员		混凝土供应单位签发人	
	×××		×××		×××	

（三）混凝土准许浇筑证

混凝土浇筑前应办理准许浇筑的证明。工程监理单位在开具混凝土准许浇筑证明之前应对混凝土浇筑的各项准备工作是否符合要求，模板、钢筋、预埋件及施工缝处理是否合格等进行检查。混凝土准许浇筑证填写式样见表3-38。

（四）混凝土开盘鉴定

（1）采用预拌混凝土的，应对首次使用的混凝土配合比在混凝土出厂前，由混凝土供

表 3-38　混凝土准许浇筑证

承建单位：　　　　　　　　　　　　　　　合同编号：

单位工程名称			工程量(m³)	
部位			编号	
桩号		上左 下右	高程	
分项 工程 质量 检验 结果		项目	评定等级	竣工情况
	1	岩石地基开挖工程		
	2	基础岩石、混凝土施工缝处理		
	3	模板		
	4	钢筋		
	5	止水、伸缩缝和排水		
	6	观测仪器埋设		
	7	预埋件		
	8			
承建单位		经检查,本区浇筑前仓面各项准备工作已符合质量标准,允许进行混凝土浇筑。 　　　　　　　　　　　　　　　　　　质检员：×××		
监理签证		本区浇筑措施完善。浇筑方法明确,浇筑设备完好齐备,可在此签证签发后 5 h 内开始浇筑。逾时未能浇筑混凝土,本准浇证作废。 签证时间：××年×月×日×时 　　　　　　　　　　　　　　　　　　×××监理部 　　　　　　　　　　　　　　　　　　××年×月×日		

应单位自行组织相关人员进行开盘鉴定。

　　(2)混凝土开盘鉴定(见表 3-39)的内容应包括:工程名称及部位、施工单位、鉴定编号、强度等级、要求坍落度、搅拌方式、配合比编号、试配单位、水灰比、砂率、鉴定结论、混凝土试块抗压强度、参加开盘鉴定各单位代表签字或盖章等。

　　(3)采用现场搅拌混凝土的,应由施工单位组织监理单位、搅拌机组、混凝土试配单位进行开盘鉴定工作,共同认定由试验室签发的混凝土配合比确定的组成材料是否与现场施工所用材料相符,以及混凝土拌和物性能是否满足设计要求和施工需要。

表 3-39　混凝土开盘鉴定

编号：

工程名称及部位	××工程			鉴定编号	××××	
施工单位	××建筑工程公司			搅拌方式	强制式搅拌机	
强度等级	C35			要求坍落度	160～180 cm	
配合比编号	××			试配单位	××混凝土公司试验室	
水灰比	0.46			砂率(%)	42	
材料名称	水泥	砂	石	水	外加剂	掺合料
每立方米用料(kg/m³)	323	773	1 053	180	8.7	91
调整后每盘用料(kg)	砂含水率5.4%,石含水率0.2%					
	646	1 629	2 110	272	17.4	182

鉴定结果	鉴定项目	混凝土拌和物性能			混凝土试块抗压强度	原材料与申请单是否相符
		坍落度	保水性	黏聚性		
	设计	160～180 cm			42.2 MPa	相符
	实测	170 cm	良好	良好		

鉴定结论：

　同意 C35 混凝土开盘鉴定结果,鉴定合格。

建设(监理)单位	混凝土试配单位负责人	施工单位技术负责人	搅拌机组负责人
×××	×××	×××	×××
鉴定日期	××年×月×日		

(五)混凝土浇筑、衬砌开仓证

(1)进行混凝土浇筑开仓前,应向监理单位提出报审表,将钢筋绑扎、模板支立等具体情况填写清楚。混凝土浇筑开仓报审表填写式样见表 3-40。

表 3-40　混凝土浇筑开仓报审表

(承包[××]开仓××号)

合同名称：　　　　　　　　合同编号：　　　　　　　　承包人：

单位工程名称			分部工程名称	
单元工程名称			单元工程编码	
申报意见	主要工序	具备情况	主要工序	具备情况
	备料情况		模板支立	
	基面清理		细部结构	
	钢筋绑扎		混凝土系统准备	
	附:自检资料			
	混凝土浇筑准备就绪,请审批。 承包人(全称及盖章)：　　负责人(签名)：　　日期:××年×月×日			
(审核意见) 监理机构(全称及盖章)：　　监理工程师(签名)：　　日期:××年×月×日				

说明:本表一式五份,由承包人填写,监理机构审签后,发发包人一份、监理机构一份、承包人三份。

（2）承建单位提出的混凝土浇筑开仓报审表符合要求后，监理单位应向承建单位颁发混凝土浇筑、衬砌开仓证。混凝土浇筑、衬砌开仓证式样见表3-41。

表 3-41　混凝土浇筑、衬砌开仓证

承建单位：　　　　　　　　　　　　　　　　　合同编号：

单位工程			分部工程			分项工程	
施工单位			起止桩号			高程	
设计图纸、通知							
缝面	处理		钢筋	横向筋	规格		
	清洗				根数		
岩石	处理				间距		
	清洗			纵向筋	规格		
其他					根数		
模板	稳定性				间距		
	牢固性			平整度（%）			
	平整、光洁度			搭接长	焊（cm）		
	平面尺寸误差				绑（cm）		
	预留孔、洞尺寸及位置			保护层（cm）			
止水（浆）片		搭接长度：		插入基岩：	尺寸：		位置：
预埋件		用途：		规格：	数量：		位置：
灌浆系统							
承建单位意见： 初检：××年×月×日　　　复检：××年×月×日　　　　　终检：××年×月×日							
监理单位意见： 　　　　　　　　　　　　　　　　监理工程师：　　　　　日期：××年×月×日							

（六）混凝土养护记录表

混凝土工程中凡是进行大体积混凝土施工和冬期施工的都应该有混凝土的养护测温记录，这是监控混凝土质量情况的重要方法。测温工作必须由专业人员进行，通过培训方可上岗，各项工程都应对混凝土的测温工作有详细的技术方案。

混凝土单元工程应进行最高气温、最低气温、平均气温、养护方法、洒水记录、养护前缺陷及修复记录，并附养护构筑物示意图。混凝土单元工程养护记录表式样见表3-42。

表 3-42　混凝土单元工程养护记录表

承建单位：　　　　　　　　　　　　　　　　　　合同编号：

单位工程名称或编码				分部工程名称或编码		
分项工程名称或编码				单元工程名称或编码		
工程部位				桩号：		高程：
施工单位				记录人		
养护记录	测量气温(℃)			养护方法	洒水记录	
	最高	最低	平均			
					____次/h ____次/d	
养护前缺陷及修复记录						
其他说明				养护构筑物示意图		
承建单位报送记录	报送单位：			监理机构认证意见	□合格	□不合格
					工程监理部：	
					认证人：	
	日期：××年×月×日				日期：××年×月×日	

说明：本表一式四份报送项目监理部，完成认证后返回报送单位两份，留作单元、分部、单位工程质量评定资料备查。

（七）混凝土拆模申请单

在拆除现浇混凝土结构板、梁、悬臂构件等底模和柱墙侧模前，应填写混凝土拆模申请单（见表 3-43），并附同条件混凝土强度等级报告，报项目专业负责人审批后报监理单位审核，通过后方可拆模。

表 3-43　混凝土拆模申请单

编号：

工程名称	××工程		申请拆模部位	×××
构件类型			申请拆模时间	××年×月×日×时
混凝土强度等级	C25		混凝土浇筑完成时间	××年×月×日
拆模时混凝土强度要求	龄期(d)	同条件混凝土抗压强度(MPa)	达到设计强度要求(%)	强度报告编号
应达到设计强度的75%(或__MPa)	18	20	80	××-018
审批意见：同意该单位混凝土拆模申请。 批准拆模日期：××年×月×日				
施工单位		××建筑工程公司		
专业技术负责人		专业质检员		申请人
×××		×××		×××

（1）拆模时混凝土强度要求：当设计有要求时，应按设计要求；当设计无要求时，应按现行规范要求。

（2）如结构形式复杂（结构跨度变化比较大）或平面不规则，应附拆模平面示意图。

（3）申请拆模部位按实际拆模部位填写，拆除的模板和支架宜分散堆放并及时清运。

（4）审批意见：在相同条件下，当混凝土养护试件的强度达到设计或规范要求时，由项目专业技术负责人审批。

（八）混凝土搅拌、养护测温记录

（1）冬期混凝土施工时，应进行搅拌、养护的测温记录，具体规定如下：

①混凝土搅拌测温记录（见表3-44）应包括大气温度、原材料温度、出罐温度、入模温度等。

表3-44　混凝土搅拌测温记录

编号：

工程名称				×× 工程					
混凝土强度等级				C25		坍落度		80 mm	
水泥品种及强度等级				P.O 42.5		搅拌方式		机械	
测温时间				大气温度（℃）	原材料温度（℃）				出罐温度（℃）	入模温度（℃）	备注

测温时间				大气温度（℃）	原材料温度（℃）				出罐温度（℃）	入模温度（℃）	备注
年	月	日	时		水泥	砂	石	水			
××	×	×	10	+5	+5	+16	+4	+62	+18	+16	现场搅拌
××	×	×	12	+6	+5	+15	+4	+61	+18	+16	现场搅拌
××	×	×	14	+8	+5	+12	+5	+65	+20	+17	现场搅拌
××	×	×	16	+6					+18	+15	现场搅拌
××	×	×	18	+5					+19	+16	预拌混凝土
××	×	×	20	+2					+17	+15	预拌混凝土
××	×	×	22	0					+18	+16	预拌混凝土
××	×	×	24	−2					+19	+16	预拌混凝土
施工单位				××建筑工程公司							
专业技术负责人				专业质检员			记录人				
×××				×××			×××				

②混凝土冬期施工养护测温应先绘制测温点布置图，包括测温点的部位、深度等。

测温记录应包括大气温度、各测温孔的实测温度、同一时间测得的各测温孔的平均温度和间隔时间等。

填写测温记录时，在"备注"栏内应填写"现场搅拌"或"预拌混凝土"。此外，表格中各温度值需标注正负号，以便于清楚识读。

（2）测温起止时间指室外日平均气温连续5 d低于5 ℃时起，至室外日平均气温连续5 d高于5 ℃时止。掺加防冻剂的混凝土在未达到抗冻临界强度（4 MPa）之前每隔2 h测量一次,达到抗冻临界强度(4 MPa)且温度变化正常时,测温间隔时间可由 2 h 调整为 6 h。

(3)大体积混凝土施工时,应对混凝土入模时的大气温度、养护温度、内外温差和裂缝进行检查并记录。大体积混凝土养护测温应附测温点布置图,包括测温点的布置位置、深度等。大体积混凝土养护测温记录应真实、及时,严禁弄虚作假。填写大体积混凝土养护测温记录(见表3-45)时,应做好大气温度记录,并随时观察大气温度对混凝土中心及表面温度的影响。

表 3-45　大体积混凝土养护测温记录

编号:

工程名称		×× 工程			施工单位			×× 建筑工程公司	
测温部位		①－⑤轴			测温方式	隔离测温		养护方法	浇水覆盖
测温时间		大气温度(℃)	入模温度(℃)	孔号	各测温孔温度(℃)	$t_中-t_上$(℃)	$t_中-t_下$(℃)	$t_气-t_上$(℃)	内外最大温差(℃)	裂缝宽度(mm)
月	日	时								
×	×	10	29		1 号	上 32.5	11.5	7	−3.5	
						中 44.0				
						下 37.0				
审核意见: 混凝土测温点布置及测温措施控制,各项数据符合设计、规范要求。										
施工单位				×× 建筑工程公司						
专业技术负责人			专业工长				测温员			
×××			×××				×××			

四、其他施工记录

(一)构件吊装记录

(1)构件吊装记录适用于预制混凝土结构构件及大型钢、木构件吊装。有关构件吊装规定、允许偏差和检验方法参见相关标准、规范。构件吊装记录的内容应包括构件名称及编号、安装位置、外观检查、堵孔、清理、锚固、构件支点的搁置与搭接尺寸、接头处理、固定方法、标高、垂直偏差等,且应符合设计和现行标准、规范要求。构件吊装记录填写式样见表3-46。

(2)施工单位填写构件吊装记录时,应按以下规定执行:

①表中各项均应填写清楚、齐全、准确,并附有吊装图。吊装图中,构件类别、型号、编号位置应与施工图纸和构件吊装记录一致,并注明图名、制图人、审核人及日期。

②"安装位置"用轴线号表示,"标高检查"栏内填写构件底部标高,"搁置与搭接尺寸"栏内填写构件在支座上的搭接尺寸,"接头(点)处理"栏内填写吊装节点的具体处理方式,"固定方法"栏内应填写与结构的连接方法,"备注"栏内应填写吊装过程中出现的问题、处理措施及质量情况等。对于重要部位或大型构件的吊装工程,应有专项安全交底。

表 3-46　构件吊装记录

编号：

工程名称	××工程					
使用部位	×××		吊装日期		××年×月×日	
序号	构件名称及编号	安装位置	安装检查				备注
			搁置与搭接尺寸	接头（点）处理	固定方法	标高检查	
1	预应力混凝土面板1号	①-③/X-X轴	70 mm	焊接混凝土灌缝	焊接	22.8 m	
结论： 　　预应力混凝土面板有出厂合格证，外观、型号、数量等各项技术指标符合设计要求及规范规定，构件合格。							
施工单位	××水利水电第×工程局						
专业技术负责人		专业质检员			记录人		
×××		×××			×××		

（二）灌浆检查记录

预应力筋张拉后，孔道应及时灌浆。灌浆检查记录的内容包括灌浆配合比、灌浆压力值、灌浆量，并有灌浆点简图与编号等。灌浆检查记录填写式样见表3-47。

表 3-47　灌浆检查记录

编号：

工程名称	××工程	施工部位		×××	
灌浆配合比		水泥强度等级	42.5	复试报告编号	
灌浆要求压力值	0.44 MPa	灌浆日期		××年×月×日	
灌浆点简图与编号：					
灌浆点编号	灌浆压力值（MPa）	灌浆量（L）	灌浆点编号	灌浆压力值（MPa）	灌浆量（L）
YKL-2-1(1)1	0.44	93.6	YKL-2-7(4)1	0.44	42.0
YKL-2-2(1)1	0.46	93.5	YKL-2-8(4)1	0.44	41.8
YKL-2-3(2)1	0.40	68.8	YKL-2-9(10)1	0.44	85.9
备注：					
施工单位	××水利水电第×工程局				
专业技术负责人		专业质检员		记录人	
×××		×××		×××	

说明：本表由施工单位填写，建设单位、施工单位、城建档案馆各保存一份。

（1）孔道灌浆应采用强度等级不低于 42.5 的普通硅酸盐水泥配制的水泥浆。灌浆用水泥浆的抗压强度不应小于 30 N/mm²。

（2）灌浆用水泥浆的水灰比不应大于 0.45，搅拌后 3 h 泌水率不宜小于 2% 且不应大于 3%，泌水应能在 24 h 内全部重新被水泥砂吸收。当需要增加孔道的密实性时，水泥浆可掺入无腐蚀作用的外加剂。

（3）灌浆前孔道应湿润、洁净。灌浆宜先灌注下层孔道，缓慢均匀地进行，不得中断，并应排气通顺。在灌满孔道并封闭排气孔后，宜继续加压至 0.5 ~ 0.6 MPa，稍后再封闭灌浆孔。

（三）地下工程防水效果检查记录

进行地下工程验收时，应对地下工程有无渗漏现象进行检查，并填写地下工程防水效果检查记录（见表 3-48），主要检查内容应包括裂缝、渗漏部位和处理意见等。发现渗漏水现象应制作、标示好"背水内表面结构工程展开图"。

填写时，在"检查方法及内容"栏内按《地下防水工程质量验收规范》（GB 50208—2011）相关内容及技术方案填写。附件收集：背水内表面结构工程展开图、相关图片、相片及说明文件等。

表 3-48　地下工程防水效果检查记录

编号：

工程名称		××工程	
检查部位	地下室底板，外墙	检查日期	××年×月×日
检查方法及内容： 　　依据《地下防水工程质量验收规范》（GB 50208—2011）及施工方案，渗漏水水量调查与量测方法执行《地下防水工程质量验收规范》（GB 50208—2011）中第 8.0.8 条及附录 C，内容包括裂缝、渗漏部位、大小、渗漏情况、处理意见等。			
检查结果： 　　经检查，地下室底板、外墙不存在渗漏水现象，施工工艺及观感质量合格，符合设计要求和《地下防水工程质量验收规范》（GB 50208—2011）有关规定。			
复查意见： 　　　　　　　　　　　　　　复查人：　　　　　复查日期：××年×月×日			
签字栏	建设（监理）单位	施工单位	××建筑工程公司
		专业技术负责人	专业质检员	专业工长
	××监理公司	×××	×××	×××

（四）蓄水检查记录

水利工程修建完成蓄水后必须填写蓄水检查记录（见表 3-49）。蓄水检查内容包括蓄水方式、蓄水时间、蓄水深度、水落口及边缘封堵情况和有无渗漏现象等。

表 3-49　蓄水检查记录

编号：

工程名称		碾压式土石坝工程	
检查部位	土石坝坝体 0～90 m	检查日期	××年×月×日
蓄水方式	☑第一次蓄水　□第二次蓄水	蓄水日期	从××年×月×日8时至 ××年×月×日8时
蓄水方法及内容： 　　拦河土石坝第一次蓄水。蓄水深度为 3.2 m，蓄水时间 24 h。			
检查结果： 　　经检查，土石坝在蓄水期间牢固、安全。无渗漏现象，结合部位无不良反应。符合施工质量验收规范的要求，检查合格。			
复查意见： 　　　　　　　　　　　　　复查人：　　　　复查日期：××年×月×日			

签字栏	建设(监理)单位	施工单位	××水利水电第×工程局	
		专业技术负责人	专业质检员	专业工长
	××监理公司	×××	×××	×××

第六节　施工试验记录资料

　　施工试验记录是根据设计要求和规范规定进行试验，并记录试验过程中产生的各种原始数据和计算结果，从而得出试验结论的文件资料的统称。采用新技术、新工艺及其他特殊工艺时，应加强施工试验记录的编制和整理。

　　施工试验记录由具备相应资质等级的检测单位出具，然后随相关资料进入资料管理流程（后续各种专用试验记录与此相同）。

一、施工试验记录通用表格

　　（1）在完成检验批的过程中，由施工单位试验负责人制作施工试验试件，之后送至具备相应资质等级的检测单位进行试验。

　　（2）检测单位根据相关标准对送检的试件进行试验后，出具试验报告并将报告返还施工单位。

　　（3）按照设计要求和规范规定做施工试验的，应填写施工试验记录。若相关规程中没有规定应采用的施工试验用表，则应填写施工试验记录（通用）。采用新技术、新工艺及特殊工艺时，应对施工试验方法和试验数据进行记录，并填写施工试验记录（通用）（见表 3-50）。

表 3-50　施工试验记录(通用)

试验编号：　　　　　　　　　委托编号：　　　　　　　　　编号：

工程名称及施工部位	××工程××部位		
试验日期	××年×月×日	规格、材质	×××
试验项目：			
（根据具体施工试验填写）			
试验内容：			
（根据具体施工试验填写）			
结论：			
批准	×××	审核	×××	试验	×××
试验单位	×××	报告日期	××年×月×日

二、土工击实和回填土试验报告

为有效控制回填质量,国家有关标准对不同工程部位的土方压实度指标有明确规定,因此土方工程应测定土的最优含水量时的最大干密度,并有土工击实试验报告。对于重要的、大型的或设计有要求的填方工程,在施工前应对填料做击实试验。对于小型工程又无击实试验条件的单位,控制干密度可按施工规范计算。土工击实试验报告应由试验单位出具。土工击实试验报告填写式样见表 3-51。

表 3-51　土工击实试验报告

试验编号：　　　　　　　　　委托编号：　　　　　　　　　编号：

工程名称及部位	××工程××部位	试样编号	××
委托单位	××工程局	试验委托人	×××
结构类型	×××	填土部位	××××
要求压实系数 λ_c	0.95	土样种类	灰土
来样日期	××年×月×日	试验日期	××年×月×日
试验 结果	最优含水率 $\omega_{op} = 20.5\%$	最大干密度 $\rho_{dmax} = 1.73 \ g/cm^3$	
	控制指标(控制干密度)	最大干密度×要求压实系数 = 1.64 g/cm^3	
结论：			
依据《土工试验方法标准》(GB/T 50123—1999),最优含水率为 20.5%,最大干密度为 1.73 g/cm^3,现控制指标最小干密度为 1.64 g/cm^3。			
批准	×××	审核	×××	试验	×××
试验单位	××××				
报告日期	××年×月×日				

注:本表由建设单位、施工单位、城建档案馆各保存一份。

土工回填土试验报告填写式样见表3-52。要求如下：

（1）试验报告子目要填写齐全，取样步数和取样位置简图要标注完整、清晰准确、符合要求。

（2）取样位置简图应按规范要求绘制回填土取点平面图、剖面示意图，标明重要控制轴线、尺寸数字、分段、分层取样、指北针方向等。现场取样步数、点号须与试验报告各步、点一一对应，并注明回填土的起止标高。

（3）回填土种类、取样、试验时间应与其他资料交圈吻合，其他资料有地质勘探报告、地基验槽及隐检记录等。

表3-52 土工回填土试验报告

试验编号： 委托编号： 编号：

工程名称及施工部位		××工程××部位					
委托单位		××水利水电第×工程局		试验委托人		×××	
要求压实系数 λ_c				回填土种类		3：7灰土	
控制干密度 ρ_d		1.55 g/cm³		试验日期		××年×月×日	
步数	点号 项目	1	2				
		实测干密度（g/cm³）					
		实测压实系数					
1		1.62	1.59				
		0.96	0.97				
取样位置简图（附图）：见附图（略）							
结论：符合最小干密度及《土工试验方法标准》（GB/T 50123—1999）的规定。							
批准	×××	审核	×××	试验		×××	
试验单位		×××		报告日期		××年×月×日	

说明：本表由建设单位、施工单位、城建档案馆各保存一份。

三、砌筑砂浆

砌筑砂浆一般采用水泥混合砂浆或水泥砂浆，由胶凝材料（水泥）、细骨料（砂）、掺合料（或外加剂）和水按适当比例配制而成，在砌体中起着黏结块材、传递荷载的作用。砌筑砂浆的强度等级有 M2.5、M5.0、M7.5、M10、M15、M20 等六个等级。

（一）砂浆配合比申请单和配合比通知单

砂浆配合比应经试验确定，试配砂浆时，应按设计强度等级提高15%。施工中如用水泥砂浆代替同强度等级的水泥混合砂浆砌筑砌体，因水泥砂浆的和易性差，砌体强度有所下降（一般考虑下降15%），因此应提高水泥砂浆的配制强度（一般提高一级），方可满足设计要求。水泥砂浆中掺入微沫剂（简称微沫砂浆）时，砌体抗压强度较水泥混合砂浆砌体降低10%,故用微沫砂浆代替水泥混合砂浆使用时,微沫砂浆的配制强度也应提高一级。

砂浆配合比申请单及砂浆配合比通知单填写式样见表3-53及表3-54。

表3-53 砂浆配合比申请单

委托编号: 　　　　　　　　　　　　　　　　　　编号:

工程名称	××工程		
委托单位	××水利水电第×工程局	试验委托人	×××
砂浆种类	混合砂浆	强度等级	M5
水泥品种	P.O 42.5	厂别	×××水泥厂
水泥进场日期	××年×月×日	试验编号	××-×
砂产地	×××	粗细级别	中砂	试验编号	××-×
掺合料种类	石灰膏	外加剂种类	—
申请日期	××年×月×日	要求使用日期	××年×月×日

表3-54 砂浆配合比通知单

配合比编号: 　　　　　　　　　　　　　　　　　试验编号:

强度等级	M5		试验日期	××年×月×日
配合比				
材料名称	水泥	砂	石灰膏	掺合剂	外加剂
每立方米用量(kg/m³)	238	1 571	95		
比例	1	6.6	0.4		
注:砂浆稠度为70~100 mm,石灰膏稠度为(120±5)mm。					
批准	×××	审核	×××	试验	×××
试验单位	×××		报告日期	××年×月×日	

说明:本表由施工单位保存。

委托单位应依据设计强度等级、技术要求、施工部位、原材料情况等,向试验部门提出砂浆配合比申请单。试验部门依据配合比申请单,按照《砌筑砂浆配合比设计规程》(JGJ/T 98—2010)签发砂浆配合比通知单。

砂浆配合比通知单应字迹清楚,无涂改,签字齐全。所用水泥、砂、掺合料、外加剂等要填写清楚,复试合格后再做试配,并填写试验记录。

(二)砂浆抗压强度试验报告

砂浆试块试压报告单上半部分项目应由施工单位试验人员填写,工程名称及部位要详细具体,所有子项必须填写清楚、具体,不空项。

砂浆抗压强度试验报告填写式样见表3-55。

(1)在试验报告中,砂浆种类、强度等级、稠度、水泥品种及强度等级、砂产地及种类、掺合料与外加剂种类要按规定填写清楚,要与砂浆配合比通知单、试验单相吻合。

(2)配合比编号要依据砂浆配合比通知单填写。试验结果应由试验室来填写;若发现问题应进行复试,并将复试合格单附于本试验报告后一并存档。

表 3-55　砂浆抗压强度试验报告

试验编号:　　　　　　　　委托编号:　　　　　　　　编号:

工程名称及部位	××工程××部位			试件编号	××-×
委托单位	××水利水电第×工程局			试件委托人	×××
砂浆种类	水泥混合砂浆	强度等级	M10	稠度	70 mm
水泥品种及强度等级	P.O 42.5			试件编号	××-×
砂产地及种类	××中砂			试件编号	××-×
掺合料种类	—			外加剂种类	—
配合比编号	××-×				
试件成型日期	××年×月×日	要求龄期(d)	28	要求试验日期	××年×月×日
养护方法	标准	试件收到日期	××年×月×日	试件制作人	×××

试验结果	试验日期	实际龄期 (d)	试件边长 (mm)	受压面积 (mm²)	荷载(kN)		抗压强度 (MPa)	达到设计强度 等级(%)
					单块	平均		
	××年×月×日	28	70.7	5 000	54.6	62.7	12.5	
					56.3			
					69.8			
					65.5			
					60.7			
					69.4			

结论:

合格。

批准	×××	审核	×××	试验	×××
试验单位	×××试验室				
报告日期	××年×月×日				

说明:本表由建设单位、施工单位各保留一份。

(三)砌筑砂浆试块强度统计、评定记录

1. 取样方法和试块留置

(1)砌筑砂浆强度试验以同一强度等级、同台搅拌机、同种原材料及配合比为一检验批(基础砌体可按一个检验批计),且不超过 250 m³ 砌体为一取样单位。

（2）每一取样单位留置标准养护试块不少于2组（每组6个试块）。

（3）每一取样单位还应制作同条件养护试块不少于1组。

（4）试样要有代表性，每组试块的试样必须取自同一次拌制的砌筑砂浆拌和物。

①施工中应在使用地点的砂浆槽、砂浆运送车或搅拌机出料口取试样，至少从3个不同部位抽取，数量应多于试验用料的1~2倍。

②试验室拌制砂浆进行试验所用材料应与现场材料一致。材料称量精度：水泥、外加剂为±0.5%，砂、石灰膏、黏土膏、粉煤灰和磨细生石灰粉为±1%。搅拌时可用机械或人工拌和，用搅拌机搅拌时，其搅拌量不宜少于搅拌机容量的20%，搅拌时间不宜少于2 min。

2. 试块制作与养护

（1）制作砌筑砂浆试件时，将无底试模放在预先铺有吸水性较好的纸的普通砖（砖的吸水率不小于10%，含水率不大于2%）上，试模内壁事先涂刷薄层机油或脱模剂。

（2）放于砖上的纸，应为湿的新闻纸（或其他未粘过胶凝材料的纸），纸的大小要以能盖过砖的四边为准。砖的使用面要求平整，凡砖的四个垂直面粘过水泥或其他胶结材料，则不允许再使用。

（3）向试模内一次注满砂浆，用捣棒均匀地由外向里按螺旋方向插捣25次。为了防止低稠度砂浆插捣后可能留下孔洞，允许用油灰刀沿模壁插数次，使砂浆高出试模顶面6~8 mm。

（4）当砂浆表面开始出现麻斑状态时（一般15~30 min），将高出部分的砂浆沿试模顶面削去抹平。

（5）试件制作后应在（20±5）℃温度环境下停置约一昼夜（24±2）h，当气温较低时，可适当延长时间，但不应超过两昼夜，然后对试件进行编号并拆模。试件拆模后，应在标准养护条件下，继续养护至28 d，然后进行试压。

（6）标准养护的条件如下：

①水泥混合砂浆应为温度（20±3）℃，相对湿度60%~80%；

②水泥砂浆和微沫砂浆应为温度（20±3）℃，相对湿度90%以上；

③养护期间，试件彼此间隔不少于10 mm。

3. 砂浆强度等级评定

砂浆试件养护28 d时送检，试验前，擦干净试块表面，然后进行试压。以6个试件测试值的算术平均值作为该组试件的抗压强度值，精确至0.1 MPa。当6个试件的最大值或最小值与平均值之差超过20%时，以中间4个试件的平均值作为该组试件的抗压强度值。

砌筑砂浆试块强度统计、评定记录填写式样见表3-56。

同一验收批砂浆试块抗压强度平均值必须不小于设计强度等级所对应的立方体抗压强度，同一验收批砂浆试块抗压强度的最小一组平均值必须不小于设计强度等级所对应的立方体抗压强度的0.75倍。

砌筑砂浆的验收批，同一类型、强度等级的砂浆试块应不少于3组。当同一验收批只

表 3-56 砌筑砂浆试块强度统计、评定记录

编号：

工程单位	××工程					强度等级		M7.5
施工单位	××水利水电第×工程局					养护方法		标准
统计期	××年×月×日至××年×月×日					结构部位		主体围护墙
试块组数 N	强度标准值 f_2（MPa）		平均值 $f_{2,m}$（MPa）			最小值 $f_{2,min}$（MPa）		0.75f_2（MPa）
8	7.5		11.46			9.1		5.63
每组强度值（MPa）	12.6	10.6	9.8	10.6	14.6	11	9.1	13.4
判定式	$f_{2,m} \geqslant f_2$				$f_{2,min} \geqslant 0.75f_2$			
结果	11.46 > 7.5				9.1 > 5.63			
结论：依据《砌体结构工程施工质量验收规范》（GB 50203—2011）评定为合格。								
批准		审核			统计			
×××		×××			×××			
报告日期	××年×月×日							

有一组试块时,该组试块抗压强度的平均值必须大于或等于设计强度等级所对应的立方体抗压强度。

四、混凝土

（一）混凝土配合比申请单、通知单

混凝土配合比申请单、通知单的所有子项都必须填写清楚、具体,不空项,具体要求如下：

（1）原材料复试合格后方可做试配,填写好试验编号。

（2）强度等级及坍落度应按设计要求填写。

（3）委托单位及工程名称应填写具体,并与施工组织设计一致。

混凝土配合比申请单、通知单填写式样见表 3-57、表 3-58。

（二）混凝土试块

1.试件的制作与养护

（1）普通混凝土的物理力学性能和长期性能、耐久性能试验用试件,除抗渗、疲劳试验外均以 3 块为 1 组。

表 3-57 混凝土配合比申请单

混凝土配合比申请单			编号：×××		
			委托编号：××－01560		
工程名称及部位		××工程××部位			
委托单位	××水利水电第×工程局	试验委托人		×××	
设计强度等级	C35	要求坍落度、扩展度		160~180 mm	
其他技术要求					
搅拌方法	机械	浇捣方法	机械	养护方法	标准
水泥品种及强度等级	P.O 42.5R	厂别牌号	××××	试验编号	××C－043
砂产地及种类	××中砂		试验编号		××S－015
石子产地及种类	×××碎石	最大粒径	25 mm	试验编号	××G－017
外加剂名称	PHF－3 泵送剂		试验编号		××D－024
掺合料名称	Ⅱ级粉煤灰		试验编号		××F－029
申请日期	××年×月×日	使用日期	××年×月×日	联系电话	×××

表 3-58 混凝土配合比通知单

混凝土配合比通知单			配合比编号：××－0082			
			试配编号：×××			
强度等级	C35	水胶比	0.43	水灰比	0.46	砂率	42%
材料名称	水泥	水	砂	石	外加剂	掺合料	其他
每立方米用量（kg/m³）	320	189	773	1 053	8.7	91	
每盘用量（kg）	1.00	0.56	2.39	3.26	0.03	0.28	
混凝土碱含量（kg/m³）	注：此栏只有在依据相关规定以及要求需要填写时才填写。						
说明：本配合比所用材料均为干材料，使用单位应根据材料含水率情况随时调整。							
批准		审核			试验		
×××		×××			×××		
报告日期			××年×月×日				

注：本表由施工单位保存。

（2）试验室拌制混凝土制作试件时，其材料用量应以质量计，称量的精度应为：水泥、水和外加剂±0.5%，骨料±10%。

（3）所有试件均应在拌制或取样后立即制作。确定混凝土设计特征值、强度等级或进行材料性能研究时,试件的成型方法应按混凝土的稠度而定。坍落度不大于 70 mm 的混凝土,宜用振动台振实;大于 70 mm 的,宜用捣棒人工捣实。检验现浇混凝土工程和预制构件质量的混凝土试件,成型方法应与实际施工采用的方法相同。棱柱体试件宜采用卧式成型,埋有钢筋的试件在灌注混凝土及捣实时,应特别注意钢筋和试模之间的混凝土能保持灌注密实及捣实良好。

用离心法、压浆法、真空作业法及喷射法等特殊方法成型的混凝土,其试件的制作应按相应的规定进行。

(4)制作试件用的试模由铸铁或钢材制成,应具有足够的刚度并拆装方便。试模的内表面应机械加工,其不平度应为每 100 mm 不超过 0.05 mm,组装后各相邻面的不垂直度不应超过 0.5°。在制作试件前应将试模清擦干净,并应涂脱模剂。

(5)人工插捣时,混凝土拌和物应分两层装入试模,每层的装料厚度应大致相等。插捣用的钢棒长 600 mm、直径 16 mm,端部磨圆。插捣按螺旋方向从边缘向中心均匀进行。插捣底层时,捣棒应达到试模底面;插捣上层时,捣棒应穿入下层,深度为 20~30 mm。插捣时捣棒应保持垂直,不得倾斜,并用抹刀沿试模内壁插入数次。每层的插捣次数应根据试件的截面而定,一般为每 100 cm^2 不少于 12 次。插捣完后,刮除多余的混凝土,并用抹刀抹平。

(6)用振动台成型时,应将混凝土拌和物一次装入试模,装料时应用抹刀沿试模内壁略加插捣,并应使混凝土拌和物高出试模上口。振动时应防止试模在振动台上自由跳动。振动应持续到混凝土表面出浆为止,刮除多余的混凝土,并用抹刀抹平。试验室用振动台的振动频率应为(50±3)Hz,空载时振幅为 0.5 mm。

(7)按各试验方法的具体规定,力学性能、长期性能及耐久性能试验的试件有标准养护、同条件养护及自然养护等几种养护形式。

(8)采用标准养护的试件,成型后应覆盖表面,以防止水分蒸发,并应在室温为(20±5)℃的情况下静置 1~2 昼夜,然后编号、拆模。拆模后的试件,应立即在温度为(20±3)℃、相对湿度为 90% 以上的标准养护室中养护。在标准养护室内,试件应放在架上,彼此间隔应当为 10~20 mm,并应避免用水直接淋刷试件。当无标准养护室时,混凝土试件可在(20±3)℃的不流动水中养护,水的 pH 值应不小于 7。采用与构筑物或构件同条件养护的试件,成型后应立即覆盖,试件的拆模时间可与实际构件的拆模时间相同。拆模后,试件仍需保持同条件养护。需要进行自然放置并晾干的试件,应放置在干燥通风的室内,每块试件之间至少留有 10~20 mm 的间隙。

2.普通混凝土强度试验的试件留置

(1)同一强度等级、同一配合比、同一生产工艺的混凝土,应在浇筑地点随机取样。强度试件(每组 3 块)的取样与留置规定如下:

①每拌制 100 盘且不超过 100 m^3 的同配合比的混凝土,取样不得少于 1 次。

②每工作班拌制的同配合比的混凝土不足 100 盘时,取样不得少于 1 次。

③当一次连续浇筑超过 1 000 m^3 时,同一配合比的混凝土每 200 m^3 取样不得少于 1 次。

④每次取样应至少留置 1 组标准养护试件,同条件养护试件的留置组数应根据实际需要确定。

⑤每一现浇楼层同配合比的混凝土,其取样不得少于 1 次。

（2）每组 3 个试件应在同一盘混凝土中取样制作,其强度代表值的确定,应符合下列规定:

①取 3 个试件强度的算术平均值作为每组试件的强度代表值。

②当一组试件中强度的最大值或最小值与中间值之差超过中间值的 15% 时,取中间值作为该组试件的强度代表值。

③当一组试件中强度的最大值和最小值与中间值之差均超过中间值的 15% 时,该组试件的强度不应作为评定的依据。

（3）当采用非标准尺寸试件时,应将其抗压强度折算为标准试件抗压强度。折算系数按下列规定采用:

①对边长为 100 mm 的立方体试件取 0.95。

②对边长为 200 mm 的立方体试件取 1.05。

混凝土抗压强度试验报告填写式样见表 3-59。

表 3-59　混凝土抗压强度试验报告

试验编号:　　　　　　　委托编号:　　　　　　　编号:

工程名称及部位	××工程××部位		试件编号	××-003
委托单位	××水利水电第×工程局		试验委托人	×××
设计强度等级	C30,P8	实测坍落度、扩展度		160 mm
水泥品种及强度等级	P.O 42.5	试验编号		××C-022
砂种类	中砂	试验编号		××S-011
石种类、直径	碎石 5~10 mm	试验编号		××G-013
外加剂名称	UEA	试验编号		××D-017
掺合料名称	Ⅱ级粉煤灰	试验编号		××F-009
配合比编号	××-22			
成型日期	××年×月×日	要求龄期(d)	26	要求试验日期	××年×月×日

养护方法	标准		收到日期	××年×月×日		试块制作人	×××			

		实际龄期(d)	试件边长(mm)	受压面积(mm²)	荷载(kN)		平均抗压强度(MPa)	折合 150 mm 立方体抗压强度(MPa)	达到设计强度等级(%)
试验结果	试验日期				单块值	平均值			
	××年×月×日	26	100	10 000	460	463	46.3	44	147
					450				
					480				

结论:

合格。

批准	×××	审核	×××	试验	×××
试验单位	×××试验室				
报告日期	××年×月×日				

说明:本表由建设单位、施工单位各保存一份。

108

（4）混凝土抗渗试验报告。混凝土抗渗试验报告填写式样见表3-60。

表3-60　混凝土抗渗试验报告

试验编号：　　　　　　　委托编号：　　　　　　　　编号：

工程名称及施工部位	××发电厂厂房工程		试件编号		××－003
委托单位	××市第×工程局		委托试验人		×××
抗渗等级	P8		配合比编号		××－22
强度等级	C30	养护条件	标准	收样日期	××年×月×日
成型日期	××年×月×日	龄期(d)	33	试验日期	××年×月×日
试验情况：由0.1 MPa按顺序加压至0.9 MPa，保持8 h。试件表面无渗水，试验结果：>P8。					
结论： 根据《普通混凝土长期性能和耐久性能试验方法标准》（GB/T 50082—2009），符合P8设计要求。					
批准	×××	审核	×××	试验	×××
试验单位	××××				
报告日期	××年×月×日				

①有抗渗要求的混凝土应留置检验抗渗性能的试块，对连续浇筑混凝土，每500 m³应留置一组抗渗试块，且每项工程不得少于2组，其中至少1组在标准条件下养护。采用预拌混凝土的抗渗试块，留置组数应视结构的规模和要求而定。

②对防水混凝土应进行抗渗性能试验，评定抗渗性能试验结果时，应采用标准条件下养护的防水混凝土抗渗试块。

③抗渗性能试验应符合现行《普通混凝土长期性能和耐久性能试验方法标准》（GB/T 50082—2009）的有关规定。

④抗渗等级以每组6个试块中有3个试块端面呈渗水现象时的水压计算出的P值进行评定。若按委托抗渗等级P评定（6个试件均无透水现象），应试压至P－I－1时的水压，方可评为大于P。

3.混凝土试块强度统计、评定

（1）当混凝土生产条件在较长时间内能保持一致，且同一品种混凝土的强度变异性能保持稳定时，应由连续的3组试件组成一个验收批。

（2）当混凝土生产条件在较长时间内不能保持一致，且同一品种混凝土的强度变异性能不能保持稳定，或在前一个检验期内的同一品种混凝土没有足够的数据用以确定验收批混凝土立方体抗压强度的标准差时，应由不少于10组试件组成一个验收批。

混凝土试块强度统计、评定记录填写式样见表3-61。

五、钢筋连接试验报告

（1）钢筋连接试验项目、组批原则及规定见表3-62。

表 3-61　混凝土试块强度统计、评定记录

编号：

工程名称	×××工程			强度等级		C30	
施工单位	××水利水电第×工程局			养护方法		标准	
统计期	××年×月×日至××年×月×日			结构部位		主体 1~5 层墙柱	
试块组数 N	强度标准值 $f_{cu,k}$（MPa）	平均值 mf_{cu}（MPa）		标准差 Sf_{cu}（MPa）	最小值 $f_{cu,min}$（MPa）	合格判定系数 λ_1	λ_2
13	30	46.52		8.84	36.1	1.7	0.9
每组强度值（MPa）	50.4	36.1	40.8	39.4	58.0	37.7	36.8	57.3	56.7	51.6
	57.5	42.5	39.9							

评定界限	☑ 统计方法			□ 非统计方法	
	$0.9f_{cu,k}$（MPa）	$mf_{cu}-\lambda_1 Sf_{cu}$（MPa）	$\lambda_2 f_{cu,k}$（MPa）	$1.15f_{cu,k}$（MPa）	$0.95f_{cu,k}$（MPa）
	27	31.49	27		
判定式	$mf_{cu}-\lambda_1 Sf_{cu} \geq 0.9f_{cu,k}$	$f_{cu,min} > \lambda_2 f_{cu,k}$		$mf_{cu} > 1.15f_{cu,k}$	$f_{cu,min} > 0.95f_{cu,k}$
结果	31.49 > 27	36.1 > 27			

结论：

　　该批混凝土符合《混凝土强度检验评定标准》（GB/T 50107—2010）要求，评定为合格。

批准	审核	统计
×××	×××	×××
报告日期		××年×月×日

说明：本表由建设单位、施工单位、城建档案馆各保存一份。

表 3-62　钢筋连接试验项目、组批原则及规定

材料名称	必试试验项目	组批原则及取样规定
钢筋电阻点焊	抗拉强度、抗剪强度、弯曲试验	在工程开工或每批钢筋正式焊接前，应进行现场条件下的焊接性能试验（工艺性能试验），试验合格后方可正式生产。试件数量及要求如下： 　　(1) 钢筋焊接骨架。 　　① 凡钢筋级别、直径及尺寸相同的焊接骨架应视为同一类制品，且每 200 件为一验收批，一周内不足 200 件的也按一批计。 　　② 试件应从成品中切取，当所切取试件的尺寸小于规定的试件尺寸，或受力钢筋直径大于 8 mm 时，可在生产过程中焊接试验网片，从中切取试件。 　　③ 由几种钢筋直径组合的焊接骨架，应对每种组合做力学性能检验；热轧钢筋焊点，应做抗剪试验，试件数量 3 件；冷拔低碳钢丝焊点，应做抗剪试验及对较小的钢筋做拉伸试验，试件数量 3 件。 　　(2) 钢筋焊接网。 　　① 凡钢筋级别、直径及尺寸相同的焊接骨架应视为同一类制品，每批应不大于 30 t，或每 200 件为一验收批，一周内不足 30 t 或 200 件的也按一批计。 　　② 试件应从成品中切取；冷轧带肋钢筋或冷拔低碳钢丝焊点应做拉伸试验，纵向试件数量 1 件，横向试件数量 1 件；冷轧带肋钢筋焊点应做弯曲试验，纵向试件数量 1 件，横向试件数量 1 件；热轧钢筋、冷轧带肋钢筋或冷拔低碳钢丝的焊点应做抗剪试验，试件数量 3 件

材料名称	必试试验项目	组批原则及取样规定
钢筋闪光对焊接头	抗拉强度	(1)工厂焊接条件下,同钢筋级别的接头300个为一验收批。 (2)现场安装条件下,每一至二层楼同接头形式、同钢筋级别的接头300个为一验收批,不足300个接头也按一批计。 (3)试件应从成品中随机切取3个接头进行拉伸试验。 (4)装配式结构节点的焊接接头可按生产条件制造模拟试件。 (5)当初试结果不符合要求时,应再取6个试件进行复试
钢筋电弧焊接头	抗拉强度	(1)工厂焊接条件下,同钢筋级别的接头300个为一验收批。 (2)现场安装条件下,每一至二层楼同接头形式、同钢筋级别的接头300个为一验收批,不足300个接头也按一批计。 (3)试件应从成品中随机切取3个接头进行拉伸试验。 (4)装配式结构节点的焊接接头可按生产条件制造模拟试件。 (5)当初试结果不符合要求时,应再取6个试件进行复试
钢筋电渣压力焊接头	抗拉强度	(1)一般构筑物中以300个同级别钢筋接头作为一验收批。 (2)在现浇钢筋混凝土多层结构中,应以每一楼层或施工区段中300个同级别钢筋接头作为一验收批,不足300个接头也按一批计。 (3)试件应从成品中随机切取3个接头进行拉伸试验。 (4)当初试结果不符合要求时,应再取6个试件进行复试
钢筋气压焊接头	抗拉强度、弯曲试验(梁、板的水平筋连接)	(1)一般构筑物中以300个接头作为一验收批。 (2)在现浇钢筋混凝土房屋结构中,同一楼层中应以300个接头作为一验收批,不足300个接头也按一批计。 (3)试件应从成品中随机切取3个接头进行拉伸试验;在梁、板的水平钢筋连接中,应另切取3个试件做弯曲试验。 (4)当初试结果不符合要求时,应再取6个试件进行复试
预埋件钢筋T形接头	抗拉强度	(1)对预埋件钢筋埋弧压力焊,同类型预埋件一周内累计每300件为一验收批,不足300个接头也按一批计,每批随机切取3个试件做拉伸试验。 (2)当初试结果不符合规定时,应再取6个试件进行复试
机械连接	抗拉强度	(1)工艺检验:在正式施工前,按同批钢筋、同种机械连接形式的接头试件不少于3根为一检验批,同时对应截取接头试件的母材进行抗拉强度试验。 (2)现场检验:接头的现场检验按验收批进行,同一施工条件下采用同一批材料的同等级、同形式、同规格的接头每500个为一验收批,不足500个接头也按一批计,每一验收批必须在工程结构中随机截取3个试件做单向拉伸试验,在现场连续检验10个验收批,其全部单向拉伸试件一次抽样均合格时,验收批接头数量可扩大一倍

(2)正式焊(连)接工程开始前及施工过程中,应对每批进场钢筋,在现场条件下进行工艺检验,工艺检验合格后方可进行焊接或机械连接的施工。

（3）试验报告中应写明工程名称、钢筋级别、接头类型、规格、代表数量、试验数据、试验日期以及试验结果。钢筋连接试验报告填写式样见表3-63。

表3-63 钢筋连接试验报告

试验编号：　　　　　　　　委托编号：　　　　　　　　编号：

工程名称及部位	××地下工程××架梁					试件编号		××
委托单位	××水利水电第×工程局					试验委托人		×××
接头类型	滚轧直螺纹连接					检验形式		
设计要求接头性能等级			A级			代表数量（个）		××
连接钢筋种类及牌号	HRB335		公称直径（mm）		××	原材试验编号		××-×
操作人	×××		来样日期		××年×月×日	试验日期		××年×月×日
接头试件			母材试件			弯曲试件			备注
公称面积（mm²）	抗拉强度（MPa）	断裂特征及位置	实测面积（mm²）	抗拉强度（MPa）		弯心直径	角度	结果	
314.2	595	母材拉断	314.2	600					
314.2	600	母材拉断	314.2	595					
结论： 根据《钢筋机械连接技术规程》（JGJ 107—2010），符合滚轧直螺纹A级接头性能。									
批准	×××	审核		×××		试验		×××	
试验单位		×××				报告日期		××年×月×日	

第七节　施工安全管理资料

安全资料是施工现场安全管理的真实记录，是对企业安全管理进行检查和评价的重要依据。安全资料的归档和完善有利于企业各项安全生产制度的落实和强化施工全过程、全方位、动态的安全管理，对加强施工现场管理，提高安全生产、文明施工管理水平起到积极的推动作用，有利于总结经验、吸取教训，更好地贯彻执行"安全第一、预防为主"的安全生产方针，保证职工在生产过程中的安全和健康，可为预防事故发生提供理论依据。

一、安全资料的管理和保存

（一）安全资料的管理

（1）项目经理部应建立文明安全管理系统运行必要性的安全记录，其中包括台账、报表、原始记录等。资料的整理应做到现场实物与记录符合、行为与记录符合，以便更好地反映安全管理的全貌和全过程。

（2）项目应设专职或兼职安全资料员，及时收集、整理安全资料。安全记录的建立、收集和整理，应按照国家、行业、地方和上级的有关规定进行，确定安全记录种类、格式。

（3）当规定表格不能满足安全记录需要时，安全保证计划中应制定记录格式。

（4）负责安全记录的部门或相关人员，应按岗位职责分工编写，按照规定收集、整理包括分包单位在内的各类安全管理资料,并装订成册。

(5)应对安全记录进行标示、编目和立卷,并符合国家、行业、地方或上级有关规定。

(二)安全资料的保存

(1)安全资料按篇及编号分别装订成册,装入档案盒内。

(2)安全资料集中存放于资料柜内,加锁并设专人负责管理,以防丢失损坏。

(3)工程竣工后,安全资料上交公司档案室保管,备查。

二、基础工程安全资料

水利水电工程施工环境比较复杂,地质条件多变,因此施工时甚至投入使用后依然要进行变形监测,监测结果应定期整理,并做沉降报告。

(一)基础工程施工方案

1.基础(坑)施工支护方案的具体内容

(1)基础(坑)施工支护方案中必须明确以下内容的具体要求:施工前准备工作、土方开挖顺序和方法、坑壁支护设计及施工详图、临边防护、排水措施、坑边荷载限定、上下通道设置、基坑支护变形监测方案、作业环境等。

(2)基坑施工必须有支护方案,具体做法及要求参见《建筑基坑支护技术规程》(JGJ 120—2012):

①基坑深度不足 2 m 时,原则上不再进行支护,按规范要求放坡。若与相邻建筑物、管线、道路较近,或地质情况较差,仍需支护。

②基坑深度超过 2 m 小于 5 m 时,坑壁土质为粉质黏土、粉土,湿度为稍湿状态下,周围没有其他荷载,可根据规范放坡。雨期、坑壁土质不良或周围有附加荷载时,应支护。

③基坑深度超过 5 m 时,无论边坡土质情况和周边荷载如何,必须进行支护,并有详细的支护计算。

(3)施工方案必须体现全面性、针对性、可行性、经济性、法令性的特点,必须经上级主管部门审批。

2.基坑支护验收

基坑支护验收记录式样参见表3-64。

表3-64　基坑支护验收记录

工程名称				验收日期	
结构类型		支护深度(m)		支护面积(m²)	
设计单位			施工单位		
验收记录:					
验收结论:					
参加验收人员					

（二）基础工程土方开挖

（1）土方开挖常用机械有挖掘机、推土机、铲运机、运输车辆等。机械进场验收记录填写式样见表3-65。

表3-65　机械进场验收记录

工程名称	××××		施工单位		××××
机械名称	挖掘机	规格型号	WY100	设备型号	
生产厂家	××建筑机械厂	出厂日期	××年×月×日	合格证号	
验收日期	××年×月×日		参加验收人员		
检查项目	验收记录				
液压系统安全装置	经试运转液压系统工作正常，无漏油、阻碍现象，动作灵活，准确可靠，无噪声。安全装置齐全有效，灵敏可靠				
回转装置	经试运转回转装置动作灵活、准确、可靠，工作正常				
行走装置	经试运转行走装置工作正常，无异常声响				
铲斗装置	经试运转铲斗装置动作灵活、准确、可靠，无异常				
资料	有产品说明书、合格证（编号×××），生产厂家为××建筑机械厂				
司机	司机持证上岗。上岗证编号×××，为有效证件				
验收结论	挖掘机经检验符合《建筑施工安全检查标准》（JGJ 59—2011）及有关规范规定，验收合格，同意使用。 参加验收人员：×××　　　　　　　　　　日期：××年×月×日				

（2）土方开挖施工机械司机所持上岗证必须是有效证件。

（三）基坑支护变形监测、沉降观测及开挖监控

1. 基坑支护变形监测

基坑支护变形监测记录的具体内容包括以下几点：

（1）基坑开挖前应做出系统的监测方案，监测方案应包括监测项目、监测方法、精度要求、监测点的布置、观测周期、观测记录以及信息反馈等。

（2）基坑工程监测应以专门仪器监测为主，以现场目测为辅。

（3）支护设施产生局部变形，应及时采取措施进行处理。

2. 基坑周边环境沉降观测

基坑周边环境沉降观测记录式样见表3-66。

3. 基坑开挖监控

（1）基坑开挖前应做出系统的开挖监控方案，监控方案应包括监控的目的、监测项目、监控报警值、监测方法及精度要求、监测点的布置、监测周期、工序管理和记录制度以及信息反馈系统等。

（2）监测点的布置应满足监控要求，基坑边缘以外 1～2 倍开挖深度范围内需要保护的物体均应作为监控对象。

表 3-66　基坑周边环境沉降观测记录

单位工程名称：　　　　　　　　　　施工单位：

观察点编号	第×次			第×次			第×次			第×次		
	××年×月×日			××年×月×日			××年×月×日			××年×月×日		
	标高(m)	沉降量(mm)		标高(m)	沉降量(mm)		标高(m)	沉降量(mm)		标高(m)	沉降量(mm)	
		本次	累计		本次	累计		本次	累计		本次	累计
工程部位												
观测者												
监测者												

填表单位：　　　　　　　负责人：　　　　　　　制表：

（3）基坑工程监测项目可按表 3-67 选择。

表 3-67　基坑工程监测项目

监测项目	基础侧壁安全等级		
	一级	二级	三级
支护结构水平位移	应测	应测	应测
周围建筑物、地下管线变形	应测	应测	宜测
地下水位	应测	应测	宜测
桩、墙、内力	应测	宜测	可测
锚杆拉力	应测	宜测	可测
支撑轴力	应测	宜测	可测
立柱变形	应测	宜测	可测
土体分层竖向位移	应测	宜测	可测
支护结构界面上侧向压力	宜测	可测	可测

（4）位移观测基准点数量不应少于 2 个，且应设在影响范围以外。

（5）监测项目在基坑开挖前应测得初始值，且不应少于 2 次。

（6）基坑监测项目的监控报警值应根据监测对象的有关规范及支护结构设计要求确定。

（7）各项监测的时间间隔可根据施工进程确定，当变形超过有关标准或监测结果变形较大时，应加密观测次数。当有事故征兆时，应连续监测。

（8）基坑开挖监测进程中，应根据设计要求提交阶段性监测结果报告。工程结束时应提交完整的监测报告，报告应包括以下内容：

①工程概况。

②监测项目和各测点的平面、立面布置图。

③采用的仪器设备和监测方法。

④监测数据处理方法和监测结果过程曲线。

⑤监测结果评价。

三、电工作业安全技术资料

（一）施工现场变配电及维修安全技术交底记录

施工现场变配电及维修安全技术交底记录填写式样见表 3-68。

表 3-68　施工现场变配电及维修安全技术交底记录

编号：

工程名称	××工程		
施工单位	××建筑工程公司		
交底项目（部位）	变配电及维修安全技术交底	交底日期	××年×月×日
交底内容（安全措施与注意事项）： 　（1）现场变配电高压设备，不论带电与否，单人值班严禁跨越遮拦和从事修理工作。 　（2）高压带电区域内部分停电工作时，人体与带电部分必须保持安全距离，并应有人监护。 　（3）在变配电室内、外高压部分及线路工作时，应按顺序进行。停电、验电悬挂地线，操作手柄应上锁或挂标示牌。 　（4）验电时必须戴绝缘手套，按电压等级使用验电器。在设备两侧各相或线路各相分别验电。验明设备或线路确实无电后，即将检修设备或线路做短路接地。 　（5）装设接地线应由两人进行。先接接地端，后接导体端，拆除时顺序相反。拆接时均应穿戴绝缘防护用品。设备或线路检修完毕，必须全面检查无误后，方可拆除接地线。 　（6）接地线应使用截面面积不小于 $2~mm^2$ 的多股软裸铜线和专用线夹。严禁使用缠绕的方法进行接地和短路。 　（7）用绝缘棒或传统机械拉、合高压开关，应戴绝缘手套。雨天室外操作时，除穿戴绝缘防护用品外，绝缘棒应有防雨罩，应有专人监护。严禁带负荷拉、合开关。 　（8）电气设备的金属外壳必须接地或接零。同一设备可做接地和接零。同一供电系统不允许一部分设备采用接零，另一部分采用接地保护。 　（9）电气设备所用的保险丝的额定电流应与其负荷相适应。严禁用其他金属线代替保险丝			
交底人	×××	接受交底班组长	×××　接受交底人数　××人

说明：本表由施工单位填写并保存（一式三份，班组一份、安全员一份、交底人一份）。

（二）施工现场线路敷设安全技术交底记录

施工现场线路敷设安全技术交底记录填写式样见表 3-69。

表 3-69　施工现场线路敷设安全技术交底记录

编号:

工程名称	××工程		
施工单位	××建筑工程公司		
交底项目(部位)	施工现场线路敷设安全技术交底	交底日期	××年×月×日

交底内容(安全措施与注意事项):

(1)电缆干线应采用埋地或架空敷设,严禁沿地面明敷设,并应避免机械损伤和介质腐蚀。

(2)电缆在室外直接埋地敷设时,必须按电缆埋设图敷设,并应砌砖槽防护,埋设深度不得小于0.6 m。

(3)电缆的上下各均匀铺设不小于5 cm厚的细砂,上盖电缆盖板作为电缆的保护层。

(4)地面上应有埋设电缆的标志,并应有专人负责管理。不得将物料堆放在电缆埋设点的上方。

(5)有接头的电缆不准埋在地下,接头处应露出地面,并配有电缆接线盒(箱)。电缆接线盒(箱)应防雨、防尘、防机械损伤,并远离易燃、易爆、易腐蚀场所。

(6)电缆穿越建筑物、构筑物、道路、易受机械损伤的场所及引出地面从2 m高度至地下0.2 m处,必须加设防护套管。

(7)电缆线路与其附近热力管道的平行间距不得小于2 m,交叉间距不得小于1 m。

(8)橡套电缆架空敷设时,应沿着墙壁或电杆设置,并用绝缘子固定,严禁使用金属裸线做绑线。电缆与地面的间距大于10 m时,必须采用铅丝或钢丝绳吊绑,以减轻电缆自重。最大弧垂距地面不小于2.5 m。电缆接头处应牢固可靠,做好绝缘包扎,保证绝缘强度,不得承受外力。

(9)施工建筑的临时电缆配电,必须采用电缆埋地引入的方式。电缆垂直敷设时,应充分利用竖井、垂直孔洞。其固定点每楼层不得少于一处。水平敷设时应沿墙或门口固定,最大弧垂距离地面不得小于1.8 m

交底人	×××	接受交底班组长	×××	接受交底人数	××人

说明:本表由施工单位填写并保存(一式三份,班组一份、安全员一份、交底人一份)。

四、设备安装安全资料

塔式起重机安全技术交底记录填写式样见表3-70。

五、施工现场用火审批

(一)审批程序

电工、焊工从事电气设备安装和电、气焊切割作业,要有操作证和用火证。动火前,要清除附近易燃物,配备看火人员和灭火用具。用火证当日有效。动火地点交换,要重新办理用火证手续。凡是进行电、气焊作业的,必须先填用火申请表,工长签字后方可生效,否则不准进行作业。

(二)审批内容

用火审批证中必须注明施工单位、工程名称、用途、用火部位、用火人、看火人和灭火器材等内容。

表 3-70　塔式起重机安全技术交底记录

编号:

工程名称	××工程		
施工单位	××建筑工程公司		
交底项目(部位)	塔式起重机安全技术交底	交底日期	××年×月×日

交底内容(安全措施与注意事项):

　　1.操作前检查

　　(1)必须进行交接班手续,检查机械使用履历书及交接班记录等的填写情况及记载事项。

　　(2)操作前应松开夹轨器,按规定的方法将夹轨器固定。清除行走轨道的障碍物,检查路轨两端行走限位止挡,离端头不应小于 2~3 m,并检查道轨的平直度、坡度和两轨道的高差,应符合塔机的有关安全技术规定。路基不得有沉陷、溜坡、裂缝等现象。

　　(3)轨道安装后,必须符合下列规定:

　　①两轨道的高度差不大于 1/1 000。

　　②纵向和横向的坡度均不大于 1/1 000。

　　③轨距与名义值的误差不大于 1/1 000,其绝对值不大于 6 mm。

　　④钢轨接头间隙在 2~4 mm;接头处两轨顶高度差不大于 2 mm,两根钢轨接头必须错开 1.5 m。

　　(4)检查各主要螺栓的紧固情况,焊缝及主角钢无裂纹、开焊等现象。

　　(5)检查机械传动的齿轮箱、液压油箱等的油位,应符合标准。

　　(6)检查各部制动轮、制动带(蹄),应无损坏,制动灵敏;吊钩、滑轮、卡环、钢丝绳应符合标准;安全装置(力矩限制器、重量限制器、行走和高度变幅限位及大钩保险等)灵敏、可靠。

　　(7)操作系统、电气系统接触良好,无松动、无导线裸露等现象。

　　(8)对于带有电梯的塔机,必须验证各部安全装置安全可靠。

　　(9)配电箱在送电前,联动控制器应在零位。合闸后,检查金属结构部分无漏电方可上机。

　　(10)所有电气系统必须有良好的接地或接零保护,每 20 m 做一组,接地装置不得与建筑物相连,接地电阻不得大于 4 Ω。

　　(11)起重机各部位在运转中,1 m 以内不得有障碍物。

　　(12)塔式起重机操作前应进行空载运转或试车,确认无误方可投入生产。

　　2.安全操作

　　(1)司机必须按所驾驶塔式起重机的起重性能进行作业。

　　(2)机上各种安全保护装置运转中发生故障、失效或不准确时,必须立即停机修复。严禁带病作业和在运转中进行维修保养。

　　(3)司机必须在佩有指挥信号袖标的人员指挥下严格按照指挥信号、旗语、手势进行操作。操作前应发出音响信号,对指挥信号辨不清时不得盲目操作。对指挥错误有权拒绝执行或主动采取防范或相应紧急措施。

　　(4)起重量、起升高度、变幅等安全装置显示或接近临界警报值时,司机必须严密注视,严禁强行操作。

　　(5)操作时司机不得闲谈、吸烟、看书报和做其他与操作无关的事情,不得擅离操作岗位

交底人	×××	接受交底班组长	×××	接受交底人数	××人

说明:本表由施工单位填写并保存(一式三份,班组一份、安全员一份、交底人一份)。

(三)用火审批证

　　用火审批证(看火人收执)式样见表 3-71。

表 3-71　用火审批证(看火人收执)

施工单位		工程名称	
用途		用火部位	
用火人		看火人	
灭火器材			
用火时间	××年×月×日×时起		××年×月×日×时止

申请人：　　　　　　　　　签发人：

六、事故隐患整改通知单

为确保施工在安全的情况下正常进行,应及时清除安全隐患,对检查中发现的违章、事故隐患应按实际认真记录,对重大事故隐患列项实行定人、定时、定措施的"三定"整改方案,并将整改记录填入事故隐患整改通知单(见表 3-72)中。

表 3-72　事故隐患整改通知单

工程名称：　　　　　　　　　　　　　　　　　　　　编号：

检查日期		××年×月×日(星期×)	检查部位、项目内容		
检查人员签名		×××	现场临时用电、工人佩戴安全帽情况		
检查发现的违章、事故隐患实况记录		施工现场发现 2 名工人未戴安全帽			
整改通知	对重大事故隐患列项实行"三定"的整改方案	整改措施	完成整改的最后日期	整改责任人	复查日期
		(1)加强职工安全教育,制定相应的奖罚措施。 (2)要求并检查全体人员进入施工现场必须正确佩戴安全帽	××年×月×日 (当日)	×××	××年×月×日
	整改复查记录	项目负责人(签名)：××× 安全员(签名)：××× 整改负责人(签名)：×××			
		整改记录	遗留问题的处理	整改责任人：××× 复查责任人：××× 安全生产责任人：××× 日期：××年×月×日	
		已按整改措施落实	无		

第八节　水利工程施工文件资料归档范围与保管期限

水利工程施工文件资料归档范围与保管期限见表 3-73。

表 3-73　水利工程施工文件资料归档范围与保管期限

序号	归档文件	保管期限		
		项目法人	运行管理单位	流域机构档案馆
1	工程技术要求、技术交底、图纸会审纪要	长期	长期	
2	施工计划、技术、工艺、安全措施等施工组织设计报批审核文件	长期	长期	
3	建筑原材料出厂、质量鉴定、复验单及试验报告	长期	长期	
4	设备材料、零件的出厂证明(合格证),材料代用核定审批手续、技术核定单、业务联系单、备忘录等		长期	
5	设计变更通知、工程更改洽商单等	长期	长期	长期
6	施工定位(水准点、导线点、基准点、控制点等)测量、复核记录	长期	长期	
7	施工放样记录及有关材料	长期	长期	
8	地质勘探和土(岩)试验报告	长期	长期	
9	基础处理、基础工程施工、桩基工程、地基验槽记录	长期	长期	
10	设备及管线焊接试验记录、报告,施工检验、探伤记录	长期	长期	
11	工程或设备与设施强度、密闭性试验记录、报告	长期	长期	
12	隐蔽工程验收记录	长期	*长期	
13	记载工程或设备变化状态(测试、沉降、位移、变形等)的各种监测记录	长期	长期	
14	各类设备、电气、仪表的施工安装记录,质量检查、检验、评定材料	长期	长期	
15	网络、系统、管线等设备、设施的试运行、调试、测试、试验记录与报告	长期	长期	
16	管线清洗、试压、通水、通气、消毒等记录、报告	长期	长期	
17	管线标高、位置、坡度测量记录	长期	长期	
18	绝缘、接地电阻等性能测试、校核记录	长期	长期	
19	材料、设备明细表及检验、交接记录	长期	长期	
20	电气装置操作、联动试验记录	短期	长期	
21	工程质量检查自评材料	长期	长期	
22	事故及缺陷处理报告等相关材料	长期	*长期	
23	各阶段检查、验收报告和结论及相关文件材料	长期	长期	长期

序号	归档文件	保管期限		
		项目法人	运行管理单位	流域机构档案馆
24	设备和管线施工中间交工验收记录及相关材料	长期	长期	
25	竣工图(含工程基础地质素描图)	长期	长期	长期
26	反映工程建设原貌及建设过程中重要阶段或事件的声像材料	长期	长期	长期
27	施工大事记	长期	*长期	
28	施工记录及施工日志		长期	

说明:保管期限中有 * 的类项,表示相关单位只保存与本单位有关或较重要的相关文件资料。

思考题

1. 水利水电工程施工技术资料主要包括哪些项目?
2. 水利水电工程施工组织设计的编制有哪些要求?
3. 如何审批施工组织设计?
4. 施工放样报验单的主要内容是什么?
5. 混凝土浇筑申请书有什么要求?
6. 混凝土浇筑开仓报审有什么要求?
7. 混凝土配合比申请单、通知单有哪些填写要求?
8. 混凝土试件抗压强度代表值取值有何规定?
9. 水利水电工程施工质量检验有何要求?

第四章 水利工程监理资料整编

【学习目标】

　　知识目标：熟悉水利水电工程监理资料的各种表格。

　　能力目标：掌握水利水电工程监理资料的收集范围、整编要求、编制方法等基本知识，能利用计算机软件进行水利水电工程监理资料的编制。

　　在水利水电工程监理工作中，会涉及并产生大量的信息与档案资料。这些信息或档案资料中，有些是监理工作的依据，有些是反映工程质量的文件，也有一些是在监理工作中形成的文件，因此应加强对这些文件资料的管理。

第一节　工程监理资料相关要求

一、监理资料编制要求

　　工程监理资料是监理单位在项目设计、施工等监理过程中形成的资料，它是监理工作中各项控制与管理的依据和凭证，其编制要求如下：

　　（1）监理资料的编制工作应及时。各类资料的编写应使用黑色墨水笔或黑色签字笔，复写时，须用单面黑色复写纸。

　　（2）各类监理用表应符合相关规定，用词准确，内容真实、全面、清楚，不得有涂改或模糊不清之处。

　　（3）项目总监理工程师为监理资料编制工作的总负责人，对监理资料的编制负有检查、指导和监督的职责，对施工单位报送的不符合格式或不规范的资料应责令其改正或重做，拒不执行的，可不予签认。

　　（4）监理工程师在编制监理资料时，应使用规范用语和通用符号、公式等。如采用其他单位、符号，应予以注明。

　　（5）监理资料应随着工程项目的进展不断进行编制、收集与整理。监理工程师应认真审核承包单位报送的资料，不得接受经涂改的报验资料。审核整理后，交资料管理人员存放。

二、监理资料管理流程

　　（1）水利水电工程建设项目监理资料管理流程如图4-1所示。

　　（2）对监理资料进行管理时，除应按照合同约定审核勘察、设计文件外，还应对施工单位报送的施工资料进行审查。报送的施工资料应完整、准确，合格后应予以签认。

图 4-1　水利水电工程建设项目监理资料管理流程

三、监理资料分类与组成

（一）监理资料分类

水利水电工程建设项目监理资料大致可分为以下三类：

（1）监理工作依据，如招标投标文件、合同文件、业主针对该项目制定的有关工作制度或规定、监理规划与监理实施细则。

（2）监理工作文件，指表明工程项目建设情况的文件资料，如监理通知、专项监理工作报告、会议纪要、施工方案审查意见等。

（3）反映工程质量的监理文件，如验收记录、竣工移交证书等。

（二）监理资料组成

水利水电工程建设项目监理资料主要由以下几种文件组成：

（1）合同文件。在工程项目建设过程中，涉及合同的有关信息及文件资料，主要包括施工监理招标投标文件、建设工程委托监理合同、施工招标投标文件以及建设工程施工合同、分包合同、各类订货合同等。

（2）设计文件。工程项目设计阶段形成的相关文件资料，如施工图纸、岩土工程勘察报告、测量基础资料等。

（3）工程项目监理规划及监理实施细则。项目监理工作人员在实施监理工作前，应根据工程特点、施工设计要求编制具体的监理规划和实施细则，一般包括：工程项目监理规划、监理实施细则以及工程项目监理部编制的总控制计划等。

（4）工程变更文件。在工程项目施工过程中，难免会因意想不到的情况出现而发生变更，在此过程中往往会形成一定的工程变更文件，如图纸会审资料，设计交底记录、纪要，设计变更文件，工程变更记录等。

（5）监理月报。

（6）会议纪要。

（7）施工组织设计（施工方案）。这是一种重要的项目监理资料，主要包括项目施工组织设计（总体设计或分阶段设计）、分部施工方案、季节施工方案、其他专项施工方案等。项目监理人员应加强对这部分资料的整理与管理。

（8）工程分包资质资料。为保证工程质量，工程分包单位应出具其资质等级证明材料。项目监理工程师应认真审查分包单位的资质。工程分包资质资料一般包括分包单位资质资料、供货单位资质资料及分包单位试验室等部门的资质资料等。

（9）工程进度控制资料。工程进度控制资料应包括工程动工报审表（含必要的附件），年、季、月进度计划资料，月工、料、机动态表，工程停、复工资料等。

（10）工程质量控制资料。工程质量控制资料主要包括各类工程材料、构配件、设备报验资料，施工测量放线报验资料，施工试验报验资料，单项、单位、分部、单元工程施工报验与认可资料，不合格项处置记录，工程质量问题和事故报告及处理等资料。

（11）工程投资控制资料。工程投资控制资料包括工程概预算或工程量清单、工程量报审与核认、预付款申报与支付证书、月工程进度款报审与签认、工程变更费用报审与签认、工程款支付申请与支付证书、工程竣工结算等。

（12）监理通知及回复。

（13）合同其他事项管理资料，指工程项目施工合同管理过程中形成的文件资料，如工程延期报告、审批等资料，工程费用索赔报告、审批等资料，施工合同争议和违约处理资料以及施工合同变更资料等。

（14）工程竣工验收资料。工程竣工验收资料一般包括工程基础、主体结构等中间验收资料，设备安装专项验收资料，竣工验收资料，工程质量评估报告，工程移交证书等。监理人员应对工程竣工验收资料认真整理和归档，以便于将来查阅和参考。

（15）其他往来函件。

（16）监理日志、日记。

（17）监理工作总结（专题、阶段和竣工总结等）。

四、监理机构常用表格及填写规定

(一)填表基本规定

工程用表是检验与评定施工质量的基础资料,也是工程维修和事故处理的重要参考,因此对表格填写作如下规定:

(1)应使用蓝色或黑色墨水钢笔填写,不得使用圆珠笔、铅笔填写。

(2)文字。应按国务院颁布的简化汉字书写,字迹应工整、清晰。

(3)数字和单位。数字使用阿拉伯数字(1、2、3、…、9、0)。单位使用国家法定计量单位,并以规定的符号表示(如 MPa、m、m^2、m^3、t…)。

(4)合格率。用百分数表示,小数点后保留一位。如果恰为整数,则小数点后以 0 表示,例如 95.0%。

(5)改错。将错误用斜线划掉,再在其右上方填写正确的文字(或数字),禁止使用改正液、贴纸重写,用橡皮擦、刀片刮或墨水涂黑等方法。

(6)表头填写。①单位工程、分部工程名称:按项目划分确定的名称填写。②单元工程名称、部位:填写该单元工程名称(中文名称或编号),部位可用桩号、高程等表示。③施工单位:填写与项目法人(建设单位)签订承包合同的施工单位全称。④单元工程量:填写本单元主要工程量。⑤检验(评定)日期:年——填写实际年份后 2 位数字,月——填写实际月份(1~12 月),日——填写实际日期(1~31 日)。

(7)质量标准中,凡有"符合设计要求"者,应注明设计具体要求(如内容较多,可附页说明);凡有"符合规范要求"者,应标出所执行的规范名称及编号。

(8)检验记录。文字记录应真实、准确、简练;数字记录应准确、可靠,小数点后保留位数应符合有关规定。

(二)施工监理工作常用表格说明

(1)表格可分为以下两种类型:

①承包人用表,以 CB×× 表示。

②监理机构用表,以 JL×× 表示。

(2)表头应采用如下格式:

"CB11　　施工放样报验单

(承包[　　]放样　号)"

注:1."CB11":表格类型及序号;

2."施工放样报验单":表格名称;

3."承包[　　]放样　号":表格编号。其中:①"承包":指该表以承包人为填表人,当填表人为监理机构时,即以"监理"代之。②当监理工程范围包括两个以上承包人时,为区分不同承包人的用表,"承包"可用其简称表示。③"[　　]":年份。如[2009]、[2010]表示 2009 年、2010 年的表格。④"放样":表格的使用性质,即用于放样工作。⑤"　号":一般为 3 位数的流水号。

如承包人简称为"华安",则 2009 年承包人向监理机构报送的第 3 次放样报表可表

示为:

"CB11　　　施工放样报验单

(华安[2009]放样003号)"

（3）监理机构可根据施工项目的规模和复杂程度，采用其中的部分或全部表格；如果表格种类不能满足工程实际需要，可按照表格的设计原则另行增加。

（4）各表格脚注中所列单位和份数为基本单位和最少份数，工作中应根据具体情况和要求具体指定各类表格的报送单位和份数。

（5）相关单位都应明确文件的签收人。

（6）"CB01　　　施工技术方案申报表"可用于承包人向监理机构申报施工组织设计、施工措施计划、工程测量施测计划和方案、施工工法、工程放样计划、专项试验计划和方案等。

（7）承包人的施工质量检验月汇总表、工程事故月报表除作为施工月报附表外，还应按有关要求另行单独填报。

（8）每一表格均应根据工程具体要求确定该表格原件的份数，并在表格底部注明；"设代机构"是代表工程设计单位在施工现场的机构，如设计代表、设代组、设代处等。

（三）施工监理工作常用表格目录

施工监理工作常用表格目录见表4-1、表4-2。

表4-1　承包人用表目录

序号	表格名称	表格类型	表格编号		
1	施工技术方案申报表	CB01	承包[	]技案	号
2	施工进度计划申报表	CB02	承包[	]进度	号
3	施工图用图计划报告	CB03	承包[	]图计	号
4	资金流计划申报表	CB04	承包[	]资金	号
5	施工分包申报表	CB05	承包[	]分包	号
6	现场组织机构及主要人员报审表	CB06	承包[	]机人	号
7	材料/构配件进场报验单	CB07	承包[	]材验	号
8	施工设备进场报验单	CB08	承包[	]设备	号
9	工程预付款申报表	CB09	承包[	]工预付	号
10	工程材料预付款报审表	CB10	承包[	]材预付	号
11	施工放样报验单	CB11	承包[	]放样	号
12	联合测量通知单	CB12	承包[	]联测	号
13	施工测量成果报验单	CB13	承包[	]测量	号
14	合同项目开工申请表	CB14	承包[	]合开工	号
15	分部工程开工申请表	CB15	承包[	]分开工	号
16	设备采购计划申报表	CB16	承包[	]设采	号
17	混凝土浇筑开仓报审表	CB17	承包[	]开仓	号

序号	表格名称	表格类型	表格编号		
18	单元工程施工质量报验单	CB18	承包[	]质报	号
19	施工质量缺陷处理措施报审表	CB19	承包[	]缺陷	号
20	事故报告单	CB20	承包[	]事故	号
21	暂停施工申请报告	CB21	承包[	]暂停	号
22	复工申请表	CB22	承包[	]复工	号
23	变更申请报告	CB23	承包[	]变更	号
24	施工进度计划调整申报表	CB24	承包[	]进调	号
25	延长工期申报表	CB25	承包[	]延期	号
26	变更项目价格申报表	CB26	承包[	]变价	号
27	索赔意向通知	CB27	承包[	]赔通	号
28	索赔申请报告	CB28	承包[	]赔报	号
29	工程计量报验单	CB29	承包[	]计量	号
30	计日工工程量签证单	CB30	承包[	]计日证	号
31	工程价款月支付申请书	CB31	承包[	]月付	号
32	工程价款月支付汇总表	CB31 附表 1	承包[	]月总	号
33	已完工程量汇总表	CB31 附表 2	承包[	]量总	号
34	合同单价项目月支付明细表	CB31 附表 3	承包[	]单价	号
35	合同合价项目月支付明细表	CB31 附表 4	承包[	]合价	号
36	合同新增项目月支付明细表	CB31 附表 5	承包[	]新增	号
37	计日工项目月支付明细表	CB31 附表 6	承包[	]计日付	号
38	计日工工程量月汇总表	CB31 附表 6 – 1	承包[	]计日总	号
39	索赔项目价款月支付汇总表	CB31 附表 7	承包[	]赔总	号
40	施工月报	CB32	承包[	]月报	号
41	材料使用情况月报表	CB32 附表 1	承包[	]材料月	号
42	主要施工机械设备情况月报表	CB32 附表 2	承包[	]设备月	号
43	现场施工人员情况月报表	CB32 附表 3	承包[	]人员月	号
44	施工质量检验月汇总表	CB32 附表 4	承包[	]质检月	号
45	工程事故月报表	CB32 附表 5	承包[	]事故月	号
46	完成工程量月汇总表	CB32 附表 6	承包[	]量总月	号
47	施工实际进度月报表	CB32 附表 7	承包[	]进度月	号
48	竣工验收申请报告	CB33	承包[	]验报	号
49	报告单	CB34	承包[	]报告	号
50	回复单	CB35	承包[	]回复	号
51	完工/最终付款申请表	CB36	承包[	]付申	号

表4-2　监理机构用表目录

序号	表格名称	表格类型	表格编号		
1	进场通知	JL01	监理[	]进场	号
2	合同项目开工令	JL02	监理[	]合开工	号
3	分部工程开工通知	JL03	监理[	]分开工	号
4	工程预付款付款证书	JL04	监理[	]工预付	号
5	批复表	JL05	监理[	]批复	号
6	监理通知	JL06	监理[	]通知	号
7	监理报告	JL07	监理[	]报告	号
8	计日工工作通知	JL08	监理[	]计通	号
9	工程现场书面指示	JL09	监理[	]现指	号
10	警告通知	JL10	监理[	]警告	号
11	整改通知	JL11	监理[	]整改	号
12	新增或紧急工程通知	JL12	监理[	]新通	号
13	变更指示	JL13	监理[	]变指	号
14	变更项目价格审核表	JL14	监理[	]变价审	号
15	变更项目价格签认单	JL15	监理[	]变价签	号
16	变更通知	JL16	监理[	]变通	号
17	暂停施工通知	JL17	监理[	]停工	号
18	复工通知	JL18	监理[	]复工	号
19	费用索赔审核表	JL19	监理[	]索赔审	号
20	费用索赔签认单	JL20	监理[	]索赔签	号
21	工程价款月付款证书	JL21	监理[	]月付	号
22	月支付审核汇总表	JL21 附表1	监理[	]月总	号
23	合同解除后付款证书	JL22	监理[	]解付	号
24	完工/最终付款证书	JL23	监理[	]付证	号
25	工程移交通知	JL24	监理[	]移交	号
26	工程移交证书	JL25	监理[	]移证	号
27	保留金付款证书	JL26	监理[	]保付	号
28	保修责任终止证书	JL27	监理[	]责终	号
29	设计文件签收表	JL28	监理[	]设收	号
30	施工设计图纸核查意见单	JL29	监理[	]图核	号
31	施工设计图纸签发表	JL30	监理[	]图发	号
32	工程项目划分报审表	JL31	监理[	]项分	号
33	监理月报	JL32	监理[	]月报	号

序号	表格名称	表格类型	表格编号		
34	完成工程量月统计表	JL32 附表 1	监理[	]量统月	号
35	工程质量检验月报表	JL32 附表 2	监理[	]质检月	号
36	监理抽检情况月汇总表	JL32 附表 3	监理[	]抽检月	号
37	工程变更月报表	JL32 附表 4	监理[	]变更月	号
38	监理抽检取样样品月登记表	JL33	监理[	]样品	号
39	监理抽检试验登记表	JL34	监理[	]试记	号
40	旁站监理值班记录	JL35	监理[	]旁站	号
41	监理巡视记录	JL36	监理[	]巡视	号
42	监理日记	JL37	监理[	]日记	号
43	监理日志	JL38	监理[	]日志	号
44	监理机构内部会签单	JL39	监理[	]内签	号
45	监理发文登记表	JL40	监理[	]监发	号
46	监理收文登记表	JL41	监理[	]监收	号
47	会议纪要	JL42	监理[	]纪要	号
48	监理机构联系单	JL43	监理[	]联系	号
49	监理机构备忘录	JL44	监理[	]备忘	号

第二节 工程监理机构职能要求

监理公司在履行施工阶段的委托监理合同时,必须在施工现场建立项目监理机构。项目监理机构在完成委托监理合同约定的监理工作后可撤离施工现场。

一、项目监理机构的设置

(一)设置要求

(1)项目监理机构的组织形式和规模,应根据委托监理合同规定的服务内容、服务期限、工程类别、规模、技术复杂程度、工程环境等因素确定。

(2)项目监理机构的监理人员应专业配套、数量满足工程项目监理工作的需要。

(3)监理人员应包括总监理工程师、专业监理工程师和监理员,必要时可配备总监理工程师代表。

①总监理工程师应由具有三年以上同类工程监理工作经验的人员担任;

②总监理工程师代表应由具有两年以上同类工程监理工作经验的人员担任;

③专业监理工程师应由具有一年以上同类工程监理工作经验的人员担任。

(4)监理单位应于委托监理合同签订后 10 d 内将项目监理机构的组织形式、人员构成及对总监理工程师的任命书面通知建设单位。

（5）当总监理工程师需要调整时，监理单位应征得建设单位同意并书面通知建设单位；当专业监理工程师需要调整时，总监理工程师应书面通知建设单位和承包单位。

（二）人员组织结构

小、中型项目监理组织机构如图4-2及图4-3所示。大型项目监理组织机构应在小、中型项目监理组织机构的基础上再进一步充实，如测量检测工程师、材料设备及施工半成品检测试验室、文书档案管理室等。

图4-2　小型项目监理组织机构

图4-3　中型项目监理组织机构

（三）办公设施配置

（1）建设单位应提供委托监理合同约定的满足监理工作需要的办公、交通、通信、生活设施。项目监理机构应妥善保管和使用建设单位提供的设施，并应在完成监理工作后移交建设单位。

（2）项目监理机构应根据工程项目类别、规模、技术复杂程度、工程项目所在地的环境条件，按委托监理合同的约定，配备满足监理工作需要的常规检测设备和工具。

（3）在大、中型项目的监理工作中，项目监理机构应实施监理工作的计算机辅助管理。

二、项目监理人员的职责

（一）总监理工程师职责

水利水电工程建设中，一名总监理工程师只宜担任一项委托监理合同的项目总监理工程师工作。当需要同时担任多项委托监理合同的项目总监理工程师工作时，须经建设单位同意，但最多不得超过三项。

总监理工程师应履行以下职责：

（1）确定项目监理机构人员的分工和岗位职责。

(2)主持编写项目监理规划、审批项目监理实施细则,并负责管理项目监理机构的日常工作。

(3)审查分包单位的资质,并提出审查意见。

(4)检查和监督监理人员的工作,根据工程项目的进展情况进行监理人员调配,对不称职的监理人员调换其工作。

(5)主持监理工作会议,签发项目监理机构的文件和指令。

(6)审定承包单位提交的开工报告、施工组织设计、技术方案、进度计划。

(7)审核签署承包单位的申请、支付证书和竣工结算。

(8)审查和处理工程变更。

(9)主持或参与工程质量事故的调查。

(10)调解建设单位与承包单位的合同争议、处理索赔、审批工程延期。

(11)组织编写并签发监理月报、监理工作阶段报告、专题报告和项目监理工作总结。

(12)审核签认单元工程和单位工程的质量检验评定资料,审查承包单位的竣工申请,组织监理人员对待验收的工程项目进行质量检查,参与工程项目的竣工验收。

(13)主持整理工程项目的监理资料。

(二)总监理工程师代表职责

(1)总监理工程师代表应履行以下职责:

①负责总监理工程师指定或交办的监理工作。

②按总监理工程师的授权,行使总监理工程师的部分职责和权力。

(2)总监理工程师不得将下列工作委托总监理工程师代表:

①主持编写项目监理规划、审批项目监理实施细则。

②签发工程开工/复工申请表、工程暂停令、工程预付款付款证书、竣工验收申请报告。

③审核签认竣工结算。

④调解建设单位与承包单位的合同争议、处理索赔、审批工程延期。

⑤根据工程项目的进展情况进行监理人员的调配,调换不称职的监理人员。

(三)专业监理工程师职责

(1)负责编制本专业的监理实施细则。

(2)负责本专业监理工作的具体实施。

(3)组织、指导、检查和监督本专业监理员的工作,当人员需要调整时,向总监理工程师提出建议。

(4)审查承包单位提交的涉及本专业的计划、方案、申请、变更,并向总监理工程师提出报告。

(5)负责本专业单元工程验收及隐蔽工程验收。

(6)定期向总监理工程师提交本专业监理工作实施情况报告,对重大问题及时向总监理工程师汇报和请示。

(7)根据本专业监理工作实施情况做好监理日记。

(8)负责本专业监理资料的收集、汇总及整理,参与编写监理月报。

(9)核查进场材料、设备、构配件的原始凭证、检测报告等质量证明文件及其质量情况,根据实际情况认为有必要时对进场材料、设备、构配件进行平行检验,合格时予以签认。

（10）负责本专业的工程计量工作，审核工程计量的数据和原始凭证。

（四）监理员职责

（1）在专业监理工程师的指导下开展现场监理工作。

（2）检查承包单位投入工程项目的人力、材料、主要设备及其使用、运行状况，并做好检查记录。

（3）复核或从施工现场直接获取工程计量的有关数据并签署原始凭证。

（4）按设计图及有关标准，对承包单位的工艺过程或施工工序进行检查和记录，对加工制作及工序施工质量检查结果进行记录。

（5）担任旁站工作，发现问题及时指出并向专业监理工程师报告。

（6）做好监理日记和有关的监理记录。

第三节　工程监理管理文件资料

水利水电工程监理管理过程中形成的资料主要有监理规划、监理实施细则、监理月报、监理会议纪要、监理日志和监理工作总结等。其中，监理规划及监理实施细则是指导监理工作的纲领性文件。

一、监理规划

水利水电工程监理规划是依据监理大纲和委托监理合同编制的，在指导项目监理部工作方面起到重要作用。监理规划是编制监理实施细则的重要依据。

（1）监理规划的编制，应针对项目的实际情况，明确项目监理工作的目标，确定具体的监理工作制度、程序、方法和措施，并应具有可操作性。

（2）监理规划应在签订委托监理合同及收到设计文件后开始编制，完成后必须经监理单位技术负责人审核批准，并应在召开第一次工地会议前报送建设单位。

（3）监理规划应由总监理工程师主持、专业监理工程师参加编制。其编制依据如下：

①建设工程的相关法律、法规及项目审批文件。

②与建设工程项目有关的标准、设计文件、技术资料。

③监理大纲、委托监理合同文件以及与建设工程项目相关的合同文件。

（4）监理规划应包括以下主要内容：

①工程项目概况；

②监理工作范围；

③监理工作内容；

④监理工作目标；

⑤监理工作依据；

⑥项目监理机构的组织形式；

⑦项目监理机构的人员配备计划；

⑧项目监理机构的人员岗位职责；

⑨监理工作程序；

⑩监理工作方法及措施；

⑪监理工作制度；

⑫监理设施。

（5）在监理工作实施过程中，如实际情况或条件发生重大变化而需要调整监理规划时，应由总监理工程师组织专业监理工程师研究修改，按原报审程序经过批准后报建设单位。

二、监理实施细则

对中型及以上或专业性较强的工程项目，项目监理机构应编制监理实施细则。监理实施细则应符合监理规划的要求，并应结合工程项目的专业特点，做到详细具体、具有可操作性。

（一）编制要求

（1）监理实施细则应在相应工程施工开始前编制完成，并必须经总监理工程师批准。

（2）监理实施细则应由专业监理工程师编制。编制监理实施细则的依据如下：

①已批准的监理规划；

②与专业工程相关的标准、设计文件和技术资料；

③施工组织设计。

（3）监理实施细则应包括下列主要内容：

①专业工程的特点；

②监理工作的流程；

③监理工作的控制要点及目标值；

④监理工作的方法及措施。

（4）在监理工作实施过程中，监理实施细则应根据实际情况进行补充、修改和完善。

（二）监理实施细则的编制

水利工程施工阶段监理实施细则，应由专业监理工程师围绕以下几方面进行编制。

1. 投资控制

（1）按承包合同中规定的价款控制工程投资，并尽量减少工程费用的增加。

（2）按合同支付工程款，保证合同方全面履约，以减少对方提出索赔的机会。

2. 进度控制

（1）由业主负责供应的材料和设备应按计划及时到位。同时检查施工单位落实劳动力、机具设备、周转材料、原材料的情况。

（2）严格审查施工单位编制的施工组织设计，要求编制网络计划，并切实按计划组织施工。

（3）要求施工单位编制月施工作业计划，将进度按日分解，以保证月计划的落实。

（4）检查施工单位的进度落实情况，按网络计划控制，做好计划统计工作；制定工程形象进度图表，每月检查一次上月的进度和下月的进度计划。

（5）协调各施工单位间的关系，使它们相互配合、相互支持和搞好衔接。必要时，可利用工程付款签证权，督促施工单位按计划完成任务。

3. 质量控制

（1）对主要工程材料、半成品、设备制定质量预控措施。对一些重要工程部位及容易出现质量问题的单元工程也应制定质量预控措施。

（2）要求施工单位建立健全质量保证体系，推行全面质量管理，做到开工有报告，施工有措施，技术有交底，定位有复查，材料、设备有试验，隐蔽工程有记录，质量有自检、专检，交工有资料。

（3）要求施工单位严格执行国家和地方有关施工安装的质量检验报表制度；对施工单位交验的有关施工质量报表，监理工程师应及时核查或认定。隐蔽工程未经监理工程师核查签字，不能继续施工。

4. 工程验收

（1）监理工程师根据施工单位有关阶段的、单元工程的以及单位工程的竣工验收申请报告，负责组织初验。

（2）经初验全部合格后，由项目总监理工程师在相应的工程竣工验收报告单上签明认可的正式竣工日期，然后向业主提交竣工报告，并要求业主组织有关部门和人员进行相应阶段的正式验收工作。

三、监理月报

监理月报（见表4-3）是总监理工程师定期向业主提交的反映工程在本报告期末总体执行情况的书面报告，也是业主了解、确认、监督监理工作的重要依据。监理月报还应上报监理单位。水利水电工程项目监理机构每月以监理月报的形式向业主报告本月的监理工作情况。

表 4-3　监理月报（××年×月）

（监理［××］月报×号）

合同名称：××水利工程施工监理合同　　　　　　　　　合同编号：××－×

致：××水利水电开发总公司 　　现呈报我方编写的××年×月监理月报，请贵方审阅。 　　随本监理月报一同上报以下附表： 　　（1）完成工程量月统计表。 　　（2）监理抽检情况月汇总表。 　　（3）工程变更月报表。 　　（4）其他。 　　　　　　　　　　　　　　　　　监理机构：××监理公司××监理部 　　　　　　　　　　　　　　　　　总监理工程师：××× 　　　　　　　　　　　　　　　　　日期：××年×月×日
今已收到××监理公司××监理部（监理机构全称）所报××年×月的监理月报及附件共<u>×</u>份。 　　　　　　　　　　　　　　　　　发包人（盖章）：××水利水电开发总公司 　　　　　　　　　　　　　　　　　签收人：××× 　　　　　　　　　　　　　　　　　日期：××年×月×日

说明：监理月报一式<u>×</u>份，由监理机构填写，每月5日前报发包人。发包人签收后，监理机构、发包人各一份。

监理月报的内容一般应包括以下方面：

（1）合同履行情况，主要说明合同的履行概况、主要工程项目的变化情况。

（2）工程进度情况,主要说明实际进度与计划进度、合同规定进度的比较。

（3）工程财务情况,主要说明计量情况、合同金额和支付金额等。

（4）施工现场情况,主要说明工程延误情况、工程质量情况及问题、工程进展中的主要问题与困难,如施工中重大质量事故,重大索赔事件,材料、设备的使用情况及困难,组织协调方面的困难,异常天气的影响等。

（5）监理的情况,主要说明监理人员的配备、监理工作的实施及效果、承包商对监理程序的执行等。

为了能简洁地说明问题,监理月报还应附有各类图表。监理月报应由项目总监理工程师组织编制签署后,报送建设单位和监理单位。监理月报报送时间由监理单位和建设单位协商确定,监理月报的封面由项目总监理工程师签字,并加盖项目监理机构公章。

四、监理会议纪要

监理会议纪要(见表4-4)应由项目监理机构根据会议记录整理而成,经总监理工程师审阅,与会各方代表会签。会议纪要要真实、准确,同时必须得到监理工程师及承包商的同意。同意的方式可以是在会议纪要上签字,也可以在下次会议上对会议纪要取得口头认可。

表4-4 会议纪要

（监理[××]纪要×号）

合同名称:××工程施工合同　　　　　　　　合同编号:××-×

会议名称	×××		
会议时间	××年×月×日	会议地点	×××
会议主要议题	×××		
组织单位	××监理公司××监理部	主持人	×××
参加单位	(1)××水利水电开发总公司 (2)××监理公司××监理部 (3)××市第×工程局		
主要参加人员 （签名）	×××	×××	
	×××		
会议主要 内容及结论	会议内容: 1.检查上次例会定事项的落实情况,分析未完事项原因。 2.检查分析工程项目进度计划完成情况,提出下一阶段进度目标及其落实措施。 3.检查分析工程项目质量情况,针对存在的质量问题提出改进措施。 4.检查工程量核定及工程款支付情况。 5.解决需要协调的有关事项。 6.其他有关事项。 会议结论:(略) 　　　　　　　　　监理机构:××监理公司××监理部 　　　　　　　　　总监理工程师(签名):××× 　　　　　　　　　日期:××年×月×日		

说明:本表由监理机构填写,签字后送达与会单位,全文记录可加附页。

（一）第一次工地会议

第一次工地会议在中标通知书发出后，监理工程师准备发出开工通知前召开，其目的是检查工程的准备情况，以确定开工日期，发出开工令。第一次工地会议由总监理工程师主持，业主、承包商、指定分包商、专业监理工程师等参加。各方准备工作的内容如下：

（1）监理单位准备工作的内容包括：现场监理组织的机构框图及各专业监理工程师、监理人员名单及职责范围，监理工作的例行程序及有关表格说明。

（2）业主准备工作的内容包括：派驻工地的代表名单以及业主的组织机构，工程占地、临时用地、临时道路、拆迁以及其他与工程开工有关的条件，施工许可证、执照的办理情况，资金筹集情况，施工图纸及其交底情况。

（3）承包商准备工作的内容包括：工地组织机构图表，参与工程的主要人员名单以及各种技术工人和劳动力进场计划表；用于工程的材料、机械的来源及落实情况；供材计划清单；各种临时设施的准备情况，临时工程建设计划；试验室的建立或委托试验室的资质、地点等情况；工程保险的办理情况，有关已办手续的副本；现场的自然条件、图纸、水准基点及主要控制点的测量复核情况；为监理工程师提供的设备准备情况；施工组织总设计及施工进度计划；与开工有关的其他事项。

监理工程师应将会议全部内容整理成纪要文件。纪要文件应包括：参加会议人员名单，承包商、业主和监理工程师开工准备工作的详情，与会者讨论时发表的意见及补充说明，监理工程师的结论意见。

（二）工地例会

工地例会也称经常性工地会议，是在开工后由监理工程师按照协商的时间定期组织召开的会议，其目的是分析、讨论工程建设中的实际问题，并作出决定。

参加工地例会的监理工程师和承包商应准备好会议资料，具体规定如下：

（1）监理工程师应准备以下资料：上次工地会议的记录，承包商对监理程序执行情况的分析资料，施工进度的分析资料，工程质量情况及有关技术问题的资料，合同履行情况分析资料，其他相关资料。

（2）承包商应准备以下主要资料：工程进度图表；气象观测资料；试验数据资料；观测数据资料；人员及设备清单；现场材料的种类、数量及质量；有关事项说明资料，如进度和质量分析、安全问题分析、技术方案问题、财务支付问题、其他需要说明的问题。

工地例会应由专人作会议记录。会议记录的内容一般应包括：会议时间、地点及会议程序，出席会议人员的姓名、职务及单位，会议提交的资料，会议中发言者的姓名及发言内容，会议的有关决定。

（三）专题会议

总监理工程师或专业监理工程师应根据需要及时组织专题会议，解决施工过程中的各种专项问题。

五、监理日志

监理日志（见表4-5）是监理资料的重要组成部分，是监理服务工作量和价值的体现，是工程实施过程中最真实的工作依据。监理日志以项目监理机构的监理工作为记载对象，从监理工作开始起至监理工作结束止，应由专人负责逐日记载。记载内容应保持连续和完整。监理日志应使用统一格式的《监理日志》,每册封面应标明工程名称、册号、记录时间段及建设、设计、施工、监理单位名称,并由总监理工程师签字。监理日志必须及时记录、整理,应做到记录内容齐全、详细、准确,真实反映当天的工程具体情况,技术用语规范,文字简练明了。

表 4-5　监理日志

(监理[××]日志×号)

填写人:×××　　　　　　　　　　　　　　　　日期:××年×月×日

天气	白天	晴	夜晚	多云
施工部位、施工内容、施工形象				
施工质量检验、安全作业情况				
施工作业中存在的问题及处理情况				
承包人的管理人员及主要技术人员到位情况				
施工机械投入运行和设备完好情况				
其他				

说明:本表由监理机构指定专人填写,按月装订成册。

(一)监理员工作日志

监理员工作日志一般应按固定格式填写,并送交驻地监理工程师审阅。驻地监理工程师如果对监理员的处理决定有不同意见,可以及时纠正。其主要内容应包括:工程施工部位及施工内容,现场施工人员、管理人员及设备的使用情况,完成的工作量及工程进度,工程质量情况,施工中存在的问题及处理经过,材料进场情况,当天的综合评价,其他方面有关情况。

(二)驻地监理工程师工作日志

驻地监理工程师工作日志一般不采用固定格式,应包括以下内容:总监理工程师的指示以及与总监理工程师的口头协议,对承包商的主要指示,与承包商达成的协议,对监理员的指示,工程中发生的重大事件及处理过程,现场发生纠纷的解决办法,与工程有关的其他方面问题。

六、监理工作总结

监理工作的最后环节是进行监理工作总结。总监理工程师应带领全体项目监理人员对监理工作进行全面、认真的总结。监理工作总结应由总监理工程师主持编写并审批,它包括两部分:一是向业主提交的监理工作总结;二是向监理单位提交的监理工作总结。

(一)向业主提交的监理工作总结

项目监理机构向业主提交的监理工作总结,一般应包括以下内容:

(1)工程基本概况;

(2)监理组织机构及进场、退场时间;

(3)监理委托合同履行情况概述;

(4)对监理目标或监理任务完成情况的评价;

(5)对工程质量的评价;

（6）对工程建设中存在问题的处理意见或建议；

（7）质量保修期的监理工作；

（8）由业主提供的供监理活动使用的办公用房、车辆、试验设施等清单；

（9）表明监理工作终结的说明等；

（10）监理资料清单及工程照片等资料。

（二）向监理单位提交的监理工作总结

项目监理机构向监理单位提交的工作总结应包括的内容有：监理组织机构情况、监理规划及其执行情况、监理机构各项规章制度执行情况、监理工作经验和教训、监理工作建议、质量保修期监理工作、监理资料清单及工程照片等资料。

第四节　工程进度控制文件资料

一、工程进度控制内容

（1）总监理工程师审批承包单位报送的施工总进度计划。

（2）总监理工程师审批承包单位编制的年、季、月度施工进度计划。

（3）专业监理工程师对进度计划实施情况进行检查、分析。

（4）当实际进度符合计划进度时，应要求承包单位编制下一期进度计划；当实际进度滞后于计划进度时，专业监理工程师应书面通知承包单位采取纠偏措施并监督实施。

二、工程施工进度控制监理工作程序

水利水电工程施工进度控制监理工作程序框图如图4-4所示。

图4-4　水利水电工程施工进度控制监理工作程序框图

三、工程进度计划审批

承包单位应根据建设工程施工合同的约定,按时编制施工总进度计划、年进度计划、季进度计划、月进度计划,并按时填写施工进度计划申报表,报项目监理部审批。监理工程师应根据本工程的条件(工程的规模、质量标准、复杂程度、施工的现场条件等)及施工队伍的条件,全面分析承包单位编制的施工总进度计划的合理性、可行性。对施工进度计划,项目监理部主要进行如下审核:

(1)进度安排是否符合工程项目建设总进度计划中总目标和分目标的要求,是否符合施工合同中开、竣工日期的规定。

(2)施工总进度计划中的项目是否有遗漏,分期施工是否满足分批动用的需要和配套动用的要求。

(3)施工顺序的安排是否符合施工工艺的要求。

(4)劳动力、材料、构配件、施工机具及设备,施工水、电等生产要素的供应计划是否能保证进度计划的实现,供应是否均衡,需求高峰期是否有足够能力按计划供应。

(5)对于由建设单位提供的施工条件(资金、施工图纸、施工场地、物资设备等),承包单位在施工进度计划中所提出的供应时间和数量是否明确、合理,是否有造成建设单位违约而导致工程延期和费用索赔的可能。

(6)工期是否进行了优化,进度安排是否合理。

(7)总、分包单位分别编制的各单元工程施工进度计划之间是否相协调,专业分工与计划衔接是否明确合理。

对季度及年度进度计划,应要求承包单位同时编写主要工程物资的采购及进场时间等计划安排。监理工程师应对网络计划的关键线路进行审查、分析。

四、进度调整与工程延期

(1)发现工程进度严重偏离计划时,总监理工程师应组织专业监理工程师进行原因分析,召开各方协调会议,研究应采取的措施,并指令承包单位采取相应调整措施,保证合同约定目标的实现。

(2)总监理工程师应在监理月报中向建设单位报告工程进度和所采取的控制措施的执行情况,提出合理预防由建设单位原因导致的工程延期及相关费用索赔的建议。必须延长工期时,应要求承包单位填报延长工期申报表,报项目监理部。

(3)总监理工程师指定专业监理工程师收集与延期有关的资料,初步审查延长工期申报表是否符合有关规定。在初步确定延期时间后,与承包单位及建设单位进行协商。

(4)工程延期审批的依据。承包单位延期申请成立并获得总监理工程师批准的依据有:

①工期拖延事件属实,强调实事求是。

②符合本工程施工合同规定。

③延期事件发生在工期网络计划图的关键线路上,即延期有效合理。

④延期天数的计算正确,证据资料充足。

上述四条中,只有同时满足前三条,延期申请才能成立。至于时间的计算,监理工程师可根据自己的记录,做出公正合理的计算。

(5)在影响工期事件结束,承包单位提出最后一个延长工期申报表并经批准后,项目监理部应详细研究评审影响工期事件全过程对工程总工期的影响,批准承包单位的有效延期时间,并签发延长工期审批表。工程最终延期时间应是承包单位最后一个延期批准后的累计时间,但并不是每一项延期时间的累加。如果后批准的延期内容包含前一项批准延期内容,则前一项延期的时间不能予以累计。

(6)总监理工程师对承包单位提出的延期申请进行审批时,应注意以下问题:

①关键线路并不是固定的,随着工程进展,它是动态变化的。

②关键线路的确定,必须依据最新批准的工程进度计划。

(7)总监理工程师在签认延长工期审批表前,应与建设单位、承包单位协商,并与费用索赔一并考虑处理。

五、工程进度控制资料用表

工程进度控制资料主要有施工进度计划申报表(见表4-6)、合同项目开工申请表(见表4-7)、分部工程开工申请表(见表4-8)、合同项目开工令(见表4-9)、分部工程开工通知(见表4-10)等。

表4-6　施工进度计划申报表

(承包[××]进度×号)

合同名称:××水利工程施工合同　　　　　　　　　　合同编号:××-×

承　包　人:××水利水电第×工程局

致:(监理机构) 　　我方今提交_____××河道××水利（××-×）_____工程(名称及编码)的: 　☑工程总进度计划 　□工程年进度计划 　□工程月进度计划 　请贵方审查。 　附件: (1)施工进度计划。 (2)图表、说明书共___×___页。 　　　　　　　　　　　　　　　　承　包　人(盖章):××水利水电第×工程局 　　　　　　　　　　　　　　　　项目经理:××× 　　　　　　　　　　　　　　　　日　　期:××年×月×日
监理机构将另行签发审批意见。 　　　　　　　　　　　　　　　　监理机构(盖章):××监理公司××监理部 　　　　　　　　　　　　　　　　签　收　人:××× 　　　　　　　　　　　　　　　　日　　期:××年×月×日

说明:本表一式×份,由承包人填写,监理机构审核后,随同审批意见,承包人、监理机构、发包人、设代机构各一份。

表 4-7 合同项目开工申请表

(承包[××]合开工×号)

合同名称:××水利工程施工合同　　　　　　　　　　合同编号:××-×

承 包 人:××水利水电第×工程局

致:(监理机构)
我方承担的<u>××水利工程</u>施工合同项目工程,已完成了各项准备工作,具备了开工条件,现申请开工,请审核。 　　附件: 　　(1)开工申请报告。 　　(2)已具备的开工条件证明文件。 　　　　　　　　　　　　　　　　承 包 人(盖章):××水利水电第×工程局 　　　　　　　　　　　　　　　　项 目 经 理:××× 　　　　　　　　　　　　　　　　日　　　　期:××年×月×日
审核批准后另行签发开工令。 　　　　　　　　　　　　　　　　监理机构(盖章):××监理公司××监理部 　　　　　　　　　　　　　　　　签 收 人:××× 　　　　　　　　　　　　　　　　日　　　　期:××年×月×日

说明:本表一式<u>×</u>份,由承包人填写,监理机构审核后,随同审批意见,承包人、监理机构、发包人、设代机构各一份。

表 4-8 分部工程开工申请表

(承包[××]分开工×号)

合同名称:××水利工程施工合同　　　　　　　　　　合同编号:××-×

承 包 人:××水利水电第×工程局

申请开工分部工程名称、编码			××水利工程 2# 堤防(××-×)
申请开工日期		××年×月×日　　计划工期	××年×月×日至××年×月×日
承包人施工准备工作自检记录	序号	检查内容	检查结果
	1	施工图纸、技术标准、施工技术交底情况	资料完整
	2	主要施工设备到位情况	设备到位
	3	施工安全和质量保证措施落实情况	具备安全保护措施
	4	建筑材料、成品、构配件质量及检验情况	进场材料已通过试验检测,可以开始施工
	5	现场管理、劳动组织及人员组合安排情况	人员已经到位,资格证、上岗证齐全
	6	风、水、电等必需的辅助生产设施准备情况	具备开工条件
	7	场地平整、交通、临时设施准备情况	具备开工条件
	8	测量及试验情况	附施工放样报验单
附件: ☑分部工程施工工法 ☑分部工程进度计划 ☑施工放样报验单 本分部工程已具备开工条件,施工准备已就绪,请审批。 　　　　　　　　　　　　　　　　承 包 人(盖章):××水利水电第×工程局 　　　　　　　　　　　　　　　　项 目 经 理:××× 　　　　　　　　　　　　　　　　日　　　　期:××年×月×日			
开工申请通过审核后另行签发开工通知。 　　　　　　　　　　　　　　　　监理机构(盖章):××监理公司××监理部 　　　　　　　　　　　　　　　　签 收 人:××× 　　　　　　　　　　　　　　　　日　　　　期:××年×月×日			

说明:本表一式<u>×</u>份,由承包人填写,监理机构审核后,随同"分部工程开工通知",承包人、监理机构、发包人、设代机构各一份。

表 4-9　合同项目开工令

（监理［××］合开工×号）

合同名称：××水利工程施工合同　　　　　　　　　　　　合同编号：××－×

监理机构：××监理公司××监理部

致：（承包人）

　　你方××年×月×日报送的××水利工程施工合同项目开工申请（承包［××］合开工×号）已经通过审核。你方可从即日起，按施工计划安排开工。

　　本开工令确定此合同的实际开工日期为××年×月×日。

　　　　　　　　　　　　　　　　　　　　监理机构（盖章）：××监理公司××监理部

　　　　　　　　　　　　　　　　　　　　总监理工程师：×××

　　　　　　　　　　　　　　　　　　　　日　　　期：××年×月×日

今已收到合同项目的开工令。

　　　　　　　　　　　　　　　　　　　　承　包　人（盖章）：××水利水电第×工程局

　　　　　　　　　　　　　　　　　　　　项目经理：×××

　　　　　　　　　　　　　　　　　　　　日　　　期：××年×月×日

说明：本表一式×份，由监理机构填写，承包人、监理机构、发包人、设代机构各一份。

表 4-10　分部工程开工通知

（监理［××］分开工×号）

合同名称：××水利工程施工合同　　　　　　　　　　　　合同编号：××－×

监理机构：××监理公司××监理部

致：（承包人）

　　你方××年×月×日报送的××水利工程2#堤防分部工程（编码为××－×，开工申请表（承包［××］分开工×号）已经通过审查。此开工通知确定该分部工程的开工日期为××年×月×日。

　　附注：

　　　　　　　　　　　　　　　　　　　　监理机构（盖章）：××监理公司××监理部

　　　　　　　　　　　　　　　　　　　　总监理工程师：×××

　　　　　　　　　　　　　　　　　　　　日　　　期：××年×月×日

今已收到××水利工程2#堤防分部工程（编码为××－×）的开工通知。

　　　　　　　　　　　　　　　　　　　　承　包　人（盖章）：××水利水电第×工程局

　　　　　　　　　　　　　　　　　　　　项目经理：×××

　　　　　　　　　　　　　　　　　　　　日　　　期：××年×月×日

说明：本表一式×份，由监理机构填写，承包人、监理机构、发包人、设代机构各一份。

　　承包单位现场实际情况达到开工条件时，应向项目监理部申报合同项目开工申请表。监理工程师应审核承包单位报送的开工申请表及相关资料，具备开工条件时，由总监理工程师签署审批结论，并报建设单位。

第五节　工程质量控制文件资料

一、质量控制原则

(1)对工程项目施工全过程全方位实施质量控制,以质量预控为重点。

(2)对工程项目的人、机、料、法、环等因素进行全面的质量控制,监督承包单位的质量管理体系、技术管理体系和质量保证体系落实到位。

(3)严格要求承包单位执行有关材料、施工试验制度和设备检验制度。

(4)坚持不合格的建筑材料、构配件和设备不准在工程上使用。

(5)坚持本工序质量不合格或未进行验收不予签认,下一道工序不得施工。

二、工程质量控制程序

工程质量控制、评定监理工作程序分别如图4-5及图4-6所示。

三、工程质量事前控制

(1)工程施工质量控制应以事前控制为主,采用必要的检查、量测和试验手段,以验证施工质量。对工程的某些关键工序和重点部位进行旁站监理。

(2)专业监理工程师应对承包单位报送的"材料/构配件/施工设备进场报验单"及其质量证明资料进行审核,并对进场的实物按照委托监理合同约定或有关工程质量管理文件规定的比例采用平行检验或见证取样方式进行抽检。未经监理人员验

图4-5　工序或单元工程质量控制监理工作程序图

收或验收不合格的工程材料、构配件、设备,监理人员应拒绝签认,并应签发监理工程师通知单,书面通知承包单位限期将不合格的工程材料、构配件、设备撤出现场。

(3)当承包单位采用新材料、新工艺、新技术、新设备时,专业监理工程师应要求承包单位报送相应的施工工艺措施和证明材料,组织专题论证,经审定后予以签认。

(4)专业监理工程师应核查承包单位的质量管理体系,重点核查以下内容:

①核查承包单位的机构设置、人员配备、职责与分工的落实情况;

②督促各级专职质量检查人员的配备;

③查验各级管理人员及专业操作人员的持证情况;

④检查承包单位质量管理制度是否健全。

(5)分包工程开工前,专业监理工程师应审查承包单位报送的分包单位资质报审表

图 4-6 质量评定监理工作程序图

和分包单位资质材料,符合有关规定后,由总监理工程师予以签认。专业监理工程师应审查分包单位的资质,其中包括以下内容:

①承包单位填写施工分包申报表,报项目监理部审查;

②核查分包单位的营业执照、企业资质等级证书、专业许可证、岗位证书等;

③核查分包单位的业绩;

④经审查合格,签批施工分包申报表。

(6)专业监理工程师应从以下五个方面对承包单位的试验室进行考核:

①试验室的资质等级及其试验范围;

②法定计量部门对试验设备出具的计量检定证明;

③试验室的管理制度;

④试验人员的资格证书;

⑤本工程的试验项目及其要求。

(7)当承包单位对已批准的施工组织设计进行调整、补充或变动时,应经专业监理工程师审查,并应由总监理工程师签认。

(8)专业监理工程师应要求承包单位报送重点部位、关键工序的施工工艺和确保工程质量的措施,审核同意后予以签认。

四、工程质量事故控制

（1）总监理工程师应安排监理人员对施工过程进行巡视和检查：

①对巡视过程中发现的问题，应及时要求承包单位予以纠正，并记入监理日志。

②对所发现的问题可先口头通知承包单位改正，然后及时签发监理通知单。

③承包单位应根据整改结果填写回复单，报监理工程师进行复查。

（2）对隐蔽工程的隐蔽过程、下道工序施工完成后难以检查的重点部位，专业监理工程师应安排监理员进行旁站。

（3）隐蔽工程验收时，项目监理部应按以下规定执行：

①要求承包单位按有关规定对隐蔽工程先进行自检，自检合格，将隐蔽工程施工质量报验单报送项目监理部。

②应根据隐蔽工程施工质量报验单的内容到现场进行检测、核查。

③对隐检不合格的工程，应填写整改通知，要求承包单位整改，合格后再予以复查；对隐检合格的工程，应签认隐蔽工程施工质量报验单，并准予进行下一道工序。

（4）分部工程验收时，项目监理部应要求承包单位在分部工程完成后，填写单元工程施工质量报验单，总监理工程师根据已签认的分部工程质量验收结果签署验收意见。

（5）分项工程验收时，要求承包单位在一个检验批或分项工程完成并自检合格后，填写单元工程施工质量报验单报项目监理部。项目监理部应对报验的资料进行审查，并到施工现场进行抽检、核查。对符合要求的分项工程，应予以签认；对不符合要求的，填写整改通知，要求承包单位整改。经返工或返修的分项工程应重新进行验收。

五、工程质量事故处理

（1）对施工过程中出现的质量缺陷，专业监理工程师应及时下达监理通知单，要求承包单位整改，并检查整改结果。

（2）监理人员发现施工存在重大质量隐患，可能造成质量事故或已经造成质量事故，应通过总监理工程师及时下达暂停施工通知，要求承包单位停工整改。整改完毕并经监理人员复查，符合规定要求后，总监理工程师应及时签署复工申请表。

（3）对需要返工处理或加固补强的质量事故，总监理工程师应责令承包单位报送质量事故调查报告和经设计单位等相关单位认可的处理方案，项目监理机构应对质量事故的处理过程和处理结果进行跟踪检查和验收。

（4）总监理工程师应及时向建设单位及本监理单位提交有关质量事故的书面报告，并应将完整的质量事故处理记录整理归档。

六、相关资料编制

工程施工质量控制资料主要包括：施工技术方案申报表（见表4-11）、施工分包申报表（见表4-12）、现场组织机构及主要人员报审表（见表4-13）、施工设备进场报验单（见表4-14）、单元工程施工质量报验单（见表4-15）、施工质量缺陷处理措施报审表（见表4-16）等。

表 4-11 施工技术方案申报表

(承包[××]技案×号)

合同名称:××水利工程施工合同　　　　　　　　　　合同编号:××-×

承 包 人:××水利水电第×工程局

致:(监理机构)
我方已根据施工合同的约定完成了　　××水利　工程　施工技术方案　的编制,并经我方技术负责人审查批准,现上报贵方,请审批。 　　附: 　　☑施工组织设计 　　☑施工措施计划 　　☑安全措施计划 　　☑分部工程施工方法 　　☑工程放样计划 <div align="right">承 包 人:××水利水电第×工程局 项目经理:××× 日　　期:××年×月×日</div>
监理机构将另行签发审批意见。 <div align="right">监理机构:××监理公司××监理部 签 收 人:××× 日　　期:××年×月×日</div>

说明:本表一式×份,由承包人填写,随同审批意见,承包人、监理机构、发包人、设代机构各一份。

表 4-12 施工分包申报表

(承包[××]分包×号)

合同名称:××水利工程施工合同　　　　　　　　　　合同编号:××-×

承 包 人:××水利水电第×工程局

致:(监理机构)					
根据施工合同约定和工程需要,我方拟将本申报表中所列项目分包给所选分包人,经考察所选分包人具备按照合同要求完成所分包工程的资质、经验、技术与管理水平、资源和经济能力,并具有良好的业绩和信誉,请审核。					
分包人名称	××市市政工程公司××施工队				
分包工程编码	分包工程名称	单位	数量	单价(元)	分包金额(万元)	占合同总金额(%)
×××	××工程2#堤防	××	××	××	××	××
合　计						
附件:分包人简况(包括分包人资质、经验、能力、信誉、财务,主要人员经历等资料) <div align="right">承 包 人:××水利水电第×工程局 项目经理:××× 日　　期:××年×月×日</div>						
监理机构将另行签发审批意见。 <div align="right">监理机构:××监理公司××监理部 签 收 人:××× 日　　期:××年×月×日</div>						

说明:本表一式×份,由承包人填写,监理机构审核、发包人批准后,随同审批意见,承包人、监理机构、发包人各一份。

表 4-13　现场组织机构及主要人员报审表
（承包［××］机人×号）

合同名称：××水利工程施工合同　　　　　　　　　　　合同编号：××－×
承　包　人：××水利水电第×工程局

序号	机构设置	负责人	联系方式	主要技术、管理人员（数量）	各工种技术工人（数量）	备注
1	××	×××	××××	××	××	
2	××	×××	××××	××	××	

现提交第×次现场组织机构及主要人员报审表，请审查。
附件：
（1）组织机构图。
（2）部门职责及主要人员分工。
（3）人员清单及其资格或岗位证书。

承　包　人：××水利水电第×工程局
项目经理：×××
日　　　期：××年×月×日

监理机构将另行签发审批意见。

监理机构：××监理公司××监理部
签　收　人：×××
日　　　期：××年×月×日

说明：本表一式×份，由承包人填写，监理机构审核，随同审批意见，承包人、监理机构、发包人各一份。

表 4-14　施工设备进场报验单
（承包［××］设备×号）

合同名称：××水利工程施工合同　　　　　　　　　　　合同编号：××－×
承　包　人：××水利水电第×工程局

致：（监理机构）
　　我方于　××　年×月　×　日进场的施工设备如下表。拟用于下述部位：
（1）×××
（2）×××
（3）×××
经自检，符合技术规范和合同要求，请审核，并准予进场使用。
附件：

序号	设备名称	规格型号	数量	进场日期	计划数量	完好状况	拟用工程项目	设备权属	生产能力	备注
1	××	××－×	×		×	×	×			
2	××	××－×	×		×	×	×			
3										
4										
5										
6										
7										
8										

　　上述设备已按合同约定进场并已自检合格，特此报请核验。
　　　承　包　人：××水利水电第×工程局
　　　项目经理：×××
　　　日　　　期：××年×月×日

　　（审核意见）

　　　监理机构：××监理公司××监理部
　　　总监理工程师/监理工程师：×××
　　　日　　　期：××年×月×日

说明：本表一式×份，由承包人填写，监理机构审签后，承包人、监理机构、发包人各一份。

表 4-15　单元工程施工质量报验单

（承包［××］质报×号）

合同名称：××水利工程施工合同　　　　　　　　　　合同编号：××－×

承　包　人：××水利水电第×工程局

致：（监理机构） 　　　<u>××河段岩石边坡开挖</u>　单元工程已按合同要求完成施工，经自检合格，报请核验。 　　附： 　　　<u>××河段岩石边坡开挖</u>　单元工程质量评定表。 　　　　　　　　　　　　　　　　　　　　　承　包　人：××水利水电第×工程局 　　　　　　　　　　　　　　　　　　　　　项目经理：××× 　　　　　　　　　　　　　　　　　　　　　日　　　期：××年×月×日
边坡岩石与地质勘探报告（编号××）相符，边坡平面位置、几何尺寸、基槽底标高、定位符合设计要求，可进行下道工序。 　　　　　　　　　　　　　　　　　　　　　监理机构：××监理公司××监理部 　　　　　　　　　　　　　　　　　　　　　签　收　人：××× 　　　　　　　　　　　　　　　　　　　　　日　　　期：××年×月×日

说明：本表一式<u>×</u>份，由承包人填写，随同审批意见，承包人、监理机构、发包人、设代机构各一份。

表 4-16　施工质量缺陷处理措施报审表

（承包［××］缺陷×号）

合同名称：××水利工程施工合同　　　　　　　　　　合同编号：××－×

承　包　人：××水利水电第×工程局

单位工程名称	××河段 2#堤防工程	分部工程名称	2#河堤基础
单元工程名称	岩石边坡开挖	单元工程编码	××××
质量缺陷工程部位	2#河堤 0＋635～0＋642 m		
质量缺陷情况简要说明	岩石边坡出现软基带，土质较软，无法在此地基上施工		
拟采用的处理措施简述	软基部分拟继续开挖至原状土持力层，用毛石填平至设计高度		
附件目录	☑处理措施报告 □修复图纸	计划施工时段	<u>××</u>年<u>×</u>月<u>×</u>日至 <u>××</u>年<u>×</u>月<u>×</u>日
现提交<u>岩石边坡开挖</u>工程质量的缺陷处理措施，请审批。 承　包　人（盖章）：××水利水电第×工程局 项目经理：××× 日　　　期：××年×月×日		同意按此方案执行。 监理机构：××监理公司××监理部 总监理工程师/监理工程师：××× 日　　　期：××年×月×日	

说明：本表一式<u>×</u>份，由承包人填写，监理机构审签后，承包人、监理机构、发包人各一份。

第六节　工程造价控制文件资料

一、工程造价控制原则

(1)应严格执行建设工程施工合同中所约定的合同价、单价、工程量计算规则和工程款支付方法。

(2)应坚持对报验资料不全、与合同文件的约定不符、未经监理工程师质量验收合格或有违约的工程量不予计量和审核,拒绝该部分工程款的支付。

(3)处理由于工程变更和违约索赔引起的费用增减应合理、公正。

(4)对有争议的工程量计量和工程款支付,应采取协商的方法确定,在协商无效时,由总监理工程师做出决定。若仍有争议,可执行合同争议调解的基本程序。

(5)对工程量及工程款的审核应在建设工程施工合同所约定的时限内。

二、工程造价控制程序

工程造价控制程序框图如图4-7所示。

图4-7　工程造价控制程序框图

三、工程造价控制方法

（1）项目监理机构应依据施工合同有关条款、施工图，对工程项目造价目标进行风险分析，并制定防范性对策。

（2）总监理工程师应从造价、项目的功能要求、质量和工期等方面审查工程变更的方案，并宜在工程变更实施前与建设单位、承包单位协商确定工程变更的价款。

（3）项目监理机构应按施工合同约定的工程量计算规则和支付条款进行工程量计量和工程款支付。

（4）专业监理工程师应及时建立月完成工程量和工程量统计表，对实际完成量与计划完成量进行比较、分析，制定调整措施，并应在监理月报中向建设单位报告。

（5）专业监理工程师应及时收集、整理有关的施工和监理资料，为处理费用索赔提供证据。

（6）项目监理机构应及时按施工合同的有关规定进行竣工结算，并应对竣工结算的价款总额与建设单位和承包单位进行协商。当无法协商一致时，应按相关规定进行处理。

（7）未经监理人员质量验收合格的工程量，或不符合施工合同规定的工程量，监理人员应拒绝计量和该部分的工程款支付申请。

四、工程款支付

项目监理机构应按下列程序进行工程计量和工程款支付工作：

（1）承包单位统计经专业监理工程师质量验收合格的工程量，按施工合同的约定填报工程量清单和工程预付款申报表。

（2）专业监理工程师进行现场计量，按施工合同的约定审核工程量清单和工程款支付申请表，并报总监理工程师审定。

（3）总监理工程师签署工程预付款付款证书，并报建设单位。

五、工程竣工结算

项目监理机构应按下列程序进行竣工结算：

（1）承包单位按施工合同规定填报竣工结算报表。

（2）专业监理工程师审核承包单位报送的竣工结算报表。

（3）总监理工程师审定竣工结算报表，与建设单位、承包单位协商一致后，签发竣工结算文件和最终的工程预付款付款证书报建设单位。

六、相关资料编制

工程造价控制文件资料主要包括：工程预付款付款证书（见表4-17）、工程计量报验单（见表4-18）、计日工工程量签证单（见表4-19）、工程价款月支付申请书（见表4-20）、已完工程量汇总表（见表4-21）、工程价款月付款证书（见表4-22）、完工/最终付款证书（见表4-23）等。

表 4-17　工程预付款付款证书

（监理［××］工预付×号）

合同名称:××水利工程施工合同　　　　　　　　合同编号:××－×

致:××水利水电第×工程局　　　　　　　　　　　　　（承包人）

　　经审核,承包人提供的预付款担保符合合同约定,并已获得你方认可,具备预付款支付条件。根据施工合同,你方应向承包人支付第×次工程预付款,金额为:

　　大写:××××元整。小写:¥×××××。

　　　　　　　　　　　　　　　　监理机构（盖章）:××监理公司××监理部

　　　　　　　　　　　　　　　　总监理工程师:×××

　　　　　　　　　　　　　　　　日　　　期:××年×月×日

说明:本证书一式×份,由监理机构填写,承包人两份,监理机构、发包人各1份。

表 4-18　工程计量报验单

（承包［××］计量×号）

合同名称:××水利工程施工合同　　　　　　　　合同编号:××－×

承　包　人:××水利水电第×工程局

致:（监理机构）

　　我方按施工合同约定,完成了×工序/单元工程的施工,其工程质量已经检验合格,并对工程量进行了计量测量。现提交测量结果,请核准。

　　　　　　　　　　　　　　　　承　包　人:××水利水电第×工程局

　　　　　　　　　　　　　　　　项目经理:×××

　　　　　　　　　　　　　　　　日　　　期:××年×月×日

序号	项目名称	合同编号	单价(元)	单位	申报工程量	核准工程量	监理审核意见	备注
1	××××	××－×	××	×	××	××		
2	××××	××－×	××	×	××	××		
3	××××	××－×	××	×	××	××		

附件:计量测量资料

　　（核准意见）

　　　　　　　　　　　　　　　　监理机构（盖章）:××监理公司××监理部

　　　　　　　　　　　　　　　　总监理工程师:×××

　　　　　　　　　　　　　　　　日　　　期:××年×月×日

说明:本表一式×份,由承包人填写,监理机构核准后,监理机构、发包人各一份,承包人两份,作为当月已完工程量汇总表的附件使用。

表4-19 计日工工程量签证单

(承包[××]计日证×号)

合同名称:××水利工程施工合同　　　　　　　　　　合同编号:××-×

承 包 人:××水利水电第×工程局

序号	工程项目名称	计日工内容	单位	申报工程量	核准工程量	说明
1	××××	××××	×	××	××	
2	××××	××××	×	××	××	
3	××××	××××	×	××	××	

现申报计日工工程量,请审核。

附件:

(1)计日工工作通知。

(2)计日工现场签认凭证。

承 包 人:××水利水电第×工程局

项目经理:×××

日　　　期:××年×月×日

(审核意见)

监理机构(盖章):××监理公司××监理部

总监理工程师:×××

日　　　期:××年×月×日

说明:本表一式×份,由承包人每个工作日完成后填写,经监理机构验证后,监理机构、发包人各一份,退还承包人两份,作结算时使用。

表4-20 工程价款月支付申请书(××年×月)

(承包[××]月付×号)

合同名称:××水利工程施工合同　　　　　　　　　　合同编号:××-×

监理机构:××水利水电第×工程局

致:(监理机构)

现申请支付××年×月工程价款,金额共计(大写)××××元整(小写¥×××),请审核。

附表:

(1)工程价款月支付汇总表。

(2)已完工程量汇总表。

(3)合同单价项目月支付明细表。

(4)合同合价项目月支付明细表。

(5)合同新增项目月支付明细表。

(6)计日工项目月支付明细表。

(7)计日工工程量月汇总表。

(8)索赔项目价款月支付汇总表。

(9)其他。

承 包 人:××水利水电第×工程局

项目经理:×××

日　　　期:××年×月×日

审核后,监理机构将另行签发月付款证书。

监理机构(盖章):××监理公司××监理部

签 收 人:×××

日　　　期:××年×月×日

说明:本申请书及附表一式×份,由承包人填写,呈报监理机构审核后,作为支付证书的附件报送发包人批准。

表 4-21　已完工程量汇总表

（承包[××]量总×号）

合同名称：× ×水利工程施工合同　　　　　　　　　　　合同编号：× × - ×

监理机构：× ×监理公司× ×监理部

序号	项目名称	项目内容	单位	核准工程量	备注
1	× × × ×	× × × ×	×	× ×	
2	× × × ×	× × × ×	×	× ×	
3	× × × ×	× × × ×	×	× ×	

致：（监理机构）

　　本月已完工程量汇总表如上表，请审核。

　　附件：工程计量报验单

　　　　　　　　　　　　　　　　　承包人：× ×水利水电第×工程局

　　　　　　　　　　　　　　　　　负责人：× × ×

　　　　　　　　　　　　　　　　　日　　期：× ×年×月×日

（审核意见）

　　　　　　　　　　　　　　　监理机构（盖章）：× ×监理公司× ×监理部

　　　　　　　　　　　　　　　总监理工程师：× × ×

　　　　　　　　　　　　　　　日　　期：× ×年×月×日

说明：本表一式×份，由承包人依据已签认的工程计量报验单填写，监理机构核准后，作为附表一同流转，审批结算时使用。

表 4-22　工程价款月付款证书

（监理[××]月付×号）

合同名称：× ×水利工程施工合同　　　　　　　　　　　合同编号：× × - ×

监理机构：× ×监理公司× ×监理部

致：（发包人）

　　根据施工合同，经审核承包人的工程价款月支付申请书（承包[××]月付×号），本月应支付给承包人的工程价款金额共计为（大写）× × × × ×元整（小写 ￥× × ×）。

　　根据施工合同约定，请贵方在收到此证书后的×天之内完成审批。将上述工程价款支付给承包人。

　　附件：（1）月支付审核汇总表。

　　　　　（2）其他。

　　　　　　　　　　　　　　　监理机构（盖章）：× ×监理公司× ×监理部

　　　　　　　　　　　　　　　总监理工程师：× × ×

　　　　　　　　　　　　　　　日　　期：× ×年×月×日

说明：本证书一式×份，由监理机构填写，发包人、监理机构各一份，承包人两份，办理结算时使用。

表 4-23　完工/最终付款证书

（监理[××]付证×号）

合同名称：××水利工程施工合同　　　　　　　　　　　合同编号：××-×

监理机构：××监理公司××监理部

致：(发包人)

根据施工合同约定，经审核承包人的☑完工付款申请/□最终付款申请(承包[××]付申×号)，应支付给承包人的金额共计为(大写)×××××元整(小写￥×××)。

根据施工合同约定，请贵方在收到☑完工付款证书/□最终付款证书后的×天之内完成审批，将上述工程款额支付给承包人。

附件：

(1)完工/最终付款申请书。

(2)计算资料。

(3)证明文件。

(4)其他。

监理机构(盖章)：××监理公司××监理部

总监理工程师：×××

日　　期：××年×月×日

说明：本证书一式×份，由监理机构填写，监理机构及发包人各一份，承包人两份，办理结算时使用。

第七节　工程合同管理文件资料

一、工程暂停与复工

(一)管理规定

(1)总监理工程师在签发暂停施工通知时，应根据暂停工程的影响范围和影响程度，确定工程项目停工范围，按照施工合同和委托监理合同的约定签发。

(2)在发生下列情况之一时，总监理工程师可签发暂停施工通知：

①建设单位要求且工程需要暂停施工。

②由于出现了工程质量问题，必须进行停工处理。

③施工出现了质量或安全隐患，总监理工程师认为有必要停工以消除隐患。

④发生了必须暂停施工的紧急事件。

⑤承包单位未经许可擅自施工，或拒绝项目监理机构管理。

(3)监理人员发现施工存在重大质量隐患，可能造成质量事故或已造成质量事故时，应通过总监理工程师及时下达工程暂停令,要求承包单位停工整改。整改完毕并经监理人员复查,符合规定要求后,总监理工程师应及时签署工程复工报审表。

(4)由于非承包单位且非上述第(2)条中①～⑤款原因时,总监理工程师在签发暂停施工通知之前,应就有关工期和费用等事宜与承包单位进行协商。

(5)由于建设单位原因,或其他非承包单位原因导致工程暂停时,项目监理机构应如实记录所发生的实际情况。总监理工程师应在施工暂停原因消失,具备复工条件时,及时签署复工通知,指令承包单位继续施工。

(6)由于承包单位原因导致工程暂停,在具备恢复施工条件时,项目监理机构应审查承包单位报送的复工申请及有关材料,同意后由总监理工程师签署工程复工报审表,指令承包单位继续施工。

(7)总监理工程师在签发暂停施工通知到签发复工通知之间的时间内,宜会同有关各方按照施工合同的约定,处理因工程暂停引起的与工期、费用等有关的问题。

(8)工程暂停期间,应要求承包单位保护该部分或全部工程免遭损失或损害。

(二)管理程序

工程暂停及复工管理程序框图如图4-8所示。

图4-8 工程暂停及复工管理程序框图

(三)相关资料编制

工程暂停与复工管理资料主要包括:暂停施工申请报告(见表4-24)、复工申请表(见表4-25)、暂停施工通知(见表4-26)和复工通知(见表4-27)等。

表 4-24　暂停施工申请报告

（承包[××]暂停×号）

合同名称：××水利工程施工合同　　　　　　　　　　　　合同编号：××-×

承　包　人：××水利水电第×工程局

致：(监理机构) 　　由于发生本申请所列原因造成工程无法正常施工,依据有关合同约定,我方申请对所列工程项目暂停施工。	
暂停施工工程项目	××河段 2# 河堤工程
暂停施工原因	×月×日~×日将有大到暴雨,工程无法正常施工
引用合同条款	××
附注	
(填报说明) 承 包 人(盖章)：××水利水电第×工程局 项目经理：××× 日　　　期：××年×月×日	监理机构将另行签发审批意见。 监理机构(盖章)：××监理公司××监理部 签 收 人：××× 日　　　期：××年×月×日

说明:本表一式×份,由承包人填写,监理机构审批后,随同审批意见,承包商、监理机构、发包人各一份。

表 4-25　复工申请表

（承包[××]复工×号）

合同名称：××水利工程施工合同　　　　　　　　　　　　合同编号：××-×

承　包　人：××水利水电第×工程局

致：(监理机构) 　　××水利施工工程项目,接到监理[××]停工×号暂停施工通知后,已于 ××年×月×日×时 暂停施工。鉴于致使该工程停工的因素已经消除,复工准备工作也已就绪,特报请批准于 ××年×月×日×时复工。 　　附件:具备复工条件的情况说明。   承 包 人：××水利水电第×工程局 项目经理：××× 日　　　期：××年×月×日
监理机构将另行签发审批意见。   监理机构(盖章)：××监理公司××监理部 签 收 人：××× 日　　　期：××年×月×日

说明:本表一式×份,由承包人填写,报送监理机构审批后,随同审批意见,承包人、监理机构、发包人各一份。

表 4-26 暂停施工通知

（监理［××］停工×号）

合同名称：××水利工程施工合同　　　　　　　　　　　合同编号：××－×

监理机构：××监理公司××监理部

致：（承包人） 　由于本通知所述原因，现通知你方于 ×× 年 × 月 × 日 × 时对 ×× 河段 2# 河堤工程项目暂停施工。		
工程暂停施工原因	×××	
引用合同条款或法规依据	（略）	
停工期间要求	对已完成工程进行妥善保护	
合同责任	（略）	
监理机构：××监理公司××监理部 总监理工程师：××× 日　　期：×× 年 × 月 × 日		承 包 人：××水利水电第×工程局 项目经理：××× 日　　期：×× 年 × 月 × 日

说明：本表一式×份，由监理机构填写，承包人、监理机构、发包人、设代机构各一份。

表 4-27 复工通知

（监理［××］复工×号）

合同名称：××水利工程施工合同　　　　　　　　　　　合同编号：××－×

监理机构：××监理公司××监理部

致：（承包人） 　鉴于监理［××］停工×号暂停施工通知所述原因已经消除，你方可于 ×× 年 × 月 × 日 × 时起对 ×× 河段 2# 河堤工程项目恢复施工。 　附注：
监理机构：××监理公司××监理部 　　　　　　　　　　　　　　　　　负 责 人：××× 　　　　　　　　　　　　　　　　　日　　期：×× 年 × 月 × 日
承 包 人：××水利水电第×工程局 　　　　　　　　　　　　　　　　　项目经理：××× 　　　　　　　　　　　　　　　　　日　　期：×× 年 × 月 × 日

说明：本表一式×份，由监理机构填写，承包人、监理机构、发包人、设代机构各一份。

二、工程变更管理

(一)管理规定

(1)设计单位因原设计存在缺陷提出工程变更时，应编制设计变更文件；建设单位或承包单位提出的工程变更，应提交总监理工程师，由总监理工程师组织专业监理工程师审查同意后，由建设单位转交原设计单位编制设计变更文件。

（2）项目监理机构应了解实际情况并收集与工程变更有关的资料。

（3）总监理工程师必须根据实际情况、设计变更文件和其他有关资料，按照施工合同的有关条款，对工程变更的费用和工期作出评估。

（4）总监理工程师应就工程变更费用及工期的评估情况与承包单位和建设单位进行协调。项目监理机构处理工程变更应符合下列要求：

①项目监理机构在工程变更的质量、费用和工期方面取得建设单位授权后，应按施工合同规定与承包单位进行协商，协商一致后，总监理工程师应将协商结果向建设单位通报，并由建设单位与承包单位在变更文件上签字。

②在项目监理机构未能就工程变更的质量、费用和工期方面取得建设单位授权时，总监理工程师应协助建设单位和承包单位进行协商，并达成一致。

③在建设单位和承包单位未能就工程变更的费用等方面达成协议时，项目监理机构应提出一个暂定的价格，作为临时支付工程进度款的依据。该项工程款最终结算时，应以建设单位和承包单位达成的协议为依据。

（5）总监理工程师签发工程变更单。工程变更单应包括工程变更要求、工程变更说明、工程变更费用和工期、必要的附件等内容，有设计变更文件的工程变更应附设计变更文件。

（6）在总监理工程师签发工程变更单之前，承包单位不得实施工程变更。未经总监理工程师审查同意而实施的工程变更，项目监理机构不得予以计量。

（7）分包工程的工程变更应通过承包单位办理。

（二）管理程序

工程变更管理程序框图如图 4-9 所示。

图 4-9　工程变更管理程序框图

（三）相关资料编制

工程变更管理资料主要包括：变更申请报告（见表4-28）、变更项目价格申报表（见表4-29）、新增或紧急工程通知（见表4-30）、变更指示（见表4-31）、变更项目价格审核表（见表4-32）、变更项目价格签认单（见表4-33）、变更通知（见表4-34）等。

表 4-28　变更申请报告

（承包［××］变更×号）

合同名称：××水利工程施工合同　　　　　　　　　　　合同编号：××－×

承　包　人：××水利水电第×工程局

致：（监理机构） 　　由于×××原因，今提出工程变更。变更内容详见附件，请审批。 附件： 　　　工程变更建议书   　　　　　　　　　　　　　　　　　承 包 人（盖章）：××水利水电第×工程局 　　　　　　　　　　　　　　　　　项目经理：××× 　　　　　　　　　　　　　　　　　日　　　期：××年×月×日
监理机构初步意见： 　　　　同意进行变更 　　　　　　　　　　　　　　　　　监理机构（盖章）：××监理公司××监理部 　　　　　　　　　　　　　　　　　总监理工程师：××× 　　　　　　　　　　　　　　　　　日　　　期：××年×月×日
设计单位意见： 　　　　同意 　　　　　　　　　　　　　　　　　设计单位（盖章）：××水利水电设计院 　　　　　　　　　　　　　　　　　负　责　人：××× 　　　　　　　　　　　　　　　　　日　　　期：××年×月×日
发包人意见： 　　　　同意 　　　　　　　　　　　　　　　　　发包人（盖章）：××市水利水电管理局 　　　　　　　　　　　　　　　　　负　责　人：××× 　　　　　　　　　　　　　　　　　日　　　期：××年×月×日
批复意见： 　　　　提交详细的变更报告   　　　　　　　　　　　　　　　　　监理机构（盖章）：××监理公司××监理部 　　　　　　　　　　　　　　　　　总监理工程师：××× 　　　　　　　　　　　　　　　　　日　　　期：××年×月×日

说明：本表一式×份，由承包人填写，监理机构、设计单位、发包人三方审签后，发包人、承包人、设计单位及监理机构各一份。

表 4-29　变更项目价格申报表

（承包［××］变价×号）

合同名称：××水利工程施工合同　　　　　　　　　　　合同编号：××－×

承　包　人：××水利水电第×工程局

序号	项目名称	单位	申报单位	备注
	致：（监理机构） 　　根据 ×× 工程变更指示（监理［××］变指×号）的工程变更内容，对下列项目单价申报如下，请审批。 　　附件：变更单价报告（原因、工程量、编制说明、单价分析表）			
1	××××	××		
2	××××	××		

（填报说明）

　　　　　　　　　　　　　　　　　　　承　包　人（盖章）：××水利水电第×工程局

　　　　　　　　　　　　　　　　　　　项目经理：×××

　　　　　　　　　　　　　　　　　　　日　　　期：××年×月×日

监理机构将另行签发批复意见。

　　　　　　　　　　　　　　　　　　　监理机构（盖章）：××监理公司××监理部

　　　　　　　　　　　　　　　　　　　签　收　人：×××

　　　　　　　　　　　　　　　　　　　日　　　期：××年×月×日

说明：本表一式×份，由承包人填写报监理机构，随同监理审核表、变更项目价格签认单或价格监理审核表，发包人、监理机构、承包人各一份。

表 4-30　新增或紧急工程通知

（监理［××］新通×号）

合同名称：××水利工程施工合同　　　　　　　　　　　合同编号：××－×

致：（承包人）

　　今委托你方进行下列不包括在施工合同内 混凝土坝体上端护栏 新增/紧急工程的施工，并于××年×月×日前提交该工程的施工进度计划和施工技术方案。正式变更批示另行签发。

　　工程内容简介：（略）

　　工期要求：（略）

　　费用及支付方式：新增部分费用另行申报

　　　　　　　　　　　　　　　　　　　监理机构（盖章）：××监理公司××监理部

　　　　　　　　　　　　　　　　　　　负　责　人：×××

　　　　　　　　　　　　　　　　　　　日　　　期：××年×月×日

　　现已收到混凝土坝体上端护栏新增/紧急工程通知，我方将按要求提交该工程的施工进度计划和施工技术方案。费用及工期意见将□同时提交/☑另行提交。

　　　　　　　　　　　　　　　　　　　承　包　人（盖章）：××水利水电第×工程局

　　　　　　　　　　　　　　　　　　　项目经理：×××

　　　　　　　　　　　　　　　　　　　日　　　期：××年×月×日

说明：本表一式×份，由监理机构填写，承包人签署意见后，承包人、监理机构、发包人、设代机构各一份。

表 4-31　变更指示

（监理［×× ］变指 × 号）

合同名称：××水利工程施工合同　　　　　　　　　　合同编号：×× – ×

监理机构：××监理公司××监理部

致：(承包人)
现决定对本合同项目作如下变更或调整,应遵照执行,并根据本指示于×× 年 × 月 × 日前提交相应的施工技术方案、进度计划和报价。

变更项目名称	××河段 2# 河堤
变更工程简述	对 2# 河堤加高 0.5 m
变更工程量	× × ×
变更技术要求	根据《堤防工程施工质量评定与验收规程》(试行)(SL 239—1999)进行验收
其他内容	

附件:变更文件、施工图纸
监理机构(盖章):××监理公司××监理部 　　　　　　　　　　　总监理工程师:××× 　　　　　　　　　　　日　　期:×× 年 × 月 × 日
接受变更指示,并按要求提交施工技术方案、进度计划和报价。 　　　　　　　　　　　承　包　人(盖章):××水利水电第 × 工程局 　　　　　　　　　　　项目经理:××× 　　　　　　　　　　　日　　期:×× 年 × 月 × 日

说明:本表一式 × 份,由监理机构填写,承包人、监理机构、发包人、设代机构各一份。

表 4-32　变更项目价格审核表

（监理［×× ］变价审 × 号）

合同名称：××水利工程施工合同　　　　　　　　　　合同编号：×× – ×

监理机构：××监理公司××监理部

致：(承包人)
根据有关规定和施工合同约定,你方提出的变更项目价格申报表(承包［×× ］变价 × 号),经我方审核,变更项目价格如下。 　　附注:

序号	项目名称	单位	监理审核单价	备注
1	× × × ×	×	× × ×	
2	× × × ×	×	× × ×	
3	× × × ×	×	× × ×	

(填报说明)
监理机构(盖章):××监理公司××监理部 　　　　　　　　　　　总监理工程师:××× 　　　　　　　　　　　日　　期:×× 年 × 月 × 日

说明:本表一式 × 份,由监理机构填写,审核后承包人、监理机构、发包人各一份。

表 4-33　变更项目价格签认单

（监理［××］变价签×号）

合同名称：××水利工程施工合同　　　　　　　　　　合同编号：××－×

承　包　人：××监理公司××监理部

根据有关规定和施工合同约定，经友好协调，承包人对于××河段 2# 河堤提出的变更项目价格申报表（承包［××］变价×号），最终确定变更项目价格如下。

序号	项目名称	单位	核定单价	备注
1	××××	×	×××	
2	××××	×	×××	

承　包　人（盖章）：××水利水电第×工程局

项目经理：×××

日　　　期：××年×月×日

发　包　人（盖章）：××市水利水电管理局

负责人：×××

日　　　期：××年×月×日

监理机构（盖章）：××监理公司××监理部

签　收　人：×××

日　　　期：××年×月×日

说明：本表一式×份，由监理机构填写，签字后监理机构、发包人各一份，承包人两份，办理结算时使用。

三、工程延期管理

（一）管理规定

（1）由于合同中约定的下列原因引起的工期延长，承包单位可以提出工程延期申请：

①非承包单位的责任造成工程不能按合同约定日期开工。

②工程量的实质性变化和设计变更。

③非承包单位原因停水、停电（地区限电除外）、停气造成停工时间超过合同的约定。

④国家或有关部门正式发布的不可抗力事件。

⑤异常不利的气候条件，建设单位同意工期相应顺延的其他情况。

（2）当承包单位提出的工程延期要求符合施工合同文件的规定条件时，项目监理机构应予以受理。承包单位提出工程延期申请必须同时满足以下三项条件：

①工程延期事件发生后，承包单位在合同约定的期限内向项目监理部提交了书面的工程延期意向报告。

②承包单位按合同约定，提交了有关工程延期事件的详细资料和证明材料。

③工程延期事件终止后，承包单位在合同约定的期限内，向项目监理部提交了工程延期申请表。

（3）项目监理部评估工程延期的原则如下：

表 4-34 变更通知

（监理[××]变通×号）

合同名称：××水利工程施工合同　　　　　　　　　　合同编号：××-×

监理机构：××监理公司××监理部

项目号	变更项目内容	单位	数量（增或减）	单价	增加金额（元）	减少金额（元）
致：(承包人)　根据变更指示（监理[××]变指×号），你方与发包人协商一致，按本通知调整价款和工期。						
××	×××	×	××	×	××	
合计						

合同工期日数的增加：

　(1)原合同工期（日历天）＿＿＿×＿＿天。

　(2)本变更指令延长工期日数 ＿＿＿×＿＿天。

　(3)迄今延长合同工期总的变更＿＿＿×＿＿天。

　(4)现合同工期（日历天）＿＿＿×＿＿天。

变更或额外/紧急工程描述及其他说明：

　　　　　　　　　　　监理机构(盖章)：××监理公司××监理部

　　　　　　　　　　　总监理工程师：×××

　　　　　　　　　　　日　　　期：××年×月×日

　　　　　　　　　　　承　包　人(盖章)：××水利水电第×工程局

　　　　　　　　　　　项目经理：×××

　　　　　　　　　　　日　　　期：××年×月×日

说明：本表一式×份，由监理机构填写，承包人两份，监理机构、发包人各一份。

①工程延期事件属实。

②工程延期申请依据的合同条款准确。

③工程延期事件必须发生在被批准的网络进度计划的关键线路上。

(4)项目监理机构在审查工程延期时，应依下列情况确定批准工程延期的时间：

①施工合同中有关工程延期的约定。

②工期拖延和影响工期事件的事实及程度。

③影响工期事件对工期影响的量化程度。

(5)当影响工期事件具有持续性时，项目监理机构可在收到承包单位提交的阶段性工程延期申请表并经过审查后，先由总监理工程师签署延长工期申报表并通报建设单位。

(6)当承包单位提交最终的工程延期申请表后，项目监理机构应复查工程延期及临时工程延期情况，并由总监理工程师签署延长工期审批表。

(7)项目监理机构在作出临时工程延期批准或最终的工程延期批准之前，均应与建设单位和承包单位进行协商。

(8)当承包单位未能按照施工合同要求的工期竣工交付造成工期延误时，项目监理机构应按施工合同规定从承包单位应得款项中扣除误期损害赔偿费。

(9)总监理工程师应严格遵守施工合同中约定的处理工程延期的各种时限要求。

(二)管理程序

工程延期管理程序框图如图4-10所示。

图4-10 工程延期管理程序框图

(三)相关资料编制

工程监理过程中,工程延期管理资料主要包括延长工期申报表(见表4-35)等。

表4-35 延长工期申报表

(承包[××]延期×号)

合同名称:××水利工程施工合同　　　　　　　　　　合同编号:×× - ×

承　包　人:××水利水电第×工程局

致:(监理机构) 　　根据施工合同约定及相关规定,由于本申报表附件所列原因,我方要求对所申报的 ××河堤工程项目工期延长 × 天,合同项目工期顺延 × 天,完工日期从 ××年×月×日延至 ××年×月×日,请审批。 　　附件: 　　(1)延长工期申请报告(说明原因、依据、计算过程及结果等)。 　　(2)证明材料。 　　　　　　　　　　　　　　　　　　承　包　人(盖章):××水利水电第×工程局 　　　　　　　　　　　　　　　　　　项目经理:××× 　　　　　　　　　　　　　　　　　　日　　　期:××年×月×日
监理机构将另行签发审核意见。 　　　　　　　　　　　　　　　　　　监理机构(盖章):××监理公司××监理部 　　　　　　　　　　　　　　　　　　签　收　人:××× 　　　　　　　　　　　　　　　　　　日　　　期:××年×月×日

说明:本表一式×份,由承包人填写,监理机构审核后,随同审核意见,承包人、监理机构、发包人、设代机构各一份。

四、费用索赔的处理

(一) 管理规定

(1) 监理单位应参与索赔的处理过程,审核索赔报告,批准合理的索赔或驳回承包单位不合理的索赔要求或索赔要求中不合理的部分,使索赔得到圆满解决。

(2) 承包单位提出费用索赔要求时,应满足以下条件:

①索赔事件是由于非承包单位的责任导致的,且确实给承包单位造成了直接经济损失。

②承包单位已按施工合同规定期限和程序提出索赔申请报告,附有索赔凭证材料。

(3) 项目监理机构受理索赔申请后,应依据国家有关法律、法规、施工合同文件以及施工合同履行过程中与索赔事件相关的凭证进行处理。

(4) 项目监理机构收到承包单位在合理期限内提出的费用索赔意向通知书后,应指定专业监理工程师负责收集与索赔有关的资料。

(5) 承包单位应在承包合同规定的期限内向项目监理机构提交对建设单位的索赔申请报告。总监理工程师应对其进行初步审查,符合受理条件的应予以受理。

(6) 承包单位向建设单位提出费用索赔时,项目监理机构应按下列程序处理:

①监理机构在施工合同规定的期限内收到承包单位向建设单位提交的费用索赔意向报告后,总监理工程师指定专业监理工程师收集与索赔有关的资料。

②承包单位在施工合同规定的期限内向项目监理机构提交对建设单位的费用索赔申请表。

③总监理工程师初步审查费用索赔申请表,符合费用索赔条件时予以受理。

④总监理工程师进行费用索赔审查,并在初步确定一个额度后,与承包单位和建设单位进行协商。

⑤总监理工程师应在施工合同规定的期限内签署费用索赔审核表,或发出要求承包单位提交有关索赔报告的进一步详细资料的通知,待收到承包单位提交的详细资料后,按处理程序的③~⑤款进行。

(7) 进行费用索赔审查时,总监理工程师先初步确定一个额度,然后再与承包单位及建设单位进行协商。达成一致意见的,总监理工程师应在施工合同规定的期限内签署费用索赔审核表;如不能达成一致意见,总监理工程师可在施工合同规定的期限内,要求承包单位提交有关索赔报告的进一步详细资料,然后再与建设单位和承包单位协商解决。

(8) 当承包单位的费用索赔要求与工程延期要求相关联时,总监理工程师在作出费用索赔的批准决定时,应与工程延期的批准联系起来,综合作出费用索赔和工程延期的决定。

(9) 由于承包单位的原因造成建设单位的额外损失,建设单位向承包单位提出费用索赔时,总监理工程师在审查索赔报告后,应公正地与建设单位和承包单位进行协商,并及时作出签复。

(二)管理程序

费用索赔管理程序框图如图 4-11 所示。

图 4-11 费用索赔管理程序框图

(三)相关资料编制

在工程监理过程中,费用索赔管理资料主要包括:索赔意向通知(见表 4-36)、索赔申请报告(见表 4-37)、索赔项目价款月支付汇总表(见表 4-38)、费用索赔审核表(见表 4-39)、费用索赔签认单(见表 4-40)等。

表 4-36 索赔意向通知

(承包[××]赔通×号)

合同名称:××水利工程施工合同 合同编号:××-×

承 包 人:××水利水电第×工程局

致:(监理机构)
由于××非人力因素造成误工的原因,根据施工合同的约定,我方拟提出索赔申请,请审核。 附件:索赔意向书(包括索赔事件、索赔依据等)   承 包 人(盖章):××水利水电第×工程局 项目经理:××× 日   期:××年×月×日
监理机构将另行签发批复意见。   监理机构(盖章):××监理公司××监理部 签 收 人:××× 日   期:××年×月×日

说明:本表一式×份,由承包人填写,监理机构审核后,随同批复意见,承包人、监理机构、发包人各一份。

表4-37 索赔申请报告

(承包[××]赔报×号)

合同名称:××水利工程施工合同   合同编号:××-×

承 包 人:××水利水电第×工程局

致:(监理机构)
根据有关规定和施工合同约定,我方对 ×× ×事件申请赔偿金额为(大写) × × ×元整(小写 ¥ × × ×),请审核。 　　附件: 　　索赔报告。主要内容包括: 　　(1)事因简述。 　　(2)引用合同条款及其他依据。 　　(3)索赔计算。 　　(4)索赔事实发生的当时记录。 　　(5)索赔支持文件。 　　　　　　　　　　　　　　承 包 人(盖章):××水利水电第×工程局 　　　　　　　　　　　　　　项 目 经 理:× × × 　　　　　　　　　　　　　　日　　　期:××年×月×日
监理机构将另行签发审核意见。 　　　　　　　　　　　　　　监理机构(盖章):××监理公司××监理部 　　　　　　　　　　　　　　签 收 人:× × × 　　　　　　　　　　　　　　日　　　期:××年×月×日

说明:本表一式×份,由承包人填写,监理机构审核后,随同审核意见,承包人、监理机构、发包人各一份。

表4-38 索赔项目价款月支付汇总表

(承包[××]赔总×号)

合同名称:××水利工程施工合同   合同编号:××-×

承 包 人:××水利水电第×工程局

序号	费用索赔签认单号	核准索赔金额	备注
1	[××]×号	××元	
2	[××]×号	××元	
3	[××]×号	××元	
合计			

致:(监理机构)
根据费用索赔签认单,现申报本月索赔项目价款总金额为(大写) 　×××元×角×分 　(小写 ¥×××),请审核。 　　附件: 　　费用索赔签认单 　　　　　　　　　　　　　　承 包 人(盖章):××水利水电第×工程局 　　　　　　　　　　　　　　项 目 经 理:× × × 　　　　　　　　　　　　　　日　　　期:××年×月×日
经审核,本月应支付索赔项目价款总金额为(大写)×××元×角×分(小写¥×××)。 　　　　　　　　　　　　　　监理机构(盖章):××监理公司××监理部 　　　　　　　　　　　　　　总监理工程师:× × × 　　　　　　　　　　　　　　日　　　期:××年×月×日

说明:本表一式×份,由承包人依据费用索赔签认单填写,作为附表一同流转,审批结算时使用。

表 4-39　费用索赔审核表

（监理[××]索赔审×号）

合同名称:××水利工程施工合同　　　　　　　　合同编号:××-×

监理机构:××监理公司××监理部

致:(承包人)

　　根据有关规定和施工合同约定,你方提出的索赔申请报告(承包[××]赔报×号),索赔金额(大写)×××元整(小写¥×××),经我方审核。

　　□不同意此项索赔

　　☑同意此项索赔,索赔金额为(大写)×××元整(小写¥×××)

　　附件:索赔分析、审核文件

监理机构(盖章):××监理公司××监理部

总监理工程师:×××

日　　期:××年×月×日

说明:本表一式×份,由监理机构填写,审定后承包人、监理机构、发包人各一份。

表 4-40　费用索赔签认单

（监理[××]索赔签×号）

合同名称:××水利工程施工合同　　　　　　　　合同编号:××-×

监理机构:××监理公司××监理部

　　根据有关规定和施工合同约定,经友好协商,承包人对于　×××　提出的索赔申请报告(承包[××]赔报×号),最终索赔金额确定为:大写:×××元整(小写¥×××)。

承　包　人(盖章):××水利水电第×工程局

项目经理:×××

日　　期:××年×月×日

发包人(盖章):××市水利水电管理局

负责人:×××

日　　期:××年×月×日

监理机构(盖章):××监理公司××监理部

总监理工程师:×××

日　　期:××年×月×日

说明:本表一式×份,由监理机构填写,签字后监理机构、发包人各一份,承包人两份,办理结算时使用。

五、工程移交与竣工验收

(一)工程项目移交

工程项目移交常用的管理资料有工程移交通知(见表 4-41)和工程移交证书(见表 4-42)。

(二)工程竣工验收

工程竣工验收阶段,承包人须填写竣工验收申请报告(见表 4-43)。

表 4-41　工程移交通知

（监理［××］移交×号）

合同名称：××水利工程施工合同　　　　　　　　　　　　合同编号：××－×

监理机构：××监理公司××监理部

致：（承包人）

　　鉴于××河段混凝土坝体工程已于××年×月×日通过

☑单位工程验收

□完工验收

根据有关规定和施工合同约定，可按本通知的要求，办理移交手续。特此通知。

　　工程移交日期　　　☑请于××年×月×日办妥移交手续。

　　　　　　　　　　　□

　　保修期起算日期　　☑本工程保修期，自该工程的移交证书中写明的实际完工之日起算，保修期为×个月。

　　办理移交手续前应完成的工程项目：

　　　　　　　　　　　　　　　　　　监理机构（盖章）：××监理公司××监理部

　　　　　　　　　　　　　　　　　　总监理工程师：×××

　　　　　　　　　　　　　　　　　　日　　期：××年×月×日

　　　　　　　　　　　　　　　　　　承　包　人（盖章）：××水利水电第×工程局

　　　　　　　　　　　　　　　　　　项目经理：×××

　　　　　　　　　　　　　　　　　　日　　期：××年×月×日

说明：本表一式×份，由监理机构填写，承包人、监理机构、发包人各一份。

表 4-42　工程移交证书

（监理［××］移证×号）

合同名称：××水利工程施工合同　　　　　　　　　　　　合同编号：××－×

监理机构：××监理公司××监理部

致：（承包人）

　　××河段混凝土坝体工程已按施工合同和监理机构的指示完成（该证书中注明的工程缺陷和未完工程除外），并于××年×月×日经过□完工验收/☑单位工程验收。根据有关规定和合同约定，监理机构签发此工程移交证书。从本移交证书颁发之日开始，正式移交给发包人。本工程的实际完工之日为××年×月×日，并从此日开始，该工程进入保修期阶段。

　　附件：工程缺陷及未完工程内容清单及其实施计划

　　　　　　　　　　　　　　　　　　监理机构（盖章）：××监理公司××监理部

　　　　　　　　　　　　　　　　　　总监理工程师：×××

　　　　　　　　　　　　　　　　　　日　　期：××年×月×日

说明：本证书一式×份，由监理机构填写，监理机构及发包人各一份，承包人两份。

（三）中止合同文件

合同中止、解除，须由监理机构签发合同解除后付款证书（见表4-44）。

表 4-43　竣工验收申请报告

（承包［××］验报×号）

合同名称：××水利工程施工合同　　　　　　　　　　合同编号：××－×

承　包　人：××水利水电第×工程局

致：(监理机构)		
××河段混凝土坝体工程项目已经按计划于 ×× 年 × 月 × 日基本完工,零星未完工程及缺陷修复拟按申报计划实施,验收文件也已准备就绪,现申请验收。		
☑合同项目完工验收 □阶段验收	验收工程名称、编码	申请验收时间
□单位工程验收 □分部工程验收	××河段混凝土坝体	×× 年 × 月 × 日
附件: (1)零星未完工程施工计划。 (2)缺陷修复计划。 (3)验收报告、资料。 　　　　　　　　　　　承　包　人(盖章):××水利水电第×工程局 　　　　　　　　　　　项目经理:××× 　　　　　　　　　　　日　　　期:×× 年 × 月 × 日		
监理机构将另行签发审核意见。 　　　　　　　　　　　监理机构(盖章):×××监理公司××监理部 　　　　　　　　　　　签　收　人:××× 　　　　　　　　　　　日　　　期:×× 年 × 月 × 日		

说明:本表一式×份,由承包人填写,监理机构审核后,随同审核意见,承包人、监理机构、发包人、设代机构各一份。

表 4-44　合同解除后付款证书

（监理［××］解付×号）

合同名称：××水利工程施工合同　　　　　　　　　　合同编号：××－×

监理机构：××监理公司××监理部

合同解除原因	违规进行分包
致:(发包人) 根据施工合同约定,经审核,承包人共应获得工程价款总价为(大写)<u>叁仟伍佰万贰仟捌佰元整</u>(小写 ¥<u>35002800</u> 元),已得到各项付款总价为(大写)<u>叁仟叁佰万元整</u>(小写 ¥<u>33000000</u> 元),现应支付剩余工程价款总价为(大写)<u>贰佰万贰仟捌佰元整</u>(小写 ¥<u>2002800</u> 元),请审核。 　　附件:计算资料、证明文件 　　　　　　　　　　　监理机构(盖章):×××监理公司××监理部 　　　　　　　　　　　总监理工程师:××× 　　　　　　　　　　　日　　　期:×× 年 × 月 × 日	

说明:本表一式×份,由监理机构填写,审定后发包人、监理机构各一份,承包人两份,作为结算的附件。

第八节　工程安全管理文件资料

一、建设工程项目施工安全监理工作要点

建设工程项目施工安全监理工作要点见图4-12。

图4-12　建设工程项目施工安全监理工作要点

二、施工准备阶段安全监理工作程序

施工准备阶段安全监理工作程序见图4-13。

图 4-13　施工准备阶段安全监理工作程序

三、安全监理基本资料

（1）监理委托合同中关于安全监理方案的约定；

（2）监理规划中的安全监理方案；

（3）专项安全监理实施细则；

（4）安全监理管理机构、体系、制度、人员及职责；

（5）安全生产责任制；

（6）安全生产教育（培训、考核计划及执行记录）；

（7）安全监理工作交底内容；

（8）安全监理通知单；

（9）安全监理通知回复单；

（10）安全监理工作联系单；

（11）有关安全生产的工程暂停令及复工令；

（12）施工现场安全生产检查记录；

（13）专项安全施工方案、施工机械、安全设施及安全交底检查情况；

（14）专项安全施工方案、安全技术措施报审表；

（15）施工机械、安全设施报验表；

（16）施工单位的主要负责人、项目负责人、专职安全生产管理人员、特种作业人员资格报审表；

（17）工地例会（或专项会议）纪要的安全监理内容；

（18）安全监理日记；

（19）安全监理月报；

（20）安全监理的专题报告；

（21）安全生产事故及其调查分析处理报告；

（22）安全度汛资料；

（23）安全监理工作总结。

四、安全监理法规

（一）建设工程安全监理常用的标准、规范

建设工程安全监理常用标准、规范及相关文件见表4-45。

表4-45 建设工程安全监理常用标准、规范及相关文件

类别	规范标准名称	规范标准编号
综合类	施工企业安全生产评价标准	JGJ/T 77—2010
	建筑施工安全检查标准	JGJ 59—2011
	特种作业人员安全技术考核管理规则	GB 5306—85
基坑工程	建筑基坑支护技术规程	JGJ 120—2012
	建筑基坑工程监测技术规范	GB 50497—2009
施工用电	施工现场临时用电安全技术规范	JGJ 46—2012
高处作业	建筑施工高处作业安全技术规范	JGJ 80—91
	高处作业吊篮安全规则	JGJ 5027—92
脚手架	建筑施工扣件式钢管脚手架安全技术规范	JGJ 130—2011
	建筑施工门式钢管脚手架安全技术规范	JGJ 128—2010
	建筑施工碗扣式钢管脚手架安全技术规范	JGJ 166—2008
	建筑施工承插型盘扣式钢管支架安全技术规程	JGJ 231—2010
	建筑施工工具式脚手架安全技术规范	JGJ 202—2010
	液压升降整体脚手架安全技术规程	JGJ 183—2009
	建筑施工竹脚手架安全技术规范	JGJ 254—2011

类别	规范标准名称	规范标准编号
垂直运输机械	龙门架及井架物料提升机安全技术规范	JGJ 88—2010
	施工升降机安全规程	GB 10055—2007
	建筑施工升降机安装、使用、拆卸安全技术规程	JGJ 215—2010
	塔式起重机安全规程	GB 5144—2006
	建筑施工塔式起重机安装、使用、拆卸安全技术规程	JGJ 196—2010
	塔式起重机混凝土基础工程技术规程	JGJ/T 187—2009
安全防护	起重机械安全规程	GB 6067—2010
	建筑机械使用安全技术规程	JGJ 33—2012
	施工现场机械设备检查技术规程	JGJ 160—2008
工程建设标准	建筑施工场界环境噪声排放标准	GB 12523—2011
	工程建设标准强制性条文(房屋建筑部分)	建标[2002]219 号

(二)建设工程安全监理法律法规

建设工程安全监理相关法律法规见表 4-46。

表 4-46 建设工程安全监理相关法律法规

类别	名称	文号	颁布机关	施行日期
法律	中华人民共和国安全生产法	国家主席令第 70 号	全国人大	2002-11-01
	中华人民共和国建筑法	国家主席令第 91 号	全国人大	1998-03-01
	中华人民共和国劳动法	国家主席令第 28 号	全国人大	1995-01-01
	中华人民共和国刑法	国家主席令第 83 号	全国人大	1997-10-01
	中华人民共和国消防法	国家主席令第 6 号	全国人大	2009-05-01
	建筑业安全卫生公约	第 167 号公约	国际劳工大会	1991-01 生效
行政法规	建设工程安全生产管理条例	国务院令第 393 号	国务院	2004-02-01
	安全生产许可证条例	国务院令第 397 号	国务院	2004-01-13
	企业职工伤亡事故报告和处理规定	国务院令第 75 号	国务院	1991-05-01
	国务院关于特大安全事故行政责任追究的规定	国务院令第 302 号	国务院	2001-04-21
	特种设备安全监察条例	国务院令第 373 号	国务院	2003-06-01
	危险化学品安全管理条例	国务院令第 344 号	国务院	2011-12-01
	使用有毒物品作业场所劳动保护条例	国务院令第 352 号	国务院	2002-05-12

类别	名称	文号	颁布机关	施行日期
部门规章	建筑施工企业安全生产许可证管理规定	建设部令第 128 号	建设部	2004-07-05
	房屋建筑和市政基础设施工程施工分包管理办法	建设部令第 124 号	建设部	2004-04-01
	建设工程施工现场管理规定	建设部令第 15 号	建设部	1992-01-01
	建设行政处罚程序暂行规定	建设部令第 66 号	建设部	1999-02-03
	实施工程建设强制性标准监督规定	建设部令第 81 号	建设部	2000-08-25
	建筑业企业资质管理规定	建设部令第 159 号	建设部	2007-09-01
	建筑工程施工许可管理办法	建设部令第 91 号	建设部	1999-12-01
	安全生产违法行为行政处罚办法	国家安全生产监督管理总局令第 15 号	国家安全生产监督管理总局	2008-01-01
	特种作业人员安全技术培训考核管理规定	国家安全生产监督管理总局令第 30 号	国家安全生产监督管理总局	2010-07-01
部门和地方规范性文件	关于印发《建筑施工企业安全生产管理机构设置及专职安全生产管理人员配备办法》和《危险性较大工程安全专项施工方案编制及专家论证审查办法》的通知	建质[2004]231 号	建设部	2004-12-01
	关于加强大型公共建筑质量安全管理的通知	建办质[2004]35 号	建设部办公厅	2004-06-12
	关于印发《建筑工程预防高处坠落事故若干规定》和《建筑工程预防坍塌事故若干规定》的通知	建质[2003]821 号	建设部	2003-04-17

第九节　工程监理其他文件资料

水利水电工程施工监理过程中,经常采用的其他文件资料有监理通知(见表 4-47)、工程现场书面指示(见表 4-48)、监理抽检试验登记表(见表 4-49)、警告通知(见表 4-50)、监理巡视记录(见表 4-51)、整改通知(见表 4-52)等。

监理通知是监理工作重要用表,是项目监理部针对承包单位出现的问题而签发的要求承包单位进行整改的指令性文件。监理单位使用监理通知时,应避免出现两个极端:过滥或不发,并且要维护监理通知的权威性。

表 4-47　监理通知

（监理［×　×］通知 × 号）

合同名称：×× 水利工程施工合同　　　　　　　　　　合同编号：×× - ×

致：×× 水利水电第 × 工程局　　　　　　　　　　　　　（承包人） 　　事由：(略) 　　通知内容：(略) 　　附件： 　　　　　　　　　　　　　　　监理机构(盖章)：×× 监理公司 ×× 监理部 　　　　　　　　　　　　　　　总监理工程师/监理工程师：××× 　　　　　　　　　　　　　　　日　　　期：××年×月×日
承 包 人(盖章)：×× 水利水电第 × 工程局 　　　　　　　　　　　　　　　签 收 人：××× 　　　　　　　　　　　　　　　日　　　期：××年×月×日

说明：1. 本通知一式 × 份，由监理机构填写，承包人签收后，承包人、监理机构、发包人各一份。

　　　2. 一般通知由监理工程师签发，重要通知由总监理工程师签发。

　　　3. 本通知可用于对承包人的指示。

表 4-48　工程现场书面指示

（监理［×　×］现指 × 号）

合同名称：×× 水利工程施工合同　　　　　　　　　　合同编号：×× - ×

监理机构：×× 监理公司 ×× 监理部

致：(承包人) 　　请你方执行本指示内容。若你方不提出确认，本指示签收后立即生效。 　　发布指示依据：☑工程施工合同　　×××条款　第×条 　　　　　　　　　　□工程施工合同　　　　　条款　第　条 　　　　　　　　　　□工程施工合同　　　　　条款　第　条 　　　　　　　　　　□ 　　指示内容与要求：(略) 　　　　　　　　　　　　　　　监 理 机 构(盖章)：×× 监理公司 ×× 监理部 　　　　　　　　　　　　　　　监理工程师：××× 　　　　　　　　　　　　　　　日　　　期：××年×月×日
今收到贵方现场书面指示，我方将： 　□按指示要求执行 　☑申请监理机构确认 　　　　　　　　　　　　　　　承 包 人(盖章)：×× 水利水电第 × 工程局 　　　　　　　　　　　　　　　现场负责人：××× 　　　　　　　　　　　　　　　日　　　期：××年×月×日

说明：本表一式 × 份，由监理机构填写，承包人、监理机构各一份。

表 4-49　监理抽检试验登记表

（监理［××］试记×号）

合同名称：××水利工程施工合同　　　　　　　　　　　合同编号：××－×

监理机构：××监理公司××监理部

序号	试验项目名称	试验单元工程名称	试验记录编号	试验完成日期	试验负责人	遗漏的试验项目名称	采取的措施	备注
1								
2								
3								

专业监理工程师(签名)：×××　　　　　　　　　　填报日期：××年×月×日

说明：监理机构试验室用表。

表 4-50　警告通知

（监理［××］警告×号）

合同名称：××水利工程施工合同　　　　　　　　　　合同编号：××－×

监理机构：××监理公司××监理部

致：(承包人)

　　××年×月×日×时,你方在工作时,存在下列所述的违规(章)作业情况。为确保施工合同顺利实施,要求你方立即进行纠正,并避免类似情况的再次发生。

　　违规情况描述：

　　××河段2#河堤浇筑过程中：

　　(1)沙子未过筛,含较大颗粒,影响浇筑质量。

　　(2)混凝土配料不均,沙子未过磅。

　　(3)无坍落度试验记录。

　　法规或合同条款的相关规定：(略)

　　　　　　　　　　　　　　　监 理 机 构(盖章)：××监理公司××监理部

　　　　　　　　　　　　　　　监理工程师：×××

　　　　　　　　　　　　　　　日　　　期：××年×月×日

　　　　　　　　　　　　　　　承包人(盖章)：××水利水电第×工程局

　　　　　　　　　　　　　　　签收人：×××

　　　　　　　　　　　　　　　日　　　期：××年×月×日

说明：本表一式×份,由监理机构填写,承包人、监理机构、发包人各一份。

表 4-51　监理巡视记录

（监理［××］巡视×号）

合同名称：××水利工程施工合同　　　　　　　　　　　　　合同编号：××－×

监理机构：××监理公司××监理部

巡视范围	
巡视对象	
发现问题及处理意见	
	巡视人：××× 日　　期：××年×月×日

说明：本表由监理机构填写，按月装订成册。

表 4-52　整改通知

（监理［××］整改×号）

合同名称：××水利工程施工合同　　　　　　　　　　　　　合同编号：××－×

监理机构：××监理公司××监理部

致：（承包人）

　　由于本通知所述原因，通知你方对　××河段 2#堤防浇筑　工程项目按下述要求进行整改，并于 ××年×月×日前提交整改措施报告，确保整改的结果达到要求。

整改 原因	□施工质量经检验不合格 ☑材料、设备不符合要求 □未按设计文件要求施工 □工程变更	
整改 要求	□拆除 □更换、增加材料、设备 □调整施工人员	☑返工 □修补缺陷
☑整改所发生费用由承包人承担 □整改所发生费用可另行申报		
	监理机构（盖章）：××监理公司××监理部 总监理工程师：××× 日　　期：××年×月×日	
现已收到整改通知，我方将根据通知要求进行整改，并按要求提交整改措施报告。		
	承包人（盖章）：××水利水电第×工程局 项目经理：××× 日　　期：××年×月×日	

说明：本表一式×份，由监理机构填写，承包人、监理机构、发包人各一份。

（1）监理通知一般包括如下内容：

①建设单位组织协调确定的事项，需要设计、施工、材料等各方面实施，且需由监理单位发出通知的事宜。

②监理在旁站巡视过程中发现需要及时纠正的事宜，通知应包括工程部位、地段、发现时间、问题性质、要求处理的程度等。

③季节性天气预报的通知。

④工程计量的通知。

⑤试验结果需要说明或指正的内容等。

（2）在施工过程中所发现的问题可先口头通知承包单位整改，并及时签发监理通知。承包单位整改后，应将整改结果填写监理通知回复单报监理工程师进行审查。

（3）监理通知在发出前必须经总监理工程师同意，当总监理工程师认为必要时应签字确认。

第十节　水利工程监理文件资料归档范围与保管期限

水利水电工程监理文件资料归档范围与保管期限见表4-53。

表4-53　水利水电工程监理文件资料归档范围与保管期限

序号	归档文件	保管期限		
		项目法人	运行管理单位	流域机构档案馆
1	监理合同协议，监理大纲，监理规范、细则，采购方案、监造计划及批复文件	长期		
2	设备材料审核文件	长期		
3	施工进度、延长工期、索赔及付款报审材料	长期		
4	开（停、复、返）工令、许可证等	长期		
5	监理通知、协调会审纪要，监理工程师指令、指示、来往信函	长期		
6	工程材料监理检查、复检、试验记录、报告	长期		
7	监理日志、监理周（月、季、年）报、备忘录	长期		
8	各项控制测量成果及复核文件	长期		
9	质量检测、抽查记录	长期		
10	施工质量检查分析评估、工程质量事故、施工安全事故等报告	长期	长期	
11	工程进度计划实施的分析、统计文件	长期		
12	变更价格审查、支付审批、索赔处理文件	长期		
13	单元工程检查及开工（开仓）签证，工程分部分项质量认证、评估	长期		
14	主要材料及工程投资计划、完成报表	长期		

序号	归档文件	保管期限		
		项目法人	运行管理单位	流域机构档案馆
15	设备采购市场调查、考察报告	长期		
16	设备制造的检验计划和检验要求、检验记录及试验、分包单位资格报审表	长期		
17	原材料、零配件等的质量证明文件和检验报告	长期		
18	会议纪要	长期	长期	
19	监理工程师通知单、监理工作联系单	长期		
20	有关设备质量事故处理及索赔文件	长期		
21	设备验收、交接文件、支付证书和设备制造结算审核文件	长期	长期	
22	设备采购、监造工作总结	长期	长期	
23	监理工作声像材料	长期	长期	
24	其他有关的重要来往文件	长期	长期	

思考题

1. 水利水电工程监理资料管理程序有哪些内容？

2. 水利水电工程进度控制有哪些程序？各程序有哪些内容？

3. 水利水电工程质量控制有哪些程序？各程序有哪些内容？

4. 水利水电工程造价控制有哪些程序？各程序有哪些内容？

5. 水利水电工程安全管理有哪些程序？各程序有哪些内容？

6. 工程变更管理有哪些基本规定？

7. 工程延期管理有哪些基本规定？

8. 工程索赔管理有哪些基本规定？

第五章　水利工程质量评定资料整编

【学习目标】

知识目标：通过学习水利工程质量评定资料整编，能够了解水利工程施工质量评定统一标准，熟悉和理解各类评定表格格式与填写方法。

能力目标：能够根据实际施工项目，填写评定表格；具备完成工程质量评定资料整编的能力。

第一节　水利工程施工质量评定概述

水利工程质量，是指工程满足国家和水利行业相关标准及合同约定要求的程度，在安全、功能、适用、外观及环境保护等方面的特性总和。

质量检验是指通过检查、量测、试验等方法，对工程质量特性进行的符合性评价。质量评定是指将质量检验结果与国家和行业技术标准以及合同约定的质量标准所进行的比较活动。对于水利工程，要求按水利部2007年颁发的《水利水电工程施工质量检验与评定规程》(SL 176—2007)(简称《评定规程》)进行质量评定。

水利工程质量评定应进行项目划分，项目按级划分为单位工程、分部工程、单元(工序)工程等三级。工程中永久性房屋(管理设施用房)、专用公路、专用铁路等工程项目，可按相关行业标准划分和确定项目名称。

一、施工质量标准

(一)合格标准

(1)合格标准是工程验收标准。不合格工程必须进行处理且达到合格标准后，才能进行后续工程施工或验收。水利工程施工质量等级评定主要依据有：

①国家及相关行业技术标准。

②《水电水利基本建设工程单元工程质量等级评定标准》(简称《单元工程评定标准》)。

③经批准的设计文件、施工图纸、金属结构设计图样与技术条件、设计修改通知书、厂家提供的设备安装说明书及有关技术文件。

④工程承发包合同中约定的技术标准。

⑤工程施工期及试运行期的试验和观测分析成果。

(2)单元(工序)工程施工质量合格标准按照《单元工程评定标准》或合同约定的合格标准执行。当达不到合格标准时，应及时处理。处理后的质量等级应按下列规定重新确定：

①全部返工重做的，可重新评定质量等级。

②经加固补强并经设计和监理单位鉴定能达到设计要求时，其质量评为合格。

③处理后的工程部分质量指标仍达不到设计要求时,经设计复核,项目法人及监理单位确认能满足安全和使用功能要求,可不再进行处理;或经加固补强后,改变了外形尺寸或造成工程永久性缺陷的,经项目法人、监理及设计单位确认能基本满足设计要求,其质量可认定为合格,但应按规定进行质量缺陷备案。

(3)分部工程施工质量同时满足下列标准时,其质量评为合格:

①所含单元工程质量全部合格,质量事故及质量缺陷已按要求处理,并经检验合格。

②原材料、中间产品及混凝土(砂浆)试件质量全部合格,金属结构及启闭机制造质量合格,机电产品质量合格。

(4)单位工程施工质量同时满足下列标准时,其质量评为合格:

①所含分部工程质量全部合格。

②质量事故已按要求进行处理。

③工程外观质量得分率达到70%以上。

④单位工程施工质量检验与评定资料基本齐全。

⑤工程施工期及试运行期,单位工程观测资料分析结果均符合国家和行业技术标准以及合同约定的标准要求。

(5)工程项目施工质量同时满足以下标准时,其质量评为合格:

①单位工程质量全部合格。

②工程施工期及试运行期,各单位工程观测资料分析结果均符合国家和行业技术标准以及合同约定的标准要求。

(二)优良标准

(1)优良等级是为工程项目质量创优而设置的。

(2)单元工程施工质量优良标准按照《单元工程评定标准》以及合同约定的优良标准执行。全部返工重做的单元工程,经检验达到优良标准时,可评为优良。

(3)分部工程施工质量同时满足下列标准时,其质量评为优良:

①所含单元工程质量全部合格,其中70%以上达到优良等级,重要隐蔽单元工程和关键部位单元工程质量优良率达90%以上,且未发生过质量事故。

②中间产品质量全部合格,混凝土(砂浆)试件质量达到优良等级(当试件组数小于30时,试件质量全部合格)。原材料质量、金属结构及启闭机制造质量合格,机电产品质量合格。

(4)单位工程施工质量同时满足下列标准时,其质量评为优良:

①所含分部工程质量全部合格,其中70%以上达到优良等级,主要分部工程质量全部优良,且施工中未发生过较大质量事故。

②质量事故已按要求进行处理。

③外观质量得分率达到85%以上。

④单位工程施工质量检验与评定资料齐全。

⑤工程施工期及试运行期,单位工程观测资料分析结果均符合国家和行业技术标准以及合同约定的标准要求。

(5)工程项目施工质量同时满足以下标准时,其质量评为优良:

①单位工程质量全部合格,其中70%以上单位工程质量达到优良等级,且主要单位

工程质量全部优良。

②工程施工期及试运行期,各单位工程观测资料分析结果均符合国家和行业技术标准以及合同约定的标准要求。

二、施工质量评定

(一)单元工程

(1)单元工程(工序)质量在施工单位自评合格后,由监理单位复核,监理工程师核定质量等级并签证认可。

(2)重要隐蔽单元工程及关键部位单元工程质量经施工单位自评合格、监理单位抽检后,由项目法人(或委托监理)、监理、设计、施工、工程运行管理(施工阶段已经有时)等单位组成联合小组,共同检查核定其质量等级并填写签证表,报工程质量监督机构核备。重要隐蔽单元工程(关键部位单元工程)质量等级签证表见表5-1。

表5-1　重要隐蔽单元工程(关键部位单元工程)质量等级签证表

单位工程名称		单元工程量	
分部工程名称		施工单位	
单元工程名称、部位		自评日期	年　月　日
施工单位自评意见	1. 自评意见: 2. 自评质量等级: 　　　　　　　　　　终检人员(签名)		
监理单位抽查意见	抽查意见: 　　　　　　　　　　监理工程师(签名)		
联合小组核定意见	1. 核定意见: 2. 质量等级: 　　　　　　　　　　年　月　日		
保留意见	(签名)		
备查资料清单	(1)地质编录　　　　　　　　　　　　　　　　□ (2)测量成果　　　　　　　　　　　　　　　　□ (3)检测试验报告(岩芯、软基承载力试验、结构强度等)□ (4)影像资料　　　　　　　　　　　　　　　　□ (5)其他　　　　　　　　　　　　　　　　　　□		
联合小组成员	单位名称	职务、职称	签名
	项目法人		
	监理单位		
	设计单位		
	施工单位		
	运行单位		

注:重要隐蔽单元工程验收时,设计单位应同时派地质工程师参加。备查资料清单中凡涉及的项目应在"□"内打"√",如有其他资料,应在括号内注明资料的名称。

(二)分部工程

分部工程施工质量评定时应当填写水利水电工程分部工程施工质量评定表。

（1）分部工程施工质量评定表主要由施工单位质检部门填写，并自评质量等级。评定水轮发电机组安装分部工程质量等级时，应将水轮机、发电机及调速器的型号填写在备注栏内。评定完成后，应由项目技术负责人签字并加盖公章。如分部工程是由分包单位完成的，也应由总包单位项目技术负责人签字盖章。

（2）监理单位复核意见栏由负责该分部工程质量控制的监理工程师填写，签字后交总监或总监代表审核、签字并加盖公章。

（3）项目法人认定意见栏由负责该分部工程质量控制的现场代表填写，签字后交技术负责人审核、签字并加盖公章。

（4）大型水利水电枢纽工程主体建筑物的分部工程质量在施工单位自评，监理单位复核，项目法人认定后，由项目法人报质量监督机构核定。工程质量监督机构栏应由质量监督机构核定人填写意见和签字，然后交质量监督负责人审查签字、加盖公章。其余分部工程施工质量，在施工单位自评，监理单位复核，项目法人认定后由项目法人报质量监督机构核备。

（5）分部工程施工质量评定表填写内容及填写范例见表5-2。填表说明如下：

①分部工程量，只填写本分部工程的主要工程量。

②单元工程类型按《单元工程评定标准》的单元工程类型填写。

③单元工程个数指一般单元工程、主要单元工程、重要隐蔽单元工程及关键部位单元工程之和。

④合格个数指单元工程质量达到合格及以上质量等级的个数。

表5-2　分部工程施工质量评定表

单位工程名称	泄洪闸工程	施工单位	××水利水电第×工程局		
分部工程名称	闸室分部(土建)	施工日期	自2008年1月20日至2008年10月15日		
分部工程量	混凝土3 529 m³	评定日期	2008年12月8日		
项次	单元工程类型	工程量	单元工程个数	合格个数	其中优良个数	备　注
1	基岩开挖	856 m³	5	5	3	
2	混凝土	3 529 m³	20	20	18	
3	房建	240 m²	6	6	4	
4	混凝土构件安装	280 t	3	3	1	
5						
6						
合计			34	34	26	优良率76.5%
重要隐蔽单元工程及关键部位单元工程		—	—	—	—	—

施工单位自评意见	监理单位复核意见	项目法人认定意见
本分部工程的单元工程质量全部合格,优良率为76.5%,重要隐蔽单元工程及关键部位单元工程 / 个,优良率为 / %。原材料质量合格,中间产品质量合格,金属结构、启闭机制造质量合格,机电产品质量合格。质量事故及质量缺陷处理情况:无。 分部工程质量等级:优良 评定人:××× 项目技术负责人:××× （盖公章） ××年 ×月×日	复核意见: 　同意施工单位自评意见 分部工程质量等级:优良 监理工程师:××× ××年 ×月×日 总监或总监代表:××× （盖公章） ××年 ×月×日	认定意见:施工质量优良 分部工程质量等级:优良 现场代表:××× ××年 ×月×日 技术负责人: （盖公章） ××年 ×月×日
工程质量监督机构	核定(备)意见:施工质量优良 核定等级: 优良　核定(备)人(签名):×××　负责人(签名):××× ××年 ×月×日	

(三)单位工程

1.水利水电工程单位工程质量评定表

(1)水利水电工程单位工程质量评定表为统一格式。单位工程量只填写本单位工程的主要工程量。

(2)分部工程名称按项目划分时确定的名称填写,并在相应的质量等级栏内加"√"。主要分部工程是指对工程安全或效益起控制作用的分部工程,一般在项目划分时就已确定。主要分部工程名称前应加"△"。

(3)表身各项由施工单位按照经工程质量监督机构核定(备)的质量结论填写。

(4)表尾由各单位填写:①施工单位评定人指施工单位质检处负责人,项目经理指该项目质量责任人。若本单位工程由分包单位施工,本表应由分包单位上述人员填写和自评,总包施工单位质检处负责人和项目经理审查、签字、加盖公章。②监理单位复核人指负责该单位工程的监理工程师。③质量监督机构核定人指负责本单位工程的质量监督员,项目监督负责人指项目站长或该项目监督责任人。④工程量较大工程,有关原材料、中间产品、金属结构与启闭机、机电产品质量应计入分部工程进行质量评定,评定单位工程质量时,不再重复评定。工程量不大的工程,则计入单位工程评定。

(5)单位工程施工质量评定表填写内容及填写范例见表5-3。本例中有两个主要分部工程,属工程量较大的情况。

表 5-3 单位工程施工质量评定表

工程项目名称	青江水利枢纽工程	施工单位	××水利水电第×工程局
单位工程名称	溢流泄水坝	施工日期	自 2008 年 1 月 5 日至 2009 年 3 月 18 日
单位工程量	混凝土 225 600 m³	评定日期	2009 年 7 月 15 日

序号	分部工程名称	质量等级 合格	质量等级 优良	序号	分部工程名称	质量等级 合格	质量等级 优良
1	5 坝段▽412 m 以下	√		8	7 坝段(中孔坝段)		√
2	5 坝段▽412 m 至坝顶		√	9	△坝基灌浆		√
3	△溢流面及闸墩		√	10	坝基及坝体排水		√
4	6 坝段▽412 m 以下	√		11	坝基开挖与处理		√
5	6 坝段▽412 m 至坝顶		√	12	中孔弧门及启闭机安装		√
6	坝顶工程		√	13	1#、2#弧门及启闭机安装		√
7	上游护岸加固	√		14	检修门及门机安装		√

| 分部工程共 14 个,全部合格,其中优良 11 个,优良率 78.6%,主要分部工程优良率 100% ||||||||

外观质量	应得 118 分,实得 104.3 分, 得分率 88.4%
施工质量检验资料	齐全
质量事故处理情况	施工中未发生过质量事故

施工单位自评等级:优良	监理单位复核等级:优良	质量监督机构核定等级:优良
评定人:×××	复核人:×××	核定人:×××
项目经理:×××	总监理工程师:×××	项目监督负责人:×××
(盖公章)	(盖公章)	(盖公章)
××年 ×月×日	××年 ×月×日	××年 ×月×日

2. 单位工程施工质量检验与评定资料核查表

(1)本表供单位工程施工质量检验资料核查时使用。

(2)本表由施工单位内业技术人员负责逐项填写,并在填表人栏签字。施工单位质检部门负责人签字并加盖公章,若本单位工程由分包施工单位与总包单位共同完成,则各施工单位负责收集、整理、填写本单位所涉及的质量检验资料,并在填表人栏签字,由总包单位质检部门负责人审查后签字、盖公章。再交该单位工程监理工程师复查,填写复查意见、签字,加盖监理单位公章。

(3)核查情况栏内,主要应记录核查中发现的问题,并对资料齐备情况进行描述。

(4)核查应按照水利水电行业施工规范、《单元工程评定标准》和《评定规程》要求逐项进行。

(5)核查意见填写尺度。齐全:指单位工程能按第(4)条所述要求,具有数量和内容完整的技术资料。基本齐全:指单位工程的质量检验资料的类别或数量不够完善,但已有资料仍能反映其结构安全和使用功能符合设计要求者。对达不到"基本齐全"要求的单位工程,尚不具备评定单位工程质量等级的条件。

（6）单位工程施工质量检验与评定资料核查表填写内容及填写范例见表5-4。本例因有3组混凝土试件龄期超过28 d,未完全符合规范要求,且部分地面砖无出厂合格证,故施工质量检验资料核定为"基本齐全"。

表5-4　单位工程施工质量检验与评定资料核查表

单位工程名称	××发电厂厂房工程			施工单位	××水利水电第×工程局
				核定日期	2010 年 10 月 12 日
项次	项目			份数	核查情况
1	原材料	水泥出厂合格证、厂家试验报告		28	1. 主要原材料出厂合格证及厂家试验资料齐全,但有一批地面砖无出厂合格证。 2. 复验资料齐全,数量符合规范要求,复验统计资料完整
2		钢材出厂合格证、厂家试验报告		8	
3		外加剂出厂合格证及技术性能指标		2	
4		粉煤灰出厂合格证及技术性能指标		—	
5		防水材料出厂合格证、厂家试验报告		2	
6		止水带出厂合格证及技术性能试验报告		1	
7		土工布出厂合格证及技术性能试验报告		—	
8		装饰材料出厂合格证及有关技术性能资料		3	
9		水泥复验报告及统计资料		18	
10		钢材复验报告及统计资料		8	
11		其他原材料出厂合格证及技术性能资料		12	
12	中间产品	砂、石骨料试验资料		38	1. 中间产品取样数量符合《单元工程评定标准》规定,统计方法正确,资料齐全。 2. 有3组混凝土试件龄期超过28 d（实际龄期为31 d、38 d、49 d）
13		石料试验资料		3	
14		混凝土拌和物检查资料		87	
15		混凝土试件统计资料		8	
16		砂浆拌和物及试件统计资料		10	
17		混凝土预制件（块）检验资料		5	
18	金属结构及启闭机	拦污栅出厂合格证及有关技术文件		6	1. 出厂合格证及技术文件齐全。 2. 安装记录齐全、清晰。 3. 焊接记录清楚,探伤报告齐全。 4. 焊工资质复印材料齐全
19		闸门出厂合格证及有关技术文件		8	
20		启闭机出厂合格证及有关技术文件		8	
21		压力钢管生产许可证及有关技术文件		5	
22		闸门、拦污栅安装测量记录		14	
23		压力钢管安装测量记录		3	
24		启闭机安装测量记录		8	
25		焊接记录及探伤报告		8	
26		焊工资质证明材料（复印件）		8	
27		运行试验记录		3	

项次	项目		份数	核查情况
28	机电设备	产品出厂合格证、厂家提交的安装说明书及有关文件	93	1. 产品出厂合格证及有关技术资料齐全,并已装订成册。 2. 机组及设备安装测试记录齐全,已装订成册。 3. 各项试验记录齐全
29		重大设备质量缺陷处理资料	—	
30		水轮发电机组安装测量记录	3	
31		升压变电设备安装测试记录	3	
32		电气设备安装测试记录	3	
33		焊缝探伤报告及焊工资质证明	15	
34		机组调试及试验记录	3	
35		水力机械辅助设备试验记录	3	
36		发电电气设备试验记录	25	
37		升压变电电气设备检测试验报告	33	
38		管道试验记录	3	
39		72 h 试运行记录	3	
40	重要隐蔽工程施工记录	灌浆记录、图表	12	1. 灌浆记录清晰、齐全、准确,图表完整。 2. 基础排水工程施工记录齐全、准确
41		造孔灌注桩施工记录、图表	—	
42		振冲桩振冲记录	—	
43		基础排水工程施工记录	3	
44		地下防渗墙施工记录	—	
45		其他重要施工记录	2	
46	综合资料	质量事故调查及处理报告、重大缺陷处理检查记录	1	1. 综合资料齐全。 2. 工序、单元工程资料均已按分部工程、单位工程装订成册
47		工程试运行期观测资料	2	
48		工序、单元工程质量评定表	635	
49		分部工程、单位工程质量评定表	28	

施工单位自查意见	监理单位复查结论
自查:基本齐全。 填表人:××× 质检部门负责人:×××　　　(公章) 　　　　　　　　　×× 年 × 月 × 日	复查:基本齐全。 监理工程师:××× 监理单位:×××　　　(公章) 　　　　　　　×× 年 × 月 × 日

(四)工程项目施工质量评定表

（1）工程项目名称按批准的初步设计报告的项目名称填写，工程等级填写本工程项目级别及主要建筑物级别，建设地点填写本工程建设的具体地名。

（2）主要工程量填写 2～3 项数量最大及次大的工程量。混凝土工程必须填写混凝土（包括钢筋混凝土）方量，土石方工程必须填写土石方填筑方量，砌石工程必须填写砌石方量。

（3）项目法人填写全称，设计、施工、监理等单位填写与项目法人签订合同时所用的名称（全称）。

（4）开工日期填写主体工程开工的年（4 位数）及月份，竣工日期填写批准设计规定的内容全部完工的年（4 位数）及月份，评定日期填写工程项目质量等级评定的实际日期。

（5）主要建筑物单位工程：主要建筑物指失事后将造成下游灾害或严重影响工程效益的建筑物。凡主要建筑物所属的单位工程均称为主要建筑物单位工程或主要单位工程，并在评定表单位工程名称栏中加"△"标明。

（6）本表在工程项目按批准设计规定的各单位工程已全部完工，并已进行质量等级评定后，由监理单位质检机构负责人填写，进行工程项目质量评定，总监理工程师签字并加盖公章；再交项目法人评定，项目法人的法定代表人签字并盖公章，报质量监督机构核定质量等级，由质量监督机构委派的该项目负责人签字并加盖公章。

（7）工程项目施工质量评定表范例见表 5-5，本例中序号为 1、2、3、8、11、13 的单位工程，设计级别均为 2 级，一旦失事将对下游造成灾害或严重影响工程效益，这些单位工程是本例中的主要建筑物。

表 5-5　工程项目施工质量评定表

工程项目名称	××水利枢纽工程	项目法人	××水资源开发公司
工程等级	Ⅱ等,主要建筑物 2 级	设计单位	××水利水电勘测设计院
建设地点	××县××镇××乡	监理单位	××水利水电工程监理公司
主要工程量	土石方开挖 78.3 万 m^3,混凝土 68.4 万 m^3,金属安装 2 168 t	施工单位	××水利水电第×工程局
开工、竣工日期	自 2008 年 10 月 10 日 至 2011 年 3 月 8 日	评定日期	2011 年 4 月 12 日

序号	单位工程名称	单元工程质量统计			分部工程质量统计			单位工程等级	备注
		个数（个）	其中优良（个）	优良率（%）	个数（个）	其中优良（个）	优良率（%）		
1	△左岸挡水坝	221	182	82.4	8	6	75.0	优良	加△者为主要单位工程
2	△溢流泄水坝	454	358	78.9	14	11	78.6	优良	
3	△右岸挡水坝	153	124	81.0	6	5	83.3	优良	
4	防护工程	232	165	71.1	5	4	80.0	优良	
5	大坝管理及监测设施	172	105	61.0	5	3	60.0	合格	
6	引水工程进水口	140	106	75.7	9	7	77.8	合格	
7	进水口值班房	34	6	17.6	8	0	0.0	合格	
8	△引水隧洞	517	387	74.9	24	18	75.0	优良	
9	调压井	154	41	26.6	9	5	55.6	合格	
10	调压井值班房	37	29	78.4	8	6	75.0	优良	
11	△压力管道工程	487	415	85.2	6	5	83.3	优良	
12	永久支洞	161	70	43.5	3	1	33.3	合格	
13	△发电厂房工程	544	393	72.2	15	12	80.0	优良	
14	升压变电工程	158	114	72.2	5	4	80.0	优良	
15	综合楼	268	201	75.0	8	6	75.0	优良	
16	厂区防护工程	197	96	48.7	5	3	60.0	合格	
17	永久交通工程	217	169	77.9	4	3	75.0	优良	
18	—								
	单元工程、分部工程合计	4 146	2 961	71.4	142	99	69.7		

评定结果	本项目有单位工程 17 个,质量全部合格。其中优良单位工程 11 个,优良率 64.7%,主要建筑物单位工程优良率 100%
观测资料分析结论	均符合国家和行业技术标准以及合同约定的标准要求

监理意见	项目法人(建设单位)意见	质量监督机构核定意见
工程项目质量等级:优良 总监理工程师:××× 监理单位:×××　　（公章） 　　　　×× 年 × 月 × 日	工程项目质量等级:优良 法定代表人:××× 项目法人:×××　　（公章） 　　　　×× 年 × 月 × 日	工程项目质量等级:优良 负责人:××× 质量监督机构:×××　　（公章） 　　　　×× 年 × 月 × 日

第二节 水工建筑物工程施工质量评定

本节主要根据《水电水利基本建设工程单元工程质量等级评定标准 第1部分:土建工程》(DL/T 5113.1—2005)讲述除混凝土工程外的水工建筑物单元工程(工序)施工质量评定范例,共17个项目评定,主要包括基础开挖、地基及基础、河道疏浚工程。混凝土工程相关单元工程质量评定将在本章第三节中讲述。

水利水电工程施工质量评定表(以下简称评定表)是检验与评定施工质量的基础资料。《水利水电建设工程验收规程》(SL 223—2008)规定,评定表是水利水电工程验收的备查资料。根据《水利基本建设项目(工程)档案资料管理规定》,工程竣工验收后,评定表归档长期保存。因此,评定表的填写一般应遵循以下规则:

(1)单元工程(工序)完工后,应及时评定其质量等级,并按现场检验结果,如实填写单元工程质量等级评定表。现场检验应遵守随机取样的原则。

(2)评定表应使用蓝色或黑色墨水钢笔填写,不得使用圆珠笔、铅笔填写。

(3)文字。应按国务院颁布的简化汉字书写。字迹应工整、清晰。

(4)数字和单位。数字使用阿拉伯数字(1、2、…、9、0)。单位使用国家法定计量单位,并以规定的符号表示(如 MPa、m、m³、t…)。

(5)合格率。用百分数表示,小数点后保留一位。如果恰为整数,则小数点以0表示。例如95.0%。

(6)改错。将错误用斜线划掉,再在其右上方填写正确的文字(或数字),禁止使用改正液、贴纸重写,用橡皮擦、刀片刮或墨水涂黑等方法。

例如:……表面有裂$\overset{\text{纹}}{\text{缝}}$,抗压强度$25.3\overset{23.3}{}$MPa。

(7)表头填写。①单位工程、分部工程名称,按项目划分确定的名称填写。②单元工程名称、部位:填写该单元工程名称(中文名称或编号),部位可用桩号、高程等表示。③施工单位:填写与项目法人(建设单位)签订承包合同的施工单位全称。④单元工程量:填写本单元主要工程量。⑤检验(评定)日期:年——填写年份后2位数字,月——填写实际月份(1~12月),日——填写实际日期(1~31日)。

(8)质量标准中,凡有"符合设计要求"者,应注明设计具体要求(如内容较多,可附页说明);凡有"符合规范要求"者,应标出所执行的规范名称及编号。

(9)检查记录。文字记录应真实、准确、简练;数字记录应准确、可靠,小数点后保留位数应符合有关规定。

(10)设计值按施工图填写。实测值填写实际检测数据,而不是偏差值。当实测数据多时,可填写实测组数、实测值范围(最小值~最大值)、合格数,但实测值应作表格附件备查。

(11)评定表中列出的某些项目,如实际工程无该项内容,应在相应检验栏内用斜线"/"或"—"表示。

(12)评定表从表头至"评定意见"栏均由施工单位经"三检"合格后填写,"单元工程质量等级"栏由复核质量的监理人员填写。监理人员复核质量等级时,如对施工单位填写的质量检验资料有不同意见,可写入"单元工程质量等级"栏内或另附页说明,并在"单元工程质量等级"栏内填写正确的等级。

（13）单元(工序)工程表尾填写。

①"施工单位"：由负责终验的人员签字。如果该工程由分包单位施工,则单元工程
(工序)表尾由分包施工单位的终验人员填写分包单位全称,并签字。重要隐蔽单元工程、
关键部位单元工程,当分包单位自检合格后,总包单位应参加联合小组,核定其质量等级。

②"建设(监理)单位"：实行监理制的工程,由负责该项目的监理工程师复核质量等
级并签字。未实行监理制的工程,由建设单位专职质检人员签字。

③表尾所有签字人员必须由本人按照身份证上的姓名签字,不得使用化名,也不得由
其他人代为签名。签名时应填写填表日期。

（14）表尾填写：××单位是指具有法人资格单位的现场派出机构,若须加盖公章,则
加盖该单位的现场派出机构的公章。

一、岩石边坡开挖单元工程质量评定

（1）单元工程按设计或施工检查验收的区、段划分,每区、段为一单元工程。单元工
程量填写本单元工程开挖工程量(m³)。

（2）检查项目。项次2的质量标准栏须填写设计坡度。检验记录栏要将检验情况简
要记录下来,以便与质量标准比较,不能只填"符合要求"或"合格"。

（3）检测项目。坡面局部超欠挖分为两项"斜长小于等于15 m"和"斜长大于15 m",
属于哪一类填相应的栏。

（4）检测数量。200 m²及其以内,不少于20 个;200 m²以上不少于30 个;局部突出或
凹陷部位(面积在0.5 m²以上者)应增设检测点。

（5）评定意见。"一般检查项目"后面填"符合质量标准"或"基本符合质量标准",视
一般检查项目的"检验记录"而定。

（6）质量标准。在主要检查项目(有"△"号的)符合质量标准的前提下,一般检查项
目(无"△"号的)基本符合质量标准,检测总点数中有70%及其以上符合标准,即评为合
格。若一般检查项目符合质量标准,并且检测总点数中有90%及其以上符合质量标准,
则评为优良。

岩石边坡开挖单元工程质量评定表范例见表5-6。本例坡度为1:0.5。本例斜坡长
度<15 m,故将实测值写在项次2相应的检测栏内。

二、岩石地基开挖单元工程质量评定

（1）单元工程按相应混凝土浇筑仓块划分,每一块为一单元工程,两岸边坡地基开挖
也可按施工检查验收的区划分,每一验收区为一个单元工程;单元工程量填写本单元工程
开挖的面积(m²)、本单元工程的工程量(m³)。

（2）检查项目。项次3~7如果按设计要求处理,应附上设计要求说明。

（3）检测项目分"无结构要求或无配筋"和"有结构要求或有配筋"两类,属于哪一类
填相应的栏。除垂直或斜面平整度项外,其余均应按施工图填设计值及其单位(m 或
cm)。复杂的地基开挖,宜附测量图。

表 5-6　岩石边坡开挖单元工程质量评定表

单位工程名称	混凝土大坝	单元工程量	1 117 m³
分部工程名称	溢流坝段	施工单位	××水利水电第×工程局
单元工程名称、部位	5#坝段边坡开挖	检验日期	2008 年 7 月 13 日

项次	检查项目	质量标准	检验记录
1	△保护层开挖	采用分层爆破	分三层。各层爆破施工方法符合《水工建筑物岩石基础开挖工程施工技术规范》(DL/T 5389—2007)
2	△平均坡度	小于或等于设计坡度(设计边坡 1:0.5)	抽查 6 个断面,坡度为 1:0.52 ~ 1:0.76
3	开挖坡面	稳定、无松动岩块	坡面稳定,无松动岩块

项次	检测项目		设计值 (m)	允许偏差 (cm)	实测值 (m)	合格数 (点)	合格率 (%)
1	坡脚标高		-10	+20, -10	-10.05、-9.95、-10.00、-10.11、-10.17、-9.90、-10.18、-10.01、-9.86、-10.12、-10.13、-9.93	11	91.7
2	坡面局部超欠挖	斜长 小于等于 15 m		+30, -20	10、13、12、9、9、10、11、12、12、14	9	90.0
3		斜长 大于 15 m		+50, -30	—		

检测结果	共检测 22 点,其中合格 20 点,合格率 90.9%

评定意见	单元工程质量等级
主要检查项目全部符合质量标准。一般检查项目符合质量标准。检测项目实测点合格率 90.9%	优良

施工单位	×××(签名) ××年×月×日	建设(监理)单位	×××(签名) ××年×月×日

注:"+"为超挖,"-"为欠挖。

(4)检测数量。200 m² 以内,总检测点数不少于 20 个;200 m² 以上,不少于 30 个;局部突出或凹陷部位(面积在 0.5 m² 以上者)应增设检测点(垂直或斜面平整度用 2 m 直尺检查)。

(5)评定意见。"一般检查项目"后面填"符合质量标准"或"基本符合质量标准",视一般检查项目的"检验记录"而定。

(6)质量标准。在主要检查项目符合质量标准的前提下,一般检查项目基本符合质量标准,检测总点数中有 70% 及其以上符合质量标准,即评为合格。一般检查项目符合质量标准,检测总点数中有 90% 及其以上符合质量标准,即评为优良。

岩石地基开挖单元工程质量评定表范例见表 5-7。

表 5-7 岩石地基开挖单元工程质量评定表

单位工程名称	混凝土大坝	单元工程量	542.5 m², 6 130 m³
分部工程名称	溢流坝坝段	施工单位	××水利水电第×工程局
单元工程名称、部位	5#坝段 0+412.7~430.2 地基开挖	检验日期	2008 年 7 月 13 日

项次	检查项目	质量标准	检验记录
1	△保护层开挖	采用分层爆破	分层爆破施工方法符合《水工建筑物岩石基础开挖工程施工技术规范》(DL/T 5389—2007)
2	△建基面	无松动岩块,无爆破影响裂隙	基面无松动岩块,无爆破影响裂隙
3	△断层及裂隙密集带	按规定挖槽。槽深为宽度的 1~1.5 倍。规模较大时,按设计要求处理	小断层挖槽按 b:h=1:1.5 开挖,已按规定处理,符合要求
4	△多组切割的不稳定岩体	按设计要求处理	—
5	岩溶洞穴	按设计要求处理	—
6	软弱夹层	厚度大于 5 cm 者,挖至新鲜岩层或设计规定的深度	—
7	夹泥裂隙	挖 1~1.5 倍断层宽度,清除夹泥,或按设计要求处理	小部分裂缝挖深已按 1.5 倍宽度开挖,夹泥已清除干净

项次	检测项目		设计值(m)	允许偏差(cm)	实测值(m)	合格数(点)	合格率(%)
1	无结构要求或无配筋	坑(槽)长度 <5 m		+20, −10			
2		5~10 m		+30, −20			
3		10~15 m		+40, −30			
4		>15 m	31	+50, −30	31.2,30.9,30.95,31.16,31.43, 31.41,31.38,31.05,30.8,30.7,31.2, 31.61,31.35,31.2,30.91,30.85	15	93.8
5		坑(槽)底部标高	−10	+20, −10	−9.95,−10.12,−10.05,−10.16, −9.91,−10.0,−10.1,−10.15, −9.95,−9.98,−9.97,−10.13	12	100
6		垂直或斜面平整度		20	9.95,−10.12,−10.05,−10.16, 9.96,9.97,−9.91,−10.0, 10.01,10.03	10	100

194

项次	检测项目		设计值 （m）	允许偏差 （cm）	实测值 （m）	合格数 （点）	合格率 （%）
7	有结构要求或有配筋	坑（槽）长度	<5 m	+10，-0			
8			5~10 m	+20，-0			
9			10~15 m	+30，-0			
10			>15 m	+40，-0			
11		坑（槽）底部标高		+20，-0			
12		垂直或斜面平整度		15			
检测结果			共检测 38 点,其中合格 37 点,合格率 97.4%				
评定意见						单元工程质量等级	
主要检查项目全部符合质量标准。一般检查项目符合质量标准。检测项目实测点合格率 97.4%						优良	
施工单位		×××（签名） ××年×月×日		建设 （监理） 单位		×××（签名） ××年×月×日	

注:"+"为超挖,"-"为欠挖。

三、岩石洞室开挖单元工程质量评定

（1）单元工程按施工检查验收的区、段或设计分缝确定的块（混凝土衬砌部位）划分；每一个施工检查验收的区、段或一个浇筑块为一个单元工程。竖井（斜井）开挖工程按施工检查验收段每 5~15 m 划分为一个单元工程。洞室开挖工程参照平洞或竖井划分单元工程。单元工程量填写本单元工程的开挖方量（m³）。

（2）检查项目中的地质弱面处理,应附设计要求。"洞室轴线"项质量标准栏应标明规范名称及编号。"检验记录"栏应填写整个洞室长度、实测偏差值是否符合规范要求,而不能只填"符合设计或规范要求"。

（3）检测项目分"无结构要求或无配筋"和"有结构要求或有配筋"两类,属于哪一类填相应的栏。除开挖面平整度项外,其余均应按施工图填设计值及其单位（m 或 cm）。

（4）检测数量。按横断面或纵断面进行检测,一般应不少于两个断面,总检测点数不少于 20 个;局部凸出或凹陷部位（面积在 0.5 m² 以上者）应增设检测点（开挖面平整度用 2 m 直尺检查）。

（5）质量标准。在检查项目符合质量标准的前提下,检测总点数中有 70% 及其以上符合质量标准,即评为合格;检测总点数中有 90% 及其以上符合质量标准,即评为优良。

岩石洞室开挖单元工程质量评定表范例见表5-8。本例采用规范为《水工建筑物地下开挖工程施工规范》(SL 378—2007)。表中 R 为设计开挖半径,h 为侧墙设计开挖高度。

表 5-8　岩石洞室开挖单元工程质量评定表

单位工程名称	引水隧洞及压力管道	单元工程量		350 m³
分部工程名称	隧洞开挖与衬砌	施工单位		××水利水电第×工程局
单元工程名称、部位	0+110~0+120 段开挖	检验日期		2008 年 10 月 8 日

项次	检查项目	质量标准	检验记录
1	△开挖岩面	无松动岩块,小块悬挂体	洞壁无松动岩块,无悬挂体
2	△地质弱面处理	符合设计要求	—
3	△洞室轴线	符合《水工建筑物地下开挖工程施工规范》(SL 378—2007)要求	与施工导线标定的轴线一致

项次	检测项目		设计值	允许偏差(cm)	实测值	合格数(点)	合格率(%)
1	无结构要求或无配筋	底部标高		+20,−10			
2		径向		+20,−10			
3		侧墙		+20,−10			
4		开挖面平整度		15			
5	有结构要求或有配筋	底部标高	+7.15 m	+20,−0	+7.01,+7.13,+6.98,+7.07,+7.11,+6.99 m	6	100.0
6		径向	R=210 cm	+20,−0	215.5,221.0,214.0,217.5,215.0,213.5 cm	5	83.3
7		侧墙	h=210 cm	+20,−0	225,232,242,235,228,226 cm	5	83.3
8		开挖面平整度		10	3,8,12,7,5,6,8,1,5,3	9	90.0

检测结果	共检测 28 点,其中合格 25 点,合格率 89.3%

评定意见	单元工程质量等级
主要检查项目全部符合质量标准,检测项目实测 28 点,合格率 89.3%	合格

施工单位	×××(签名) ××年×月×日	建设(监理)单位	×××(签名) ××年×月×日

注:"+"为超挖,"−"为欠挖。

四、软基和岸坡开挖单元工程质量评定

(1)单元工程按施工检查验收的区、段划分,每区、段为一单元工程。单元工程量填写本单元工程开挖工程量(m^3)及开挖面积(m^2)。

(2)检查项目。项次2、4、5、7应附设计要求说明。填写不下时可另附页。检查数量:按$50 \sim 100$ m 正方形检查网进行取样,局部可加密至$15 \sim 25$ m。

(3)检测项目分"无结构要求或无配筋"和"有结构要求或有配筋"两类,属于哪一类填相应的栏。除垂直或斜面平整度项外,其余均应按施工图填设计值及其单位(m 或 cm)。

(4)检测数量。200 m^2 以内,总检测点数不少于20个;200 m^2 以上不少于30个。

(5)评定意见。"一般检查项目"后面填"符合质量标准"或"基本符合质量标准",视一般检查项目的"检验记录"而定。

(6)质量标准。在主要检查项目符合质量标准的前提下,一般检查项目基本符合质量标准,检测总点数中有70%及其以上符合质量标准,即评为合格;检测总点数有90%及其以上符合质量标准,即评为优良。

软基和岸坡开挖单元工程质量评定表范例见表5-9。本例项次2设计要求为$\gamma \geqslant$ 1.55 g/cm^3。

表 5-9 软基和岸坡开挖单元工程质量评定表

单位工程名称	水闸工程	单元工程量	542.5 m^2,$6\ 130$ m^3
分部工程名称	地基开挖与处理	施工单位	××水利水电第×工程局
单元工程名称、部位	$0-145 \sim 0-115$ 段地基开挖	检验日期	2008 年 7 月 13 日

项次	检查项目	质量标准	检验记录
1	地基清理和处理	无树根、草皮、乱石、坟墓,水井泉眼已处理,地质条件符合设计	树根、草皮、乱石已清除,预留保护层已挖除,地质符合设计要求
2	△取样检验	符合设计要求:$(R) \geqslant 70$ kPa,$C \leqslant 5$ kPa,$\Phi \geqslant 10°$	$(R) = 90$ kPa,$C = 2$ kPa,$\Phi = 10°$
3	岸坡清理和处理	无树根、草皮、乱石,有害裂隙及洞穴已处理	岸坡树根、草皮已清除,保护层已清除
4	岩石岸坡清理坡度	符合设计要求	—
5	△黏土、湿陷性黄土清理坡度	符合设计要求	—
6	截水槽地基处理	泉眼、渗水已处理,岩石冲洗洁净,无积水	
7	△截水槽(墙)基岩面坡度	符合设计要求	—

项次	检测项目		设计值	允许偏差（cm）	实测值	合格数（点）	合格率（%）
1	无结构要求或无配筋	坑（槽）长或宽 5 m 以内		+20，-10			
2		5~10 m		+30，-20			
3		10~15 m		+40，-30			
4		15 m 以上		+50，-30			
5		坑（槽）底部标高	30 m	+20，-10	31.2，30.9，30.95，31.16，31.43，31.41，31.38，31.05，30.8，30.7，31.2，31.61，31.35，31.2，30.91，30.85 m	16	100
6		垂直或斜面平整度	-2.5 m	20	-2.515，-2.505，-2.512，-2.522，-5.495，-2.524，-2.475，2.510，2.500，2.511 m	8	80
7	有结构要求或有配筋	坑（槽）长或宽 5 m 以内		+20，0	7，12，6，7，2，15，6，8，5，3 m	10	100
8		5~10 m		+30，0			
9		10~15 m		+40，0			
10		15 m 以上		+40，0			
11		坑（槽）底部标高		+20，-0			
12		垂直或斜面平整度		15			
检测结果			共检测 36 点，其中合格 34 点，合格率 94.4%				
评定意见						单元工程质量等级	
主要检查项目全部符合质量标准。一般检查项目符合质量标准。检测项目实测点合格率 94.4%						优良	
施工单位		×××（签名）×× 年 × 月 × 日			建设（监理）单位	×××（签名）×× 年 × 月 × 日	

注："+"为超挖，"-"为欠挖。

五、岩石地基帷幕灌浆单元工程质量评定

（1）单元工程划分以相邻 10~20 孔为一单元工程。单元工程量填写灌浆孔总长度（m）。

（2）填表依据。依据各孔施工记录填写，施工单位务必做好施工记录，监理要认真检查。

（3）检查项目。项次 1、3~9、12 的质量标准栏中均须填写"设计要求"或规范名称及编号。

（4）各孔检测结果。每个孔共有 13 个检查项目,每项检查结果用符号表示,用"√"标明符合质量标准,用"○"标明基本符合质量标准,用"×"标明不符合质量标准。

（5）各孔质量评定。各孔质量等级用符号表示,用"√"标明优良,用"○"标明合格,用"×"标明不合格。质量标准:在主要检查项目全部符合质量标准的前提下,一般检查项目也符合质量标准的孔评为优良孔;一般检查项目基本符合质量标准的孔评为合格孔。

（6）单元工程效果检查。帷幕灌浆检查孔的数量宜为灌浆孔总数的 10% ,一个单元工程内,至少应布置 1 个检查孔。压水试验在该部位灌浆结束 14 d 后进行。检查孔采取岩芯,计算获得率并加以描述。压水试验标准:合格——坝体混凝土与基岩接触及其下一孔段的合格率为 100% ,再以下各孔段合格率≥90% ,不合格段的透水率≤$2.0q_{设}$,且不集中(若个别孔段透水率超过 $2.0q_{设}$,则应处理,处理后经检查合格,即认定为合格);优良——坝体混凝土与基岩接触及其下一孔段的合格率为 100% ,再以下各孔段合格率≥90% ,不合格段的透水率≤$1.5q_{设}$,且不集中。

（7）单元工程质量标准。在本单元灌浆孔全部合格的前提下,若优良孔占 70% 及以上,且单元工程效果检查优良,则评为优良;若优良孔数达不到 70% ,或单元工程效果检查只评为合格,则本单元评为合格。

岩石地基帷幕灌浆单元工程质量评定表范例见表 5-10。

表 5-10　岩石地基帷幕灌浆单元工程质量评定表

单位工程名称			混凝土大坝		单元工程量		灌浆孔总长度 250 m						
分部工程名称			溢流坝坝段		施工单位		××水利水电第×工程局						
单元工程名称、部位			5# 坝段基础		检验日期		2008 年 3 月 25 日						
项次	检查项目		质量标准		各孔检测结果									
					1	2	3	4	5	6	7	8	9	10
1	钻孔	孔序	应符合设计要求(三序)		√	√	√	√	√	√	√	√	√	√
2		孔位	允许偏差 ±10 cm		√	√	√	√	√	√	√	√	√	√
3		△孔深	不得小于设计孔深(25 m)		√	√	√	√	√	√	√	√	√	√
4		偏斜率	应符合规范或设计要求(1%)		√	√	○	√	√	√	√	√	√	○
5	灌浆	灌浆段长	应符合设计要求(5 m)		√	√	√	√	√	√	√	√	√	√
6		钻孔冲洗	应符合设计要求(见附页)		√	√	√	√	√	√	√	√	√	√
7		先导孔灌前压水试验,或灌浆孔灌前简易压水	应符合规范或设计要求(《水工建筑物水泥灌浆施工技术规范》(DL/T 5148—2001))		√	√	√	√	√	√	√	√	√	√
8		△灌浆压力	应符合设计要求(0.4~0.6 MPa)		√	√	√	√	√	√	√	√	√	√

项次	检查项目		质量标准	各孔检测结果									
				1	2	3	4	5	6	7	8	9	10
9	灌浆	△浆液变换和结束标准	应符合规范或设计要求(《水工建筑物水泥灌浆施工技术规范》(DL/T 5148—2001))	√	√	√	√	√	√	√	√	√	√
10		灌浆管或射浆管管口距灌浆段底距离	≤50 cm	√	√	√	√	√	√	√	√	√	√
11		有无中断及其影响质量程度	应无中断或虽有中断,但经检查分析尚不影响灌浆质量	√	√	√	√	√	√	√	√	√	√
12		封孔	应符合规范或设计要求(《水工建筑物水泥灌浆施工技术规范》(DL/T 5148—2001))	√	√	○	√	√	√	√	√	√	√
13		△灌浆记录	齐全、清晰、准确	√	√	√	√	√	√	√	√	√	√
各孔质量评定				√	√	○	√	√	√	√	√	√	○

本单元工程内共有 10 孔,其中优良 8 孔,优良率 80%

单元工程效果检查	检查孔压水试验	$q = 0.8 \sim 1.3$ Lu(防渗标准为 2 Lu)
	检查孔单位水泥注入量	$C = 1 \sim 3$ kg/m
	其他	岩芯表面可见水泥结石,充填密实

评定意见	单元工程质量等级
单元工程效果检查符合压水试验要求,灌浆孔全部合格,其中优良孔占 80%,单元工程效果检查优良	优良

施工单位	×××(签名) ××年×月×日	建设(监理)单位	×××(签名) ××年×月×日

注:项次 10,系采用"孔口封闭灌浆法"或"自上而下分段灌浆法"时应遵循的质量标准。

六、岩石地基固结灌浆单元工程质量评定

(1)单元工程按混凝土浇筑块、段划分,每一块、段的固结灌浆为一单元工程。单元工程量填写灌浆孔总长度(m)。

(2)填表依据。依据各孔施工记录填写,施工单位务必做好施工记录,监理要认真检查。

(3)检查项目。项次 1~5、7、8、10、11 的质量标准栏中有"设计要求"的,应直接填写具体要求或另附页说明。

(4)各孔检测结果。每个孔共有 12 个检查项目,每项检查结果用"√"标明符合质量标准,用"○"标明基本符合质量标准,用"×"标明不符合质量标准。

(5)各孔质量评定。各孔质量等级用"√"标明优良,用"○"标明合格,用"×"标明不合格。质量标准:在主要检查项目全部符合质量标准的前提下,一般检查项目也符合质量标准的孔评为优良孔;一般检查项目基本符合质量标准的孔评为合格孔。

（6）单元工程效果检查。①岩体波速或静弹性模量测试，分别在灌浆结束 14 d、28 d 后进行，岩体波速或静弹性模量应符合设计规定。②压水试验：检查孔数量不少于灌浆总孔数的 5%，压水试验在灌浆结束 3～7 d 后进行。检查孔段合格率≥80%，不合格孔段的透水率≤1.5$q_设$，为合格。检查孔段合格率≥95%，不合格孔段的透水率≤1.5$q_设$，为优良。

（7）单元工程质量标准。在本单元灌浆孔全部合格的前提下，若优良孔占 70% 及以上，且单元工程效果检查优良，则评为优良；若优良孔数达不到 70%，或单元工程效果检查只评为合格，则本单元评为合格。

岩石地基固结灌浆单元工程质量评定表范例见表 5-11。

表 5-11　岩石地基固结灌浆单元工程质量评定表

单位工程名称		混凝土大坝	单元工程量		灌浆孔总长度 385 m								
分部工程名称		溢流坝坝段	施工单位		××水利水电第×工程局								
单元工程名称、部位		7#坝段基础	检验日期		2008 年 10 月 20 日								
项次	检查项目		质量标准	各孔检测结果									
				1	2	3	4	5	6	7	8	9	10
1	钻孔	孔序	应符合设计要求（二序）	√	√	√	√	√	√	√	√	√	√
2		孔位	应符合设计要求（允许偏差±10 cm）	√	√	√	√	√	√	√	√	√	√
3		△孔深	不得小于设计孔深（5 m）	√	√	√	√	√	√	√	√	√	√
4		灌浆分段和段长	应符合设计要求（见附页）	√	√	√	√	√	√	√	√	√	√
5		钻孔冲洗	应符合设计要求（见附页）	√	√	√	√	√	√	√	√	√	√
6	灌浆	灌前进行压水试验的孔数和压水试验	孔数不少于总孔数的 5%，压水试验应符合设计要求	√	√	√	√	√	√	√	√	√	√
7		△灌浆压力	应符合设计要求（0.4～0.5 MPa）	√	√	√	√	√	√	√	√	√	√
8		△浆液变换和结束标准	应符合设计要求（见附页）	√	√	√	√	√	√	√	√	√	√
9		有无中断及其影响质量程度	应无中断或虽有中断，但经检查分析尚不影响灌浆质量	√	√	√	√	√	√	√	√	√	√
10		△抬动变形	抬动值不应超过设计规定（见附页）	√	√	√	√	√	√	√	√	√	√
11		封孔	应符合设计要求（机械压浆封孔体）	√	√	√	√	√	√	√	√	√	√
12		△灌浆记录	齐全、清晰、准确	√	√	√	√	√	√	√	√	√	√
各孔质量评定				√	√	√	√	√	√	√	√	√	√
本单元工程内共有 10 孔，其中优良 10 孔，优良率 100%													

单元工程效果检查	波速测试	$V_p = 4\ 300 \sim 5\ 150$ m/s（设计要求 $\geq 4\ 000$ m/s）
	检查孔压水试验	$q = 1.5 \sim 3.0$ Lu（$q_设 \leq 5$ Lu）
	检查孔单位水泥注入量	$C = 3.0 \sim 6.0$ kg/m
	其他	钻孔、检查孔可见水泥结石，充填密实

评定意见	单元工程质量等级
单元工程效果检查符合要求，灌浆孔全部合格，其中 10 孔优良，占 100 %，单元工程效果检查优良	优良

施工单位	×××（签名） ××年×月×日	建设（监理） 单位	×××（签名） ××年×月×日

七、水工隧洞回填灌浆单元工程质量评定

（1）单元工程以施工确定的区、段划分。单元工程量填写灌浆孔总长度(m)。

（2）填表依据。依据各孔施工记录填写，施工单位务必做好施工记录，监理要认真检查。

（3）检查项目。项次 1、2、5~8 的质量标准栏中有"设计要求"的，应直接填写具体要求或另附页。

（4）各孔检测结果。每个孔共有 9 个检查项目，每项检查结果用"√"标明符合质量标准，用"○"标明基本符合质量标准，用"×"标明不符合质量标准。

（5）各孔质量评定。各孔质量等级用"√"标明优良，用"○"标明合格，用"×"标明不合格。质量标准：在主要检查项目全部符合质量标准的前提下，一般检查项目也符合质量标准的孔评为优良孔；一般检查项目基本符合质量标准的孔评为合格孔。

（6）单元工程效果检查。水工隧洞回填灌浆质量检查在该部位灌浆结束 7 d 后进行，检查孔应布置在拱顶中心线脱空较大、串浆孔集中以及灌浆情况异常的部位，其数量为灌浆孔数的 5%，检查方法可采用钻孔注浆法：向孔内注入水灰比 2∶1 的浆液，在规定压力下，初始 10 min 内注入量不超过 10 L 为合格。

（7）单元工程质量标准。在本单元工程灌浆效果检查符合要求的前提下，灌浆孔全部合格，且优良孔占 70% 及以上，即评为优良；若优良孔数达不到 70%，即本单元工程评为合格。

水工隧洞回填灌浆单元工程质量评定表范例见表 5-12。

表 5-12　水工隧洞回填灌浆单元工程质量评定表

单位工程名称	引水隧洞及压力管道		单元工程量	灌浆孔总长度 132 m	
分部工程名称	隧洞开挖与衬砌		施工单位	××水利水电第×工程局	
单元工程名称、部位	0+110~0+120 段		检验日期	2008 年 9 月 12 日	

项次	检查项目		质量标准	各孔检测结果										
				1	2	3	4	5	6	7	8	9	10
1	钻孔	孔序	应符合设计要求(二序)	√	√	√	√	√	√	√	√	√	√
2		孔位	应符合设计要求(允许偏差 ±20 cm)	√	√	√	√	○	√	√	√	√	√
3		孔径	≥38 mm	√	√	√	√	√	√	√	√	√	√
4		孔深	进入岩石 10 cm	√	√	√	√	√	√	√	√	√	√
5	灌浆	△浆液变换和结束标准	应符合设计要求(0.3~0.4 MPa)	√	√	√	√	√	√	√	√	√	√
6		△灌浆压力	应符合规范或设计要求(《水工建筑物水泥灌浆施工技术规范》(DL/T 5148—2001))	√	√	√	√	√	√	√	√	√	√
7		△抬动变形	抬动值不应超过设计规定值 (<0.01 mm)	√	√	√	√	√	√	√	√	√	√
8		封孔	应符合规范或设计要求(《水工建筑物水泥灌浆施工技术规范》(DL/T 5148—2001))	√	√	√	√	√	√	√	√	√	√
9		△灌浆记录	齐全、清晰、准确	√	√	√	√	√	√	√	√	√	√
	各孔质量评定			√	√	√	√	○	√	√	√	√	√

本单元工程内共有 10 孔,其中优良 9 孔,优良率 90.0%												
单元工程效果检查	钻孔注浆检查,初始 10 min 内注入量 0.5 L,钻孔取芯,混凝土与围堰接触,胶结良好											

评定意见		单元工程质量等级
单元工程效果检查符合要求,各灌浆孔质量全部合格,其中质量优良的灌浆孔占 90.0%,单元工程效果检查优良		优良
施工单位	×××(签名) ××年×月×日	建设(监理)单位　×××(签名) ××年×月×日

八、高压喷射灌浆单元工程质量评定

（1）单元工程以相邻 5~10 孔为一单元工程。单元工程量按灌浆孔总长度（m，旋喷），或灌浆开线的防渗墙垂直投影面积（m^2，定喷、摆喷）计。

（2）填表依据。依据各孔施工记录填写，施工单位务必做好施工记录，监理要认真检查。

（3）第 9 项分定喷、摆喷、旋喷三类，属于哪一类，便在其旁边打"√"。

（4）各检查项目的质量标准均有"设计要求"，应将设计具体要求填入相应栏或另附页。

（5）各孔检测结果。每个孔共有 12 个检查项目，每项检查结果以"√"表示符合质量标准，以"○"表示基本符合质量标准，以"×"表示不符合质量标准。

（6）各孔质量评定。各孔质量等级以"√"表示优良，以"○"表示合格，以"×"表示不合格。质量标准：在主要检查项目全部符合质量标准的前提下，一般检查项目也符合质量标准的孔评为优良孔；一般检查项目基本符合质量标准的孔评为合格孔。

（7）单元工程效果检查。①物探检验结果符合设计要求；②抽水试验：渗透系数 $K \leqslant K_{设}$。

（8）单元工程质量标准。在本单元灌浆孔全部合格的前提下，若优良孔占 70% 及以上，且单元工程效果检查优良，则评为优良；若优良孔数达不到 70%，或单元工程效果检查只评为合格，则本单元评为合格。

高压喷射灌浆单元工程质量评定表范例见表 5-13。本例为摆喷，即在摆喷处打"√"。

表 5-13　高压喷射灌浆单元工程质量评定表

单位工程名称		防洪堤	单元工程量		430 m^2						
分部工程名称		堤基处理工程	施工单位		××水利水电机械施工公司						
单元工程名称、部位		32+450~32+465 段	检验日期		2009 年 11 月 25 日						

项次	检查项目		质量标准	各孔检测结果									
				1	2	3	4	5	6	7	8	9	10
1		孔序	应符合设计要求（二序）	√	√	√	√	√	√	√	√	√	√
2	钻	孔位	应符合设计要求（允许偏差 ±20 cm）	√	√	√	√	√	√	√	√	○	√
3	孔	△孔深	应符合设计要求（43 m）	√	√	√	√	√	√	√	√		√
4		偏斜率	应符合设计要求（1%）	√	√	√	√	√	√	√	√		√

项次	检查项目		质量标准	各孔检测结果									
				1	2	3	4	5	6	7	8	9	10
5		△高压喷杆下入深度	应符合设计要求(见附页)	√	√	√	√	√	√	√	√	√	√
6		水压、水量	应符合设计要求(38~40 MPa,80 L/min)	√	√	√	√	√	√	√	√	√	√
7		气压、气量	应符合设计要求(0.7~0.8 MPa,800~1 001 L/min)	√	√	√	√	√	√	√	√	√	√
8	灌浆	△进浆密度和浆量	应符合设计要求($G=1.7$ g/cm^3,80 mL/s)	√	√	√	√	√	√	√	√	√	√
9		喷嘴摆动角度(定喷、√摆喷、旋喷)	应符合设计要求($\theta=150°$)	√	√	√	√	√	√	√	√	√	√
10		回转速度	应符合设计要求(200 r/min)	√	√	√	√	√	√	√	√	√	√
11		△提升速度	应符合设计要求(5 cm/min)	√	√	√	√	√	√	√	√	√	√
12		△灌浆记录	齐全、清晰、准确	√	√	√	√	√	√	√	√	√	√
各孔质量评定				√	√	√	√	√	√	√	√	○	√
本单元工程内共有 10 孔,其中优良 9 孔,优良率 90.0%													
单元工程效果检查		物探检验结果:围井,抽水试验 $K=0.37\times10^{-5}$ cm/s,$K_{设}=1\times10^{-4}\sim1\times10^{-5}$ cm/s											

评定意见	单元工程质量等级
各灌浆孔质量全部合格,其中质量优良孔占 90.0%,单元工程效果检查优良	优良

施工单位	×××(签名) ××年×月×日	建设(监理)单位	×××(签名) ××年×月×日

九、基础排水单元工程质量评定

(1)单元工程按施工质量考核要求划分,以每一排水区为一个单元工程。单元工程量按排水孔总长度(m)计。

(2)填表依据。依据各孔施工记录填写,施工单位务必做好施工记录,监理要认真检查。

(3)检查项目。项次 3 的质量标准栏填写设计孔深及按 ±2% 计算出的允许偏差值。

(4)各孔检测结果。每项检查结果以"√"表示符合质量标准,以"○"表示基本符合质量标准,以"×"表示不符合质量标准。

(5)各孔质量评定。各孔质量等级以"√"表示优良,以"○"表示合格,以"×"表示不合格。质量标准:在主要检查项目全部符合质量标准的前提下,一般检查项目也符合质量标准的孔评为优良孔;一般检查项目基本符合质量标准的孔评为合格孔。

(6)单元工程质量标准。在本单元工程排水孔(槽)全部合格的前提下,若优良孔(槽)占70%及以上,即评为优良;若优良孔(槽)数达不到70%,则本单元工程评为合格。

基础排水单元工程质量评定表范例见表5-14。本例为设计孔深15 m,允许偏差±0.3 m。

表5-14 基础排水单元工程质量评定表

单位工程名称		混凝土大坝		单元工程量		排水孔总长度150 m						
分部工程名称		基础防渗与排水		施工单位		××水利水电机械施工公司						
单元工程名称、部位		9#坝段基础排水		检验日期		2009年9月6日						
项次	检查项目			质量标准		各孔检测结果						
						1	2	3	4	5	6	7	8	9	10
1	垂直排水孔	孔口平面位置偏差		不大于10 cm		√	√	√	√	√	√	○	√	○	√
2		倾斜度	深孔	不大于1%		√	√	√	√	√	√	√	√	√	√
			浅孔	不大于2%											
3		△孔深偏差		±2%(设计孔深15 m,允许偏差±0.3 m)		√	√	√	√	√	√	√	√		√
4	水平孔(槽)	平面位置偏差		不大于10 cm											
5		倾斜度		不大于2%											
6	△管(槽板)接头,管(槽板)与岩石接触			密合不漏浆,管(槽)内干净											
各孔质量评定						√	√	√	√	√	√	○	√	○	√
本单元工程内共有10孔,其中优良8孔,优良率80.0%															
评定意见						单元工程质量等级									
单元内各排水孔质量全部达到合格标准,其中优良排水孔占80.0%						优良									
施工单位		×××(签名) ××年×月×日				建设(监理)单位		×××(签名) ××年×月×日								

十、锚喷支护单元工程(工序)质量评定

(一)锚喷支护单元工程质量评定

(1)单元工程按一次锚喷支护施工区、段划分,每一区、段为一单元工程。单元工程量以本单元工程衬护的面积(m²)计。

（2）锚喷支护单元工程质量评定表是在锚杆及钢筋网、喷射混凝土工序质量评定后，由施工单位按照监理复核的工序质量等级填写(从表头至评定意见)的,单元工程质量等级由建设(监理)单位复核评定。

（3）单元工程质量标准。在两个工序都合格的前提下,其中有一个工序达到优良,即单元工程为优良。若两个工序均为合格,则单元工程质量为合格。

锚喷支护单元工程质量评定表范例见表5-15。

表 5-15　锚喷支护单元工程质量评定表

单位工程名称	引水隧洞		单元工程量	$594 m^2$,锚杆 264 根,总长度 500 m
分部工程名称	隧洞开挖与衬砌		施工单位	××水利水电第×工程局
单元工程名称、部位	0 +000 ~ 0 + 140 锚喷支护		评定日期	2008 年 10 月 30 日
项次	项目名称			工序质量等级
1	锚杆、钢筋网			优良
2	△喷射混凝土			优良
评定意见				单元工程质量等级
两个工序质量均达到合格标准,其中100%工序质量达到优良				优良
施工单位	×××(签名)　　×× 年 × 月 × 日		建设(监理)单位	×××(签名)　　×× 年 × 月 × 日

(二)锚喷支护锚杆、钢筋网工序质量评定

（1）单位工程、分部工程及单元工程名称、部位填写与锚喷支护单元工程质量评定表相同。单元工程量为本单元工程锚喷支护的钢筋网面积(m^2)和安装锚杆根数及长度(m)。

（2）检查项目。项次 1、3 ~ 5 的质量标准栏,要附设计或规范要求,可直接填写在相应栏中。

（3）检查数量。锚杆的锚孔采用抽样检查,总抽样数量为 10% ~ 15%,但不少于 20根;锚杆总量少于 20 根时,全数检查项次 2 ~ 5。每批喷锚支护锚杆施工时,必须进行砂浆质量检查。锚杆的抗拔力、张拉力检查:每 300 ~ 400 根(或按设计要求)抽样不少于一组(3 根)。

（4）单元工序质量标准。在主要检查项目符合质量标准的前提下,一般检查项目基本符合质量标准,检测总点数中 70% 及以上符合标准,即评为合格。若一般检查项目符合质量标准,并且检测总点数中 90% 及以上符合标准,即评为优良。

锚喷支护锚杆、钢筋网工序质量评定表范例见表5-16。

表 5-16　锚喷支护锚杆、钢筋网工序质量评定表

单位工程名称	引水隧洞	单元工程量	594 m², 锚杆 264 根, 总长度 500 m
分部工程名称	隧洞开挖与衬砌	施工单位	××水利水电第×工程局
单元工程名称、部位	0+100~0+140 锚喷支护	检验日期	2008 年 9 月 18 日

项次	检查项目	质量标准	检验记录
1	△锚杆材质和砂浆标号	符合设计要求(φ20 锚杆, 100 号砂浆)	锚杆用 φ20, 材质试验指标符合要求。水泥用 525 号新鲜硅酸盐水泥, 砂浆标号符合设计(见试验资料)
2	△锚孔清理	无岩粉、积水	锚孔清洗干净, 无岩粉、积水
3	△砂浆锚杆抗拔力	符合设计和规范要求(18 t)	锚杆抽检 3 根, 抗拔力为 24.5 t、29 t、33.5 t
4	△预应力锚杆张拉力	符合设计和规范要求	—
5	钢筋网材质、规格、尺寸	符合设计要求(纵 φ8, 环 φ10, 纵、横间距 250 cm)	钢筋网材质、规格、尺寸均符合设计要求(见检验资料)

项次	检测项目	设计值 (m)	质量标准 允许偏差(cm)	实测值 (cm)	合格数 (点)	合格率 (%)
1	孔位偏差	150	小于 10	150,150,148,153,155,144, 156,143,150,151,148,150	12	100
2	孔轴方向		垂直岩壁或符合设计要求	孔轴方向均垂直岩壁(检查 30 孔)	30	100
3	孔深偏差	300	±5	300,301,304,300,298,299, 300,302,301,298,299,306, 304,296,300	14	93.3
4	钢筋间距	纵横 25	±2	25,25,26,25.5,27,24,25, 26,24.5,26,25,25,23.5, 24,26.5,25,22.5,26	17	94.4
5	钢筋网与基岩面距离	4	±1	4,4,3.5,4,5.3,4.5,4,3.5,4,4, 5,4,4,5,5,3.5,3,4,4.5,5.5,4	19	90.5
6	钢筋绑扎		牢固	共检查 30 个绑扎点,28 个合格, 2 个基本合格	28	93.3

检测结果	共检测 126 点,其中合格 120 点,合格率 95.2%

评定意见	单元工程质量等级
主要检查项目全部符合质量标准。一般检查项目符合质量标准。检测项目实测点合格率95.2%	优良

施工单位	×××(签名) ××年×月×日	建设(监理) 单位	×××(签名) ××年×月×日

(三)锚喷支护喷射混凝土工序质量评定

(1)单位工程、分部工程及单元工程名称、部位填写与锚喷支护单元工程质量评定表

相同。单元工程量以本单元工程锚喷支护面积(m²)和喷射混凝土体积(m³)计。

(2)检验日期。填本工序质量的评定日期。本工序质量评定必须在本工序施工完成且试验取得混凝土试块抗压强度值后及时进行。

(3)检查数量。喷射混凝土沿洞轴线每 20~50 m(水工隧洞为 20 m)设置检查断面一个,每个断面的检测点数不少于 5 个。每喷射 100 m³ 混凝土的混合料试件数不少于两组(每组 3 块),作喷射混凝土性能试验。检查方法:不过水隧洞可用针探、钻孔等方法,有压水工隧洞宜采用无损检测法。

(4)单元工程质量标准。主要检查项目符合优良质量标准,其他检查项目符合优良或合格质量标准的,即评为优良。凡主要检查项目全部符合合格及以上质量标准,其他检查项目符合合格质量标准的,即评为合格。

锚喷支护喷射混凝土工序质量评定表范例见表 5-17。检查项目项次 1"抗压强度保证率"检验记录本例未填写,原因是一个单元工程只有几组混凝土试件,不具备计算保证率的条件。本例混凝土抗压强度保证率按分部工程统计,故未填入单元工程。

表 5-17 锚喷支护喷射混凝土工序质量评定表

单位工程名称	引水隧洞		单元工程量	594 m²,混凝土 59.4 m³
分部工程名称	隧洞开挖与衬砌		施工单位	××水利水电第×工程局
单元工程名称、部位	0+100~0+140 锚喷支护		检验日期	2008 年 10 月 20 日
项次	项目名称		质量标准		检验记录
			优良	合格	
1	△抗压强度保证率		85% 及其以上		
2	△喷混凝土性能		符合设计要求(设计:f_c = 20 MPa(抗压),f_t = 1.5 MPa(抗压),W_g = 0.8 MPa(抗渗))		各试验两组(f_c = 23.5、22 MPa,f_t = 1.55、1.60 MPa,W_g = 1.00、0.95 MPa)
3	喷混凝土厚度不得小于设计厚度	水工隧洞	80% 及其以上	70% 及其以上	设计厚度 12 cm,检查两个断面 12 点,厚度为 10.5~12.5 cm,全部超过设计厚度的 80%(即 9.6 cm)
		非过水隧洞	70% 及其以上	60% 及其以上	—
4	△喷层均匀性(现场取样)		无夹层、包砂	个别处有夹层、包砂	现场取样 5 个,经检查无夹层、包砂,喷层均匀性良好
5	喷层表面整体性		无裂缝	个别处有微细裂缝	检查两个断面,未发现裂缝,表面整体性良好
6	△喷层密实情况		无渗水、滴水	个别点滴水	表面检查未发现渗水、滴水情况,喷层密实
7	喷层养护		养护、保温好	养护、保温一般	喷层养护、保温良好
评定意见					工序质量等级
主要检查项目全部符合优良标准。一般检查项目符合优良标准					优良
施工单位	×××(签名) ××年×月×日			建设(监理)单位	×××(签名) ××年×月×日

十一、混凝土防渗墙单元工程质量评定

（1）单元工程以每一槽孔为一个单元工程。单元工程量为本单元工程混凝土体积（m³）。

（2）检查项目。项次 2、4、10、15 的质量标准栏中有设计要求，须填写设计具体要求。除项次 10 因内容多，另附页外，其余各项均填写设计具体要求。项次 17 需填写检查结果。混凝土芯结构、表面情况、混凝土抗压强度、抗渗标号、弹性模量必须符合设计标准，强度保证率在 80% 以上。

（3）单元工程质量标准。在槽孔的主要检查（测）项目符合质量标准的前提下，凡其他检查项目基本符合质量标准，且其他检查项目有 70% 及以上符合质量标准，即评为合格；凡其他检查项目全部符合质量标准，且其他检查项目有 90% 及其以上符合质量标准，即评为优良。

混凝土防渗墙单元工程质量评定表范例见表 5-18。

表 5-18　混凝土防渗墙单元工程质量评定表

单位工程名称		土坝	单元工程量	混凝土 80 m³，l_g = 5 m
分部工程名称		土坝地基防渗	施工单位	××水利水电机械施工公司
单元工程名称、部位		第八槽孔	检验日期	2009 年 2 月 13 日
项次		检查项目	质量标准	检验记录
1	槽孔	槽孔中心偏差	±3 cm	实测 4 孔，偏差超标 0 孔，最大 ±1.5 cm
2		△槽孔孔深偏差	不得小于设计孔深（20 m）	实测孔深为 20.4～20.8 cm
3		△孔斜率	小于 0.4%	实测 4 孔，偏差超标 0 孔，最大 0.18%
4		槽孔宽	满足设计要求（包括接头搭接厚度）（5.4 cm）	实测 4 孔，偏差超标 0 孔，最小宽度 5.45 cm
5	清孔	△接头刷洗	刷子、钻头不带泥屑，孔底淤积不再增加	—
6		△孔底淤积	≤10 cm	实测 4 孔，偏差超标 0 孔，最大 2.5 cm
7		孔内浆液密度	≤1.3 g/cm³	实测 4 孔，偏差超标 1 孔，最大 1.35 g/cm³
8		浆液黏度	≤30 s	实测 4 次，超标 0 次，最大 25 s
9		浆液含砂量	≤12%	实测 4 次，超标 1 次，最大 13%

项次		检查项目	质量标准	检验记录
10		钢筋笼安放	符合设计要求(见附页)	钢筋笼刚度、安放位置及保护层均符合设计要求
11	混凝土浇筑	导管间距与埋深	两导管距离 <3.5 m;导管距孔端,一期槽孔为 1.0~1.5 m,二期槽孔为 0.5~1.0 m;埋深小于 6 m,但大于 1.0 m	导管距孔端:实测 2 次,超标 0 次,最大 1.2 m;导管间距:实测 2 次,超标 0 次,最大间距 3 m;导管埋深:实测 5 次,超标 0 次,最小埋深 1.5 m
12		△混凝土上升速度	≥2 m/h,或符合设计要求	平均上升速度 2.1 m/h
13		混凝土坍落度	18~22 cm	实测 5 次,超标 0 次,最大 21.5 cm,最小 18.5 cm
14		混凝土扩散度	34~38 cm	实测 5 次,超标 0 次,最大 38 cm,最小 35 cm
15		浇筑最终高度	符合设计要求(顶面 50 cm)	混凝土浇筑最终高度高于设计顶面 50 cm
16		△施工记录、图表	齐全、准确、清晰	齐全、准确、清晰
17		1. 混凝土设计指标,包括抗压强度、抗渗标号、弹性模量		$f_a = 14.5$ MPa,W6,$E_h = 2.85 \times 10^4$ MPa
		2. 混凝土设计原材料、配合比等是否符合设计要求		符合设计要求
		3. 若在此单元(槽内)钻孔取芯,混凝土质量是否符合设计要求		符合设计要求(见检查报告)

评定意见		单元工程质量等级
主要检查项目全部符合质量标准。一般检查项目符合质量标准。检测项目实测点合格率94.9%		优良

施工单位	×××(签名) ××年×月×日	建设(监理)单位	×××(签名) ××年×月×日

注:未填写检验具体内容的不得评定质量等级。

十二、振冲地基加固单元工程质量评定

(1)单元工程按每一独立建筑物地基或不同要求区的振冲工程为一个单元工程。单元工程量填写钻孔总长度(m)、总孔数及抽检孔数。

(2)填表依据。①要求抽检本单元工程总孔数的 20% 以上,并以抽检孔的质量评定单元工程质量。②依据各抽检孔的施工记录填写,施工单位要认真作好施工记录,监理要认真检查。

(3)检查项目。项次 2~6 的质量标准栏中有设计要求,须填出设计具体要求或另附页。

(4)各孔检测结果。每个孔共有 8 个检查项目,每项检查结果用"√"标明符合质量标准,用"○"标明基本符合质量标准,用"×"标明不符合质量标准。

(5)各抽检孔质量评定。各孔质量等级用"√"标明优良,用"○"标明合格,用"×"

标明不合格。质量标准:在主要检查项目符合质量标准的前提下,一般检查项目也全部符合质量标准的抽检孔评为优良孔;一般检查项目基本符合质量标准的孔评为合格孔。

(6)单元工程质量标准。在本单元工程抽检孔全部合格的前提下,若优良孔占70%及以上,即评为优良;若优良孔数达不到70%,则单元工程评为合格。

振冲地基加固单元工程质量评定表范例见表5-19。

表5-19　振冲地基加固单元工程质量评定表

单位工程名称		土坝	单元工程量	钻孔总长300 m,总孔数30个,抽检孔数8个								
分部工程名称		基础开挖及处理	施工单位	××水利水电第×工程局								
单元工程名称、部位		基础振冲加固Ⅱ区	检验日期	2009年5月27日								
项次	检查项目		质量标准	各抽检振冲孔检测结果								
				1	2	3	4	5	6	7	8	9	10
1	钻孔	孔位允许偏差	成孔中心与设计定位中心偏差<10 cm,柱顶中心与定位中心偏差<20 cm	√	√	○	√	√	√	√	√		
				√	√	√	√	√	√	√	√		
2		△孔深	不得小于设计孔深(10 m)	√	√	√	√	√	√	√	√		
3		孔径	符合设计要求(见附页)	√	√	√	√	√	√	√	√		
4	填料	△振密电流	符合设计要求(见附页)	√	√	√	√	√	√	√	√		
5		填料质量(包括数量)	粒径<5 cm,含泥量<10%,填料数量符合设计要求(见附页)	√	√	√	√	√	√	√	√		
				√	√	√	√	√	√	√	√		
6		填料水压	符合设计要求(见附页)	√	√	√	√	√	√	√	√		
7		提升高度	提升孔高≤0.5 cm	√	√	≤	√	√	√	√	√		
8		△振冲记录	齐全、准确、清晰	√	√	○	√	√	√	√	√		
各振冲孔质量评定				√	√	○	√	√	√	√	√		
本单元共有8孔,其中优良7孔,优良率87.5%													
振冲桩或复合地基的贯入击数和载荷试验		采用标贯试验:设计0~5 m,6击;5~8 m,8击;8~10 m,11击;10~14 m,14击;14~16 m,15击;16~18 m,17击;18~20 m,19击。检测全部符合要求											
评定意见				单元工程质量等级									
本单元工程各抽检孔质量均达合格标准,其中优良孔占87.5%				优良									
施工单位		×××(签名) ××年×月×日	建设(监理)单位	×××(签名) ××年×月×日									

注:1. 本表适用于30 kW振动器振冲加固地基。

2. 若用75 kW振动器,项次4振密电流值应加大;项次5填料粒径标准可加大,要求<10 cm。

十三、造孔灌注桩基础单元工程质量评定

（1）单元工程按柱（墩）基础划分，每一柱（墩）下的灌注桩基础为一单元工程。单元工程量填写灌注桩孔总长度（m）和混凝土总量（m³），且必须为相同直径的桩（不同直径的桩应划分在不同的单元）。

（2）填表依据。依据各孔施工记录填写，施工单位务必做好施工记录，监理要认真检查。

（3）检查项目。项次4、8、12质量标准栏中有设计要求，应将具体设计要求填入相应栏或另附页。

（4）各孔检查结果。每个孔共有13个检查项目，每项检查结果用"√"标明符合质量标准，用"○"标明基本符合质量标准，用"×"标明不符合质量标准。

（5）各孔质量评定。各孔质量等级用"√"标明优良，用"○"标明合格，用"×"标明不合格。质量标准：在主要检查项目全部符合质量标准的前提下，一般检查项目也符合质量标准的孔评为优良孔；一般检查项目基本符合质量标准的孔评为合格孔。

（6）单元工程质量标准。在混凝土抗压强度保证率达80%及以上，以及各灌注桩全部达到合格标准的前提下，若优良桩达70%及以上，即评为优良；若优良桩不足70%，则评为合格。

（7）进行灌注桩质量评定时，还应注意并说明以下问题：①灌注桩造孔应分序，一序孔浇注后再进行二序孔的施工，避免串孔、塌孔等事故。②成孔后，应规定在一定时间内浇筑混凝土，一般在4h之内，尤其是更换泥浆后不能停滞时间过长。③孔内应保持一定高度水头，尤其是有外水压力时更应注意孔内水头压力，一般孔内水头高于地下水位。④混凝土浇筑时间、每次导管提升高度。⑤黏土与亚黏土层泥浆密度可控制在1.1~1.2 g/cm³，砂土和较厚夹层泥浆密度应控制在1.1~1.3 g/cm³，砂夹卵石层泥浆密度应控制在1.3~1.5 g/cm³。

造孔灌注桩基础单元工程质量评定表范例见表5-20。

十四、混凝土坝坝体接缝灌浆单元工程质量评定

（1）单元工程按设计、施工确定的灌浆区、段划分，每灌浆区、段为一个单元工程。单元工程量为本单元灌浆区域面积（m²）。

（2）填表依据。依据施工记录填写，施工中要认真作好记录，监理要认真检查。

（3）检查项目。项次1、2、3、4、7、10，将设计要求或规范名称及编号直接填写在栏内。

（4）检查数量。逐项检查，总检查点数不少于30个。

（5）质量标准。在主要检查项目全部符合质量标准的前提下，一般检查项目也全部符合质量标准，检测总点数中有90%及以上符合标准的，即评为优秀；主要检查项目全部符合质量标准，一般检查项目基本符合质量标准，检测总点数中有70%及以上符合质量标准的，则评为合格。

混凝土坝坝体接缝灌浆单元工程质量评定表范例见表5-21。

表 5-20 造孔灌注桩基础单元工程质量评定表

单位工程名称	抽水站		单元工程量	桩孔长度 180 m,混凝土 141 m³
分部工程名称	进水口段排桩		施工单位	××水利水电第×工程局
单元工程名称、部位	88#~90#		检验日期	2009 年 11 月 28 日

项次	检查项目		质量标准	各孔检测结果									
				1	2	3	4	5	6	7	8	9	10
1	钻孔	孔位偏差	单桩、条形桩基沿垂直轴线方向和群桩基础边桩的偏差<1/6桩设计直径,其他部位桩的偏差<1/4桩径	√	√	√	√	√	√	√	√	√	√
2		孔径偏差	+10 cm -5 cm	√	√	√	√	√	√	√	√	√	√
3		△孔斜率	<1%	√	√	√	√	√	√	√	√	√	√
4		△孔深	不得小于设计孔深(10 m)	√	√	√	√	√	√	√	√	√	√
5	清孔	△孔底淤积厚度	端承桩≤10 cm,摩擦桩≤30 cm	√	√	√	√	√	√	√	√	√	√
6		孔内浆液密度	循环 1.15~1.25 g/cm³,原孔造浆1.1 g/cm³左右	√	√	√	√	√	√	√	√	√	√
7	混凝土浇筑	导管埋深	埋深>1 m,≤6 m	√	√	√	√	√	√	√	√	√	√
8		钢筋笼安放	符合设计要求(见附页)	√	√	√	√	√	√	√	○	√	√
9		△混凝土上升速度	≥2 m/h 或符合设计标准	√	√	√	√	√	√	√	√	√	√
10		混凝土坍落度	18~22 cm	√	√	√	√	√	√	√	√	√	√
11		混凝土扩散度	34~38 cm	√	√	√	√	√	√	√	√	√	√
12		浇筑最终高度	符合设计要求(见附页)	√	√	√	√	√	√	√	√	√	√
13		△施工记录、图表	齐全、准确、清晰	√	√	√	√	√	√	√	√	√	√
各孔质量评定				√	√	√	√	√	√	√	○	√	√

本单元工程内共有 10 孔,其中优良 9 孔,优良率为 90.0%

混凝土质量指标和桩的载荷测试	混凝土设计标号 C25,混凝土强度为 27.1~32.6 MPa,强度保证率 96.3%,$C_τ$=0.126

评定意见	单元工程质量等级
本单元各灌注桩质量均达到合格标准,其中优良桩 90.0%,混凝土抗压强度保证率为 96.3%	优良
施工单位	×××(签名) ××年×月×日	建设(监理)单位	×××(签名) ××年×月×日

表 5-21　混凝土坝坝体接缝灌浆单元工程质量评定表

单位工程名称	混凝土大坝	单元工程量	灌区面积 135 m²
分部工程名称	非溢流坝段接缝灌浆	施工单位	××水利水电第×工程局
单元工程名称、部位	9#~10#坝段接缝灌浆 ▽100~110 m	检验日期	2009 年 2 月 12 日

项次		检查项目	质量标准	检验记录
1	灌浆前应具备的条件	△灌缝两侧及压重层混凝土温度	达到设计要求(侧温 14 ℃,压重温 14 ℃)	检测 8 个点,温度为 12.1~13.6 ℃,达到设计要求
2		△灌浆管路、缝面,以及灌区密封情况	应符合规范或设计要求(压水检查,管路畅通,无串漏)	进行预灌性的压水检查,无串漏,管路畅通
3		灌浆前、后接缝张开度	灌前张开度值大于 0.5 mm。灌浆过程中接缝张开度值不得大于设计规定(5 mm)	灌浆过程中实测张开度值:灌浆前 2.42 mm,灌浆中 2.80~4.14 mm
4		灌浆材料	应符合规范或设计要求(《水工建筑物水泥灌浆施工技术规范》(DL/T 5148—2001))	水泥采用 525 号,其质量符合《水工建筑物水泥灌浆施工技术规范》(DL/T 5148—2001)要求
5	灌浆	△排气管出浆密度	两个排气管均应出浆,且其密度均宜大于 1.5 g/cm³	根据灌浆资料分析,两个排气管均有出浆,且其密度为 1.88 g/cm³
6		△排气管管口压力	一排气管压力应达设计值,另一排气管压力最低应达到设计压力的 50%	资料表明,一排气管压力已达设计值 5 kg/cm²,另一排气管压力达到 3 kg/cm²
7		△浆液变换和结束标准	应符合规范或设计要求(《水工建筑物水泥灌浆施工技术规范》(DL/T 5148—2001))	符合规范 DL/T 5148—2001 有关要求
8		施灌中有无串漏,及其影响质量程度	应基本无串漏,或虽稍有串漏,但处理后,不影响灌浆质量	灌浆过程中无串漏
9		有无中断,及其影响质量程度	应无中断,或虽有中断,但经检查分析尚不影响灌浆质量	灌浆过程中连续、无中断
10		缝面注水泥量	应符合设计要求(不大于 0.4 L/min)	实测 0.30~0.35 L/min
11		△灌浆记录	齐全、清晰、准确	灌浆过程的原始记录齐全、清晰、准确
灌区测试情况		钻孔取芯、缝面槽检、压水检查及孔内电视等	钻孔取芯、压水检查	灌缝的钻孔取芯、压水试验检查表明,灌缝水泥浆结合密实,压水试验 q 值多数为 0,最大为 0.5 Lu

评定意见		单元工程质量等级
主要检查项目全部符合质量标准,一般检查项目全部符合质量标准		优良

施工单位	×××(签名) ××年×月×日	建设(监理)单位	×××(签名) ××年×月×日

十五、河道疏浚单元工程质量评定

（1）单元工程按设计、施工控制质量要求的段划分，每一疏浚河段为一个单元工程。单元工程量以河段长度（m）、土石方量（m³）计。

（2）检查数量。以检查疏浚的横断面为主，横断面间距宜为 50 m，检测点间距宜为 2～5 m，必要时可检测河道纵断面，以便复核。

（3）单元工程质量标准。检测点不欠挖，超宽超深值在允许范围内，即为合格点。凡单元工程范围内，检测合格点占总检测点数的 90% 及以上的，即评为合格。检测合格点占总检测点数的 95% 及以上的，即评为优良。

河道疏浚单元工程质量评定表范例见表 5-22。

表 5-22　河道疏浚单元工程质量评定表

单位工程名称	河道疏浚		单元工程量	河段长 100 m，土石 4 800 m³		
分部工程名称	第Ⅱ段		施工单位	××水利水电第×工程局		
单元工程名称、部位	2＋100～2＋200 段		检验日期	2008 年 11 月 2 日		
检测项目			实测值		合格数（点）	合格率（%）
横断面部位	设计标准	允许误差				
河床	宽度 80 m	±50 cm	80.3,79.5,80,80.5,80.7 m		4	80
	高程 5.0 m	±（40～20）cm	4.85,4.9,5.1,5,4.9 m		5	100
内堤距	154 m	±80 cm	154.5,154.3,153.9,154,154.2 m		5	100
	河坡					
河滩	高程 6.3 m	±20 cm	6.35,6.4,6.6,6.25,6.3 m		4	80
	宽度 17 m	±30 cm	17.3,17.5,16.8,17,17.1 m		4	80
左岸部分 标准堤	内坡					
	外坡					
	顶高程 12 m	+5 cm	12,12.01,12.03,12.05,12 m		5	100
	顶宽度 6 m	±10 cm	6.05,6.10,5.95,6,6 m		5	100
	干密度 1.55 t/m³		1.56,1.57,1.65,1.56,1.56 t/m³		5	100
弃土	顶高程					
	外坡					
	宽度					

检测项目			实测值	合格数（点）	合格率（%）
横断面部位	设计标准	允许误差			
河坡					
河滩	高程 6.0 m	±20 cm	6.0,6.2,6.0,5.8,5.9 m	5	100
	宽度 22 m	±30 cm	22.2,22,22,22.4,22.3 m	4	80
右岸部分　标准堤　内坡					
外坡					
顶高程	12 m	+5 cm	12,12.01,12.04,12.03,12.0 m	5	100
顶宽度	6 m	±10 cm	6.05,6.04,5.95,6.10,6.08 m	5	100
干密度					
弃土　顶高程					
外坡					
宽度					
检测结果	共检测 60 点，其中合格 56 点，合格率 93.3%				
评定意见			单元工程质量等级		
实测点合格率为 93.3%			合格		
施工单位	×××（签名）　××年×月×日		建设（监理）单位	×××（签名）　××年×月×日	

第三节　混凝土工程施工质量评定

本节主要根据《水电水利基本建设工程单元工程质量等级评定标准　第 1 部分：土建工程》（DL/T 5113.1—2005）讲述有关混凝土工程单元（工序）施工质量评定范例，共 7 个项目评定，主要为混凝土单元工程（工序）质量评定和混凝土预制构件安装单元工程质量评定。

一、混凝土单元工程（工序）质量评定

（一）混凝土单元工程质量评定

（1）单元工程按混凝土浇筑仓号划分，每一仓号为一单元工程；排架柱梁按一次检查验收的范围划分，若干个柱梁为一个单元工程。单元工程量为本单元混凝土浇筑量（m³）。

（2）混凝土单元工程质量评定表是在基础面或混凝土施工缝处理，模板，钢筋，止水、伸缩缝和排水管安装，混凝土浇筑等 5 个工序质量评定后，由施工单位按照监理复核的工序质量结果填写（从表头至评定意见）的。单元工程质量等级由建设（监理）单位复核评定。

（3）单元工程质量标准。合格标准为工序质量全部合格。优良标准为工序质量全部合格，优良工序达50%及以上，且主要工序全部优良。

混凝土单元工程质量评定表范例见表5-23。

表5-23　混凝土单元工程质量评定表

单位工程名称	混凝土大坝	单元工程量	混凝土 788 m³
分部工程名称	溢流坝段	施工单位	××水利水电第×工程局
单元工程名称、部位	5#坝段▽4.0~2.5 m	检验日期	2009 年 10 月 22 日
项次	工序名称		工序质量等级
1	基础面或混凝土施工缝处理		优良
2	模板		合格
3	△钢筋		优良
4	止水、伸缩缝和排水管安装		合格
5	△混凝土浇筑		优良
评定意见			单元工程质量等级
工序质量全部合格，主要工序——钢筋、混凝土浇筑两工序质量优良，工序质量优良率为60.0%			优良
施工单位	×××（签名） ××年×月×日	建设（监理）单位	×××（签名） ××年×月×日

（二）基础面或混凝土施工缝处理工序质量评定

（1）单位工程、分部工程、单元工程名称、部位填写与混凝土单元工程质量评定表相同。单元工程量除填混凝土量（m³）外，还要填基础面、施工缝或软基面处理的数量（m²）。

（2）本工序表分为基础面、混凝土施工缝和软基面等三种类型。各类检查项目与质量标准相同。所评定工序属于哪种类型，就按相应类型检查项目的质量标准进行质量检验，并记录检验结果。

（3）工序质量标准。在开仓前进行最后一次检查，主要检查项目（标有"△"号的）基本符合质量标准，评为合格，全部符合质量标准，即评为优良。

基础面或混凝土施工缝处理工序质量评定表范例见表5-24。本例为混凝土施工缝处理工序，故按表中2项的（1）、（2）款检查处理质量，并记录。

（三）混凝土模板工序质量评定

（1）单位工程、分部工程、单元工程名称、部位填写与混凝土单元工程质量评定表相同。单元工程量除填本单位混凝土量（m³）外，还要填模板安装量（m²）。

（2）检查项目。项次1质量标准栏内须填写设计要求，如写不下可另附页。本例将设计要求（支撑牢固、稳定）直接填写在栏内。

（3）检测项目。①允许偏差栏，分为三种，应按模板性质及种类在相应栏内加"√"。

本例模板是外露表面、钢模,故在钢模处加"√"。②第 4、5、6、7 项应按施工图填写设计值及其单位或允许偏差。实测值应对应于设计值,且一般同单位,而不应填偏差值。③检测数量。按水平线(或垂直线)布置检测点。总检测点数量:模板面积在 100 cm² 以内,不少于 20 个;100 cm² 以上,不少于 30 个。

表 5-24　基础面或混凝土施工缝处理工序质量评定表

单位工程名称	混凝土大坝		单元工程量	混凝土 788 m³,施工缝 250 m²
分部工程名称	溢流坝坝段		施工单位	××水利水电第×工程局
单元工程名称、部位	5#坝段▽4.0~2.5 m		检验日期	2009 年 10 月 7 日
项次	检查项目		质量标准	检验记录
1	基础面			
(1)	△建基面		无松动岩块	
(2)	△地表水和地下水		妥善引排或封堵	
(3)	岩面清洗		清洗洁净,无积水、无积渣杂物	
2	混凝土施工缝			
(1)	△表面处理		无乳皮,成毛面	表面无乳皮,全部凿成毛面
(2)	混凝土表面清洗		清洗洁净,无积水、无积渣杂物	表面已清洗干净,积水已排除,无积渣杂物
3	软基面			
(1)	△建基面		预留保护层已挖除,地质条件符合设计要求	
(2)	垫层铺填		符合设计要求	
(3)	基础面清理		无乱石、杂物,坑洞分层回填夯实	
评定意见			工序质量等级	
主要检查项目全部符合质量标准,一般检查项目符合质量标准			优良	
施工单位	×××(签名)　　×× 年 × 月 × 日		建设(监理)单位	×××(签名)　　×× 年 × 月 × 日

(4)质量标准。在主要检查项目(标有"△"号的)符合质量标准的前提下,一般检查项目(无"△"号的)基本符合质量标准,检测总点数中有 70% 及以上符合质量标准,即评为合格。一般检查项目符合质量标准,检测总点数中有 90% 及以上符合质量标准,即评为优良。混凝土模板工序质量评定表范例见表 5-25。

(四)混凝土钢筋工序质量评定

(1)单位工程、分部工程、单元工程名称、部位填写与混凝土单元工程质量评定表相同。单元工程量除填本单元混凝土量(m³)外,还要填钢筋量(t)。

(2)检查项目。项次 1 质量标准栏内为"符合设计图纸",填表时须在该栏中注明设计图纸图号,本例为:水工 08A。

表 5-25　混凝土模板工序质量评定表

单位工程名称	混凝土大坝		单元工程量	混凝土 788 m^3，模板面积 145.8 m^2				
分部工程名称	溢流坝坝段		施工单位	××水利水电第×工程局				
单元工程名称、部位	5#坝段▽4.0~2.5 m		检验日期	2009 年 10 月 8 日				
项次	检查项目		质量标准	检验记录				
1	△稳定性、刚度和强度		符合设计要求（支撑牢固、稳定）	采用钢模板、钢支撑和方木，稳定性、刚度和强度满足设计要求				
2	模板表面		光洁、无污物，接缝严密	模板表面光洁、无污物，接缝严密				

项次	检测项目	设计值	允许偏差（mm）			实测值（mm）	合格数（点）	合格率（%）
			外露表面		隐蔽内面			
			√钢模	木模				
1	模板平整度：相邻两板面高差		2	3	5	0.3,1.2,2.8,0.7,0.2,0.7,0.9,1.5	7	87.5
2	局部不平度（用 2 m 直尺检查）		2	5	10	1.7,2.3,0.2,0.4,1.0,1.2,0.7,2.4	6	75
3	板面缝隙		1	2	2	0.2,0.5,0.7,0.2,1.1,0.4,0.5,0.9,0.3,0.7	9	90
4	结构物边线与设计边线		10		15	8.747,8.749,8.752,8.75,15.51,15.508,15.5,15.409	8	100
5	结构物水平断面内部尺寸		±20					
6	承重模板标高		±5			2.500,2.500,2.505,2.510	3	75
7	预留孔、洞尺寸及位置		±10					

检测结果	共检测 38 点，其中合格 33 点，合格率 86.8%	
评定意见		工序质量等级
主要检查项目全部符合质量标准，一般检查项目符合质量标准，检测项目实测点合格率 86.8%		合格
施工单位	×××（签名） ××年×月×日	建设（监理）单位 ×××（签名）　××年×月×日

（3）检测数量。先进行宏观检查，没发现有明显不合格处，即可进行抽样检查。对梁、板、柱等小型构件，总检测点数不少于 30 个，其余总检测点数一般不少于 50 个。

（4）质量标准。在主要检查、检测项目符合质量标准的前提下，一般检查项目基本符合质量标准，检测总点数中有 70% 及以上符合质量标准，即评为合格；一般检查项目符合质量标准,检测总点数中有 90% 及以上符合质量标准,即评为优良。

混凝土钢筋工序质量评定表范例见表 5-26。

表 5-26 混凝土钢筋工序质量评定表

单位工程名称		混凝土大坝	单元工程量		混凝土 788 m³,钢筋 13.54 t		
分部工程名称		溢流坝坝段	施工单位		××水利水电第×工程局		
单元工程名称、部位		5#坝段▽4.0~2.5 m	检验日期		2009 年 10 月 8 日		
项次		检查项目	质量标准		检验记录		
1		△钢筋的数量、规格尺寸、安装位置	符合设计图纸(图纸图号水工08A)		钢筋φ20@200纵横布置在面层,数量、规格、长度和安装位置均符合设计图纸		
2		焊缝表面和焊缝中	不允许有裂缝		钢筋接头采用电弧焊,纵横钢筋采用点焊,焊缝无裂缝		
3		△脱焊点和漏焊点	无		无脱焊点和漏焊点		

项次		检测项目		设计值	允许偏差	实测值	合格数(点)	合格率(%)
1		帮条对焊接头中心的纵向偏移			0.5d	—		
2		接头处钢筋轴线的曲折			4°	2.5°,3.5°,4.5°,3°,3.8°	4	80
3	点焊及电弧焊	△焊缝	长度		−0.5d	210,230,198,200,205,204,195,213,215,209 mm	10	100
			高度		−0.05d	13.5,14,14,14.5,13.1,14.2,13.6,14,14.4,13.2 mm	10	100
			宽度		−0.1d	14.1,13.8,14,13.9,13.5,14.5,15,13,14,13.5 mm	10	100
			咬边深度		0.05d且不大于1 mm	0.5,1.0,0.8,1.0,0.7,0.4,0.7,1.0,1.0,0.3 mm	10	100
			表面气孔夹渣	在2d长度上	不多于2个	0,0,1,1,0,0,0,0,1,2 个	10	100
				气孔、夹渣直径	不大于3 mm	1,3,1,1,2 mm	5	100
4		△绑扎	缺扣、松扣		≤20%且不集中	—		
			弯钩朝向正确		符合设计图纸	—		
			搭接长度		−0.05d			

项次	检测项目		设计值	允许偏差	实测值	合格数（点）	合格率（%）
5	对焊及熔槽焊	△焊接接头根部未焊透深度 Φ25～40 mm钢筋		0.15d	—		
		△焊接接头根部未焊透深度 Φ40～70 mm钢筋		0.10d	—		
		接头处钢筋中心线的位移		0.1d 且不大于2 mm	—		
		焊缝表面（长为2d）和焊缝截面上蜂窝、气孔、非金属杂质		不大于1.5d，3个	—		
6	钢筋长度方向上的偏差		17 400,30 900 mm	±1/2净保护层厚	17 430,17 380,17 400,17 424,30 920,30 900,30 890,30 910 mm	8	100
7	同一排受力钢筋间距的局部偏差	柱及梁		±0.5d	—		
		板、墙	间距200 mm	±0.1间距（±20 mm）	200,220,219,220,218,221,219,220,220,218 mm	9	90
8	同一排中分布钢筋间距的偏差			±0.1间距	—		
9	双排钢筋,其排与排间距的局部偏差			±0.1排距	—		
10	梁与柱中钢箍间距的偏差			0.1箍筋间距	—		
11	保护层厚度的局部偏差		50 mm	±1/4净保护层厚（±12.5 mm）	60,50,50,50.5,48,50,42,38,55,50,64 mm	10	90.9
检测结果				共检测89点,其中合格86点,合格率96.6%			
评定意见					工序质量等级		
主要检查项目全部符合质量标准,一般检查项目符合质量标准,检测项目实测点合格率96.6%					优良		
施工单位		×××(签名) ××年×月×日			建设(监理)单位	×××(签名) ××年×月×日	

（五）混凝土止水、伸缩缝和排水管安装工序质量评定

（1）单位工程、分部工程、单元工程名称、部位填写与混凝土单元工程质量评定表相同。单元工程量除填本单元混凝土量（m³）外,还要填本工序工程量（m）。

（2）检测项目。项次4允许偏差为"符合设计要求",填表时应将设计止水插入基岩部分的要求写出。

（3）检测数量。一单元工程中若同时有止水、伸缩缝和排水管三项,则每一单项检查（测）点不少于 8 个,总检查（测）点数一般不少于 30 个;若只有其中一项或两项,总检查（测）点数一般不少于 20 个。

（4）质量标准。在主要检查项目符合质量标准的前提下,一般检查项目基本符合质量标准,检测总点数中有 70% 及以上符合质量标准,即评为合格;一般检查项目符合质量标准,检测总点数中有 90% 及以上符合质量标准,即评为优良。

混凝土止水、伸缩缝和排水管安装工序质量评定表范例见表 5-27。

表 5-27　混凝土止水、伸缩缝和排水管安装工序质量评定表

单位工程名称		混凝土大坝		单元工程量		混凝土 788 m³,止水铜片长 6 m		
分部工程名称		溢流坝坝段		施工单位		××水利水电第×工程局		
单元工程名称、部位		5#坝段▽4.0~2.5 m		检验日期		2009 年 10 月 12 日		
项次	保证项目		质量标准			检验记录		
1		涂敷沥青料	混凝土表面洁净干燥,涂刷均匀平整,与混凝土黏结紧密,无气泡及隆起现象			—		
2	伸缩缝制作及安装	粘贴沥青油毛毡	伸缩缝表面清洁干燥,蜂窝麻面已处理并填平,外露施工铁件割除,铺设厚度均匀平整,搭接紧密			伸缩缝表面清理符合质量标准要求,面贴三油二毡		
3		铺设预制油毡板	混凝土表面清洁,蜂窝麻面处理并填平,外露施工铁件割除,铺设厚度均匀平整、牢固,相邻块安装紧密,平整无缝			—		
4		△沥青井、柱安装	电热元件及绝缘材料置放准确牢固,不短路,沥青填塞密实,安装位置准确、稳固,上下层衔接好			—		
项次	检测项目		设计值（mm）	允许偏差（mm）	实测值（mm）		合格数（点）	合格率（%）
1	金属止水片的几何尺寸	宽	400	±5	400,400,405,400,400,408		5	83.3
2		高（牛鼻子）	40	±2	40,40,41,43,39,40,41,40		7	87.5
	金属、塑料橡胶止水	长	4×1 500	±20	1 500,1 500,1 500,1 500		4	100
3		△金属止水片的搭接长度	20	不小于 20,双面氧焊	25,23,25,28		4	100
4		安装偏差:大体积混凝土细部结构		±30	15,10,8,12		4	100
		△插入基岩部分		符合设计要求	—			

223

项次	检测项目		设计值（mm）	允许偏差（mm）	实测值（mm）	合格数（点）	合格率（%）
5	坝体排水管安装	排水管 平面位置		≤100	—		
6		排水管 倾斜度		≤4%	—		
7		多孔性排水管 平面位置		≤100	—		
8		多孔性排水管 倾斜度		≤4%	—		
9		△排水管通畅性		通畅	—		
检测结果			共检测26点，其中合格24点，合格率92.3%				
评定意见						工序质量等级	
主要检查项目全部符合质量标准，一般检查项目符合质量标准，检测项目实测点合格率92.3%						优良	
施工单位		×××（签名） ××年×月×日			建设（监理）单位	×××（签名） ××年×月×日	

（六）混凝土浇筑工序质量评定

（1）单位工程、分部工程、单元工程名称、部位填写与混凝土单元工程质量评定表相同。单元工程量填本单元混凝土量（m³）。

（2）检验日期。混凝土浇筑时和拆模后分别进行检查，填写两个检查时间。

（3）检查项目。项次9"有表面平整要求的部位"，指过流表面及高速水流区。

（4）质量标准。如果主要检查项目全部符合优良质量标准，一般检查项目符合优良或合格质量标准，评为优良；如果主要检查项目全部符合合格质量标准，一般检查项目基本符合合格质量标准，评为合格。

混凝土浇筑工序质量评定表范例见表5-28。

表5-28　混凝土浇筑工序质量评定表

单位工程名称	混凝土大坝		单元工程量	788 m³	
分部工程名称	溢流坝坝段		施工单位	××水利水电第×工程局	
单元工程名称、部位	5#坝段▽4.0～2.5 m		检验日期	2009年10月13日，2009年10月15日	

项次	检查项目	质量标准		检验记录
		优良	合格	
1	砂浆铺筑	厚度不大于3 cm，均匀平整，无漏铺	厚度不大于3 cm，局部稍差	砂浆铺筑均匀，厚度为2～3 cm
2	△入仓混凝土料	无不合格料入仓	少量不合格料入仓，经处理尚能满足设计要求	入仓混凝土料合格
3	△平仓分层	厚度不大于50 cm，铺设均匀，分层清楚，无骨料集中现象	局部稍差	混凝土铺设均匀，分层清楚，厚度为40～50 cm

项次	检查项目	质量标准		检验记录
		优良	合格	
4	△混凝土振捣	垂直插入下层 5 cm,有次序,无漏振	无架空和漏振	振捣均匀,无漏振,控制插入下层深度 5 cm
5	△铺料间歇时间	符合要求,无初凝现象	上游迎水面 15 m 以内无初凝现象,其他部位初凝累计面积不超过 1%,并经处理合格	铺料间歇时间符合要求,无初凝现象
6	积水和泌水	无外部水流入,泌水排除及时	无外部水流入,有少量泌水,排除不够及时	泌水和积水排除及时
7	插筋、管路等埋设件保护	保护好,符合要求	有少量位移,但不影响使用	有少量位移,但不影响使用
8	混凝土养护	混凝土表面保持湿润,无时干时湿现象	混凝土表面保持湿润,但局部短时有时干时湿现象	混凝土养护及时,表面保持湿润
9	△有表面平整要求的部位	符合设计规定	局部稍超出规定,但累计面积不超过 0.5%	—
10	麻面	无	有少量麻面,但累计面积不超过 0.5%	无麻面
11	蜂窝狗洞	无	轻微、少量、不连续,单个面积不超过 0.1 m²,深度不超过骨料最大粒径,已按要求处理	无蜂窝狗洞
12	△露筋	无	无主筋外露,箍、副筋个别微露,已按要求处理	无露筋
13	碰损掉角	无	重要部位不允许,其他部位轻微少量,已按要求处理	无掉角
14	表面裂缝	无	有短小、不跨层的表面裂缝,已按要求处理	没发现表面裂缝
15	△深层及贯穿裂缝	无	无	无深层及贯穿裂缝

评定意见		单元工程质量等级	
主要检查项目全部符合优良质量标准,一般检查项目符合合格质量标准		合格	
施工单位	×××(签名) ××年×月×日	建设(监理)单位	×××(签名) ××年×月×日

二、混凝土预制构件安装单元工程质量评定

(1)单元工程按检查质量评定的根、套、组划分,每一根、套、组为一个单元工程。单

元工程量以安装预制构件数量(t、m³、件)计。

（2）检查项目。项次 1、2、3 的质量标准栏为"符合设计要求"，项次 1 填写图纸图号。本例为桥 09；项次 2 内容较多，采用另附页方式；项次 3 填写混凝土预制件的设计标号（或等级），本例为 C30。

（3）检测数量。按要求逐项检查，总检测点数不少于 20 个。

（4）质量标准。在主要检查项目全部符合质量标准的前提下，如果检测项目实测点合格率在 70% 及以上，则评为合格。如果实测点合格率在 90% 及以上，则评为优良；或者，实测点合格率虽在 70% ~ 90%，但预制构件制造质量优良，则本单元工程仍可评为优良。

如果本单元工程中的预制构件制造质量优良，可在百分数后面加上"预制构件制造质量优良"（同时将制造质量评定表附在本表后面）。

混凝土预制构件安装单元工程质量评定表范例见表 5-29。

表 5-29 混凝土预制构件安装单元工程质量评定表

单位工程名称		溢洪道	单元工程量	混凝土预制梁 9.3 m³		
分部工程名称		交通桥	施工单位	××水利水电第×工程局		
单元工程名称、部位		第四跨预制梁安装	检验日期	2009 年 5 月 20 日		
项次	检查项目		质量标准	检验记录		
1	△构件型号和安装位置		符合设计要求（图纸图号桥 09）	预制构件型号和安装位置符合设计图纸（见附页）		
2	△构件吊装时的混凝土强度		符合设计要求（见附页）	构件混凝土强度大于 70% 设计标号，符合设计要求		
3	△构件预制质量		符合设计要求（C30）	构件混凝土试块抗压强度均符合设计要求（C30）		
项次	检测项目		允许偏差（mm）	实测值（mm）	合格数（点）	合格率（%）
1	杯形基础	中心线和轴线的位移	±10			
2		杯形基础底标高	+0 ~ -10			
3	柱	中心线和轴线位移	±5	0，-3，0，1，-2，0，-3，-1	8	100
4		垂直度 柱高 10 m 以下	10			
5		柱高 10 m 及其以上	20	5，7，10，2，8，4，0，1	8	100
6		牛腿上表面和柱顶标高	±8	+2，0，0，+1	4	100
7	吊车梁	中心线和轴线位移	±5	+3，+2，-1，-2	4	100
8		梁顶面标高	+10 ~ -5	+2，-1，-3，-6	3	75

项次	检测项目			允许偏差（mm）	实测值（mm）	合格数（点）	合格率（%）
9	尾架	下弦中心线和轴线位移		±5			
10		垂直度	桁架、拱形屋架	1/250 屋架高			
11			薄腹梁	5			
12	预制廊道、井筒板（埋入建筑物）	中心线和轴线位移		±20			
13		相邻两构件的表面平整度		10	2,0,4,1	4	100
14	建筑物外表面模板	相邻两板面高差		3	+8，+11，+2,0	3	75
15		外边线与结构物边线		±10			
检测结果				共检测 36 点，其中合格 34 点，合格率 94.4%			
评定意见					单元工程质量等级		
主要检查项目全部符合质量标准，检测项目实测点合格率 94.4%					优良		
施工单位		×××（签名） ××年×月×日			建设（监理）单位	×××（签名） ××年×月×日	

第四节　碾压土石坝工程质量评定

本节主要根据《碾压式土石坝施工规范》（DL/T 5129—2001）讲述有关碾压土石坝工程单元（工序）施工质量评定范例，共 30 个项目评定，主要有土石坝坝基、土质防渗体填筑、混凝土面板、坝体填筑、细部工程等单元工程（工序）质量评定。

一、土石坝坝基及岸坡处理单元工程（工序）质量评定

（一）土石坝坝基及岸坡处理单元工程质量评定

（1）单元工程按设计或施工检查验收的区、段划分，每一区、段为一个单元工程。单元工程量为本单元工程土石方开挖量（m³）。

（2）土石坝坝基及岸坡处理单元工程质量评定在坝基及岸坡清理、防渗体岩基及岸坡开挖、坝基及岸坡地质构造处理、坝基及岸坡渗水处理等工序质量评定之后，由施工单位按照监理复核的工序质量结果填写（从表头至评定意见）和自评。单元工程质量等级由监理复核评定。

（3）单元工程质量标准。合格标准为 4 个工序的质量评定均达到合格质量标准。优良标准为 4 个工序的质量全部合格，其中主要工序质量必须全部达到优良标准。

土石坝坝基及岸坡处理单元工程质量评定表范例见表 5-30。

表 5-30　土石坝坝基及岸坡处理单元工程质量评定表

单位工程名称	右非溢流坝	单元工程量	土石方 250 m³
分部工程名称	右坝肩接头	施工单位	×××工程局
单元工程名称、部位	基础 1－1	评定日期	2009 年 4 月 25 日
项次	工序名称		工序质量等级
1	△坝基及岸坡清理		优良
2	防渗体岩基及岸坡开挖		合格
3	△坝基及岸坡地质构造处理		优良
4	△坝基及岸坡渗水处理		优良
评定意见			单元工程质量等级
全部工序质量达到合格标准,其中 75.0% 达到优良标准。主要工序全部优良			优良
施工单位	×××(签名) ××年×月×日	建设(监理) 单位	×××(签名) ××年×月×日

（二）坝基及岸坡清理工序质量评定

（1）单位工程、分部工程、单元工程名称及施工单位按照土石坝坝基及岸坡处理单元工程质量评定表填写。单元工程量栏中应填写单元工程质量评定表中的单元工程量及本工序工程量,如单元工程量:土石方开挖 250 m³;工序工程量:清理面积 120 m²。

（2）保证项目栏中项次 3 的质量标准为符合设计要求,本例因设计具体要求较多,采取另附页说明。

（3）允许偏差项目。允许偏差分人工施工与机械施工两类,填写时应用"√"标明,如采用机械施工,在机械施工栏用"√"标明。

（4）检验方法及检测数量。①保证项目,现场全面检查并作施工记录。②允许偏差项目,长、宽用经纬仪与拉尺检查,所有边线均需量测,每边线测量不少于 5 点。③清理边坡顺坝轴线每 10 延米用坡度尺量测一个点;高边坡需测定断面,垂直坝轴线每 20 延米测一个断面。

（5）工序质量标准。合格:保证项目符合相应的质量评定标准;允许偏差项目每项应有 70% 及以上测点在允许偏差质量标准范围内。优良:保证项目符合相应的质量评定标准;允许偏差项目每项必须有 90% 及以上的测次在允许偏差质量标准范围内。

坝基及岸坡清理工序质量评定表范例见表 5-31。本例采用机械施工。

表 5-31　坝基及岸坡清理工序质量评定表

单位工程名称	右非溢流坝		单元工程量	土石方 250 m³,清理 120 m²	
分部工程名称	右坝肩接头		施工单位	×××工程局	
单元工程名称、部位	基础 1－1		检验日期	2009 年 4 月 20 日	

项次	保证项目	质量标准		检验记录	
1	坝基及岸坡清理	树木、草皮、树根、乱石、坟墓以及各种建筑物全部清除。水井、泉眼、地道、洞穴等已按设计要求处理		树木、草皮、树根以及乱石按要求已全部清除干净	
2	坝基及岸坡的清除及处理	粉土、细砂、淤泥、腐殖土、泥炭全部清除;对风化岩石、坡积物、残积物、滑坡体等已按设计要求处理		用风镐将强风化岩石段按设计要求清除到微风化层	
3	地质探孔、竖井、平洞、试坑的处理	符合设计要求(见附页)		按图检查了地质探孔,探孔已处理,质量符合设计要求,并经验收合格(详见地质探孔处理检查记录)	

项次	允许偏差项目	设计值	允许偏差(cm)		实测值	合格数(点)	合格率(%)
			人工施工	√机械施工			
1	长、宽	20、15 m	0～+50	0～+100	长:20.3,20.3,20.5,20.5,20.4,20.2,20.3,20.4,20.1,20.1,20.2,20.2,20.3,20.5,20.4,20.4 m	32	100
					宽:15.5,15.6,15.6,15.7,15.8,16.0,16.0,15.3,15.8,15.6,15.6,15.0,15.5,15.8,15.9,16.0 m		
2	清理边坡	1:2	不陡于设计边坡		1:2.1,1:2.3,1:2.2,1:2.5,1:2.3,1:2,1:2,1:2.1,1:2.3,1:2.4,1:2.2,1:2.3,1:2.1,1:2,1:2.1,1:2.2	16	100

评定意见		工序质量等级
保证项目质量全部符合质量标准,允许偏差项目每项合格率 100%		优良

施工单位	×××(签名) ××年×月×日	建设(监理)单位	×××(签名) ××年×月×日

（三）防渗体岩基及岸坡开挖工序质量评定

（1）单位工程、分部工程、单元工程名称及施工单位按照土石坝坝基及岸坡处理单元工程质量评定表填写。本工序工程量与单元工程量相同。

（2）保证项目栏中项次 1 和项次 3 的质量标准，有"符合设计要求"、"按设计或规范要求"的规定，将设计要求填写在栏内，若内容较多，需附页说明，在栏中注明"（见附页）"。

（3）检验方法及数量。①保证项目及基本项目，现场检查并查看施工记录。②允许偏差项目，总检测点数量采用横断面控制，防渗体坝基部位间距不大于 20 m，岸坡部位间距不大于 10 m，各横断面点数不少于 6 点，局部突出或凹陷部位（面积在 0.5 m² 以上者）应增设检测点。标高用水准仪测量，坡面局部超欠挖用拉线与水准仪测量检查，长、宽边线范围用经纬仪和拉线检查。

（4）工序质量标准。合格：保证项目符合相应的质量评定标准，基本项目符合相应的合格质量标准，允许偏差项目每项应有 70% 及以上的测点在相应的允许偏差质量标准范围内。优良：保证项目符合相应的质量评定标准；基本项目除符合相应的合格质量标准外，还必须有 50% 及以上项目符合优良质量标准；允许偏差项目每项须有 90% 及以上的测次在相应的允许偏差质量标准范围内。

防渗体岩基及岸坡开挖工序质量评定表范例见表 5-32。

表 5-32　防渗体岩基及岸坡开挖工序质量评定表

单位工程名称	右非溢流坝	单元工程量	石方 250 m³		
分部工程名称	右坝肩接头	施工单位	×××工程局		
单元工程名称、部位	基础 1－1	检验日期	2009 年 4 月 20 日		
项次	保证项目	质量标准	检验记录		
1	岩基及岸坡开挖	符合设计要求（预裂爆破法）	自上而下分层开挖，保护层厚度控制在 1.5～2 m 以内，用经纬仪控制尺寸及高程（预裂爆破法）		
2	基础面处理	无松动岩块、悬挂体、陡坎、尖角等，且无爆破影响裂缝	松动岩块、陡坎、尖角均已撬挖处理，局部有爆孔		
3	保护层开挖	严格按设计或规范要求控制炮孔深度和装药量，底部保护层厚度大于 1.5 m（见附页）	采取密孔、浅孔，少药量火花爆破，保护层厚度控制在 2.0 m 以内，且严格按设计要求或规范要求控制		
项次	基本项目	质量标准		检验记录	质量等级
		合格	优良		合格	优良
1	坝基开挖岩面	开挖面平顺，局部出现反坡及不平顺岩面，已用混凝土填平补齐	开挖平整，无反坡及陡于设计要求的坡度	开挖面基本平顺，局部出现不平顺光面，不平顺处用混凝土填平补齐	√	

项次	基本项目	质量标准		检验记录	质量等级	
		合格	优良		合格	优良
2	基坑开挖边坡	边坡稳定,无反坡,无松动岩石	边坡稳定,无反坡,无松动岩石,且坡面平整	边坡稳定,无反坡,无松动岩石,且坡面大致平整	√	

项次	允许偏差项目		设计值	允许偏差(cm)	实测值	合格数(点)	合格率(%)
1	标高		50.00 m	−10 ~ +30	5 006.1,5 006.1,5 006.3,5 006.2,5 006.1,5 005.9,4 995.0,4 992.5,5 005.9,5 006.0,5 006.1,5 005.1 cm	12	100
2	坡面局部超欠挖	坡面斜长15 m 以内	14.00 m	−20 ~ +30	1 385,1 386,1 389,1 400,1 410,1 415,1 420,1 430,1 382,1 380,1 388,1 389,1 420,1 432,1 433,1 430 cm	14	87.5
		坡面斜长15 m 以上		−30 ~ +50	—		
3	长、宽边线范围			0 ~ +50	长:550,545,530,545,550,560,550,545,535,540,535,545 cm 宽:1 005,1 010,1 015,1 020,1 030,1 045,1 050,1 055,1 045,1 050,1 048 cm	21	91.3

评定意见		工序质量等级
保证项目质量全部符合质量标准,基本项目质量合格,允许偏差项目各项合格率87.5% ~ 100%		合格
施工单位	×××(签名) ××年×月×日	建设(监理)单位 ×××(签名) ××年×月×日

注:"+"为超挖,"−"为欠挖。

（四）坝基及岸坡地质构造处理工序质量评定

（1）单位工程、分部工程、单元工程名称及施工单位按照土石坝坝基及岸坡处理单元工程质量评定表填写。单元工程量栏中首先填单元工程量,如石方开挖250 m³,再填工序量,如混凝土回填43 m³。

（2）保证项目栏中项次1的质量标准有"按设计要求处理",由于内容多,故应注明"设计要求见附页"。

（3）检验方法及数量。现场检查及查看施工记录。

（4）工序质量标准。合格:保证项目符合相应的质量评定标准,基本项目符合相应的合格质量标准。优良:保证项目符合相应的质量评定标准;基本项目符合相应的合格质量标准,其中必须有一项符合优良质量标准。

坝基及岸坡地质构造处理工序质量评定表范例见表5-33。

表 5-33　坝基及岸坡地质构造处理工序质量评定表

单位工程名称	右非溢流坝	单元工程量	石方 250 m³,混凝土回填 43 m³
分部工程名称	右坝肩接头	施工单位	×××工程局
单元工程名称、部位	基础 1－1	检验日期	2009 年 4 月 20 日

项次	保证项目	质量标准	检验记录
1	坝基、岸坡地质构造处理	岩石节理、裂隙、断层或构造破碎带已按设计要求处理(设计要求见附页)	坝基岩石新鲜,较完整,块状结构。表层层面裂隙较发育,局部层面张开 1～3 mm,充填有少量岩屑及泥;按设计要求层面内岩屑及泥用水冲洗干净,清除松动岩块,清除后,沿层面补打锚杆,使底板完整性增大,详见处理检查记录
2	地质构造处理的灌浆工程	符合设计要求和《水工建筑物水泥灌浆施工技术规范》(DL/T 5148—2001)规定	符合设计要求和《水工建筑物水泥灌浆施工技术规范》(DL/T 5148—2001)规定,详见灌浆记录

项次	基本项目	质量标准		检验记录	质量等级	
		合格	优良		合格	优良
1	岩石裂隙与节理处理	处理方法符合设计,节理、裂隙内的充填物冲洗干净,回填水泥浆、水泥砂浆、混凝土饱满密实	达到合格标准,且无干缩裂缝,裂隙周边无松动岩体,外观平整,周边整洁	节理、裂隙处理按设计要求,对裂隙经常进行撬挖处理,节理、裂隙内充填物用高压水枪冲洗干净,用高强度水泥砂浆填实,裂隙周边无松动岩体,周边整洁		√
2	断层或破碎带的处理	开挖宽度、深度符合设计要求,边坡稳定,回填混凝土密实,无深层裂缝,蜂窝麻面面积不大于 0.5%,蜂窝进行处理	开挖宽度、深度符合设计要求,边坡稳定,回填混凝土密实,无裂缝,无蜂窝麻面,无反坡,无浮石,基面清理干净,表面平整	基础有一小断面,开挖宽度 0.8 m,深度 2.5 m,且符合设计要求,边坡稳定,回填密实,蜂窝麻面小于 0.5%,混凝土未见裂缝	√	

评定意见			工序质量等级	
保证项目质量全部符合质量标准。基本项目全部合格,优良率50.0%			优良	
施工单位	×××(签名) ××年×月×日		建设(监理)单位	×××(签名) ××年×月×日

(五)坝基及岸坡渗水处理工序质量评定

（1）单位工程、分部工程、单元工程名称及施工单位按照土石坝坝基及岸坡处理单元工程质量评定表填写。单元工程量栏中先填单元工程量，然后填本工序渗水处理量（处）。

（2）检验方法。以观察检查、查看施工记录为主。

（3）工序质量标准。合格：保证项目符合相应的质量评定标准，基本项目符合相应的合格质量标准。优良：保证项目符合相应的质量评定标准，基本项目符合相应的优良质量标准。

坝基及岸坡渗水处理工序质量评定表范例见表 5-34。

表 5-34　坝基及岸坡渗水处理工序质量评定表

单位工程名称	右非溢流坝	单元工程量		石方 250 m³,渗水处理 2 处		
分部工程名称	右坝肩接头	施工单位		×××工程局		
单元工程名称、部位	基础 1 – 1	检验日期		2009 年 4 月 20 日		
项次	保证项目	质量标准		检验记录		
1	渗水处理	渗水已妥善排堵,基坑中无积水		基坑内积水已用水泵抽干,渗水已引排,基坑内无积水,并保持干燥		
项次	基本项目	质量标准		检验记录	质量等级	
		合格	优良		合格	优良
1	经过处理的坝基与岸坡渗水情况	在回填土或浇筑混凝土范围内水源基本切断,无积水、无明流	在回填土或浇筑混凝土范围内水源切断,无积水、无明流,岩石清洁	浇筑混凝土前检查基坑,无积水,周边水源切断,已无明流,基面岩石整洁、干净		√
评定意见					工序质量等级	
保证项目符合质量标准。基本项目达到优良标准					优良	
施工单位	×××(签名) ××年×月×日			建设(监理)单位	×××(签名) ××年×月×日	

二、土质防渗体填筑单元工程(工序)质量评定

(一)土质防渗体填筑单元工程质量评定

（1）单元工程按设计或施工检查验收区、段、层划分，常以每一区、段的每一层为一个单元工程。单元工程量栏中填本单元工程土方填筑量。

（2）土质防渗体填筑单元工程质量评定在结合面处理、卸料及铺填、压实、接缝处理等工序质量评定后，由施工单位按照监理复核的工序质量结果填写（从表头至评定意见）。单元工程质量等级由监理复核评定。

（3）单元工程质量标准。合格：各工序的质量评定均符合相应的合格质量标准。优

良:各工序的质量评定全部符合相应的合格质量标准,其中接合面处理与压实两项质量必须达到优良。

土质防渗体填筑单元工程质量评定表范例见表5-35。

表5-35 土质防渗体填筑单元工程质量评定表

单位工程名称	金湖水库大坝	单元工程量	土方338 m³
分部工程名称	防渗心墙	施工单位	×××工程局
单元工程名称、部位	心-1	评定日期	2009年4月11日
项次	工序名称		工序质量等级
1	△接合面处理		优良
2	卸料及铺填		合格
3	△压实		合格
4	接缝处理		优良
评定意见			单元工程质量等级
全部工序质量达到合格标准,其中50.0%达到优良标准。主要工序未全部达到优良标准			合格
施工单位	×××(签名) ××年×月×日	建设(监理) 单位	×××(签名) ××年×月×日

(二)土石坝土质防渗体结合面处理工序质量评定

(1)单位工程、分部工程、单元工程名称及施工单位按照土质防渗体填筑单元工程质量评定表填写。单元工程量栏中先填单元工程量,再填写本单元结合面处理面积。

(2)检验方法。保证项目、基本项目以观察检查和查看施工记录为主。

(3)保证项目栏中项次2的质量标准为"按规定、设计要求处理",由于设计要求内容较多,故注明"(见附页)"。

(4)工序质量标准。合格:保证项目符合相应的质量评定标准,基本项目符合相应的合格质量标准。优良:保证项目符合相应的质量评定标准;基本项目符合相应的合格质量标准,其中必须有一项符合优良质量标准。

土石坝土质防渗体结合面处理工序质量评定表范例见表5-36。

(三)土石坝土质防渗体卸料及铺填工序质量评定

(1)单位工程、分部工程、单元工程名称及施工单位按照土质防渗体填筑单元工程质量评定表填写。本工序工程量与单元工程量相同。

(2)保证项目栏中项次1的质量标准有"符合设计和施工规范"要求,应写出规范名称及编号,并用"( )"标明。检验方法是观察检查并查阅试验记录。

(3)检测数量及方法。铺土厚度(平整后,压实前),采用网格控制,每100 m²一个测点。铺填边线,用仪器测量及拉线,每10延米一个测点。

(4)允许偏差项目栏中项次2分为人工施工、机械施工两类。本例是机械施工,用"√"标明。实测值栏因测量数量较多,故填写总测点数、实测值范围(最小值~最大值)、合格点数。详细测量数据应附后。

（5）工序质量标准。合格：保证项目符合相应的质量评定标准，基本项目符合相应的合格质量标准，允许偏差项目每项应有70%及以上测点在允许偏差质量标准范围内。优良：保证项目符合相应的质量评定标准，基本项目符合优良质量标准，允许偏差项目每项须有90%及以上测点在相应的允许偏差质量标准范围内。

土石坝土质防渗体卸料及铺填工序质量评定表范例见表5-37。本例按《碾压式土石坝施工规范》（DL/T 5129—2001）规定执行。

表5-36　土石坝土质防渗体结合面处理工序质量评定表

单位工程名称	金湖水库大坝	单元工程量	土方338 m³,结合面处理254 m²			
分部工程名称	防渗心墙	施工单位	×××工程局			
单元工程名称、部位	心－1	检验日期	2009年3月20日			
项次	保证项目	质量标准		检验记录		
1	防渗体填筑前	基础处理已验收合格		查阅基础处理施工记录,记录翔实,处理符合设计要求,已验收合格		
2	防渗铺盖、均质坝地基	按规定、设计要求处理（见附页）		符合设计要求（见附页）		
3	上下层铺土间结合层面	禁止撒入砂砾、杂物以及车辆在层面上重复碾压		在上下层铺土间的结合层面无撒入砂砾、杂物以及车辆在层面上重新碾压的现象		
项次	基本项目	质量标准		检验记录	质量等级	
		合格	优良		合格	优良
1	与土质防渗体接合的岩面以及混凝土面处理	岩石、混凝土表面的浮渣、污物、泥土、乳皮、粉尘、油毡等清除干净,渗水排干。接触岩面混凝土面上保持湿润,涂刷泥浆或黏土水泥砂浆,回填及时,无风干现象	岩石、混凝土表面清理干净,回填面湿润,无局部积水。浆液均匀,稠度一致,涂刷均匀,无空白,回填及时,无风干现象	岩石、混凝土表面的浮渣、污物、泥土、乳皮、粉尘、油毡等已清除干净,渗水已排干。接触岩面混凝土面洒水保持湿润,并均匀涂刷水泥砂浆,回填及时,回填面无风干现象	√	
2	上下层铺土间的接合层面处理	表面松土、砂砾及其他杂物清除干净,保持湿润,根据需要刨毛,且深度、密度符合要求	表面松土、砂砾及其他杂物彻底清除,湿润均匀,无积水,无空白,刨毛深度、密度符合设计,无团块	表面松土、砂砾及其他杂物已彻底清除,层面保持湿润均匀,无积水,无空白,刨毛深度、密度符合设计,无团块		√
评定意见				工序质量等级		
保证项目全部符合质量标准,基本项目质量合格,其中优良率50.0%				优良		
施工单位	×××（签名） ××年×月×日			建设（监理）单位	×××（签名） ××年×月×日	

表 5-37　土石坝土质防渗体卸料及铺填工序质量评定表

单位工程名称	金湖水库大坝	单元工程量		土方 338 m³
分部工程名称	防渗心墙	施工单位		×××工程局
单元工程名称、部位	心－1	检验日期		2009 年 3 月 25 日
项次	保证项目	质量标准		检验记录
1	上坝土料	黏粒含量、含水量、土块直径、砾质黏土的粗粒含量、粗粒最大粒径，符合设计和施工规范，严禁冻土上坝（《碾压式土石坝施工规范》（DL/T 5129—2001））		黏粒含量 20%～30%，含水率最优，最大粒径 20 cm，连续级配，符合设计
2	卸料	按设计和规范要求卸料，及时平料，均衡上升，施工面平整，层次清楚；上下层分段位置错开；铺料表面保持湿润		卸料后及时平料，使层面均衡上升，施工面大致平整，层次基本清楚，上下层分段位置均错开，铺料表面保持湿润
3	均质坝铺土	上下游坝坡留足余量，防渗铺盖在坝体内部分与心墙或斜墙同时铺筑，防渗体在坝内无纵缝		上下游坝坡留足余量 0.8～1.0 m，防渗铺盖在坝体内部分与心墙同时铺筑，防渗体坝内未出现纵缝

项次	基本项目	质量标准		检验记录	质量等级	
		合格	优良		合格	优良
1	土料铺料	摊铺后的土料，厚度均匀，表面基本平整，无土块（或粗粒）集中	摊铺后的土料，厚度均匀，表面平整，无粗粒集中，边线整齐	土料摊铺后，厚度基本均匀，表面基本平整，无粗粒集中，边线基本整齐	√	

项次	允许偏差项目	允许偏差（cm）	实测值	合格数（点）	合格率（%）
1	铺土厚度（平整后，压实前）	－5～0	设计铺土厚度 30 cm。共测 22 点，实测值 26～32 cm，合格 19 点	19	86.4
2	铺填边线	人工施工：－5～+10 √机械施工：－5～+30	共测 44 点，实测值 －4～40 cm，合格 37 点	37	84.1

评定意见		工序质量等级
保证项目符合质量标准，基本项目质量合格，允许偏差项目合格率 86.4%、84.1%		合格
施工单位	×××（签名）　×× 年 × 月 × 日	建设（监理）单位　×××（签名）　×× 年 × 月 × 日

(四)土石坝土质防渗体压实工序质量评定

(1)单位工程、分部工程、单元工程名称及施工单位按照土质防渗体填筑单元工程质量评定表填写。本工序工程量与单元工程量相同。

(2)基本项目栏中项次1"防渗体碾压后的干密度(干容重)"须填写设计值,如1.95 g/cm³。

(3)检验数量及方法。干密度试验黏性土1次/(100~200 m³),砾质土1次/(200~400 m³),如单元工程量较少,每层(单元)取样少于20次时,可多层累计统计,但每层不少于5次。

检验时可采用查阅碾压试验记录及报告、观察检查、查看施工记录等方法。

(4)工序质量标准。合格:保证项目符合相应的质量评定标准,基本项目符合相应的合格质量标准。优良:保证项目符合相应的质量评定标准;基本项目中的项次1必须符合优良质量标准,另一项符合优良或合格质量标准。

土石坝土质防渗体压实工序质量评定表范例见表5-38。

表5-38　土石坝土质防渗体压实工序质量评定表

单位工程名称	金湖水库大坝	单元工程量	土方338 m³
分部工程名称	防渗心墙	施工单位	×××工程局
单元工程名称、部位	心－1	检验日期	2009年3月25日

项次	保证项目	质量标准	检验记录
1	土质防渗体开工前进行碾压试验	土料的含水量高于或低于施工含水量的上、下限值时,进行含水量调整的工艺试验,施工碾压必须严格控制压实参数和按照操作规程施工	开工前进行了碾压试验,严格按照操作规程施工;碾压3遍,振动3遍,含水率最优。控制压实干密度1.99~1.95 g/cm³
2	基槽填土	从低洼处开始,保持填土面始终高于地下水水面;靠近岸坡、结构物边角处的填土用小型或轻型机具压实,当填土具有足够的长、宽、厚度时,可使用大型压实机具	基槽填土从最低洼处填起,始终保持填土面高于地下水水面;岸坡附近和结构物边角处填土后,采用小型压实机具,一般用大型压实机具

项次	基本项目	质量标准		检验记录	质量等级	
		合格	优良		合格	优良
1	防渗体碾压后的干密度（干容重）	合格率≥90%，不合格样不得集中，最小值不低于设计干密度的0.98倍	合格率≥95%，不合格样不得集中，最小值不低于设计干密度的0.98倍	设计干密度1.95 g/cm³。实测20次，实测值1.92～1.96 g/cm³，合格18次，合格率90.0%，最小值/设计值＝0.98	√	
2	土料碾压	无漏压，表面平整，个别弹簧、起皮、脱空和剪力破坏部分已妥善处理	无漏压，表面平整，无弹簧、起皮、脱空和剪力破坏现象	无漏压，表面基本平整，局部出现弹簧土，已进行处理	√	
评定意见					工序质量等级	
保证项目符合质量标准。基本项目质量合格					合格	
施工单位	×××（签名）××年×月×日			建设（监理）单位	×××（签名）××年×月×日	

（五）土石坝土质防渗体接缝处理工序质量评定

（1）单位工程、分部工程、单元工程名称及施工单位按照土质防渗体填筑单元工程质量评定表填写。单元工程量栏中先填单元工程量，再填本工序接缝处理工程量（m²）。

（2）基本项目"坡面接合"栏中须填写规定的填土含水率及干密度设计值，并用"（ ）"标明。

（3）填土含水率及干密度检测数量：每10延米取试样一个；如一层达不到20个试样，可多层累计统计合格率，但每层不得少于3个试样。

（4）工序质量标准。合格：保证项目符合相应的质量评定标准，基本项目符合相应的合格质量标准。优良：保证项目符合相应的质量评定标准，基本项目符合优良标准。

土石坝土质防渗体接缝处理工序质量评定表范例见表5-39。

表5-39 土石坝土质防渗体接缝处理工序质量评定表

单位工程名称	金湖水库大坝	单元工程量	土方338 m³，接缝26 m²
分部工程名称	防渗心墙	施工单位	×××工程局
单元工程名称、部位	心－1	检验日期	2009年3月27日

项次	保证项目	质量标准	检验记录
1	接缝处理	斜墙和窄心墙内不得留有纵向接缝,所有接缝接合坡面不陡于1:3,高差不超过15 m,与岸坡接合坡度应符合设计要求。均质土坝纵向接缝应采用不同高度的斜坡和平台相间形式,坡度与平台宽度满足稳定要求,平台间高差不大于15 m	黏土心墙内无纵向接缝,所有接缝接合坡面均不陡于1:3,高差均小于15 m,与岸坡接合坡度均符合设计要求
2	防渗体内纵横接缝的坡面处理	严格进行削坡、润湿、刨毛,保证接合质量	防渗体内横向接缝进行削坡、湿润、刨毛,保证接合部位的质量

项次	基本项目	质量标准		检验记录	质量等级	
		合格	优良		合格	优良
1	坡面接合(填土含水率允许范围:18.0%~19.4%,设计干密度1.95 g/cm³)	填土含水率在允许范围内,铺土均匀,表面平整,无团块集中,无风干,碾压层平整密实,无明显拉裂和起皮现象,压实合格率≥90%	填土含水率在允许范围内的上限,铺土均匀,表面平整,无团块,无风干,碾压层平整密实,无拉裂和起皮现象,压实合格率≥95%	填土含水率测10组,实测值18.6%~19.3%,铺土均匀,表面平整,无团块,无风干现象,碾压层平整密实,无拉裂、起皮现象。干密度测试:共取样20组,实测值1.95~1.92 g/cm³,全部合格,合格率100%		√

评定意见		工序质量等级
保证项目符合质量标准,基本项目质量优良		优良

施工单位	×××(签名) ××年×月×日	建设(监理)单位	×××(签名) ××年×月×日

三、土石坝混凝土面板单元工程(工序)质量评定

(一)土石坝混凝土面板单元工程质量评定

(1)单元工程划分。混凝土面板包括面板及趾板两类,以每块面板或每块趾板为一个单元工程。单元工程量栏中填写本单元混凝土浇筑量(m³)。

(2)土石坝混凝土面板单元工程质量评定在基面清理、模板、止水及伸缩缝、混凝土浇筑及钢筋等工序质量评定后,由施工单位按照建设(监理)单位复核的工序质量结果填

写(从表头至评定意见)。单元工程质量等级由建设(监理)单位复核评定。

(3)单元工程质量标准。合格:各工序的质量评定均应符合相应的合格质量标准。优良:混凝土浇筑、止水及伸缩缝处理两工序质量评定必须达到优良质量标准,其他工序亦须达到合格(或优良)质量标准。

土石坝混凝土面板单元工程质量评定表范例见表5-40。

表 5-40　土石坝混凝土面板单元工程质量评定表

单位工程名称	渔跃右非溢流坝	单元工程量	混凝土 155 m³
分部工程名称	混凝土防渗面板	施工单位	×××工程局
单元工程名称、部位	坝面板 1	评定日期	2010 年 5 月 10 日
项次	工序名称	工序质量等级	
1	基面清理	优良	
2	模板制作与安装	合格	
3	△止水及伸缩缝制作与安装	合格	
4	△混凝土面板浇筑	合格	
评定意见		单元工程质量等级	
全部工序质量达合格标准,其中 25% 达到优良标准。主要工序全部为合格		合格	
施工单位	×××(签名) ××年×月×日	建设(监理)单位	×××(签名) ××年×月×日

(二)土石坝混凝土面板基面清理工序质量评定

(1)单位工程、分部工程、单元工程名称及施工单位按照土石坝混凝土面板单元工程质量评定表填写。单元工程量栏中先填单元工程量,再填基面清理面积(m²)。

(2)保证项目项次 1 中包括趾板基础与垫层防护层两类,实际单元工程中属于哪类,就在相应位置用"√"标明。

(3)检验方法。保证项目对照施工图纸,查阅验收记录。基本项目观察检查,查验施工记录。

(4)工序质量标准。合格:保证项目符合相应的质量评定标准,基本项目符合相应的合格质量标准。优良:保证项目符合相应的质量评定标准,基本项目中趾板基础清理质量合格(或优良),垫层防护层清理质量必须优良。

土石坝混凝土面板基面清理工序质量评定表范例见表5-41。本例是垫层防护层,故填表时在垫层防护层旁用"√"标明。

表 5-41　土石坝混凝土面板基面清理工序质量评定表

单位工程名称	渔跃右非溢流坝	单元工程量	混凝土 155 m³,基面清理 28 m²			
分部工程名称	混凝土防渗面板	施工单位	×××工程局			
单元工程名称、部位	坝面板 1	检验日期	2009 年 5 月 5 日			
项次	保证项目	质量标准		检验记录		
1	趾板基础、√垫层防护层	基面平整,无杂物,坡度准确		对照图纸,查阅施工记录,已按设计要求认真施工,验收合格后,才进行基面清理		
项次	基本项目	质量标准		检验记录	质量等级	
		合格	优良		合格	优良
1	趾板基础清理	仓面无松动岩石、无浮渣、无杂物、无积水,岩面洁净	仓面无松动岩石、无浮渣、无杂物、无积水,岩体无爆破裂缝,岩面平整,无陡坎,清洗干净	仓面无松动岩石、无浮渣、无杂物,积水完全排除,岩面平整,无陡坎,清洗干净		√
2	垫层防护层清理	检验合格,表面较平整,浮渣、杂物清除干净,表面湿润	检验合格,表面平整、稳定,浮渣、杂物清除干净,表面湿润、均匀	表面杂物、浮渣清除干净,保持表面湿润均匀,且大面平整、稳定,检验合格		√
评定意见				工序质量等级		
保证项目符合质量标准,基本项目达到优良标准				优良		
施工单位	×××(签名) ××年×月×日		建设(监理)单位	×××(签名) ××年×月×日		

(三)土石坝混凝土面板模板制作与安装工序质量评定

(1)单位工程、分部工程、单元工程名称及施工单位按照土石坝混凝土面板单元工程质量评定表填写。单元工程量栏中先填本单元工程量,再填模板安装量(m²)。

(2)检测数量及方法。滑模轨道安装仪器测量,每 10 延米测 1 点,总检测点数不少于 20 点。其他项目用尺测量,具体数量见相应的评定标准。

(3)工序质量标准。合格:保证项目符合相应的质量评定标准,基本项目符合相应的合格质量标准,允许偏差项目每项应有 70% 及以上的测点在相应的允许偏差质量标准范围内。优良:保证项目符合相应的质量评定标准,基本项目符合优良质量标准,允许偏差项目每项须有 90% 及以上的测点在相应的允许偏差质量标准范围内。

土石坝混凝土面板模板制作与安装工序质量评定表范例见表 5-42。

表 5-42　土石坝混凝土面板模板制作与安装工序质量评定表

单位工程名称	渔跃右非溢流坝	单元工程量	混凝土 155 m^3，模板 12.0 m^2
分部工程名称	混凝土防渗面板	施工单位	×××工程局
单元工程名称、部位	坝面板 1	检验日期	2009 年 5 月 7 日

项次	保证项目	质量标准	检验记录
1	滑模结构及牵引系统，模板及支架	牢固可靠，有安全装置，有足够的稳定性、刚度和强度	施工前现场检查:滑模安装牢固,有安全装置,稳定性、刚度及强度均满足要求

项次	基本项目	质量标准		检验记录	质量等级	
		合格	优良		合格	优良
1	滑模的质量	表面清理比较干净,无附着物	表面清理干净,无任何附着物,表面光滑	滑模表面清理干净,无附着物,光滑(新模)		√

项次	允许偏差项目	设计值（m）	允许偏差（mm）	实测值（mm）	合格数（点）	合格率（%）
1	外形尺寸	高1.5,宽8	±10	高 1 500,1 498,1 500,1 502,1 507,1 500;宽 8 000,8 005	8	100
2	对角线长度	8.139	±6	8 140,8 140	2	100
3	扭曲		4	3,2,5,4,1,3,2,1,1,2	9	90
4	表面局部不平度		3/m	2,2,1,3,2,4,2,1,1,1	9	90
5	滚轮或滑道间距	7.50	±10	7 500,7 504,7 502,7 501	4	100
6	轨道安装高程		±5	共测 20 点,实测值偏差 -3 ~ +7	16	80
7	轨道安装中心线		±10	共测 20 点,实测值偏差 -5 ~ +12	15	75
8	接头处轨面错位		2	1,0,3,1,2	4	80

评定意见		工序质量等级
保证项目符合质量标准,基本项目达到优良标准,允许偏差项目合格率 75% ~ 100%		合格
施工单位	×××(签名)　××年×月×日	建设(监理)单位　×××(签名)　××年×月×日

(四)土石坝混凝土面板止水及伸缩缝制作与安装工序质量评定

(1)单位工程、分部工程、单元工程名称及施工单位按照土石坝混凝土面板单元工程质量评定表填写。单元工程量栏中先填单元混凝土量,再填止水片(带)安装长度(m)。

(2)保证项目。项次1质量标准要求止水、伸缩缝的结构形式、原材料符合设计要求,由于本例设计要求内容多,采取另附页说明,填写"(见附页)"。

(3)检测数量。允许偏差项目项次1、2、3、4、5、6每5延米检测1点,项次4搭接长度逐个接缝检查。

(4)工序质量标准。合格:保证项目符合相应的质量评定标准,基本项目符合相应的合格质量标准,允许偏差项目每项应有70%及以上的测点在相应的允许偏差质量标准范围内。优良:保证项目符合相应的质量评定标准;基本项目必须有50%及以上达到优良质量标准,其余达到合格(或优良)质量标准;允许偏差项目每项须有90%及以上的测点在相应的允许偏差质量标准范围内。

土石坝混凝土面板止水及伸缩缝制作与安装工序质量评定表范例见表5-43。

(五)土石坝混凝土面板浇筑工序质量评定

(1)单位工程、分部工程、单元工程名称及施工单位按照土石坝混凝土面板单元工程质量评定表填写。本工序工程量与单元工程量相同。

(2)保证项目质量标准。项次1有满足设计要求等规定,须在该栏中将设计要求数值写出,并用"( )"标明。如抗压为C20,抗渗为W8,抗冻为F150。

(3)检测数量。保证项目项次1:强度,趾板每块至少一组,面板每班至少一组;抗冻、抗渗,趾板每500 m³一组,面板每3 000 m³一组。基本项目项次1,坍落度检测每班不少于3次。允许偏差项目,每10延米测1点。

(4)工序质量标准。合格:保证项目符合相应的质量评定标准,基本项目符合相应的合格质量标准,允许偏差项目每项应有70%及以上的测点在相应的允许偏差质量标准范围内。优良:保证项目符合相应的质量评定标准;基本项目中,须有50%及以上达到优良质量标准,其他达到合格(或优良)质量标准;允许偏差项目中每项须有90%及以上测点在相应的允许偏差质量标准范围内。

土石坝混凝土面板浇筑工序质量评定表范例见表5-44。

四、沥青混凝土心墙单元工程(工序)质量评定

(一)沥青混凝土心墙单元工程质量评定

(1)单元工程按沥青混凝土心墙铺筑区、段划分,每一个连续铺筑的区、段即为一个单元工程。单元工程量栏中填写本单元工程沥青混凝土浇筑量(m³)。

(2)沥青混凝土心墙单元工程质量评定在基础面清理与沥青混凝土接合层面处理、模板、沥青混凝土制备、沥青混凝土的摊铺与碾压等工序质量评定后,由施工单位按照建设(监理)单位复核的工序质量结果填写(从表头至评定意见)。单元工程质量等级由建设(监理)单位复核评定。

(3)单元工程质量标准。合格:基础面处理(或层面处理)、模板、沥青混凝土制备、摊铺碾压等工序质量评定均应合格;心墙单元工程钻孔取样容重、渗透系数必须合格。优良:

表 5-43　土石坝混凝土面板止水及伸缩缝制作与安装工序质量评定表

单位工程名称	渔跃右非溢流坝	单元工程量	混凝土 155 m³，止水 58 m
分部工程名称	混凝土防渗面板	施工单位	×××工程局
单元工程名称、部位	坝面板 1	检验日期	2009 年 5 月 8 日

项次	保证项目	质量标准	检验记录
1	止水、伸缩缝的结构形式、原材料	符合设计要求，未经鉴定的新材料不得用于主体工程（见附页）	止水类型、规格尺寸符合设计要求，有产品材质说明书、出厂检验合格证，为合格产品，详见检查记录
2	止水片（带）架设	位置准确、牢固可靠，无损坏	止水位置准确、牢固、可靠，无损坏

项次	基本项目	质量标准		检验记录	质量等级	
		合格	优良		合格	优良
1	止水片（带）安装	位置准确、平直，表面洁净，金属止水片与塑胶垫片连接较好，填充沥青饱满	位置准确、平直，表面边角整齐洁净，金属止水片与塑胶垫片连接紧密，填充沥青饱满密实	橡胶止水安装位置准确、平直，表面边角整齐洁净		√
2	焊接及粘接长度	焊接及粘接长度符合设计要求，焊接或粘接紧密，无空洞、无脱离	焊接及粘接长度符合设计要求，焊接或粘接紧密，表面光滑，无裂纹、无空洞、无脱离，外形美观	连接采用硫化热黏合，粘接长度符合设计要求，粘接紧密，无裂缝、无空洞、无脱离		√
3	伸缩缝处理（包括混凝土面处理及表面嵌缝）	混凝土表面平整，无蜂窝麻面、起皮、起砂；稀料涂刷均匀，结合紧密；填料工艺符合设计要求	混凝土表面必须平整，无蜂窝麻面、起皮、起砂；稀料涂刷均匀，嵌缝工艺合理，断面符合要求	混凝土表面平整，无蜂窝麻面、洁净、干燥；稀料涂刷均匀且结合紧密；嵌缝填料充填密实，施工工艺符合设计要求		√

项次	允许偏差项目	设计值（cm）	允许偏差（mm）		实测值（cm）	合格数（点）	合格率（%）
			金属止水	√塑料止水			
1	宽度	30	±5	±5	30.0，30.0，30.02，30.05，30.04，30.0，30.0，30.03，30.0，30.01	10	100
2	凸体及翼缘弯起高度		±2		—	—	—

项次	允许偏差项目	设计值（cm）	允许偏差（mm） 金属止水	允许偏差（mm） √塑料止水	实测值（cm）	合格数（点）	合格率（%）
3	桥部圆孔直径	10		±2	10,10,9.9,10,10.1,10.2,9.9,9.8,10,10	10	100
4	搭接长度	20	0 ~ +20	0 ~ +50	20.5,20.1,20.2,20.3,20.5,20.2,20.5,20.4,20.3,20.4	10	100
5	中心线安装偏差	15	±5	±5	15.05,15.02,14.98,15.05,14.97,14.95,15.05,14.95,15.05,14.99	10	100
6	两翼缘倾斜度		±5	±10	10点，范围 −5 ~ +12	—	—

评定意见			工序质量等级	
保证项目符合质量标准，基本项目66.7%达到优良标准，允许偏差项目合格率100%			优良	
施工单位	×××（签名）××年×月×日	建设（监理）单位	×××（签名）××年×月×日	

表5-44　土石坝混凝土面板浇筑工序质量评定表

单位工程名称	渔跃右非溢流坝	单元工程量	混凝土 155 m³
分部工程名称	混凝土防渗面板	施工单位	×××工程局
单元工程名称、部位	坝面板1	检验日期	2009 年 5 月 9 日

项次	保证项目	质量标准	检验记录
1	混凝土配合比及施工质量	满足设计抗压、抗渗、抗冻、抗腐蚀要求（C20、W8、F150）	配合比及施工质量符合设计要求，原材料、混凝土抗压、抗渗、抗冻符合设计要求及有关规定，具体参数见原材料及混凝土抗压、抗渗、抗冻检验报告
2	特殊要求	采用滑模，混凝土连续浇筑，不允许仓面混凝土有初凝现象，否则按冷缝处理	用滑模，混凝土连续浇筑，仓面混凝土无初凝现象
3	混凝土表面	无蜂窝、麻面、孔洞及露筋	无蜂窝、孔洞及露筋
4	面板裂缝	无贯穿性裂缝	有短小、不跨层的表面裂缝，已按要求处理

项次	基本项目	质量标准 合格	质量标准 优良	检验记录	质量等级 合格	质量等级 优良
1	坍落度	混凝土稠度基本均匀，坍落度偏离设计中值不大于2cm	混凝土稠度均匀，坍落度偏离设计中值不大于1cm	混凝土稠度基本均匀，坍落度设计5 ~7cm，共测12次，实测值4.5 ~6.5 cm	√	

项次	基本项目	质量标准		检验记录	质量等级	
		合格	优良		合格	优良
2	入仓混凝土（每层铺厚不大于 30 cm）	铺料及时、均匀，层厚符合规定，仓面平整，无明显骨料集中现象	铺料及时、均匀，层厚符合规定，仓面平整，钢筋上无凝固水泥浆等附着物，无骨料集中现象	铺料及时、均匀，层厚基本符合规定，仓面基本平整，无明显骨料集中现象	√	
3	混凝土振捣	振捣基本均匀、密实	振捣均匀、密实，侧模、止水附近的混凝土捣实仔细	有次序，无漏振，振捣基本均匀、密实，止水附近的混凝土捣实仔细	√	
4	混凝土脱模后	脱模混凝土基本不出现鼓胀、拉裂现象，对局部不平整及时抹平	表面无鼓胀、拉裂现象，表面抹面及时、均匀，外观光滑平整	表面无鼓胀、拉裂现象，对局部不平整及时用砂浆抹平	√	
5	混凝土养护	养护及时，在 28 d 内保持面板表面湿润	对新脱模的混凝土进行有效保护，连续养护至水库蓄水时为止，养护期面板表面保持湿润	专人洒水养护，在规定 28 d 内保持面板表面湿润		√
6	麻面	面积 <0.5%	无	局部出现少量麻面，累计面积 <0.5%	√	
7	表面裂缝	受压区有少量小于 0.3 mm 发状裂缝；受拉区有少量小于 0.2 mm 发状裂缝	无	无		√

项次	允许偏差项目	设计值（mm）	允许偏差（mm）	实测值（mm）	合格数（点）	合格率（%）
1	面板厚度	300	−50 ~ +100	310,325,330,260,250,280,300,350,410,360,355	10	90.9
2	表面平整度	100	30	90,85,100,101,100,115,130,130,136,125,128	10	90.9

评定意见		工序质量等级
保证项目符合质量标准，基本项目全部合格，其中优良率 28.6%，允许偏差项目合格率 90.9%		合格
施工单位	×××（签名） ××年×月×日	建设（监理）单位	×××（签名） ××年×月×日

基础面处理(或层面处理)、模板、沥青混凝土制备、摊铺碾压等工序质量评定均应合格，其中必须有 50% 及以上工序质量评定符合优良质量标准，且心墙单元工程钻孔取样容重、渗透系数必须优良。

(4)钻孔取样测定的渗透系数和容重是控制工程质量的主要指标。沥青混凝土心墙每升高 2~10 m，沿心墙轴线布置 2~4 个取样断面(端面间距不大于 50 m)；每个断面钻一孔，每孔取样 2~5 个，进行容重、渗透和力学性能试验(有要求时，做三轴压缩试验)。沥青混凝土质量最终评定以容重、渗透系数为主要指标，其合格率分别大于等于 90% 为合格、大于等于 95% 为优良。

沥青混凝土心墙单元工程质量评定表范例见表 5-45。

表 5-45　沥青混凝土心墙单元工程质量评定表

单位工程名称	黄石主坝		单元工程量	沥青混凝土 182 m³
分部工程名称	沥青混凝土心墙		施工单位	×××水电工程局
单元工程名称、部位	心墙 4#▽101.2~104.3 m		评定日期	2009 年 9 月 1 日
项次	工序名称			工序质量等级
1	基础面清理与沥青混凝土接合层面处理			优良
2	模板			合格
3	沥青混凝土制备			合格
4	沥青混凝土的摊铺与碾压			优良
评定意见				单元工程质量等级
全部工序质量达合格标准，其中 50.0% 达到优良标准。心墙单元工程钻孔取样的容重合格率 95.4%，渗透系数合格率 98.5%				优良
施工单位	×××(签名) ××年×月×日		建设(监理) 单位	×××(签名) ××年×月×日

(二)基础面清理与沥青混凝土接合层面处理工序质量评定

(1)单位工程、分部工程、单元工程名称及施工单位按照沥青混凝土心墙单元工程质量评定表填写。单元工程量栏中先填写单元工程沥青混凝土浇筑量，再填层面处理面积(m²)。

(2)基本项目栏中项次 1 分稀释沥青、乳化沥青、沥青胶、橡胶沥青等几类，填表时应在所属沥青处用"√"标明。如采用稀释沥青，用笔在"稀释沥青"处用"√"标明。

(3)检验方法与数量：观察检查、用尺量、温度测量、查看施工记录等。温度测量每区、段测量点数不少于 10 点。

(4)工序质量标准。合格：保证项目符合相应的质量评定标准，基本项目符合相应的合格质量标准。优良：保证项目符合相应的质量评定标准；基本项目均符合相应的合格质量标准，其中必须有一项优良。

基础面清理与沥青混凝土接合层面处理工序质量评定表范例见表 5-46。

表 5-46　基础面清理与沥青混凝土接合层面处理工序质量评定表

单位工程名称	黄石主坝	单元工程量	沥青混凝土 182 m³，层面处理 102 m²		
分部工程名称	沥青混凝土心墙	施工单位	×××水电工程局		
单元工程名称、部位	心墙 4#▽101.2～104.3 m	检验日期	2009 年 8 月 25 日		
项次	保证项目	质量标准		检验记录	
1	心墙与基础接合面	清扫干净，均匀喷涂一层稀释沥青（或乳化沥青），混凝土表面烘干燥		接合面清扫干净，沥青喷涂均匀	
2	上下层施工间歇时间	不超过 48 h		上下层施工间歇时间均未超过 48 h	

项次	基本项目	质量标准		检验记录	质量等级	
		合格	优良		合格	优良
1	√稀释沥青、乳化沥青、沥青胶、橡胶沥青的配料、涂抹厚度、贴服牢固程度	配料比例正确；稀释沥青（或乳化沥青）涂抹均匀，无空白；沥青胶（或橡胶沥青）涂抹厚度基本符合设计要求，无鼓包、无流淌，贴服牢固	配料比例准确；稀释沥青（或乳化沥青）涂抹均匀，无空白、无团块，色泽一致；沥青胶（或橡胶沥青）涂抹厚度符合设计要求，贴服牢固，无鼓包、无流淌，表面平整光顺	稀释沥青配料比例正确，涂抹均匀，无空白	√	
2	层面处理	层面清理干净，无杂物、无水珠，层面下 1 cm 处温度不低于 70 ℃	层面清理干净，无杂物、无水珠，且平整光顺，返油均匀，层面下 1 cm 处温度不低于 70 ℃，各点温差不大于 20 ℃	层面干净，无杂物、无水珠，平整光顺，返油均匀，层面下温度实测为 75～90 ℃		√

评定意见		工序质量等级
保证项目符合质量标准；基本项目符合合格标准，其中层面处理符合优良标准		优良
施工单位	×××（签名）　　×× 年 × 月 × 日	建设（监理）单位　×××（签名）　　×× 年 × 月 × 日

（三）沥青混凝土心墙模板工序质量评定

（1）单位工程、分部工程、单元工程名称及施工单位按照沥青混凝土心墙单元工程质量评定表填写。单元工程量栏中先填本单元工程沥青混凝土量，再填本工序模板安装面积(m^2)。

（2）检测方法及数量:仪器测量、拉线和尺量检测,每 10 延米为 1 组测点,每一验收区、段检测不少于 10 组。

（3）工序质量标准。合格:保证项目符合相应的质量评定标准,基本项目符合相应的合格质量标准,允许偏差项目每项应有 70% 及以上的测点在相应的允许偏差质量标准范围内。优良:保证项目符合相应的质量评定标准,基本项目必须符合相应的优良质量标准,允许偏差项目每项须有 90% 及以上的测点在相应的允许偏差质量标准范围内。

沥青混凝土心墙模板工序质量评定表范例见表 5-47。

表 5-47　沥青混凝土心墙模板工序质量评定表

单位工程名称	黄石主坝		单元工程量	沥青混凝土 182 m^3,模板 280 m^2		
分部工程名称	沥青混凝土心墙		施工单位	×××水电工程局		
单元工程名称、部位	心墙 4# ▽101.2～104.3 m		检验日期	2009 年 8 月 27 日		
项次	保证项目	质量标准		检验记录		
1	模板架立	牢固,不变形,拼接严密		采用钢模,架设牢固,拼接严密		
项次	基本项目	质量标准		检验记录	质量等级	
		合格	优良		合格	优良
1	模板缝隙、平直度、表面处理	搭接缝隙不大于 3 mm,平直度差值不大于 2 mm,板面沥青混凝土残渣清除,涂抹脱模剂	搭接缝隙不大于 1 mm,平直度差值不大于 1 mm,板面沥青混凝土残渣清除干净,表面光滑,脱模剂涂抹均匀,无空白	模板缝隙 1～3 mm,平直度 1～2 mm,模板表面无残渣,已涂脱模剂	√	
项次	允许偏差项目	设计值	允许偏差（mm）	实测值（mm）	合格数（点）	合格率（%）
1	模板中心线与心墙轴线（立模后）	50 cm	±10	502,506,504,503,502,505	6	100
2	内侧间距	2 m	±20	2 008,2 016,2 006,2 024,2 004,2 009,2 018,2 020,2 025,2 020	8	80
评定意见					工序质量等级	
保证项目符合质量标准,基本项目合格,允许偏差项目合格率分别为 100%、80%					合格	
施工单位	×××（签名）××年×月×日		建设（监理）单位	×××（签名）××年×月×日		

（四）沥青混凝土制备工序质量评定

（1）单位工程、分部工程、单元工程名称及施工单位按照沥青混凝土心墙单元工程质量评定表填写。本工序工程量与单元工程量相同。

（2）保证项目栏中项次1、2质量标准中有"符合规范、设计要求"。如执行规范，应在相应栏内填写"《土石坝碾压式沥青混凝土防渗墙施工规范》（试行）（SD 220—87）"。

（3）检验方法与数量。①保证项目采用现场检查、查看施工记录、检查出厂合格证和原材料试验报告等方法。②允许偏差项目：A. 温度测量，施工中监测各种原材料的加热温度以利于调整，每班测试各种材料温度不少于5次。B. 对间断性配料设备，每班各种配料抽测不少于3次。对连续性配料设备，随时监测自动秤称量误差。另外，每班机口取样不少于一次，做抽样试验，测定配料偏差，作为评定配料质量的主要依据。C. 出机温度，应逐罐进行温度测验。

（4）工序质量标准。合格：保证项目符合相应的质量评定标准，允许偏差项目每项应有70%及以上的测点在相应的允许偏差质量标准范围内。优良：保证项目符合相应的质量评定标准，允许偏差项目每项必须有90%及以上的测点在相应的允许偏差质量标准范围内。

沥青混凝土制备工序质量评定表范例见表5-48。

表5-48　沥青混凝土制备工序质量评定表

单位工程名称	黄石主坝	单元工程量	沥青混凝土 182 m³
分部工程名称	沥青混凝土心墙	施工单位	×××水电工程局
单元工程名称、部位	心墙4#▽101.2～104.3 m	检验日期	2009年8月30日

项次	保证项目	质量标准	检验记录
1	沥青、骨料、填料、掺料	符合规范、设计要求和有关规定（《土石坝碾压式沥青混凝土防渗墙施工规范》（试行）（SD 220—87））	沥青：道路石油沥青60甲，质量符合SYB 1661—77，骨料用卵石加工的碎石，以石类的光粉为填料，以消石灰为掺料，其质量均符合要求
2	配合比（施工）、投料顺序、拌和时间	配合比符合设计，拌和符合规范要求（《土石坝碾压式沥青混凝土防渗墙施工规范》（试行）（SD 220—87））	配合比用工地试验室提供资料确定，强制式拌和机拌和，其拌和时间和称量偏差都符合SD 220—87规范要求
3	机口出料	色泽均匀，稀稠一致，无花白料、黄烟及其他异常现象	机口出料色泽均匀，无花白料、黄烟及其他异常现象

项次	允许偏差项目		设计值	允许偏差	实测值	合格数（点）	合格率（%）
1	原材料加热	沥青加热	160 ℃	±10 ℃	165, 160, 155, 156, 148, 168, 165, 178, 168, 156 ℃	8	80

项次	允许偏差项目		设计值	允许偏差	实测值	合格数（点）	合格率（%）
1	原材料加热	矿料加热	170 ℃	±10 ℃	185，170，170，168，175，180，180，175，170，185 ℃	8	80
		填料、掺料加热	80 ℃	±20 ℃	80，90，100，95，80，85，90，95，100，105 ℃	9	90
2	配料	粗骨料	810 kg	±2.0%	810，820，805，810，810，817，830，815，802，800 kg	9	90
		细骨料	990 kg	±2.0%	990，998，980，997，1 002，990，970，990，989，990 kg	9	90
		填料（掺料）	200 kg	±1%	200，198，195，201，200，202，200，204，198，200 kg	8	80
		沥青	160 kg	±0.5%	160，159，160，160.5，160，160，160.6，160，160，160 kg	9	90
3	出机温度，沥青混合料拌和后的出机温度		175～160 ℃	上限不大于185 ℃ 下限满足现场碾压要求	上限：160，160，165，165，160，160，155，160，162 ℃ 下限：165，156，170，175，170，160，170，165，175 ℃	16	88.9

评定意见		工序质量等级	
保证项目符合质量标准，允许偏差项目各项合格率为80%～90%		合格	
施工单位	×××（签名）××年×月×日	建设（监理）单位	×××（签名）××年×月×日

（五）心墙沥青混凝土的摊铺与碾压工序质量评定

（1）单位工程、分部工程、单元工程名称及施工单位按照沥青混凝土心墙单元工程质量评定表填写。本工序工程量与单元工程量相同。

（2）保证项目质量标准为符合设计要求和规范的规定，填具体设计要求和规范。如填写"《土石坝碾压式沥青混凝土防渗墙施工规范》（试行）（SD 220—87）"。

（3）检验方法与数量：保证项目和基本项目观察检查及用尺量测。允许偏差项目用尺量测，每10 延米须检测1 组，每一验收区、段，检测不少于10 组。

（4）工序质量标准。合格：保证项目符合相应的质量评定标准，基本项目符合相应的合格质量标准，允许偏差项目每项应有70%及以上的测点在相应的允许偏差质量标准范围内。优良：保证项目符合相应的质量评定标准，基本项目必须符合相应的优良质量标准，允许偏差项目每项必须有90%及以上的测点在相应的允许偏差质量标准范围内。

心墙沥青混凝土的摊铺与碾压工序质量评定表范例见表5-49。

表 5-49　心墙沥青混凝土的摊铺与碾压工序质量评定表

单位工程名称	黄石主坝		单元工程量	沥青混凝土 182 m³	
分部工程名称	沥青混凝土心墙		施工单位	×××水电工程局	
单元工程名称、部位	心墙 4# ▽101.2～104.3 m		检验日期	2009 年 8 月 30 日	
项次	保证项目	质量标准		检验记录	
1	虚铺厚度及碾压遍数	符合设计要求和规范规定（《土石坝碾压式沥青混凝土防渗墙施工规范》（试行）(SD 220—87))		符合 SD 220—87 第 5.2.11 条～第 5.2.17 条规定。混凝土利用保温料罐运输入仓，人工摊铺整平厚度 25～30 cm，振动碾压密实	
项次	基本项目	质量标准		检验记录	质量等级
		合格	优良		合格	优良
1	碾压后沥青混凝土	表面平整,心墙宽度符合设计(无缺损),表面返油,无异常现象	表面平整,心墙边线平直,宽度符合设计,表面返油,色泽均匀光亮,无异常现象	表面平整,心墙边线平直,宽度符合设计,表面返油,色泽均匀光亮		√
项次	允许偏差项目	设计值（cm）	允许偏差	实测值（cm）	合格数（点）	合格率（%）
1	心墙厚度	26	不大于 10%的心墙厚度	25,26,26,28,28,26,27,30,26,27,26,27,27,26,27,30,26,26,26,27,28,27	20	90.9
评定意见				工序质量等级	
保证项目符合质量标准,基本项目符合优良标准,允许偏差项目合格率为90.9%				优良	
施工单位	×××（签名）××年×月×日		建设（监理）单位	×××（签名）××年×月×日	

五、沥青混凝土面板整平层（含排水层）单元工程质量评定

（1）单元工程按铺筑层划分，每一施工分区的每一铺筑层为一个单元工程。面板与刚性建筑物连接部位，按其连续施工段（一般 30～50 m）划分单元工程，如面板与坝基截水墙连接时，每一个施工段即为一个单元工程。单元工程量填写本单元工程沥青混凝土面板整平层面积（m²）。

（2）保证项目。项次 1、2 的质量标准是"符合规范和设计规定"，应填写具体规范和设计规定。如填写"《土石坝碾压式沥青混凝土防渗墙施工规范》（试行）(SD 220—87)"。

（3）检验方法与数量。①保证项目采用现场检查并查看施工记录。②基本项目检测数量：每一铺筑层的每 500～1 000 m² 至少取一组（3 个）试件，或与非破损性检测一起，在仓面每 30～50 m² 选一测点，并且每天机口取样一次作检验。③允许偏差项目项次 1 采取机口或坝面取样，每天做抽样试验至少一次，检查试验报告；项次 2 采取机口每盘量测

一次,坝面每 30～50 m² 测 1 点,检查检测记录;项次 3 采取隔套取样量测,每 100 m² 测 1点,检查检测记录;项次 4 用 2 m 靠尺检测,检测点每天不少于 10 个,检查检测记录。

(4)工序质量标准。合格:保证项目符合相应的质量评定标准,基本项目符合相应的合格质量标准,允许偏差项目每项应有 70% 及以上的测点在相应的允许偏差质量标准范围内。优良:保证项目符合相应的质量评定标准;基本项目符合相应的合格质量标准,其中必须有 50% 及以上的项目符合优良质量标准;允许偏差项目每项必须有 90% 及以上的测点在相应的允许偏差质量标准范围内。

沥青混凝土面板整平层(含排水层)单元工程质量评定表范例见表 5-50。

六、沥青混凝土面板防渗层单元工程质量评定

(1)单元工程划分按每一施工分区的每一铺筑层为一个单元工程。面板与刚性建筑物连接部位,按其连续施工段(一般 30～50 m)划分单元工程,如面板与坝基截水墙连接时,每一个施工段即为一个单元工程。单元工程量填写防渗层面积(m²)。

(2)保证项目。项次 1、2 的质量标准是"符合规范和设计要求",项次 3 的质量标准是"符合规范要求",应填写具体规范和设计要求。如是执行规范,就填写《土石坝碾压式沥青混凝土防渗墙施工规范》(试行)(SD 220—87)"。

(3)检验方法与数量。①保证项目:现场观察,检查施工记录、试验报告及放样记录。②基本项目:每一铺筑层的每 500～1 000 m² 至少取一组(3 个)试件,或每 30～50 m² 用非破损性方法检测,在仓面及接缝处各选一测点,并且每天在机口取样一次作检验。③允许偏差项目:项次 1 采取机口或坝面取样做抽样试验,每天至少一次,检查试验报告(填料百分数系指用量为矿料的百分数);项次 2 采取机口每盘量测一次,坝面每 30～50 m²测 1 点,检查检测记录。

(4)单元工程质量标准。合格:保证项目符合相应的质量评定标准,基本项目符合相应的合格质量标准,允许偏差项目每项须有 70% 及以上的测点在相应的允许偏差质量标准范围内。优良:保证项目符合相应的质量评定标准;基本项目应符合相应的合格质量标准,其中必须有 50% 及以上的项目符合优良质量标准;允许偏差项目每项须有 90% 及以上的测点在相应的允许偏差质量标准范围内。

沥青混凝土面板防渗层单元工程质量评定表范例见表 5-51。

七、沥青混凝土面板封闭层单元工程质量评定

(1)单元工程按铺筑层划分,每一施工分区的每一铺筑层为一个单元工程。面板与刚性建筑物连接部位,按其连续施工段(一般 30～50 m)划分单元工程,如面板与坝基截水墙连接时,每一个施工段即为一个单元工程。单元工程量填写封闭层面积(m²)。

(2)保证项目。项次 1 质量标准是"符合规范和设计要求",应填写具体规范和设计要求,如填写《土石坝碾压式沥青混凝土防渗墙施工规范》(试行)(SD 220—87)"。

(3)检验方法与数量。①保证项目:现场观察,检查施工记录、试验报告及防渗层检验报告。②基本项目:每 500～1 000 m² 的铺抹层至少取一个试件,一天铺抹面积不足 500m² 的也取一个试样;每天至少观察与计算铺抹量一次,在铺抹过程中随时检查,铺抹量应在2.5～3.5 kg/m²。③允许偏差项目:出料时量测出料温度,铺抹温度每天至少施测两次。

表 5-50　沥青混凝土面板整平层(含排水层)单元工程质量评定表

单位工程名称	剑门大坝	单元工程量	240 m²
分部工程名称	防渗面板	施工单位	×××水电工程局
单元工程名称、部位	A3,0+009~0+012	评定日期	2009 年 9 月 20 日

项次	保证项目	质量标准	检验记录
1	沥青、矿料、乳化沥青	符合规范和设计规定(《土石坝碾压式沥青混凝土防渗墙施工规范》(试行)(SD 220—87))	沥青用道路沥青 60 甲,质量符合 SYB 1661—77,矿料(系灰岩碎石及砂)、乳化沥青质量均符合规范
2	原材料配合比、铺筑工艺	符合规范和设计规定(《土石坝碾压式沥青混凝土防渗墙施工规范》(试行)(SD 220—87))	配合比由试验确定,铺料工艺符合规范要求
3	铺筑时	垫层(含防渗底层)已质检合格,喷涂的乳化沥青或稀释沥青已干燥	符合质量标准

项次	基本项目	质量标准		检验记录	质量等级	
		合格	优良		合格	优良
1	沥青混凝土的抗渗指标(设计抗渗标号 S8)	合格率大于等于 80%	合格率大于等于 85%	机口取样 1 组,试验抗渗标号 >S8		√
2	沥青混凝土的孔隙率	合格率大于等于 80%	合格率大于等于 85%	现场检测 10 次,合格率 95%		√

项次	允许偏差项目		设计值	允许偏差	实测值	合格数(点)	合格率(%)
1	沥青用量		180 kg	±0.5%	180,180.5,181,179,180,180.9,179.5,180,180 kg	7	77.8
	粒径 0.074 mm 以上各级骨料		1 000 kg	±2.0%	1 000,1 010,1 005,990,985,1 000,1 020,1 025,1 000,1 008 kg	9	90
	粒径 0.074 mm 以下填料		1 000 kg	±1.0%	1 002,1 000,995,998,1 000,1 010,1 020,1 003,1 010,1 005 kg	9	90
2	机口与摊铺碾压温度按现场试验确定一般控制范围	机口	160 ℃	±25 ℃	160,150,150,155,130,158,161,165,180,160 ℃	9	90
		初碾	110 ℃	>0 ℃	110,109,112,113,110,115,110,108,110,112 ℃	8	80
		终碾	80 ℃	>0 ℃	81,81,80,79,80,82,85,80,81,82 ℃	9	90

项次	允许偏差项目	设计值	允许偏差	实测值	合格数（点）	合格率（%）
3	铺筑层压实厚度，按设计厚度计	5 cm	−15% ~ 0	5,5,4,5.4,5,5.2,5,5,4.7 cm	9	90
4	铺筑层面平整度，在 2 m 范围起伏差	不大于 10 mm		5,8,3,4,10,12,10,8,7,10 mm	9	90

评定意见		工序质量等级
保证项目全部符合质量标准,基本项目全部符合合格标准,其中有 100% 项达到优良标准;允许偏差项目各项实测点合格率分别为 77.8% ~ 90.0%		合格
施工单位	×××（签名） ××年×月×日	建设（监理）单位	×××（签名） ××年×月×日

表 5-51　沥青混凝土面板防渗层单元工程质量评定表

单位工程名称	剑门大坝	单元工程量	240 m²
分部工程名称	防渗面板	施工单位	×××水电工程局
单元工程名称、部位	B3,0 + 009 ~ 0 + 012	评定日期	2009 年 9 月 23 日

项次	保证项目	质量标准	检验记录
1	沥青、矿料、掺料及乳化沥青	符合规范和设计要求(《土石坝碾压式沥青混凝土防渗墙施工规范》（试行）(SD 220—87）)	沥青用道路沥青 60 甲,质量符合 SYB 1661—77,以碎石及砂为矿料,消石灰为掺料,乳化沥青等质量均合格
2	原材料配合比、出机口沥青混合料及温度	符合规范和设计要求(《土石坝碾压式沥青混凝土防渗墙施工规范》（试行）(SD 220—87）)	配合比由试验确定,出机口温度符合 SD 220—87 规定
3	防渗层层间处理	符合规范要求(《土石坝碾压式沥青混凝土防渗墙施工规范》（试行）(SD 220—87）)	层间处理符合 SD 220—87 规定
4	铺筑层间的坡向或水平接缝	相互错开,无上下通缝	层间接缝相互错开,无上下裂缝
5	沥青混凝土防渗层表面	无裂缝、流淌与鼓包	无裂缝、流淌与鼓包

项次	基本项目	质量标准		检验记录	质量等级	
		合格	优良		合格	优良
1	沥青混凝土的渗透系数 $k \leqslant 10^{-7}$ cm/s	合格率大于等于90%	合格率大于等于95%	机口取样1组，其渗透系数 $k = 1.20 \times 10^{-8}$ cm/s		√
2	沥青混凝土孔隙率	合格率大于等于90%	合格率大于等于95%	机口取样1组，孔隙率符合设计要求		√

项次	允许偏差项目		设计值	允许偏差	实测值	合格数（点）	合格率（%）
1	沥青用量		200 kg	±0.5%	200,199,200,202,199,200,201,199,200,200 kg	9	90
	料径 0.074 mm 以上各级骨料		900 kg	±2.0%	900,905,900,900,895,880,900,800,908,900 kg	9	90
	料径 0.074 mm 以下填料		1 100 kg	±1.0%	1 100,1 100,1 110,1 090,1 100,992,1 105,1 085,1 090,1 100 kg	9	90
2	机口与摊铺碾压温度按现场试验确定一般控制范围	机口	160 ℃	±25 ℃	160,160,150,158,160,150,140,145,132,143 ℃	9	90
		初碾	110 ℃	>0 ℃	110,110,112,110,109,110,112,110,100,110 ℃	9	90
		终碾	80 ℃	>0 ℃	80,80,80,82,80,81,80,80,82,80 ℃	10	100
3	铺筑层的施工接缝错距	上下层水平接缝错距	1 m	0~20 cm	1.2,1.0,1.1,1.4,1.0,1.1,1.0,1.0,1.2,1.1 m	9	90
		上下层条幅坡向接缝错距（以 1/n 条幅宽计）	1.5 m	0~20 cm	1.5,1.5,1.6,1.5,1.6,1.6,1.7,1.5,1.5,1.6 m	10	100
4	铺筑层压实厚度，按设计厚度计		20 cm	−10%~0	20,20,21,20,19,20,20,19,18,19 cm	9	90
5	铺筑层面平整度，在 2 m 范围起伏差		不大于10 mm		10,10,7,8,5,4,5,3,9,11 mm	9	90

评定意见	单元工程质量等级
保证项目全部符合质量标准；基本项目全部符合合格标准，其中有50%项达到优良标准；允许偏差项目各项实测点合格率为90%~100%	优良
施工单位 ×××（签名）××年×月×日	建设（监理）单位 ×××（签名）××年×月×日

（4）单元工程质量标准。合格：保证项目符合相应的质量评定标准，基本项目符合相应的合格质量标准，允许偏差项目应有70%及以上的测点在允许偏差质量标准范围内。优良：保证项目符合相应的质量评定标准；基本项目须达相应的合格质量标准，其中必须有一项优良；允许偏差项目每项须有90%及以上的测点在允许偏差质量标准范围内。

沥青混凝土面板封闭层单元工程质量评定表范例见表5-52。

表5-52 沥青混凝土面板封闭层单元工程质量评定表

单位工程名称	剑门大坝		单元工程量	240 m²
分部工程名称	防渗面板		施工单位	×××水电工程局
单元工程名称、部位	C3,0＋009～0＋012		评定日期	2009年9月27日

项次	保证项目	质量标准	检验记录
1	原材料配合比，施工工艺	符合规范和设计要求（《土石坝碾压式沥青混凝土防渗墙施工规范》（试行）（SD 220—87））	沥青用道路沥青60甲，质量符合SYB 1661—77的规定，现场配制沥青胶，其配合比经试验确定，配制工艺符合SD 220—87的规定
2	封闭层铺抹	在防渗层质检合格后，表面洁净、干燥	防渗层已合格，表面洁净、干燥后，才进行封闭层铺抹
3	封闭层	无鼓包、脱层、流淌	无鼓包、脱层及流淌现象

项次	基本项目	质量标准		检验记录	质量等级	
		合格	优良		合格	优良
1	沥青胶软化点	合格率大于等于80%，最低软化点不低于85 ℃	合格率大于等于85%，最低软化点不低于85 ℃	取试样2个，软化点为90、89 ℃		√
2	沥青胶的铺抹	合格率大于等于80%	合格率大于等于85%	沥青胶铺抹均匀，铺抹量抽查3次，为3.1、2.8、3.0 kg/m²		√

项次	允许偏差项目		设计值（℃）	允许偏差（℃）	实测值（℃）	合格数（点）	合格率（%）
1	沥青胶的施工温度	搅拌出料温度	190	±10	190,192,192,190,190,189,190,192	8	100
		铺抹温度	170	≥0	171,170,175,172,170	5	100

评定意见		单元工程质量等级
保证项目全部符合质量标准；基本项目全部符合合格标准，其中有100%项达到优良标准；允许偏差项目各项实测点合格率为100%		优良
施工单位	×××（签名） ××年×月×日	建设（监理）单位	×××（签名） ××年×月×日

八、沥青混凝土面板与刚性建筑物连接单元工程质量评定

（1）单元工程按面板与刚性建筑物连接连续施工段（一般30～50 m）划分单元，如面板与坝基截水墙连接时，每一个施工段即为一个单元工程。单元工程量填写面板与刚性建筑物连接的面积（m²）。

（2）保证项目。项次1、2质量标准有"满足（符合）规范与设计要求"的规定，应填写具体规范和设计要求。如填写"《土石坝碾压式沥青混凝土防渗墙施工规范》（试行）（SD 220—87）"。

（3）检验方法与数量。①保证项目：现场观察，检查试验报告、施工记录。②允许偏差项目：项次1、2采取检验施工记录或现场量测，每盘1次；项次3采取检查施工记录和现场检测，测点不少于10个。

（4）单元工程质量标准。合格：保证项目符合相应的质量评定标准，允许偏差项目每项应有70%及以上的测点在允许偏差质量标准范围内。优良：保证项目符合相应的质量评定标准，允许偏差项目每项须有90%及以上的测点在允许偏差质量标准范围内。

沥青混凝土面板与刚性建筑物连接单元工程质量评定表范例见表5-53。

九、砂砾坝体填筑单元工程质量评定

（1）单元工程按设计或施工确定的填筑区、段划分，每一区、段的每一填筑层为一个单元工程。单元工程量填写本单元工程砂砾料工程量（m³）。

（2）保证项目。项次1、4质量标准有"符合规范和设计要求"的规定，应填写具体规范和设计要求。如填写"《碾压式土石坝施工规范》（DL/T 5129—2001）"。基本项目中压实控制指标干密度（干容重）栏须填设计值，如2.15 g/cm³。

（3）检验方法及数量。保证项目采用现场观察，查看试验记录、验收合格证、施工记录等方法。干密度按填筑400～2 000 m³取一个试样，且每层测点不少于10个，渐至坝顶处每层（单元工程）不宜少于5个，测点中应至少有1～2个点分布在设计边坡线以内30 cm或与岸坡接合处附近。允许偏差项目项次1铺料厚度按20 m×20 m布置测点，每单元工程不少于10点。

（4）单元工程质量标准。合格：保证项目符合相应的质量评定标准，基本项目符合相应的合格质量标准，允许偏差项目每项应有70%及以上的测点在允许偏差质量标准范围内。优良：保证项目符合相应的质量评定标准，基本项目必须达到优良质量标准，允许偏差项目每项须有90%及以上的测点在允许偏差质量标准范围内。

砂砾坝体填筑单元工程质量评定表范例见表5-54。

十、堆石坝体填筑单元工程质量评定

（1）单元工程按设计或施工确定的填筑区、段划分，每一区、段的每一填筑层为一个单元工程。单元工程量填写本单元工程堆石工程量（m³）。

表 5-53 沥青混凝土面板与刚性建筑物连接单元工程质量评定表

单位工程名称		剑门大坝	单元工程量	180 m²
分部工程名称		防渗面板	施工单位	×××水电工程局
单元工程名称、部位		D1 面板与坝基截水墙第一施工段	评定日期	2009 年 9 月 26 日
项次	保证项目	质量标准	检验记录	
1	沥青砂浆(或细粒沥青混凝土)、橡胶沥青(或沥青胶)、玻璃丝布等原材料,配合比,配制工艺	必须经过试验,性能必须满足规范与设计要求(《土石坝碾压式沥青混凝土防渗墙施工规范》(试行)(SD 220—87))	沥青砂浆现场配制,其配合比经检验确定,其余材料从厂家购买,质量合格	
2	刚性建筑物连接面的处理,楔形体的浇筑,滑动层与加强层的敷设	符合规范与设计要求(《土石坝碾压式沥青混凝土防渗墙施工规范》(试行)(SD 220—87)),并进行现场铺筑试验。施工中,接头部位无熔化、流淌及滑移现象	连接面处理、楔形体浇筑、滑动层与加强层敷设均符合 SD 220—87 的规定,接头部位无熔化、流淌及滑移现象	
3	敷设刚性建筑物表面的橡胶沥青滑动层,铺筑沥青混凝土防渗层	待喷涂的乳化沥青完全干燥后进行,待滑动层与楔形体冷凝、质量合格后进行	滑动层、防渗层的铺筑工艺均按 SD 220—87 执行	

项次	允许偏差项目		设计值	允许偏差	实测值	合格数(点)	合格率(%)
1	沥青砂浆楔形体浇筑温度		150 ℃	±10 ℃	150,150,145,150,155,160,150,160,162,157 ℃	9	90
2	橡胶沥青胶滑动层拌制温度		190 ℃	±5 ℃	190,190,193,192,191,186,190,196,190,189 ℃	9	90
3	玻璃丝布加强层	上下层接缝的错距(以布幅宽计)	1/3 布幅宽(=1 m)	0～10 cm	1.0,1.0,1.1,1.0,1.08,1.1,1.0,1.05,1.0,1.2 m	9	90
		搭接宽度	10 cm	0～5 cm	10,11,10,10,12,10,9,10,17,15 cm	8	80

评定意见		单元工程质量等级
保证项目全部符合质量标准,允许偏差项目各项实测点合格率为 80%～90%		合格
施工单位	×××(签名) ××年×月×日	建设(监理)单位	×××(签名) ××年×月×日

表 5-54 砂砾坝体填筑单元工程质量评定表

单位工程名称	渔跃非溢流坝	单元工程量	砂砾料填筑 2 540 m³
分部工程名称	砂砾石坝体第一分部	施工单位	×××水电工程局
单元工程名称、部位	2 单元▽504.5～505.5 m	评定日期	2009 年 3 月 25 日

项次	保证项目	质量标准	检验记录
1	颗粒级配、砾石含量、含泥量	符合规范和设计要求(《碾压式土石坝施工规范》(DL/T 5129—2001))	颗粒级配、砾石含量、含泥量符合设计要求
2	坝体每层填筑时	前一填筑层已验收合格	每一填筑层填筑后进行验收,合格
3	铺料、碾压	均匀,不得超厚,无漏压、欠压,不得出现弹簧土	铺料基本均匀,局部略超厚,无漏压和欠压,局部地方出现弹簧土,已作处理
4	纵横向接合部位,与岸坡接合处的填料	符合规范和设计要求(《碾压式土石坝施工规范》(DL/T 5129—2001));无分离、架空现象,对边角加强压实	接合部位填料符合设计要求,砂砾料未出现分离、架空现象,边角处加强压实
5	设计断面边缘压实质量,填筑时每层上下游边线	按规定留足余量	填筑过程中每层上下游边线均按规定留足余量 1.0 m

项次	基本项目	质量标准		检验记录	质量等级	
		合格	优良		合格	优良
1	压实控制指标干密度(干容重)	干密度合格率大于等于 90%,不合格干密度不得低于设计值的 0.98,不合格试样不得集中	干密度合格率大于等于 95%,不合格干密度不得低于设计值的 0.98,不合格试样不得集中	设计干密度 2.15 g/cm³,实测干密度 10 组,其值为 2.15～2.30 g/cm³,10 组全部合格,合格率 100%		√

项次	允许偏差项目	设计值	允许偏差(cm)	实测值	合格数(点)	合格率(%)
1	铺料厚度	60 cm	0～10	65,68,66,70,72,70,69,65,68,69,70 cm	10	90.9

项次	允许偏差项目		设计值	允许偏差（cm）	实测值（cm）	合格数（点）	合格率（%）
2	断面尺寸	上、下游设计边坡超填值	上游 1 m 下游 0.8 m	±20	上游：110,120,125,120,100,110,115,100,90,105,100,105	11	91.7
					下游：80,85,90,100,95,85,90,75,70,80,85	11	100
		坝轴线与相邻填料接合面尺寸	5.0 m	±30	480,485,480,490,500,505,501,503,504,510,525,530,530,510,525,530,535,536	16	88.9

评定意见		单元工程质量等级
保证项目全部符合质量标准；基本项目全部符合合格标准，其中有 100% 项达到优良标准；允许偏差项目各项实测点合格率为 88.9% ~ 100%		合格
施工单位	×××（签名）××年×月×日	建设（监理）单位　×××（签名）××年×月×日

（2）保证项目：项次 1、4 质量标准有"符合施工规范和设计要求"的规定，填表时应写出执行的规范编号或名称、设计的具体要求。如标准中的施工规范指《混凝土面板堆石坝施工规范》(DL/T 5128—2001)。如内容较多，可另附页，在栏中填写"（见附页）"。基本项目：项次 4 应注明设计干密度。允许偏差项目：断面尺寸分为有护坡要求和无护坡要求两类，如有护坡要求，在该处用"√"标明。

（3）检验方法及数量。保证项目：现场观察，查看试验记录、验收合格证、施工记录等。基本项目：项次 1、2 以 20 m×20 m 方格网的角点为测点，每一填筑层的有效检测总点数不少于 20 点；项次 4 主堆区每 5 000 ~ 50 000 m³ 取样一次，过渡层区每 1 000 ~ 5 000 m³ 取样一次。允许偏差项目：断面尺寸量测不少于 10 点。

（4）单元工程质量标准。合格：保证项目符合相应质量评定标准，基本项目符合相应合格质量标准，允许偏差项目每项应有 70% 及以上的测点在允许偏差质量标准范围内。优良：保证项目符合相应质量评定标准；基本项目中的各项必须符合合格质量标准，且其中必须有 50% 及以上的项目符合优良质量标准，同时，项次 4"分层压实的干密度合格率"必须达到优良标准；允许偏差项目每项须有 90% 及以上的测点在允许偏差质量标准范围内。

堆石坝体填筑单元工程质量评定表范例见表 5-55。

表 5-55 堆石坝体填筑单元工程质量评定表

单位工程名称	枫亭水库	单元工程量	堆石填筑 3 700 m³
分部工程名称	堆石料填筑▽1 496.5～1 495.0 m	施工单位	×××水电工程局
单元工程名称、部位	主堆区 1－(3)	评定日期	2009 年 4 月 3 日

项次	保证项目	质量标准	检验记录
1	填坝材料	必须符合施工规范(DL/T 5128—2001)和设计要求(见附页)	填坝材料满足设计要求(见附页)
2	坝体每层填筑	在前一填筑层(含坝基岸坡处理)验收合格后进行	每填筑层完成后检验验收合格,不合格的已处理
3	堆石填筑	按选定的碾压参数进行施工,铺筑厚度不得超厚、超径,含泥量、洒水量符合规范和设计要求	按设计碾压参数施工;铺筑厚度未超厚,填料个别超径已捡出;含泥量、洒水量符合设计要求
4	填坝材料的纵横向接合部位	符合施工规范(DL/T 5128—2001)和设计要求;与岸坡接合处的料物不得分离、架空,对边角加强压实	按设计要求进行施工。岸坡接合部分料物无分离、架空,边角用小型机具加强压实

项次	基本项目	质量标准		检验记录	质量等级	
		合格	优良		合格	优良
1	坝体填筑层铺料厚度	每一层应有90%及以上的测点达到规定的铺料厚度要求	每一层须有95%及以上的测点达到规定的铺料厚度要求	设计值 100(+0～-10)cm,实测 25点,实测值 92～100 cm,合格率 100%		√
2	坝体压实后的厚度	每一填筑层有90%及以上的测点达到规定的压实厚度	每一填筑层有95%及以上的测点达到规定的压实厚度	设计值 80(+0～-5)cm,实测 25点,实测值 78～81 cm,合格率 96.0%		√
3	堆石填筑层面的外观	层面基本平整,分区能基本均衡上升,大粒径料无较大面积集中现象	层面平整,分区能均衡上升,大粒径料无集中现象	层面基本平整,分区能基本均衡上升,大粒径料在局部有集中现象,严重部位已处理,使之分散	√	
4	分层压实的干密度合格率	检测点的合格率大于等于90%,不合格值不得小于设计干密度的0.98	检测点的合格率大于等于95%,不合格值不得小于设计干密度的0.98	设计干密度 2.25 kg/cm³,实测 10 组,实测值 2.25～3.35 kg/cm³。合格率 100%		√

项次	允许偏差项目		设计值	允许偏差（cm）	实测值	合格数（点）	合格率（%）
1	下游坡填筑边线距坝轴线距离	√有护坡要求	18 381 cm	±20	18 380,18 391,18 398,18 400,18 380,18 400,18 395,18 400,18 390,18 405,18 416,18 380,18 385,18 400 cm	12	85.7
		无护坡要求		±30			
2	过渡层与主堆石区边界线距坝轴线距离		30.09 m	±30	3 040,3 038,3 035,3 025,3 009,3 008,3 008,2 990,2 999,2 998,2 995,3 000,3 005,3 008 cm	13	92.9
3	垫层与过渡层分界线距坝轴线距离		11.48 m	−10~0	1 140,1 142,1 145,1 146,1 148,1 150,1 145,1 140,1 139,1 143,1 145,1 139,1 140,1 135,1 138,1 138 cm	14	87.5

评定意见			单元工程质量等级
保证项目全部符合质量标准；基本项目全部符合合格标准，其中有 75.0% 项达到优良标准；允许偏差项目各项实测点合格率为 85.7% ~92.9%			合格
施工单位	×××（签名）××年×月×日	建设（监理）单位	×××（签名）××年×月×日

十一、反滤工程单元工程质量评定

（1）单元工程按反滤工程的施工区、段划分，每一区、段为一个单元工程。单元工程量填写本单元工程反滤过渡料填筑量（m³）。

（2）保证项目。项次 1、5、6 质量标准有"符合施工规范"的规定，填表时应写出执行的规范编号或名称，如填写"《碾压式土石坝施工规范》（DL/T 5129—2001）"。项次 2、3 有"符合设计要求"，如内容多，另附页，写明设计具体要求，在相应栏中填写"（见附页）"。

（3）基本项目。项次 1 须填出干密度设计值，如 2.17 g/cm³。

（4）检验方法及数量。保证项目：现场观察，查看试验记录、验收合格证、施工记录等。基本项目：干密度检测按 500 ~1 000 m³ 检测 1 次，每个取样断面每层所取的样品不得少于 4 次（应均匀分布于断面不同部位）。各层间的取样位置应彼此相对应。单元工程取样次数少于 20 次时，应以数个单元工程累计评定。粒径检测每 200 ~400 m³ 取样 1 组。允许偏差项目：每 100 ~200 m³ 检测 1 组或每 10 延米取 1 组试样。

（5）单元工程质量标准。合格：保证项目符合相应的质量评定标准，基本项目符合相应的合格质量标准，允许偏差项目每项应有 70% 及以上的测点在允许偏差质量标准范围内。优良：保证项目符合相应的质量评定标准；基本项目中的干密度必须符合优良标准，含泥量合格（或优良）；允许偏差项目须有 90% 及以上的测点在允许偏差质量标准范围内。

反滤工程单元工程质量评定表范例见表 5-56。

表 5-56　反滤工程单元工程质量评定表

单位工程名称	南子沟水库	单元工程量	反滤过渡料填筑 980 m³
分部工程名称	反滤过渡料填筑	施工单位	×××水电工程局
单元工程名称、部位	9 - 006(▽1 952.107 m)	评定日期	2009 年 10 月 20 日

项次	保证项目	质量标准	检验记录
1	基面(层面)处理	符合设计要求和施工规范的规定(《碾压式土石坝施工规范》(DL/T 5129—2001))	层面上的树根、草皮、乱石及其他杂物清除干净,并符合设计要求
2	反滤料的粒径、级配、坚硬度、抗冻性、渗透系数	符合设计要求(见附页)	控制最大粒径 80 mm,级配控制:<5 mm 颗粒含量 40% ~ 25% ,< 0.1 mm 颗粒含量 <10% 。坚硬度、渗透系数 3.18×10^{-1} ~ 2.85×10^{-2} ,满足设计要求
3	结构层数、层间系数、铺筑位置和厚度	符合设计要求(见附页)	层数、层间系数、铺筑位置、厚度均符合设计要求
4	压实参数	严格控制,无漏压或欠压	压实参数严格控制干密度≥2.17 g/cm³,无漏压或欠压
5	施工顺序、接缝处的各层联结,含水量	符合施工规范的规定,规范号 DL/T 5129—2001	施工顺序符合施工规范的规定,各层之间的接缝层次清楚,无层间错位、折断、混杂等现象。含水量符合设计要求
6	工程的保护措施	符合施工规范的规定,规范号 DL/T 5129—2001	对已铺好的反滤层,采取严格禁止车辆、行人通过及土料混杂、污水浸入等必要措施进行保护

项次	基本项目	质量标准		检验记录	质量等级	
		合格	优良		合格	优良
1	干密度(干容重)	合格率大于等于90%,不合格样不得集中,不合格干密度值不得低于设计值的 0.98	合格率大于等于95%,不合格样不得集中,不合格干密度值不得低于设计值的 0.98	设计干密度 2.17 g/cm³,检测 8 组,检测值 2.12 ~ 2.19 g/cm³,合格 7 组,不合格干密度值为设计值的 0.98 倍	√	
2	反滤料含泥量	含泥量不大于5%	含泥量不大于3%	检验含泥量3% ~ 5%	√	

项次	允许偏差项目	设计值（cm）	允许偏差（cm）	实测值（cm）	合格数（点）	合格率（%）
1	每层厚度	100	不大于设计厚度的5%	110，120，100，105，115，108，115，105，108，110，115，118，115，112	12	85.7

评定意见		单元工程质量等级
保证项目全部符合质量标准；基本项目全部符合合格标准，其中干密度质量合格；允许偏差项目实测点合格率为85.7%		合格

施工单位	×××（签名）××年×月×日	建设（监理）单位	×××（签名）××年×月×日

十二、垫层工程单元工程质量评定

（1）单元工程按垫层工程的施工区、段划分，每一区、段为一个单元工程。单元工程量填写本单元工程垫层工程量（m³）。

（2）保证项目：项次2、5质量标准有"符合设计要求和施工规范"的规定，须填出规范编号、名称和设计具体要求，如内容多，可采取另附页方式，填"（见附页）"。基本项目：项次1"碾压后的干密度"须填写设计值。

（3）检验方法及数量。保证项目：现场观察并查阅验收文件、施工记录。基本项目：项次1"碾压后的干密度"水平1次/（500～1 500 m³），斜坡1次/（1 500～2 000 m³）。允许偏差项目：项次1、2沿坡面按20 m×20 m网格布置测点，项次3每10 m×10 m不少于4点，项次4、5测点不少于10点。

（4）单元工程质量标准。合格：保证项目符合相应的质量评定标准，基本项目符合相应的合格质量标准，允许偏差项目每项应有70%及以上的测点在允许偏差质量标准范围内。优良：保证项目符合相应的质量评定标准，基本项目必须达到优良质量标准，允许偏差项目每项须有90%及以上的测点在允许偏差质量标准范围内。

垫层工程单元工程质量评定表范例见表5-57。

十三、护坡工程单元工程质量评定

（1）单元工程按护坡工程的施工检查验收区、段划分，每一区、段为一个单元工程。单元工程量填写本单元工程护坡工程量（m³）。

（2）保证项目：项次2质量标准有"符合设计要求"的规定，如内容多，采取另附页方式，填"（见附页）"。项次3列出了干砌石砌体、浆砌石砌筑等，如为干砌石护坡，在"干砌石砌体"处用"√"标明。基本项目项次2质量标准有"符合设计坡度"字样，须填写坡度值。允许偏差项目分干砌及浆砌，如为干砌，在"干砌"处用"√"标明。

表 5-57 垫层工程单元工程质量评定表

单位工程名称	南子沟水库		单元工程量	垫层填筑 540 m³
分部工程名称	垫层填筑		施工单位	×××水电工程局
单元工程名称、部位	C–013（▽1 967.500 m）		评定日期	2009 年 10 月 30 日
项次	保证项目	质量标准	检验记录	
1	填筑	前一填筑层已验收合格	对前一填筑层经检查符合设计要求，已验收合格	
2	石料级配、粒径，垫层的铺设厚度、铺筑的方法	符合设计要求和施工规范的规定，严禁采用风化石料（见附页）	石料最大粒径 80～100 mm，小于 5 mm 颗粒含量控制在 30%～42%，小于 0.1 mm 含量小于 5%，铺厚 1.0 m，方法符合设计要求	
3	碾压参数	严格控制，无漏压或欠压；坡面碾压时，上下一次为碾压一遍，上坡时振动，下坡时不振动	无漏压、欠压，坡面碾压完全按照质量标准进行	
4	护坡垫层工程	必须在坡面整修后按反滤层铺筑规定施工；接缝重叠宽度必须符合《碾压式土石坝施工规范》（DL/T 5129—2001）	坡面整修后进行铺筑，且严格控制厚度，相邻层面拍打平整，层次清楚，互不混杂，每层厚度的偏小值不大于设计厚度的 15%	
5	防护处理：原材料、配合比和施工方法	按设计进行，符合设计要求和施工规范的质量要求（见附页）	防护处理的原材料、配合比及施工方法完全按设计进行，原材料进行品质检验，配合比由试验确定	

项次	基本项目	质量标准		检验记录	质量等级	
		合格	优良		合格	优良
1	碾压后的干密度	合格率大于等于 80%	合格率大于等于 90%	设计干密度 2.25 g/cm³，检测 5 组，检测值 2.22～2.30 g/cm³，4 组合格，合格率 80.0%	√	
2	碾压后的垫层质量	表面平整，基本无颗粒分离	表面平整，无颗粒分离	垫层碾压后，表面大致平整，基本无颗粒分离	√	

项次	允许偏差项目	设计值（cm）	允许偏差（cm）	实测值（cm）	合格数（点）	合格率（%）
1	碾压砂浆层面偏离设计线	30	+5～ -8	25,26,29,30,32,35,31,28,29,25,24, 27,29,31,33,36,35,34,30,33	19	95.0
2	喷射混凝土面偏离设计线	50	±5	46,49,51,53,52,55,57,52,48,45,43, 46	10	83.3

项次	允许偏差项目	设计值（cm）	允许偏差（cm）	实测值（cm）	合格数（点）	合格率（%）
3	铺筑厚度	80	±3	75,78,80,83,80,81,79,78,77,80,82,84	10	83.3
4	垫层与过渡分界线距坝轴线	1 200	0～-10	1 198,1 199,1 200,1 199,1 200,1 201,1 202,1 200,1 200,1 198,1 198,1 197,1 195,1 195,1 194,1 196,1 193,1 192,1 193,1 195	18	90.0
5	垫层外坡线距坝轴线（碾压层）	180	±5	178,179,180,180,184,185,186,187,185,183,182,175,176,176,178,178,179,180,181,182,185,186,187	19	82.6

评定意见			单元工程质量等级
保证项目全部符合质量标准；基本项目全部符合合格标准，其中有 0% 项达到优良标准；允许偏差项目各项实测点合格率为 82.6%～95.0%			合格
施工单位	×××（签名）××年×月×日	建设（监理）单位	×××（签名）××年×月×日

（3）检验方法及数量。保证项目：现场观察，查看施工试验报告、施工记录等。基本项目：护坡以 25 m×25 m 网格布置测点。允许偏差项目：表面平整度总检测点数不少于 25～30 点，厚度每 100 m³ 测 3 点。

（4）单元工程质量标准。合格：保证项目符合相应质量标准，基本项目符合相应的合格质量标准，允许偏差项目每项应有 70% 及以上的测点在允许偏差质量标准范围内。优良：保证项目符合相应质量标准；基本项目两项中必须有一项符合优良标准，另一项须合格；允许偏差项目每项须有 90% 及以上的测点在相应的允许偏差质量标准范围内。

护坡工程单元工程质量评定表范例见表 5-58。

十四、排水工程单元工程质量评定

（1）单元工程按排水工程的施工检查验收区、段划分，每一区、段为一个单元工程。减压（排水）井每一井为一个单元工程。单元工程量填写本单元工程排水工程量（m³）。

（2）保证项目：项次 1、2 质量标准有"满足（符合）设计要求"的规定，应填写具体设计要求，内容多时，可另附页，并填写"（见附页）"。基本项目项次 1 分堆石体、砌石体。本例为砌石体，在"砌石体"处用"√"标明。项次 3 应在检验记录栏先填写设计干密度值，如为 2.10 g/cm³。同样，在允许偏差项目允许偏差栏的"干砌"处用"√"标明。

表 5-58　护坡工程单元工程质量评定表

单位工程名称	南子沟水库		单元工程量	干砌石 67.5 m³		
分部工程名称	上游坝面护坡		施工单位	×××工程公司		
单元工程名称、部位	第 4 单元,0＋20～0＋30		评定日期	2009 年 11 月 5 日		

项次	保证项目	质量标准	检验记录
1	填筑(含垫层或岸坡)	必须在前一填筑层验收合格,现场清理后进行填筑	干砌石护坡在垫层完工,现场清理完毕,验收合格后进行
2	断面尺寸,基础埋置深度及护坡石料的料质、强度、几何尺寸	符合设计要求(见附页)	护坡断面尺寸符合设计,基础埋深达到设计深度,护坡所用石料的料质经试验检验符合设计,强度、几何尺寸均符合设计(详见附页)
3	√ 干砌石砌体,浆砌石砌筑,抛石、摆石护坡与坝体填筑	必须咬扣紧密;错缝,无通缝、叠砌和浮塞;随抛(摆)随整坡,上游面护坡认真挂线,自下而上错缝竖砌,紧靠密实,垫塞稳固	砌体咬扣紧密,坡面基本完整

项次	基本项目	质量标准		检验记录	质量等级	
		合格	优良		合格	优良
1	护坡	砌体咬扣紧密;错缝竖砌,基本无通缝、叠砌;砂浆勾缝基本密实,坡面基本平整	砌体咬扣紧密;错缝竖砌,无通缝、叠砌;砂浆勾缝密实,坡面平整美观	砌体咬扣紧密,坡面基本平整	√	
2	坡度	基本符合设计坡度	符合设计坡度	设计坡度 1:3,实测两个断面,坡度均为 1:3		√

项次	允许偏差项目	设计值(cm)	允许偏差(cm)		实测值(cm)	合格数(点)	合格率(%)
			√干砌	浆砌			
1	表面平整度		不大于 5	不大于 3	3,4,6,7,5,4,3,3,2,2.5,3.5,4,5,6,5.5,4.5,4,4.5,5,5.5,4.5,3.5	17	77.3
2	厚度	25	±5	±3	26,25.2,25,24,25,24.6,25.5,24.3,25,25,23.4,23,25.6,27,29,30,31,30,29	18	94.7

评定意见	单元工程质量等级
保证项目全部符合质量标准;基本项目全部符合合格标准,其中有 50.0%项达到优良标准;允许偏差项目各项实测点合格率分别为 77.3%、94.7%	合格

施工单位	×××(签名) ××年×月×日	建设(监理)单位	×××(签名) ××年×月×日

（3）检验（测）方法及数量。保证项目：现场观察，查阅施工记录。基本项目：贴坡排水、棱体排水和褥垫排水等按 100 m² 检查 1 处，每处检查面积不大于 10 m²；排水管路按每 50 延米检查 1 处，每处检查长度不少于 10 m，减压井应逐个检查。排水设施的每层厚度按每 100 ~ 200 m² 检测 1 组或每 10 延米取 1 组试样。干密度按每 200 ~ 500 m³ 检测 1 次，每个取样断面每层取样不得少于 4 次（应均匀分布于断面不同部位），各层间的取样位置应彼此相对应。单元工程取样次数少于 20 次时，应以数个单元工程累计评定。允许偏差项目：表面平整度每单元工程不少于 10 点，顶标高每 50 延米测 3 点。

（4）单元工程质量标准。合格：保证项目符合相应质量标准，基本项目符合相应的合格质量标准，允许偏差项目每项应有 70% 及以上的测点在相应允许偏差质量标准范围内。优良：保证项目符合相应质量标准；基本项目除干密度必须符合优良标准外，其余两项中任一项须符合优良标准，另一项须合格（或优良）；允许偏差项目每项须有 90% 及以上的测点在相应的允许偏差质量标准范围内。

排水工程单元工程质量评定表范例见表 5-59。

表 5-59 排水工程单元工程质量评定表

单位工程名称	南子沟水库	单元工程量		450 m³
分部工程名称	排水	施工单位		×××工程局
单元工程名称、部位	排 1 – @	检验日期		2009 年 11 月 10 日
项次	保证项目	质量标准		检验记录
1	布置位置、断面尺寸，石料的软化系数、抗冻性、抗压强度、几何尺寸	满足设计要求（见附页）		经检查排水体位置布置、断面尺寸完全符合设计，经堆石体面料试验，其软化系数、抗压强度符合设计值，最大粒径 600 mm，小于 5 mm 颗粒含量 5% ~ 10%
2	渗透系数（或排水能力）	符合设计要求（见附页）		渗透系数 7.4×10^{-1} cm/s，符合设计要求
3	基底处理	按设计进行夯实处理，滤孔和接头部位的反滤层、减压井回填、垂直度、水平排水应按设计要求和施工规范施工，坝外排水管接头不漏水（《碾压式土石坝施工规范》（DL/T 5129—2001））		基底按设计进行夯实处理
4	减压井的钻孔	符合施工规范规定（《碾压式土石坝施工规范》（DL/T 5129—2001））		—

项次	基本项目	质量标准		检验记录	质量等级	
		合格	优良		合格	优良
1	堆石体 √砌石体	上下层面基本无水平通缝,靠近反滤层的石料宜内小外大,相邻两段堆石缝逐层错缝,露于表面的砌石平砌,较平整	上下层面碾压接合良好,无水平通缝,靠近反滤层的石料为内小外大,相邻两段堆石缝逐层错缝,无垂直通缝,露于表面的砌石平砌,平整美观	堆石体上下层面基本无水平通缝,靠近反滤层的石料按设计基本做到内小外大,相邻两段堆石缝逐层错缝,露于表面的砌石平砌,大面平整	√	
2	每层厚度(设计2.00 m)	每层厚度偏小值不大于设计厚度的15%	偏小值不大于设计厚度的15%	检查30点,实测值1.8~2.2 m,不合格点4点,偏小值不大于设计厚度的15%	√	
3	干密度	合格率大于等于90%,且不合格样不得集中,不合格干密度值不得低于设计值的0.98倍	合格率大于等于95%,且不合格样不得集中,不合格干密度值不得低于设计值的0.98倍	设计干密度2.10 g/cm³,抽测15点,实测值2.10~2.12 g/cm³,合格15点,合格率100%		√

项次	允许偏差项目	设计值	允许偏差(cm)		实测值	合格数(点)	合格率(%)
			√干砌	浆砌			
1	表面平整度		±5	±3	3,4,4,5,5,6,6,6.5,5.5,4,5,3,2,2,5,4,4.5,3.5,3,3.5,4,4,4.5,5.5,5.5,5,2,5.5 cm	21	75
2	顶标高	1 523 m	±3	±2	152 328,152 329,152 330,152 332,152 331,152 330,152 329,152 330 cm	6	75

评定意见	单元工程质量等级
保证项目全部符合质量标准;基本项目全部符合合格标准,其中有33.3%项达到优良标准;允许偏差项目各项实测点合格率为75%	合格

施工单位	×××(签名)××年×月×日	建设(监理)单位	×××(签名)××年×月×日

第五节 堤防工程施工质量评定

本节主要根据《评定规程》及《堤防工程施工规范》(SL 260—98)讲述有关堤防工程单元(工序)施工质量评定范例,共 12 个项目评定,主要为堤基清理、堤身填筑、堤身防渗、堤身防护及堤脚防护等单元工程质量评定。单元工程质量评定表中加"△"的项目为主要检查(测)项目。评定表的填写除遵循水利水电工程施工质量评定表一般规定外,还应遵循以下规定:

(1)检验日期为终验日期,由施工单位终检责任人填写。评定日期由监理单位核定人填写。

(2)施工单位名称填写与项目法人签订承包合同的施工单位全称。测量员指负责该单元工程测量、测试的人员,当测量员不止 1 人时,由 1 名主要测量人员签名;初验、终验负责人,分别由施工单位负责初验、终验的人员签名;监理单位名称,应填写单位全称;核定人,由监理单位负责该单元工程监理工作的监理工程师签名。

一、堤基清理单元工程质量评定表

(1)单元工程按相应填筑单元工程划分。单元工程量为堤基清理面积。检测项目项次 2 中应填写设计干密度指标,如 1.56 t/m³。

(2)检测数量。检查项目:全面检查。检测项目:①堤基清理范围应根据工程级别,沿堤线长度每 20 ~ 50 m 测量 1 次,每个单元工程不少于 10 次;②压实质量按清基面积每 400 ~ 800 m² 取样 1 次测试干密度。

(3)检测项目合格率为合格点数除以总测点数。

(4)单元工程质量标准。合格:检查项目达到质量标准,清理范围检测合格率不小于 70%,压实质量合格率不小于 80%。优良:检查项目达到质量标准,清理范围检测合格率不小于 90%,压实质量合格率不小于 90%。

堤基清理单元工程质量评定表范例见表 5-60。

二、土料碾压筑堤单元工程质量评定

(1)单元工程按填筑层、段划分,每一填筑层、段为一单元工程。单元工程量为本单元填筑工程量。

(2)检查项目项次 2 中应填写土块限制粒径,如 10 cm。检查项目检验结果栏若内容较多,可另附页。检测项目项次 1 中应填写设计铺料厚度,如 25 cm;项次 3 中应填写设计干密度指标,如 1.56 t/m³。

(3)检测数量。检查项目:全面检查。检测项目:①铺料厚度每 100 ~ 200 m² 测 1 次。②铺料边线沿堤轴线长度每 20 ~ 50 m 测 1 次。③压实指标为主要检测项目,每层填筑 100 ~ 150 m³ 取样 1 个测干密度,每层不少于 5 次。对加固的狭长作业面,可按每 20 ~ 30 m 长取样 1 个测干密度。

(4)检测项目合格率为合格点数除以总测点数。

(5)铺边线对人工、机械要求不同,如采用机械铺料,在"机械"前用"√"标明。

表 5-60　堤基清理单元工程质量评定表

单位工程名称		白水河堤防加培		单元工程量		堤脚 980 m³,堤坡 535 m³	
分部工程名称		堤基处理		检验日期		2000 年 3 月 20 日	
单元工程名称、部位		2#单元 76K+200~76K+320		评定日期		2000 年 3 月 21 日	
项次		项目名称	质量标准	检验结果			评定
检查项目	1	基面清理	堤基表层没有不合格土,杂物全部清除	堤脚耕植层已推平,堤坡植物已清除并已开挖成阶梯状			符合标准
	2	一般堤基处理	堤基上的坑塘、洞穴已按要求处理	堤脚基面坑塘均已填平			符合标准
	3	堤基平整压实	表面无显著凹凸,无松土,无弹簧土	清理基面无松土,表面平整,已碾压			符合标准
检测项目	1	堤基清理范围	堤基清理边界超过设计基面边线 0.3 m	总测点数	合格点数	合格率	优良
				14	14	100%	
	2	堤基表面压实	设计干密度不小于 1.56 t/m³	总测点数	合格点数	合格率	优良
				12	11	91.7%	
施工单位自评意见		质量等级		监理单位复核意见		核定质量等级	
检查项目全部达到质量标准,清理范围检测合格率 100%,压实合格率 91.7%		优良		同意自评意见		优良	
施工单位名称		×××工程局		监理单位名称		×××监理公司	
测量员	初检负责人		终检负责人				
×××(签字) ××年×月×日	×××(签字) ××年×月×日		×××(签字) ××年×月×日	核定人		×××(签字) ××年×月×日	

(6)单元工程质量标准。合格:检查项目达到质量标准,铺料厚度和铺料边线合格率不小于 70%,土体压实干密度合格率符合表 5-61 的规定。优良:检查项目达到质量标准,铺料厚度和铺料边线合格率不小于 90%,土体压实干密度合格率超过表 5-61 所示数值 5%以上。

表 5-61　压实干密度合格率

项次	填筑类型	筑堤土料	压实干密度合格率下限(%)	
			1、2 级土堤	3 级土堤
1	新填筑堤	黏性土	85	80
		少黏性土	90	85
2	老堤加高、培厚	黏性土	85	80
		少黏性土	85	80

注:不合格样干密度值不得低于设计值的 96%,不合格样不得集中在局部范围内。

土料碾压筑堤单元工程质量评定表范例见表5-62。

表 5-62　土料碾压筑堤单元工程质量评定表

单位工程名称	白水河堤防加培	单元工程量	1 500 m³
分部工程名称	堤身填筑	检验日期	2000 年 4 月 8 日
单元工程名称、部位	2#单元 76K + 200 ~ 76K + 320 ▽ 84. 3 ~ 84. 6 m	评定日期	2000 年 4 月 8 日

项次		项目名称	质量标准	检验结果			评定
检查项目	1	△上堤土料土质、含水率	无不合格土,含水率适中	上堤土料符合质量标准(见附页)			符合标准
	2	土块粒径	根据压实机具,土块粒径限制在 10 cm 以内	无坚硬土块,粒径小于 10 cm			符合标准
	3	作业段划分、搭接	√机械作业不少于 100 m,人工作业不少于 50 m,搭接无界沟	机械作业,段长 110 ~ 120 m,搭接处水平上升,无界沟			符合标准
	4	碾压作业程序	碾压机械行走平行于堤轴线,碾迹及搭接碾压符合要求	碾压作业符合要求			符合标准
检测项目	1	铺料厚度	允许偏差:0 ~ - 5 cm(设计铺料厚度 25 cm)	总测点数 54	合格点数 49	合格率 90.7%	优良
	2	铺料边线	允许偏差:人工 + 10 ~ + 20 cm,机械 + 10 ~ + 30 cm	总测点数 12	合格点数 12	合格率 100%	优良
	3	△压实指标	设计干密度不小于 1. 56 t/m³	总测点数 16	合格点数 16	合格率 100%	优良

施工单位自评意见	质量等级	监理单位复核意见	核定质量等级
检查项目全部达到质量标准;铺料厚度和铺料边线合格率分别为 90.7%、100%,压实指标合格率100%	优良	同意自评意见	优良

施工单位名称	×××工程局		监理单位名称	×××监理公司
测量员	初检负责人	终检负责人		
×××(签字) ××年×月×日	×××(签字) ××年×月×日	×××(签字) ××年×月×日	核定人	×××(签字) ××年×月×日

三、土料吹填筑堤单元工程质量评定

(1)单元工程按围堰仓、段划分,每一围堰仓、段为一单元工程。单元工程量为本单元吹填筑堤工程量。

(2)检查栏目中项次1、2质量标准有"符合设计要求"的规定,应填写具体设计要求,内容多时,可另附页,并填写"(见附页)"。检测项目项次4中应填写设计干密度指标,如1.5 t/m³。

(3)检测数量。检查项目:全面检查。检测项目:按吹填区长度每50~100 m测1横断面,每个断面测定不应少于4个。吹填区土料固结干密度按每200~400 m² 取1个土样。

(4)检测项目合格率为合格点数除以总测点数。

(5)吹填平整度,对细粒土、粗料土要求不同,本单元工程为细粒土,故在"细粒土:0.5~1.2 m"前面用"√"标明。

(6)单元工程质量标准。合格:检查项目达到质量标准,吹填高程、宽度、平整度合格率不小于70%,初期固结干密度合格率要求同土料碾压筑堤单元工程质量评定中土体压实干密度合格率。优良:检查项目达到质量标准,吹填高程、宽度、平整度合格率不小于90%,初期固结干密度合格率超过合格标准5%以上。

土料吹填筑堤单元工程质量评定表范例见表5-63。

四、土料吹填压渗平台单元工程质量评定

(1)单元工程按围堰仓、段划分,每一仓、段为一单元工程。单元工程量为本单元吹填工程量。

(2)检测数量。检查项目:全面检查。检测项目:按吹填区长度每50~100 m测1横断面,每个断面测定不应少于4个。

(3)检查项目项次1、2质量标准为"符合设计要求",因该栏书写不下,另写在附页中,在表中注明"(见附页)"。检验结果如书写不下,也可另写在附页中,并注明"(见附页)"。

(4)检测项目合格率为合格点数除以总测点数。

(5)吹填平整度,对细粒土、粗料土要求不同,如为细粒土,在"细粒土:0.5~1.2 m"前面用"√"标明。

(6)单元工程质量标准。合格:检查项目达到质量标准,吹填高程、宽度、平整度合格率不小于70%。优良:检查项目达到质量标准,吹填高程、宽度、平整度合格率不小于90%。

土料吹填压渗平台单元工程质量评定表范例见表5-64。

五、黏土防渗体填筑单元工程质量评定

(1)单元工程按层、段划分,每一填筑层、段为一单元工程。单元工程量为本单元填筑工程量。

表 5-63　土料吹填筑堤单元工程质量评定表

单位工程名称		清河堤防填筑		单元工程量		20 000 m³	
分部工程名称		堤身填筑		检验日期		1999 年 10 月 10 日	
单元工程名称、部位		1#单元 43K + 100 ~ 43K + 385		评定日期		1999 年 10 月 15 日	
项次		项目名称	质量标准	检验结果			评定
检查项目	1	吹填土质	符合设计要求（见附页）	符合设计要求			符合标准
	2	吹填区围堰	符合设计要求（见附页），无严重溃堤、塌方事故	围堰质量符合设计要求，无塌方事故			符合标准
	3	泥沙颗粒分布	吹填区沿程沉积泥沙颗粒级配无显著差异	吹填区土质较均匀			符合标准
检测项目	1	吹填高程	允许偏差:0 ~ +0.3 m	总测点数	合格点数	合格率	优良
				12	11	91.7%	
	2	吹填区宽度	区宽小于 50 m，允许偏差 ±0.5 m；区宽大于 50 m，允许偏差 ±1.0 m	总测点数	合格点数	合格率	优良
				3	3	100%	
	3	吹填平整度	√细粒土:0.5 ~ 1.2 m 粗粒土:0.8 ~ 1.6 m	总测点数	合格点数	合格率	优良
				12	12	100%	
	4	吹填干密度	设计干密度不小于 1.5 t/m³	总测点数	合格点数	合格率	优良
				22	20	90.9%	
施工单位自评意见		质量等级		监理单位复核意见		核定质量等级	
检查项目达到质量标准；吹填高程、吹填区宽度、吹填平整度合格率分别为 91.7%、100%、100%，吹填干密度合格率 90.9%		优良		检查、检测结果真实，同意自评意见		优良	
施工单位名称		×××工程局		监理单位名称		×××监理公司	
测量员	初检负责人		终检负责人				
×××（签字）××年×月×日	×××（签字）××年×月×日		×××（签字）××年×月×日	核定人		×××（签字）××年×月×日	

表5-64 土料吹填压渗平台单元工程质量评定表

单位工程名称		凯河Ⅳ−2标段堤防加固		单元工程量		7 000 m³	
分部工程名称		压渗平台		检验日期		1999 年 10 月 11 日	
单元工程名称、部位		3#单元 102K + 50 ~ 102K + 150		评定日期		1999 年 10 月 20 日	
项次		项目名称	质量标准	检验结果			评定
检查项目	1	吹填土质	符合设计要求(见附页)	符合设计要求			符合标准
	2	吹填区围堰	符合设计要求(见附页),无严重溃堤、塌方事故	符合设计要求			符合标准
	3	泥沙颗粒分布	吹填区沿程沉积泥沙颗粒级配无显著差异	吹填区沿程沉积泥沙颗粒级配无显著差异			符合标准
检测项目	1	吹填高程	允许偏差:0 ~ +0.3 m	总测点数	合格点数	合格率	优良
				8	8	100%	
	2	吹填区宽度	区宽小于 50 m,允许偏差±0.5 m;区宽大于 50 m,允许偏差 ±1.0 m	总测点数	合格点数	合格率	优良
				4	4	100%	
	3	吹填平整度	√细粒土:0.5 ~ 1.2 m 粗粒土:0.8 ~ 1.6 m	总测点数	合格点数	合格率	优良
				8	8	100%	
施工单位自评意见		质量等级		监理单位复核意见		核定质量等级	
检查项目达到质量标准,检测项目合格率100%		优良		同意自评意见		优良	
施工单位名称		×××工程局		监理单位名称		×××监理公司	
测量员		初检负责人	终检负责人				
×××(签字) ××年×月×日		×××(签字) ××年×月×日	×××(签字) ××年×月×日	核定人		×××(签字) ××年×月×日	

（2）检测数量。检查项目:全面检查,在 4 项检查项目中"上堤土料土质、含水率"是主要检查项目,必须符合设计和碾压试验确定的要求。检测项目:铺料厚度、铺填宽度及压实密度可按堤轴线长度每 20 ~ 30 m 取 1 个样,或按填筑面积 100 ~ 200 m² 取 1 个样。

（3）检测项目合格率为合格点数除以总测点数。

（4）单元工程质量标准。合格:检查项目达到质量标准,铺料厚度、铺填宽度合格率不小于70%,土体压实干密度合格率不小于表 5-65 的规定。优良:检查项目达到质量标准,铺料厚度、铺填宽度合格率不小于90%,土体压实干密度合格率超过表 5-65 所示数值

5%以上。如为1、2级堤防,干密度合格率90.0%,只能评为合格。

表5-65　黏土防渗体土料干密度合格率

工程名称	干密度合格率下限(%)	
	1、2级土堤	3级土堤
黏土防渗体	90	85

注:不合格样干密度值不得低于设计值的96%,不合格样不得集中在局部范围内。

黏土防渗体填筑单元工程质量评定表范例见表5-66。本例为2级堤防,故干密度合格率90.0%,只能评为合格。

六、砂质土堤堤坡堤顶填筑单元工程质量评定

(1)单元工程按层、段划分,每一填筑层、段为一单元工程。单元工程量为本单元填筑工程量。

(2)检测数量。检查项目:全面检查,在4项检查项目中"上堤土料土质、含水率"是主要检查项目,迎水坡和堤顶应选择黏性土,背水坡包边土质应符合设计要求。检测项目:铺料厚度、宽度及压实干密度,包边沿堤每20~30 m各测1次,堤顶每200~400 m² 各测1次。

(3)检测项目2,按施工方法不同,质量标准各异,采取哪种施工方法,就在该方法上用"√"标明。如采用人工运土、机械碾压筑堤,在该处用"√"标明。

(4)检测项目合格率为合格点数除以总测点数。

(5)单元工程质量标准。合格:检查项目达到质量标准,铺料厚度、宽度合格率不小于70%,土体压实干密度合格率要求同土料碾压筑堤单元工程质量评定中土体压实干密度合格率。优良:检查项目达到质量标准,铺料厚度、宽度合格率不小于90%,土体压实干密度合格率超过合格标准5%以上。

砂质土堤堤坡堤顶填筑单元工程质量评定表范例见表5-67。本例为2级堤防,新堤,筑堤材料为少黏性土,故干密度合格率90.0%,只能评为合格。

七、护坡垫层单元工程质量评定

(1)单元工程按施工段划分。单元工程量为本单元填筑工程量。

(2)检查项目。项次1、3质量标准栏中按填表说明"一般规定"要求,应注明所采用的规范名称及编号,如《堤防工程施工规范》(SL 260—98)。项次2质量标准栏空间有限,可另写在附页中,并注明"(见附页)"。

(3)检验数量。检查项目:全面检查。检测项目:垫层厚度每20 m² 测1次。

(4)检测项目合格率为合格点数除以总测点数。

(5)单元工程质量标准。合格:检查项目达到质量标准,检测项目合格率不小于70%。优良:检查项目达到质量标准,检测项目合格率不小于90%。

护坡垫层单元工程质量评定表范例见表5-68。

表 5-66 黏土防渗体填筑单元工程质量评定表

单位工程名称		清江护岸工程	单元工程量		1 200 m³
分部工程名称		堤身防护	检验日期		1999 年 10 月 20 日
单元工程名称、部位		38#单元王家渡河段	评定日期		1999 年 10 月 20 日

项次		项目名称	质量标准	检验结果			评定
检查项目	1	△上堤土料土质、含水率	无不合格土,含水率适中	上堤土料符合设计标准			符合标准
	2	土块粒径	根据压实机具,土块粒径限制在 10 cm 以内	土块粒径在 10 cm 以内,个别大土块已敲碎			符合标准
	3	作业段划分、搭接	√机械作业不少于 100 m,人工作业不少于 50 m,搭接无界沟	机械作业长度 100~110 m,搭接无界沟			符合标准
	4	碾压作业程序	碾压机械行走平行于堤轴线,碾迹及搭接碾压符合要求	人工夯击,符合施工要求			符合标准

检测项目	1	铺料厚度	允许偏差:0~-5 cm	总测点数	合格点数	合格率	优良
				29	28	96.6%	
	2	铺填宽度	允许偏差:0~+10 cm	总测点数	合格点数	合格率	优良
				30	30	100%	
	3	△压实指标	设计干密度不小于 1.56 t/m³	总测点数	合格点数	合格率	合格
				30	27	90%	

施工单位自评意见	质量等级	监理单位复核意见	核定质量等级
检查项目达到质量标准;铺料厚度、铺填宽度合格率分别为 96.6%、100%,压实指标合格率 90%	合格	同意自评意见	合格

施工单位名称			×××工程局	监理单位名称	×××监理公司
测量员	初检负责人	终检负责人			
×××(签字) ××年×月×日	×××(签字) ××年×月×日	×××(签字) ××年×月×日		核定人	×××(签字) ××年×月×日

表 5-67　砂质土堤堤坡堤顶填筑单元工程质量评定表

单位工程名称	凯河Ⅳ-2标段堤防加固			单元工程量			1 800 m³
分部工程名称	吹填体包淤			检验日期			1999 年 10 月 23 日
单元工程名称、部位	4#单元102K+5～102K+160			评定日期			1999 年 10 月 27 日

项次		项目名称	质量标准	检验结果			评定
检查项目	1	△上堤土料土质、含水率	无不合格土,含水率适中	土料符合设计要求(见记录)			符合标准
	2	土块粒径	根据压实机具,土块粒径限制在 10 cm 以内	无大体积土块			符合标准
	3	作业段划分、搭接	√机械作业不少于100 m,人工作业不少于50 m,搭接无界沟	机械作业,长 110 m,搭接无明显界沟			基本符合标准
	4	碾压作业程序	碾压机械行走平行于堤轴线,碾迹及搭接碾压符合要求	符合施工规范要求			基本符合标准
检测项目	1	铺料厚度	允许偏差:0～-5 cm	总测点数	合格点数	合格率	优良
				10	9	90%	
	2	砂质土堤堤坡堤顶宽度或厚度	√人工运土、机械碾压筑堤允许偏差:-3 cm;吹填筑堤允许偏差:-5 cm	总测点数	合格点数	合格率	优良
				10	10	100%	
	3	△压实指标	设计干密度不小于1.56 t/m³	总测点数	合格点数	合格率	合格
				10	9	90%	

施工单位自评意见	质量等级	监理单位复核意见	核定质量等级
检查项目达到质量标准;铺料厚度、堤顶宽度合格率分别为90%、100%,压实指标合格率90%	合格	同意自评意见	合格

施工单位名称		×××工程局		监理单位名称	×××监理公司
测量员	初检负责人	终检负责人			
×××(签字) ×××年×月×日	×××(签字) ×××年×月×日	×××(签字) ×××年×月×日		核定人	×××(签字) ×××年×月×日

表 5-68　护坡垫层单元工程质量评定表

单位工程名称	清江河道整治工程		单元工程量		3 600 m³	
分部工程名称	丁坝护坡		检验日期		1999 年 12 月 1 日	
单元工程名称、部位	1#单元,1～3 坝垫层		评定日期		1999 年 12 月 2 日	
项次		项目名称	质量标准	检验结果		评定
检查项目	1	基面	按《堤防工程施工规范》(SL 260—98)验收合格	基面坚实,基本平整,无杂物		符合标准
	2	垫层材料	符合设计要求(见附页)	石料粒径级配符合要求		符合标准
	3	垫层施工方法和程序	符合《堤防工程施工规范》(SL 260—98)的要求	按施工工艺施工		符合标准
检测项目	1	垫层厚度	偏小值不大于设计厚度的15%(设计垫层厚度 20 cm)	总测点数	合格点数	合格率	优良
				84	82	97.6%	
施工单位自评意见		质量等级		监理单位复核意见		核定质量等级
检查项目基本符合质量标准,检测项目合格率97.6%		优良		同意自评意见		优良
施工单位名称	×××工程局			监理单位名称		×××监理公司
测量员	初检负责人		终检负责人			
×××(签字) ××年×月×日	×××(签字) ××年×月×日		×××(签字) ××年×月×日	核定人		×××(签字) ××年×月×日

八、毛石粗排护坡单元工程质量评定

(1)单元工程按施工检查验收的区、段划分,以每一区、段为一个单元工程。单元工程量为本单元砌筑工程量。

(2)检验数量。厚度及平整度沿堤轴线每 20 m 应不少于 1 个测点。

(3)检测项目。砌体设计厚度按施工图填写,合格率为合格点数除以总测点数。

(4)单元工程质量标准。合格:检查项目达到质量标准,检测项目合格率不小于70%。优良:检查项目达到质量标准,检测项目合格率不小于90%。

毛石粗排护坡单元工程质量评定表范例见表 5-69。

九、干砌石护坡单元工程质量评定

(1)单元工程按施工检查验收的区、段划分,以每一区、段为一个单元工程。单元工程量为本单元砌筑工程量。

表 5-69　毛石粗排护坡单元工程质量评定表

单位工程名称	清江河道整治工程		单元工程量	3 000 m³
分部工程名称	丁坝护坡		检验日期	1999 年 12 月 15 日
单元工程名称、部位	1#单元,1～3#坝石护坡		评定日期	1999 年 12 月 18 日

项次		项目名称	质量标准	检验结果			评定
检查项目	1	石料	质地坚硬,无风化,单块质量大于等于 25 kg,最小边长大于等于 15 cm	进场石料符合要求,抗压强度 50.0 MPa,软化系数 0.8,单块质量及尺寸均符合要求			符合标准
	2	石料排砌	禁用小石、片石,不得有通缝	面石无小石、片石,结合平稳,无通缝			符合标准
	3	缝宽	无宽度在 3 cm 以上、长度在 0.5 m 以上的连续缝	无 0.5 m 以上连续缝			符合标准
检测项目	1	砌体厚度	允许偏差为设计厚度的 ±10%	总测点数　18	合格点数　18	合格率　100%	优良
	2	坡面平整度	2 m 靠尺检测凹凸不超过 10 cm	总测点数　25	合格点数　23	合格率　92%	优良

施工单位自评意见	质量等级	监理单位复核意见	核定质量等级
检查项目符合质量标准,检测项目合格率分别为 100%、92%	优良	同意自评意见	优良

施工单位名称	×××工程局		监理单位名称	×××监理公司
测量员	初检负责人	终检负责人		
×××(签字)　××年×月×日	×××(签字)　××年×月×日	×××(签字)　××年×月×日	核定人	×××(签字)　××年×月×日

(2)检验数量。厚度及平整度沿堤轴线每 10～20 m 应不少于 1 个测点。

(3)检测项目。砌体设计厚度按施工图填写,合格率为合格点数除以总测点数。

(4)单元工程质量标准。合格:检查项目达到质量标准,检测项目合格率不小于 70%。优良:检查项目达到质量标准,检测项目合格率不小于 90%。

干砌石护坡单元工程质量评定表范例见表 5-70。

表 5-70　干砌石护坡单元工程质量评定表

单位工程名称	凯河险工改建工程		单元工程量		900 m³	
分部工程名称	险工护岸		检验日期		1999 年 12 月 25 日	
单元工程名称、部位	25#护岸护坡		评定日期		1999 年 12 月 30 日	
项次	项目名称	质量标准	检验结果			评定
检查项目	1　面石用料	质地坚硬,无风化,单块质量大于等于 25 kg,最小边长大于等于 20 cm	石料符合设计要求,抗压强度 55.0 MPa,软化系数 0.78,单块质量及尺寸均符合要求			符合标准
	2　腹石砌筑	排紧填严,无淤泥杂质	腹石填充紧密			符合标准
	3　面石砌筑	禁止使用小块石,不得有通缝、对缝、浮石、空洞	面石无小块石,无通缝、对缝、浮石、空洞			符合标准
	4　缝宽	无宽度在 1.5 cm 以上、长度在 0.5 m 以上的连续缝	缝隙较小,无连续缝			符合标准
检测项目	1　砌石厚度	允许偏差为设计厚度的 ±10%	总测点数	合格点数	合格率	优良
			12	12	100%	
	2　坡面平整度	2 m 靠尺检测凹凸不超过 5 cm	总测点数	合格点数	合格率	优良
			12	11	91.7%	
施工单位自评意见		质量等级	监理单位复核意见		核定质量等级	
检查项目达到质量标准,检测项目合格率分别为 100%、91.7%		优良	同意自评意见		优良	
施工单位名称	×××工程局		监理单位名称		×××监理公司	
测量员	初检负责人	终检负责人				
×××(签字)××年×月×日	×××(签字)××年×月×日	×××(签字)××年×月×日	核定人		×××(签字)××年×月×日	

十、浆砌石护坡单元工程质量评定

(1)单元工程按施工检查验收的区、段划分,以每一区、段为一个单元工程。单元工程量为本单元砌筑工程量。

(2)检验数量。厚度及平整度沿堤轴线每 10～20 m 应不少于 1 个测点。

(3)检测项目。砌体设计厚度按施工图填写,合格率为合格点数除以总测点数。

（4）单元工程质量标准。合格：检查项目达到质量标准，检测项目合格率不小于70%。优良：检查项目达到质量标准，检测项目合格率不小于90%。

浆砌石护坡单元工程质量评定表范例见表 5-71。

表 5-71　浆砌石护坡单元工程质量评定表

单位工程名称	凯河险工改建工程			单元工程量		900 m³	
分部工程名称	险工护岸			检验日期		1999 年 12 月 25 日	
单元工程名称、部位	7#单元,11～13 垛			评定日期		1999 年 12 月 30 日	
项次		项目名称	质量标准	检验结果			评定
检查项目	1	石料、水泥、砂	符合《堤防工程施工规范》(SL 260—98)的要求	进场材料检验合格			符合标准
	2	砂浆配合比	符合设计要求	按试验配比搅拌			符合标准
	3	浆砌	空隙用小石填塞,不得用砂浆充填,坐浆饱满,无空隙	填充密实,无缝隙			符合标准
	4	勾缝	无裂缝、脱皮现象	无明显裂缝,无脱皮现象			符合标准
检测项目	1	砌石厚度	允许偏差为设计厚度的±10%	总测点数	合格点数	合格率	优良
				18	17	94.4%	
	2	坡面平整度	2 m 靠尺检测凹凸不超过5 cm	总测点数	合格点数	合格率	优良
				18	18	100%	
施工单位自评意见		质量等级		监理单位复核意见		核定质量等级	
检查项目达到质量标准,检测项目合格率分别为94.4%、100%		优良		同意自评意见		优良	
施工单位名称		×××工程局		监理单位名称		×××监理公司	
测量员		初检负责人	终检负责人				
×××（签字）××年×月×日		×××（签字）××年×月×日	×××（签字）××年×月×日	核定人		×××（签字）××年×月×日	

十一、混凝土预制块护坡单元工程质量评定

（1）单元工程按段、块（或变形缝）划分，以每一段、块（或相邻两变形缝间）砌体为一个单元工程。单元工程量为本单元砌筑工程量。

（2）检验数量。坡面平整度沿堤线每 10～20 m 应不少于 1 点。

（3）检测项目合格率为合格点数除以总测点数。

（4）单元工程质量标准。合格：检查项目达到质量标准，坡面平整度合格率不小于70%。优良：检查项目达到质量标准，坡面平整度合格率不小于90%。

混凝土预制块护坡单元工程质量评定表范例见表5-72。

表5-72　混凝土预制块护坡单元工程质量评定表

单位工程名称		大溪河堤护坡工程		单元工程量		4 200 m³	
分部工程名称		堤防护坡		检验日期		1999 年 10 月 20 日	
单元工程名称、部位		12#单元,24K+300~24K+800		评定日期		1999 年 10 月 21 日	
项次		项目名称	质量标准	检验结果			评定
检查项目	1	预制块外观	尺寸准确、整齐统一,表面清洁平整	模具准确,表面平整			符合标准
	2	预制块铺砌	平整、稳定、缝线规则	铺砌平整、稳定			符合标准
检测项目	1	坡面平整度	2 m 靠尺检测凹凸不超过1 cm	总测点数	合格点数	合格率	优良
				34	32	94.1%	
施工单位自评意见		质量等级		监理单位复核意见		核定质量等级	
检查项目达到质量标准,检测项目合格率94.1%		优良		同意自评意见		优良	
施工单位名称		×××工程局		监理单位名称		×××监理公司	
测量员		初检负责人	终检负责人				
×××(签字) ××年×月×日		×××(签字) ××年×月×日	×××(签字) ××年×月×日	核定人		×××(签字) ××年×月×日	

十二、堤脚防护（水下抛石）单元工程质量评定

（1）单元工程按施工段划分，以同一施工段为一个单元工程。单元工程量为本单元防护工程量。

（2）检测项目。①"各种抗冲体工程量"，系指在本单元工程内，按照设计要求实际抛入各个网格中的块石（或柳石枕、铅丝笼、混凝土异形体），数量不得小于该网格的设计工程量。但允许适当多抛，多抛的数量允许偏差值为0~+10%。因此，应将本单元工程内每个网格中，船只定位后实际抛入的块石数量逐个网格进行统计，找出其合格的网格数。将每个网格当做一个检测点看待，以检查抛投数量够不够、抛投是否均匀、是否满足抛石厚度要求。②"护脚坡面相应位置高程"，系指本单元工程抛石完成后，沿堤轴线方向每隔20~50 m测量一横断面，测点的水平间距为5~10 m，并与设计横断面套绘以检查护

284

脚坡面相应位置的高程差。考虑水下地形的动态变化较大,也可按抛石前每隔20~50 m测得的水下横断面与抛石后测得的水下横断面对比,检查抛石分区厚度的偏差值。允许偏差值 ±0.3 m。

(3)检测项目。设计数据按施工图填写,合格率为合格点数除以总测点数。

(4)检测数量。沿堤轴线方向每20~50 m测1个横断面,测点水平间距宜为5~10 m。丁坝应检测纵断面,裹头部分的横断面应不少于2个。

(5)单元工程质量标准。合格:检查项目达到质量标准,检测项目合格率不小于70%。优良:检查项目达到质量标准,检测项目合格率不小于90%。

堤脚防护(水下抛石)单元工程质量评定表范例见表5-73。

表 5-73　堤脚防护(水下抛石)单元工程质量评定表

单位工程名称		柳江堤石盘险段加固工程		单元工程量		1 665 m³	
分部工程名称		水下抛石护脚		检验日期		2000 年 4 月 29 日	
单元工程名称、部位		18#单元,32 + 000 ~ 32 + 080		评定日期		2000 年 4 月 29 日	
项次		项目名称	质量标准	检验结果			评定
检查项目	1	抗冲体结构、质量、强度	符合设计要求(硬度3~4 N/mm²,密度 >2.65 t/m³,粒径 > 25 cm,单块质量 > 22 kg)	密度 2 702 kg/m³,粒径 25 ~ 40 cm,强度 40 ~ 71 MPa,单块质量 >25 kg			符合标准
	2	抛投程序	符合设计要求	从下游向上游,由远岸向近岸			符合标准
	3	抛投位置和数量	按单元工程内各网格位置和数量抛投	位置和数量符合设计要求			符合标准
检测项目	1	各种抗冲体工程量	体积允许偏差 +10%,但不得偏小	总测点数	合格点数	合格率	优良
				16	16	100%	
	2	护脚坡面相应位置高程	允许偏差 ±0.3 m	总测点数	合格点数	合格率	优良
				16	15	93.8%	
施工单位自评意见		质量等级		监理单位复核意见		核定质量等级	
检查项目达到质量标准,检测项目合格率分别为 100%、93.8%		优良		经复核,同意施工单位自评意见		优良	
施工单位名称		×××工程局		监理单位名称		×××监理公司	
测量员	初检负责人		终检负责人				
×××(签字) ××年×月×日	×××(签字) ××年×月×日		×××(签字) ××年×月×日	核定人		×××(签字) ××年×月×日	

第六节　中间产品、外观质量评定

本节主要根据《水电水利基本建设工程单元工程质量等级评定标准　第1部分：土建工程》(DL/T 5113.1—2005)、《评定规程》讲述有关中间产品和水利工程外观质量评定范例，共9个项目评定。其中中间产品质量评定包括砂石骨料生产、水工混凝土拌和质量及混凝土预制构件制作质量评定，水利工程外观质量评定包括水工建筑物外观、房屋建筑外观和堤防工程外观质量评定。

一、中间产品质量评定

(一)砂料质量评定

(1)检验日期为检验月(季)的开始及终止日期。数量填写本批检验资料所代表的砂料总量。产地填写砂料出产地。其他内容填写遵循水利水电工程施工质量评定表填写规则。

(2)检查数量。按月或季进行抽样检查分析，一般每生产500 m³砂石料，在净料堆放场取组样。总抽检数量：按月检查分析，不少于10组；按季检查分析，不少于20组。要分规格进行质量评定。

(3)检验记录。填写抽检组数、最小值~最大值、合格组数。

(4)质量标准。综合分析抽样检查成果时，应分规格评定质量。凡抽样检查中主要检查项目全部符合标准，任一种规格的其他检查项目有90%及以上的检查点符合质量标准的，即评为优良；有70%及以上的检查点符合质量标准的，即评为合格。

砂料质量评定表范例见表5-74。

(二)粗骨料质量评定

(1)检验日期为检验月(季)的开始及终止日期。数量填写本批检验资料所代表的粗骨料总量。产地填写粗骨料出产地。其他内容填写遵循水利水电工程施工质量评定表填写规则。

(2)检查数量。按月或季进行抽样检查分析，一般每生产500 m³粗骨料，在净料堆放场取组样。总抽检数量：按月检查分析，不少于10组；按季检查分析，不少于20组。要分规格进行质量评定。

(3)检验记录。填写抽检组数、最小值~最大值、合格组数。

(4)质量标准。综合分析抽样检查成果时，应分规格评定质量。凡抽样检查中主要检查项目全部符合标准，任一种规格的其他检查项目有90%及以上的检查点符合质量标准的，即评为优良；有70%及以上的检查点符合质量标准的，即评为合格。

粗骨料质量评定表范例见表5-75。

表 5-74　砂料质量评定表

单位工程名称	混凝土大坝	产地	上沙河沙场
分部工程名称	溢流坝段	生产单位	××水利水电第×工程局
数量	5 000 m³	检验日期	2009 年 7 月 25 日至 8 月 25 日

项次	检查项目	质量标准	检验记录
1	天然砂中含泥量	<3%,其中黏土含量 <1%	含泥量:4 组,实测值 0.2% ~0.5%,全部合格;黏土含量:10 组,实测值 0.05% ~0.3%,全部合格
2	△天然砂中泥团	不允许	抽检 10 组,未发现有泥团
3	△人工砂中的石粉含量	6% ~12%(指颗粒小于 0.15 mm)	—
4	坚固性	<10%	10 组,实测值 3% ~8%,全部合格
5	△云母含量	<2%	10 组,实测值 0.2% ~1.7%,全部合格
6	密度	>2.5 t/m³	10 组,实测值 2.60 ~2.67 t/m³,全部合格
7	轻物质含量	<1%	10 组,实测值 0.1% ~0.6%,全部合格
8	硫化物及硫酸盐含量,按质量折算成 SO₃	<1%	10 组,实测值 0.1% ~0.7%,全部合格
9	△有机质含量	浅于标准色	抽检 10 组,有机质含量均浅于标准色

评定意见		质量等级
主要检查项目全部符合质量标准,其他检查项目有 100% 检查点符合质量标准		优良
施工单位	×××(签名) ××年×月×日	建设(监理)单位	×××(签名) ××年×月×日

(三)混凝土拌和(拌和物、试块)质量评定

1. 混凝土拌和质量评定

(1)分部工程名称填写使用本批混凝土料的分部工程名称。

(2)分部工程量填写本批检验资料所代表的混凝土总量(m³)及混凝土设计等级或设计标号。

(3)项目质量等级按照混凝土拌和物、混凝土试块评定结果填写。

(4)其他内容填写遵循水利水电工程施工质量评定表填写规则。

表 5-75　粗骨料质量评定表

单位工程名称	混凝土大坝	产地	4#石料场
分部工程名称	溢流坝段	生产单位	××水利水电第×工程局
数量	5 000 m³	检验日期	2009 年 6 月 10 日至 7 月 10 日

项次	检查项目	质量标准	检验记录
1	超径	原孔筛检验 <5% 超逊径筛检验 0	检查 10 组,统计筛余量为 1.2% ~ 3.7%,超逊径筛检验为 0
2	逊径	原孔筛检验 <10% 超逊径筛检验 <2%	检查 10 组,统计逊径为 3.6% ~ 5.8%,超逊径筛检验为 0.3% ~ 1.2%
3	含泥量	D_{20}、D_{40} 粒径级 <1%,D_{80}、D_{150}(或 D_{120})粒径级 <0.5%	检查 10 组,含泥量为 0.12% ~ 0.35%,符合要求
4	△泥团	不允许	检查 10 组,无泥团
5	△软弱颗粒含量	<5%	检查 10 组,软弱颗粒含量为 0.5% ~ 2.7%
6	硫化物及硫酸盐含量,按质量折算成 SO_3	<0.5%	检查 10 组,软弱颗粒含量为 0.05% ~ 0.28%
7	△有机质含量	浅于标准色	检查 10 组,均浅于标准色
8	密度	>2.55 t/m³	检查 10 组,密度为 2.61 ~ 2.73 t/m³
9	吸水率	D_{20}、D_{40} < 2.5%,D_{80}、D_{150} <1.5%	各检查 10 组:D_{20}、D_{40} 吸水率为 1.6% ~ 2.1%,D_{80}、D_{150} 吸水率为 0.7% ~ 1.3%
10	△针片状颗粒含量	<15%,有试验论证时,可以放宽至 25%	检查 10 组,针片状含量为 6% ~ 13%

评定意见		质量等级
主要检查项目全部符合质量标准,其他检查项目合格率 100%		优良
施工单位	×××(签名) ××年×月×日	建设(监理)单位	×××(签名) ××年×月×日

（5）质量标准。在混凝土拌和物、混凝土试块两个项目均达到合格标准的前提下,如试块质量达到优良,则评为优良;如试块质量只达到合格,则评为合格。

混凝土拌和质量评定表范例见表 5-76。

表5-76　混凝土拌和质量评定表

单位工程名称	混凝土大坝	分部工程量	2 800 m³,C25
分部工程名称	地下连续墙	施工单位	××水利水电第×工程局
分部工程部位	C1 - C15,B1 - B15	评定日期	2009 年 8 月 16 日
项次	项目	项目质量等级	
1	混凝土拌和物	优良	
2	混凝土试块	优良	
评定意见		质量等级	
两项质量均达合格标准,其中混凝土试块质量优良		优良	
施工单位	×××(签名) ××年×月×日	建设(监理) 单位	×××(签名) ××年×月×日

2. 混凝土拌和物质量评定

(1)混凝土拌和物质量依据施工单位施工过程的检验记录和监理检查评定。

(2)表头填写规则与混凝土拌和质量评定表相同。

(3)检验日期。填写本批混凝土检验月(季)的开始日期及终止日期。

(4)第 3、4、5、6 项要填写设计具体要求,第 1 项原材料称量偏差填写拌和楼(站)施工配料单规定的各种材料的称量(kg)。规定原材料称量值和设计要求值,可填在检验记录栏内。

(5)检验记录栏填检查组数、实测最大值、最小值、合格组数。

(6)其他内容填写遵循水利水电工程施工质量评定表填写规则。

(7)质量标准。如果主要检查项目全部符合优良标准,一般检查项目符合优良或合格标准,评为优良。若主要检查项目只符合合格标准,一般检查项目基本符合合格标准,则评为合格。

混凝土拌和物质量评定表范例见表5-77。

3. 混凝土试块质量评定

(1)混凝土试块质量依据施工单位在机口及仓面取样成型的 28 d 龄期混凝土试件试验成果及统计资料,经监理检查后评定。

(2)表头填写规则与混凝土拌和质量评定表相同。

(3)分部工程量填写本批试块所代表的混凝土量、混凝土设计等级(或标号)、试块组数。

(4)检验日期填写本批试块质量检验的开始日期及终止日期。

(5)检查项目第 4 项要标明设计标号。如设计抗渗标号为 W6,则将 W6 填写在检验记录栏内。

(6)检验记录第 1、4 项要填写检查组数、各组试块的实测值。若实测值较多,也可填实测组数、最小值～最大值、合格组数。

表 5-77　混凝土拌和物质量评定表

单位工程名称	混凝土大坝	分部工程量	2 800 m³,C25
分部工程名称	地下连续墙	施工单位	××水利水电机械施工公司
分部工程部位	C1－C15,B1－B15	检验日期	2009 年 6 月 15 日至 7 月 15 日

项次	项目	质量标准 优良	质量标准 合格	检验记录
1	△原材料称量偏差符合要求的频率	≥90%	≥70%	施工配料单各种材料称量为:水泥 333 kg/m³,砂 613 kg/m³,碎石 1 234 kg/m³。共检查 30 组,称量为:水泥 330～335 kg/m³,合格率 93.3%;砂 611～614 kg/m³,合格率 91.0%;碎石 1 230～1 236 kg/m³,合格率 92.4%
2	砂子含水量＜6%的频率	≥90%	≥70%	检查 30 组,砂子含水量为 2.5%～4%,合格率 100%
3	△拌和时间符合规定的频率	100%	100%	拌和时间规定为 90～120 s,抽查 30 组,拌和时间为 97～108 s,合格率为 100%
4	混凝土坍落度符合要求的频率	≥80%	≥70%	混凝土坍落度设计为 5～7 cm,抽查 30 组,坍落度为 5～8 cm,合格 27 组,合格率 90.0%
5	△混凝土水灰比符合设计要求的频率	≥90%	≥80%	混凝土水灰比设计为 0.55,抽查 30 组,水灰比为 0.54～0.56,合格 27 组,合格率 90.0%
6	混凝土出机口温度符合设计要求的频率	≥80%（高 1～2 ℃)	≥70%（高 2～3 ℃)	设计出机口混凝土温度为 27 ℃,抽查 30 组,$T＝26～30$ ℃,合格 26 组,合格率 86.7%

评定意见		质量等级
检查以上六项,均达到优良标准		优良
施工单位	×××(签名) ××年×月×日	建设(监理)单位	×××(签名) ××年×月×日

（7）试验数据统计按照《评定规程》附录 C 规定进行。

（8）其他内容填写遵循水利水电工程施工质量评定表填写规则。

（9）质量标准。在全部检查项目符合合格标准的前提下,如主要检查项目为优良,则评为优良;若主要检查项目为合格,则评为合格。

混凝土试块质量评定表范例见表 5-78。

表 5-78　混凝土试块质量评定表

单位工程名称	混凝土大坝		分部工程量		2 800 m³,C25,30 组
分部工程名称	地下连续墙		施工单位		××水利水电机械施工公司
分部工程部位	C1－C15,B1－B15		检验日期		2009 年 7 月 13 日至 8 月 12 日

| 项次 | 项目 | | 质量标准 | | 检验记录 |
			优良	合格	
1	任何一组试块抗压强度最低不得低于设计标号的		95%	85%	检查 30 组,试块抗压强度为 26.7～39.6 MPa,全部合格
2	△无筋(或少筋)混凝土强度保证率		85%	80%	—
3	△配筋混凝土强度保证率		90%	85%	30 组试块统计,P =97.7%
4	混凝土抗拉、抗渗、抗冻指标		不低于设计标号	不低于设计标号	设计抗渗标号 W6,检验 10 组,其中 W6 1 组,W8 9 组,均达到设计标号
5	混凝土强度的离差系数	<200 号	<0.18	<0.22	—
		≥200 号	<0.14	<0.18	30 组试块统计,C = 0.107

评定意见		质量等级
全部检查项目达到优良标准		优良
施工单位	×××(签名)　××年×月×日	建设(监理)单位	×××(签名)　××年×月×日

(四)混凝土预制构件制作质量评定

(1)混凝土预制构件制作质量评定的前提是预制构件的原材料的质量和品种已经过检验且符合设计要求;混凝土配合比符合设计要求,混凝土拌和质量合格;构件无漏筋、无裂缝;混凝土强度达到要求。

(2)检查数量。按月或按季进行抽样检查分析,按构件各种类型的件数,各抽查10%,但月检查不少于 3 件,季检查不少于 5 件。

(3)检验日期。本批构件制作的开始及完工日期。

(4)构件尺寸包括:外形尺寸,中心线偏差,顶、底部平整度,预埋件纵、横中心线位移,起吊环、钩中心线位移。

(5)其他内容填写遵循水利水电工程施工质量评定表填写规则。

(6)质量标准。每一类型构件抽样的模板、钢筋和构件尺寸的检查点数,分别有 70%及以上符合质量标准的,即评为合格;凡模板、钢筋、构件尺寸检查点数,分别有 90%及以上符合质量标准的,即评为优良。

混凝土预制构件制作质量评定表范例见表 5-79。

表 5-79　混凝土预制构件制作质量评定表

单位工程名称		混凝土大坝		单元工程量		混凝土 10.80 m³			
分部工程名称		溢流坝段		施工单位		××水利水电第×工程局			
单元工程名称、部位		8#坝段交通桥预制梁		检验日期		2009 年 3 月 15 日至 4 月 15 日			

项次		检测项目		设计值	允许偏差（mm）	实测值	合格数（点）	合格率（%）
1	模板安装	相邻两板面高差			2	1,1.5,1,2.5,1 mm	4	80
2		局部不平（用 2 m 直尺检查）			3	1,1,2,1.5,2.5 mm	5	100
3		板面缝隙			1	0,0.5,0,1.5,0 mm	4	80
4		预留孔、洞位置			10	—		
5		梁、桁架拱度		30 mm	+5，−2	32,28,30,30,31 mm	5	100
1	钢筋焊接与安装	帮条对焊接接头中心的纵向偏移		$\phi28$	0.5d（14）	3,5,2,2,4 mm	5	100
2		两根钢筋的轴向曲折			4°	4°,4°,4°,4°,5°	4	80
3		焊接	高度	7 cm	−0.05d（−1.4）	7.5,8,8,8.5,9 cm	5	100
			长度	140 cm	−0.5d（−14）	135,132,140,150,160 cm	5	100
			宽度	20 cm	−0.1d（−2.8）	19,18,22,24,23 cm	5	100
			咬边深度		−0.05d，且 <1	0.1,0.3,0.2,0.5,0.4 mm	5	100
			表面气孔夹渣，在 2d 长度上气孔夹渣直径		不多于 2 个，<3	0,2,1,0,3 个	4	80
4		同一排受力钢筋间距的局部偏差	柱及梁	$\phi28$	±0.5d	90,90,96,95,95 mm	5	100
			板及墙	94 mm	±0.1 间距			
5		同一排分布钢筋间距偏差		125 mm	±0.1 间距	125,123,125,120,125 mm	5	100
6		双排钢筋的排间距局部偏差		50 mm	±0.1 排距	50,50,48,51,50 mm	5	100
7		箍筋间距偏差		200 mm	±0.1 箍筋距	200,205,200,195,200 mm	5	100
8		保护层厚度		30 mm	±1/4 净保护层厚	28,30,31,27,30 mm	5	100
9		钢筋起重点位移		20		0,5,0,10,5 mm	5	100
10		钢筋骨架	高度	1 200 mm	±5	1 200,1 205 mm	6	100
			长度	15 800 mm	±10	15 800,15 799,15 797,15 802 mm		

项次	检测项目			设计值	允许偏差（mm）	实测值	合格数（点）	合格率（%）
1	构件尺寸	外形尺寸	埋入建筑物内部的预制廊道、井筒、小构件等		±10（长、宽）	—		
			埋入建筑物内部的电梯井、垂线井、风道、预制模板		±5（长、宽）	—		
			板、梁、柱等装配式构件	1 120 mm	±3（长、宽）	1 120,1 120,1 125,1 120 mm	7	87.5
				15 700 mm		15 702,15 703,15 701,15 701 mm		
2		中心线偏差	埋入建筑物内部的预制廊道、井筒、小构件等		±10	—		
			埋入建筑物内部的电梯井、垂线井、风道、预制模板		±5	—		
			板、梁、柱等装配式构件		±3	−1,−1,+2,+1 mm	4	100
3		顶、底部平整度	埋入建筑物内部的预制廊道、井筒、小构件等		±10	—		
			埋入建筑物内部的电梯井、垂线井、风道、预制模板		±5	—		
			板、梁、柱等装配式构件		±5	+2,+1,0,0,−1 mm	5	100
4	预埋件纵、横中心线位移				±3	—		
5	起吊环、钩中心线位移				±10	+5,−5 mm	2	100
检测结果				共检测 110 点,其中合格 105 点,合格率 95.5%				
评定意见						质量等级		
模板安装合格率90%,钢筋焊接与安装合格率97.2%,构件尺寸合格率94.7%						合格		
施工单位		×××（签名）××年×月×日			建设（监理）单位		×××（签名）××年×月×日	

二、外观质量评定

(一)水工建筑物外观质量评定

(1)水工建筑物外观质量评定表中各项质量标准,是在主体工程开工初期由项目法人组织监理、设计、施工等单位根据本工程特点(等级及使用情况等)共同研究提出的,报质量监督机构确认后执行。

(2)外观质量等级评定工作是在单位工程完工后进行的,由项目法人组织监理、设计、施工及运行管理等单位组成外观质量评定组,现场进行工程外观质量检验评定,并将评定结论报工程质量监督机构核定。外观质量评定组的组成人员,必须具有工程师及以上技术职称或相应执业资格。评定组人数不应少于5人,大型工程不宜少于7人。

(3)检测数量。全面检查后,抽测25%,且各项不少于10点。

(4)评定质量等级。测点中符合质量标准的点数占总测点数的百分率为100%时,为一级;合格率为90%~99.9%时,为二级;合格率为70%~89.9%时,为三级;合格率<70%时,为四级。表5-80中各级别下方的百分数为相应于所得标准分的百分数。每项评定得分按以下方法计算:

$$各项评定得分 = 该项标准分 \times 该项得分百分数$$

评定得分小数点后保留一位,并填写在相应级别栏内。

(5)表中第13项混凝土表面缺陷指混凝土表面的蜂窝、麻面、挂帘、裙边、小于3 cm的错台、局部凹凸及表面裂缝等。如无上述缺陷,该项得分率为100%,缺陷面积超过总面积5%者,该项得分为0。

(6)表中带括号的标准分为工作量大时的标准分。填表时,须将不执行的分数用"\"划掉。

(7)合计应得分是实际评定各项标准分之和,实得分是各项实际评定得分之和,得分率=(实得分/应得分)×100%,小数点后保留一位。

(8)表尾由各单位参加外观质量评定的人员签名(施工单位1人,若本工程由分包单位施工,则分包单位、总包单位各派1人参加。建设、监理、设计单位各1~2人,工程运行管理单位1人)。

水工建筑物外观质量评定表范例见表5-80。

(二)房屋建筑安装工程观感质量评定

(1)水利水电工程房屋建筑安装工程观感质量评定表中各项质量标准确定方法与水工建筑物外观质量评定表相同。

(2)观感质量等级评定工作是在单位工程完工后进行的,由项目法人组织监理、设计、施工及运行管理等单位组成外观质量评定组,现场进行工程观感质量检验评定,并将评定结论报工程质量监督机构核定。外观质量评定组的组成人员,必须具有工程师及以上技术职称或相应执业资格。评定组人数不应少于5人,大型工程不宜少于7人。

(3)检测数量。室外和屋面全面检查。室内按有代表性的自然间抽查10%,且应包括附属房间及厅道等。

表 5-80 水工建筑物外观质量评定表

单位工程名称	泄洪闸工程		施工单位		××水利水电第×工程局	
主要工程量	混凝土 25 600 m³		评定日期		1999 年 11 月 20 日	
项次	项目	标准分（分）	评定得分（分）				备注
			一级 100%	二级 90%	三级 70%	四级 0	
1	建筑物外部尺寸	12		10.8			
2	轮廓线顺直	10	10				
3	表面平整度	10		9			
4	立面垂直度	10		9			
5	大角方正	5			3.5		
6	曲面与平面联结平顺	9		8.1			
7	扭面与平面联结平顺	9	9				
8	马道及排水沟	3(4)					
9	梯步	2(3)	2				
10	栏杆	2(3)			1.4		
11	扶梯	2		1.8			
12	闸坝灯饰	2		1.8			
13	混凝土表面无缺陷	10			7		
14	表面钢筋割除	2(4)		1.8			
15	砌体勾缝　宽度均匀、平整	4		3.6			
16	砌体勾缝　竖、横缝平直	4		3.6			
17	浆砌卵石露头均匀、整齐	8					
18	变形缝	3(4)			2.1		
19	启闭平台梁、柱、排架	5		4.5			
20	建筑物表面清洁、无附着物	10		9			
21	升压变电工程围墙（栏栅）、杆、架、塔、柱	5					
22	水工金属结构外表面	6(7)		6.3			
23	电站盘柜	7					
24	电缆线路敷设	4(5)					
25	电站油、气、水管路	3(4)					
26	厂区道路及排水沟	4					
27	厂区绿化	8					
合计		应得 118 分,实得 104.3 分,得分率88.4%					

	单位	单位名称	职称	签名
外观质量评定组成员	项目法人			×××(签名)
	监理			×××(签名)
	设计			×××(签名)
	施工			×××(签名)
	运行管理			×××(签名)
工程质量监督机构核定意见	泄洪闸工程外观质量得分率为88.4%。 核定人:(签名)加盖公章 ××年×月×日			

(4)评定等级标准。抽查或全数检查的点(房间)均符合相应质量检验评定合格标准的,评为四级;有20%~49%的点(房间)达到优良标准者,评为三级;有50%~79%的点(房间)达到优良标准者,评为二级;有80%及以上点(房间)达到优良标准者,评为一级;有不符合标准规定的点(房间)者,评为五级,并应处理。

(5)表中带括号的标准分,表示工作量大时的标准分。填表时,须将不执行的数据用"\"划掉,如项次11、21,划掉不执行的分数。

(6)各项评定得分 = 该项标准分 × 该项得分百分数,计算结果小数点后保留一位,各项得分写在相应级别栏内。填写方法与水工建筑物外观质量评定表相同。

(7)合计应得分是实际评定各项标准分之和,实得分是各项实际评定得分之和,得分率 =(实得分/应得分)×100%,小数点后保留一位。

(8)表尾由各单位参加观感质量评定的人员签名(施工单位1人,若本工程由分包单位施工,则分包单位、总包单位各派1人参加。建设、监理、设计单位各1~2人,工程运行管理单位1人)。

房屋建筑安装工程观感质量评定表范例见表5-81。

本例为1~14,18~24,31~41等项得分之和,其中应得100分,实际评定得87.4分,得分率 = 87.4/100 × 100% = 87.4%。

(三)堤防工程外观质量评定

(1)堤防工程外观质量评定工作是在单位工程完工后进行的,由项目法人组织监理、设计、施工及运行管理等单位组成外观质量评定组,现场进行工程外观质量检验评定,并将评定结论报工程质量监督机构核定。外观质量评定组的组成人员,必须具有工程师及以上技术职称或相应执业资格。评定组人数不应少于5人,大型工程不宜少于7人。

(2)表中各项质量标准确定方法详见《评定规程》(SL 176—2007)附录 A 水利水电工程外观质量评定办法中表 A.3.1-2 堤防工程外观质量标准。其中:①外部尺寸按《堤防工程施工质量评定与验收规程》(试行)(SL 239—1999)附录 C 表 C.0.2 各项规定进行,分别对单位工程各项外部尺寸进行实地测量,逐项统计其测点数、合格点数、合格率及总合

表 5-81　房屋建筑安装工程观感质量评定表

单位工程名称	发电厂房工程		分部工程名称	主厂房房建工程	施工单位		××水利水电第×工程局		
结构类型	框架、单层		建筑面积	1 200 m²	评定日期		1999 年 12 月 10 日		
项次		项目	标准分（分）	评定得分（分）					备注
				一级 100%	二级 90%	三级 80%	四级 70%	五级 0	
1	建筑工程	室外墙面	10		9				
2		室外大角	2		1.8				
3		外墙面横竖线角	3	3					
4		散水、台阶、明沟	2			1.6			
5		滴水槽（线）	1		0.9				
6		变形缝、水落管	2		1.8				
7		屋面坡向	2				1.4		
8		屋面防水层	3				2.1		
9		屋面细部	3			2.4			
10		屋面保护层	1		0.9				
11		室内顶棚	4(5)		4.5				
12		室内墙面	10		9				
13		地面与楼面	10			8			
14		楼梯、踏步	2			1.6			
15		厕浴、阳台漏水	2						
16		抽气、垃圾道	2						
17		细木、护栏	2(4)						
18		门安装	4	4					
19		窗安装	4		3.6				
20		玻璃	2	2					
21		油漆	4(6)		5.4				
22	室内给排水	管道坡度、接口、支架、管件	3		2.7				
23		卫生器具、支架、阀门、配件	3			2.4			
24		检查口、扫除口、地漏	2				1.4		
25	室内采暖	管道坡度、支架、接口、弯道	3						
26		散热器及支架	2						
27		伸缩器、膨胀水箱	2						

·297·

项次	项目		标准分（分）	评定得分（分）					备注
				一级 100%	二级 90%	三级 80%	四级 70%	五级 0	
28	室内煤气	管道坡度、接口、支架	2						
29		煤气管与其他管距离	1						
30		煤气表、阀门	1						
31	室内电气安装	线路敷设	2	2					
32		配电箱（盘、板）	2		1.8				
33		照明器具	2	2					
34		开关、插座	2		1.8				
35		防雷、动力	2		1.8				
36	通风	风管、支架	2			1.6			
37		风口、风阀、罩	2			1.6			
38		风机	1		0.9				
39	空调	风管、支架	2		1.8				
40		风口、风阀	2			1.6			
41		空气处理室、机组	1	1					
42	电梯	运行、平层、开关门	3						
43		层门、信号系统	1						
44		机房	1						
合计			应得 100 分，实得 87.4 分，得分率 87.4%						

外观质量评定组成员	单位	单位名称	职称	签名
	项目法人			×××（签名）
	监理			×××（签名）
	设计			×××（签名）
	施工			×××（签名）
	运行管理			×××（签名）

工程质量监督机构核定意见	发电厂房房屋建筑安装工程观感质量得分率为 87.4%。 核定人：（签名）加盖公章 ××年×月×日

格率。合格率 100% 得 30 分,合格率 90% ~99.9% 得 27 分,合格率 70% ~89.9% 得 21 分,合格率 70% 以下得 0 分。②轮廓线用尺量至少 3 处,并进行现场检查,符合质量标准的,得 10 分;每处有不多于 2 点超过 2 cm 的属于符合质量标准,得 9 分;每处有不多于 4 点超过 2 cm,得 7 分;发现轮廓线不符合质量标准的,得 0 分。③表面平整度用 2 cm 靠尺检查,预制混凝土块不平整度不大于 1 cm,干砌石和浆砌石不平整度不大于 5 cm。符合质量标准的,得 10 分;基本符合质量标准的,得 9 分;发现局部不平整,得 7 分;发现多处表面不平整,得 0 分。

(3)合计应得分是实际评定各项标准分之和,实得分是各项实际评定得分之和,得分率 =(实得分/应得分)×100%,小数点后保留一位。

(4)表尾由各单位参加外观质量评定的人员签名(施工单位 1 人,若本工程由分包单位施工,则分包单位、总包单位各派 1 人参加。建设、监理、设计单位各 1~2 人,工程运行管理单位 1 人)。

堤防工程外观质量评定表范例见表 5-82。

表 5-82 堤防工程外观质量评定表

单位工程名称	白水河堤防加固		施工单位		×××工程局		
主要工程量	18 750 m³		评定日期		2009 年 3 月 10 日		
项次	项目	标准分（分）	评定得分（分）					备注
			一级 100%	二级 90%	三级 80%	四级 70%	五级 0	
1	外部尺寸	30		27				
2	轮廓线	10		9				
3	表面平整度	10			7			
4	曲面与平面联结	5	5					
5	排水	5						
6	上堤马道	3		2.7				
7	堤顶附属设施	5		4.5				
8	防汛备料堆放	5						
9	草皮	8		7.2				
10	植树	8						
11	砌体排列	5		4.5				
12	砌缝	10	10					
合计		应得 91 分,实得 81.9 分,得分率 90%						

外观质量评定组成员	单位	单位名称	职称	签名
	项目法人			×××(签名)
	监理			×××(签名)
	设计			×××(签名)
	施工			×××(签名)
	运行管理			×××(签名)
工程质量监督机构核定意见	白水河堤防外观质量得分率为90%。 核定人:(签名)加盖公章 ×× 年 × 月 × 日			

思考题

1. 什么是质量评定? 水利工程按项目划分为哪几个等级?

2. 分部工程和单位工程优良标准是什么?

3. 水工建筑物单元工程质量评定表表尾填写有何规定?

4. 水工混凝土单元工程质量评定由什么工序组成? 单元工程优良的标准是什么?

5. 堆石坝单元工程质量评定中合格与优良标准有何区别?

6. 土料碾压筑堤单元工程评定标准是什么?

7. 水利工程中间产品质量评定有哪些项目?

第六章　金属结构与机电设备安装质量评定资料整编

【学习目标】

知识目标:了解金属结构及启闭机安装工程、泵站与水利机械辅助设备安装工程、电气设备安装工程的基本要求,理解金属结构、机械设备、电气设备及附属设备安装的内容。

能力目标:掌握机电设备质量等级评价标准,能熟练填写质量评定表。

第一节　金属结构及启闭机安装工程

一、金属结构及启闭机安装工程分类

金属结构及启闭机安装工程主要包括闸门启闭机、拦污栅等设备及安装、引水工程的钢管制作及安装和航运过坝工程的升船机设备及安装等工程。

二、质量评定表填写说明

在工程项目划分中,金属结构一般作为单位工程中的分部工程。

有的单元工程只有单元工程质量评定表,有的单元工程还带有项目分表,在填写带项目分表的单元工程质量评定表时,该表后要附上全部项目分表。

关于填写本部分质量评定表的一些共同问题的说明:

(1)表中加"△"的项目为主要检查(检测)项目。

(2)"单元工程量"一般填写该单元工程的质量(或尺寸)并加必要说明,钢管要填写管径 D、壁厚 δ。

(3)项目的质量标准。水利水电工程施工质量等级分为"合格"、"优良"两级。

A. 合格标准。

①主要项目必须全部符合质量标准,分有"合格"、"优良"标准的项目,指符合"合格"标准。

②一般项目符合或基本符合质量标准,分有"合格"、"优良"标准的项目,指符合"合格"标准。"基本符合"标准,是指与标准虽有微小出入,但不影响安全运行和设计效益。

B. 优良标准。所有测点都必须全部符合质量标准(对分有"合格"与"优良"标准的项目,要全部达到"优良"标准)。

(4)项目表不评定质量等级,只在"评定意见"栏填上主要项目和一般项目项目数及合格项目数、优良项目数。这里所说的项目数,是指项次数,项次中出现的小项不计算在内,只计作一个项目。

（5）允许偏差项目应根据情况在相应位置用"√"标明。

（6）质量评定意见按以下格式填写：主要项目全部符合质量标准，一般项目检查实测点合格率××.×%，其余基本符合质量标准；优良项目占全部项目的××.×%，其中主要项目优良率××.×%。

（7）单元工程质量标准。

①合格：主要项目必须全部符合质量标准，一般项目检查的实测点有90%及以上符合质量标准，其余基本符合标准。

②优良：在合格基础上，优良项目占全部检查项目的50%及以上，且主要项目全部优良。

（8）设计值按施工图填写。实测值填写实际检测数据，而不是偏差值。当实测数据多时，可填写实测组数、实测值范围（最小值～最大值）、合格数，但实测值应作表格附件备查。

（9）表尾的填写。

①测量人：指施工单位负责该评定表中各项目的测试检验的人员。填表时，由1～2名主要测量人签名。

②施工单位：由负责终验的人员签字。如果该工程由分包单位施工，则单元工程（工序）评定表表尾由分包施工单位的终验人员填写分包单位全称，并签字；重要隐蔽工程、关键部位单元工程，当分包单位自检合格后，总包单位应参加联合小组，核定其质量等级。

③建设（监理）单位：实行了监理制的工程，由负责该项目的监理人员复核质量等级并签字；未实行监理制的工程，由建设单位专职质检人员签字。

④表尾所有签字人员，必须由本人按照身份证上的姓名签字，不得使用化名，也不得由其他人代为签名。签名时应填写填表日期。

⑤××单位是指具有法人资格单位的现场派出机构，若须加盖公章，则加盖该单位的现场派出机构的公章。

三、金属结构及启闭机安装工程质量评定表填写范例

（一）压力钢管制作安装单元工程

1.压力钢管制作

（1）单元工程划分：以一节钢管或一个管段为一个单元工程。

（2）单元工程量：填写本单元钢管质量（t）、管内径D、壁厚δ。

压力钢管制作单元工程质量评定表填写范例见表6-1。

2.压力钢管埋管安装

（1）单元工程划分：埋管安装时以一个混凝土浇筑段的钢管安装或一个部位钢管安装为一个单元工程。

（2）未涉及的项目，均用"—"标明。如项次4无主要项目，在相应栏内用"—"标明。

（3）单元工程量填写本单元钢管质量（管内径D及壁厚δ）或安装长度（内径D及壁厚δ）。

表 6-1 压力钢管制作单元工程质量评定表

单位工程名称	引水隧洞工程							单元工程量	8.315 t ($D=4.0$ m, $\delta=14$ mm)		
分部工程名称	压力钢管制作							施工单位	××水电安装公司		
单元工程名称、部位	1#压力钢管制作							检验日期	××年×月×日		
项次	项目	设计值（mm）	允许偏差（mm）						实测值（mm）	合格数（点）	合格率（%）
			合格			优良					
			钢管内径 D(m)			钢管内径 D(m)					
			$D\leqslant2$	$2<D\leqslant5$	$D>5$	$D\leqslant2$	$2<D\leqslant5$	$D>5$			
1	瓦片与样板间隙		1.5	2.0	2.5	1.0	1.5	2.0	1.5,1.8,1.6	3	100
2	△实际周长与设计周长差	$L=$ 12 654.3	±3D/1 000 （12）			±2.5D/1 000 （10）			8.0,9.0,10.0	3	100
3	△相邻管节周长差	$\delta<10$	6			6			8.0	1	100
		$\delta\geqslant10$	10			8					
4	纵缝、环缝对口错位		质量标准见相关规范			质量标准见相关规范			纵0.5~1.0, 共5点; 环1.0~1.5, 共5点	10	100
5	△钢管管口平面度		$D\leqslant5$		$D>5$	$D\leqslant5$		$D>5$	1.5,1.0, 0.5,1.2	4	100
			2.0		3.0	1.5		2.0			
6	焊缝外观检查		质量标准见相关规范			质量优良				—	—
7	△一、二类焊缝内部焊接质量检查		质量标准见相关规范			质量优良				—	—
8	纵焊缝后变形 Δh		4.0	4.0	6.0	2.0	3.0	4.0	3.0,2.5,2.5,3.0	4	100
9	钢管圆度	4 000	±3D/1 000 （12）			±2.5D/1 000 （10）			3 998, 3 997, 4 001, 4 002, 4 005, 4 006, 4 006, 4 001	8	100

项次	项目	设计值（mm）	允许偏差（mm）						实测值（mm）	合格数（点）	合格率（%）
			合格			优良					
			钢管内径 D(m)			钢管内径 D(m)					
			$D \leq 2$	$2 < D \leq 5$	$D > 5$	$D \leq 2$	$2 < D \leq 5$	$D > 5$			
10.1	支承环或加劲环与管壁的铅垂度	$H = 150$	支承环			$a \leq 0.01H$,且≤ 3 (1.5)			1.0,1.1,1.1,1.0, 1.5,1.4,1.1,1.0	8	100
			加劲环			$a \leq 0.02H$,且≤ 5 (3)					
10.2	支承环或加劲环所组成的平面与管轴线的铅垂度		支承环			$b \leq 2D/1\,000$,且≤ 6 (6)			4.0,5.0,5.5,4.0, 5.0,4.0,5.0,4.0	8	100
			加劲环			$b \leq 4D/1\,000$,且≤ 12 (12)					
10.3	相邻两环的间距	$C = 1\,500$	支承环			± 10			1 509,1 508, 1 507,1 510, 1 508,1 507, 1 508,1 509	8	100
			加劲环			± 30					
11.1	钢管内、外壁的表面清除		内、外壁上,凡安装无用的临时支撑、夹具和焊疤清除干净			内、外壁上,凡安装无用的临时支撑、夹具和焊疤清除干净并磨光			清除干净并磨光	—	—
11.2	钢管内、外壁局部凹坑焊补		内、外壁上,深度大于板厚10%或大于2 mm的凹坑应焊补			内、外壁上,深度大于板厚10%或大于2 mm的凹坑应焊补并磨光			凹坑焊补并磨光,凹坑最大深度为1.6	—	—
12	埋管防腐蚀标准		内壁除锈彻底,表面干净,露出灰白色金属光泽;涂装工艺符合厂家设计要求,外观良好			内壁除锈质量达到Sa21/2标准,表面粗糙率40～70 μm,涂层厚度、质量符合设计和规范要求			除锈等级达到 Sa21/2标准,抽查10点,粗糙率40～70 μm,涂层厚度、表面质量及黏附力均符合质量标准	10	100

续表 6-1

项次	项目	设计值（mm）	允许偏差（mm）						实测值（mm）	合格数（点）	合格率（%）
			合格			优良					
			钢管内径 D（m）			钢管内径 D（m）					
			$D \leqslant 2$	$2 < D \leqslant 5$	$D > 5$	$D \leqslant 2$	$2 < D \leqslant 5$	$D > 5$			
13	明管防腐蚀标准		表面处理要求同埋管;涂料涂装层数、厚度、时间符合设计要求及厂家规定,外观良好			表面处理要求同埋管;涂层厚度、外观符合设计要求,无针孔,用刀划检查黏附力应不易剥离			—	—	—

检验结果	主要项目共测 8 点,合格 8 点,合格率 100%
	一般项目共测 59 点,合格 59 点,合格率 100%

评定意见	单元工程质量等级
主要项目全部符合质量标准,一般项目实测点 100%符合质量标准,其中主要项目优良率 100%,优良项目占 83.4%	优良

测量人	××× ××年×月×日	施工单位	××× ××年×月×日	建设（监理）单位	××× ××年×月×日

　　压力钢管埋管安装单元工程质量评定表填写式样见表 6-2,表中各项目的质量标准分别如表 6-3 ~ 表 6-6 所示。

表 6-2　压力钢管埋管安装单元工程质量评定表

单位工程名称	引水隧洞工程	单元工程量	20.4 t($D = 3.0$ m, $\delta = 12$ mm)
分部工程名称	压力钢管安装	施工单位	××市第×工程局
单元工程名称、部位	第 2 段埋管安装 0 + 235 ~ 0 + 320	评定日期	××年×月×日

项次	项目	主要项目（个）		一般项目（个）	
		合格	优良	合格	优良
1	管口中心、里程、圆度、纵缝、环缝对口错位	5	5	1	1
2	焊缝外观质量	4	4	5	4
3	一、二类焊缝焊接,表面清除及焊补	1	1	4	4
4	管壁防腐,灌浆孔堵焊	—	—	3	3
	合计	10	10	13	12
优良项目占全部项目的百分数（%）		95.7			

评定意见	单元工程质量等级			
主要项目全部符合质量标准,一般项目检查的实测点100%符合质量标准,优良项目占全部项目的95.7%,其中主要项目优良率100%			优良	
测量人	×××	施工单位	×××	建设（监理）单位	×××
	××年×月×日		××年×月×日		××年×月×日

表6-3　压力钢管埋管管口中心、里程、圆度、纵缝、环缝对口错位质量评定表

单位工程名称	引水隧洞工程		单元工程量	20.4 t(D = 3.0 m,δ = 12 mm)		
分部工程名称	压力钢管安装		施工单位	××市第×工程局		
单元工程名称、部位	第2段埋管安装 0 + 235 ~ 0 + 320		评定日期	××年×月×日		

项次	项目	设计值	允许偏差(mm)						实测值	合格数（点）	合格率（%）
			合格			优良					
			钢管内径 D(m)			钢管内径 D(m)					
			$D \leqslant 3$	$3 < D \leqslant 5$	$D > 5$	$D \leqslant 3$	$3 < D \leqslant 5$	$D > 5$			
1	△始装节管口里程	(1 + 200) km	±5	±5	±5	±4	±4	±4	(1 + 200.002) km	1	100
2	△始装节管口中心	5	5	5	5	4	4	4	4.0,3.9 mm	2	100
3	与蜗壳、伸缩节、蝴蝶阀、球阀、岔管连接的管节及弯管起点的管口中心	6	10	12	6	10	12		—	—	—
4	其他部位管节的管口中心	15	20	25	10	15	20		9.8,9.6,9.9 mm	3	100

·306·

续表6-3

项次	项目	设计值	允许偏差(mm)						实测值	合格数(点)	合格率(%)
			合格			优良					
			钢管内径 D(m)			钢管内径 D(m)					
			$D \leqslant 3$	$3 < D \leqslant 5$	$D > 5$	$D \leqslant 3$	$3 < D \leqslant 5$	$D > 5$			
5	△钢管圆度		5D/1 000(15)			4D/1 000(12)			7.0~11.0 mm,共测30点	30	100
6	△纵缝对口错位		小于或等于板厚的10%,且不大于2;当板厚小于或等于10时为1			小于或等于板厚的5%,且不大于2;当板厚小于或等于20时为1			0.3~0.5 mm,共测30点	30	100
7	△环缝对口错位		小于或等于板厚的15%,且不大于3;当板厚小于或等于10时为1.5			小于或等于板厚的10%,且不大于3;当板厚小于或等于15时为1.0			0.8~1.0 mm,共测20点	20	100
检验结果		主要项目共测83点,合格83点,合格率100%									
		一般项目共测3点,合格3点,合格率100%									
评定意见									质量等级		
主要项目5项,全部合格,其中优良5项;一般项目1项,全部合格,其中优良1项									优良		
测量人	××× ××年×月×日			施工单位	××× ××年×月×日			建设(监理)单位	××× ××年×月×日		

表6-4 焊缝外观质量评定表

工程单位名称	引水隧洞工程	单元工程量	20.4 t(D=3.0 m, δ=12 mm)
分部工程名称	压力钢管安装	施工单位	××市第×工程局
单元工程名称、部位	第2段埋管安装 0+235~0+320	检验日期	××年×月×日

项次	项目	质量标准(mm)	检验记录
1	△裂纹	一、二、三类焊缝均不允许	无裂纹
2	△表面夹渣	一、二类焊缝均不允许,三类焊缝深不大于0.1δ,长不大于0.3δ,且不大于10	无表面夹缝
3	△咬边	一、二类焊缝:深不超过0.5,连续长度不超过100,两侧咬边累计长度不大于全长焊缝的10% 三类焊缝:深不大于1,长度不限	咬边深度0.2~0.5 mm,连续长度最大50 mm,累计长度为全长焊缝的8%

项次	项目		质量标准(mm)		检验记录
4	未焊满		一、二类焊缝:不允许 三类焊缝:不超过 0.02δ 且不超过 1,每 100 焊缝内缺陷总长不大于 25		焊满
5	△表面气孔	钢管	一、二类焊缝均不允许;三类焊缝:每 50 长的焊缝内允许有直径为 0.3δ,且不大于 2 的气孔 2 个,孔间距不小于 6 倍孔径		表面无气孔
		钢闸门	一类焊缝不允许;二类焊缝:1.0 直径气孔每米范围内允许 3 个,间距大于等于 20;三类焊缝:1.5 直径气孔每米范围内允许 5 个,间距大于等于 20		
6	焊缝余高 Δh	√手工焊	一、二类焊缝 $12 < \delta < 25, \Delta h = 0 \sim 2.5$ $25 < \delta < 50, \Delta h = 0 \sim 3$	三类焊缝 $\Delta h = 0 \sim 3$ $\Delta h = 0 \sim 4$	$\Delta h = 2.0 \sim 2.5$ mm
		埋弧焊	一、二类焊缝 $0 \sim 4$,三类焊缝 $0 \sim 5$		
7	对接接头焊缝宽度	√手工焊	盖过每边坡口宽度 $2 \sim 4$,且平缓过渡		盖过坡口 $2.0 \sim 4.0$ mm,且平缓过渡
		埋弧焊	盖过每边坡口宽度 $2 \sim 7$,且平缓过渡		
8	飞溅		清除干净		基本清除干净
9	焊溜		不允许		无焊溜
10	角焊缝厚度不足(按设计焊缝厚度计)		一类焊缝:不允许 二类焊缝:不超过 $0.3 + 0.05\delta$,且不超过 1,每 100 焊缝内缺陷总长不大于 25 三类焊缝:不超过 $0.3 + 0.05\delta$,且不超过 2,每 100 焊缝内缺陷总长不大于 25		—
11	角焊缝焊脚 K	手工焊	$K < 12 + 3$ 或 $K > 12 + 4$		—
		埋弧焊	$K < 12 + 4$ 或 $K > 12 + 5$		—
检验结果			共检验 9 项,合格 9 项,优良 8 项		
评定意见					质量等级
主要项目 4 项,全部合格,其中优良 4 项;一般项目 5 项,全部合格,其中优良 4 项					优良

测量人	××× ×××年×月×日	施工单位	××× ×××年×月×日	建设(监理)单位	××× ×××年×月×日

表 6-5　一、二类焊缝内部质量、表面清除及局部凹坑焊补质量评定表

单位工程名称	引水隧洞工程		单元工程量	$20.4 \text{ t}(D = 3.0 \text{ m},$ $\delta = 12 \text{ mm})$
分部工程名称	压力钢管安装		施工单位	××市第×工程局
单元工程名称、部位	第 2 段埋管安装 0 + 235 ~ 0 + 320		检验日期	××年×月×日

项次	项目	质量标准(mm)		检验记录
		合格	优良	
1	△一、二类焊缝 X 射线透照	按规范或设计规定的数量和质量标准透照、评定,将发现的缺陷修补完,修补不宜超过 2 次	一次合格率85%	—
2	△一、二类焊缝超声波探伤	按规范或设计规定的数量和质量标准探伤、评定,将发现的缺陷修补完,修补不宜超过 2 次	一次合格率95%	一次合格率95%
3	埋管外壁的表面清除	外壁上临时支撑割除和焊疤清除干净	外壁上临时支撑割除和焊疤清除干净并磨光	清除干净并磨光
4	埋管外壁局部凹坑焊补	凡凹坑深度大于板厚的10%或大于 2 mm应焊补	凡凹坑深度大于板厚的10%或大于 2 mm应焊补并磨光	局部凹坑深度均小于 1 mm
5	埋管内壁的表面清除	内壁上临时支撑割除和焊疤清除干净	内壁上临时支撑割除和焊疤清除干净并磨光	清除干净并磨光
6	埋管内壁局部凹坑焊补	凡凹坑深度大于板厚的10%或大于 2 mm应焊补	凡凹坑深度大于板厚10%或大于 2 mm应焊补并磨光	局部凹坑最大深度为 2.4 mm,已焊补并打磨

检验结果	主要项目检验 1 项,符合 1 项
	一般项目检验 4 项,符合 4 项

评定意见		质量等级
主要项目 1 项,全部合格,其中优良 1 项;一般项目 4 项,全部合格,其中优良 4 项		优良

测量人	××× ××年×月×日	施工单位	××× ××年×月×日	建设(监理)单位	××× ××年×月×日

表 6-6 压力钢管埋管内壁防腐蚀表面处理、涂料涂装、灌浆孔堵焊质量评定表

单位工程名称	引水隧洞工程	单元工程量	20.4 t($D = 3.0$ m, $\delta = 12$ mm)
分部工程名称	压力钢管安装	施工单位	××市第×工程局
单元工程名称、部位	第2段埋管安装 0 + 235 ~ 0 + 320	检验日期	××年×月×日

项次	项目	质量标准		检验记录
		合格	优良	
1	埋管内壁防腐蚀表面处理	内管壁用压缩空气喷砂或喷丸除锈,彻底清除铁锈、氧化皮、焊渣、油污、灰尘、水分等,使之露出灰白色金属光泽	符合《水电水利工程压力钢管制造安装及验收规范》(DL/T 5017—2007)要求	喷砂除锈达到Sa21/2标准,表面粗糙度50 ~ 70 μm
2	埋管内壁涂料涂装	漆膜厚度应满足两个85%,即85%的测点厚度应达设计要求;达不到厚度的测点,其最小厚度值应不低于设计厚度的85%	漆膜厚度应满足两个90%,即90%的测点厚度应达设计要求,达不到厚度的测点,其最小厚度值应不低于设计厚度的90%	漆膜厚度、外表质量达设计要求,涂层黏附力较强
3	灌浆孔堵焊	堵焊后表面平整,无裂纹,无渗水现象		表面平整,无裂纹,无渗水
检验结果		检验3项,符合3项		
评定意见				质量等级
一般项目3项,全部合格,其中优良3项				优良
测量人	××× ××年×月×日	施工单位	××× ××年×月×日	建设(监理)单位	××× ××年×月×日

3. 压力钢管明管安装单元工程

(1)单元工程划分:以一个部位钢管安装为一个单元工程。

(2)单元工程量:填写本单元钢管质量(t)(管内径(mm)及壁厚(mm)),或钢管长度(加内径、壁厚)。

压力钢管明管安装单元工程质量评定表填写式样见表6-7,项目1的质量标准见表6-8。

表6-7 压力钢管明管安装单元工程质量评定表

单位工程名称	引水隧洞工程	单元工程量	19.5 t($D=4.0$ m, $\delta=14$ mm)		
分部工程名称	压力钢管安装	施工单位	××水利水电工程局		
单元工程名称、部位	第1段明管安装	评定日期	××年×月×日		
项次	项目		主要项目(个)		一般项目(个)	
			合格	优良	合格	优良
1	管口中心、里程、支座中心等		2	2	4	4
2	圆度、纵缝、环缝对口错位		2	2	—	—
3	焊缝外观质量		3	3	3	2
4	一、二类焊缝焊接,内外壁表面清除及焊补		1	1	1	1
5	防腐蚀表面处理、涂料涂装		—	—	2	2
合计			8	8	10	9
优良项目占全部项目的百分数(%)			94.4			
评定意见			单元工程质量等级			
主要项目全部符合质量标准,一般项目检查的实测点100%符合质量标准。优良项目占全部项目的94.4%,其中主要项目优良率100%			优良			
测量人	×××　　　　××年×月×日		施工单位	×××　　　　××年×月×日	建设(监理)单位	×××　　　　××年×月×日

表6-8 压力钢管明管安装工程管口中心、里程、支座中心等质量评定表

单位工程名称		引水隧洞工程	单元工程量	19.5 t($D=4.0$ m, $\delta=14$ mm)					
分部工程名称		压力钢管安装	施工单位	××水电建筑安装公司					
单元工程名称、部位		第1段埋管安装	检验日期	××年×月×日					
项次	项目	设计值	允许偏差(mm)						合格数(点)	合格率(%)

项次	项目	设计值	合格			优良			实测值	合格数(点)	合格率(%)
			钢管内径 D(m)			钢管内径 D(m)					
			$D\leq2$	$\sqrt{2}<D\leq5$	$D>5$	$D\leq2$	$\sqrt{2}<D\leq5$	$D>5$			
1	△始装节管口里程	(0+008)km	±5	±5	±5	±4	±4	±4	(0+003)km	1	100
2	△始装节管口中心	5	5	5	5	4	4	4	3.5,3.0 mm	2	100

项次	项目	设计值	允许偏差(mm)						实测值	合格数(点)	合格率(%)
			合格			优良					
			钢管内径 D(m)			钢管内径 D(m)					
			$D \leq 2$	$\sqrt{2} < D \leq 5$	$D > 5$	$D \leq 2$	$\sqrt{2} < D \leq 5$	$D > 5$			
3	与蜗壳、蝴蝶阀、球阀、岔管连接的管节及弯管起点的管口中心		6	10	12	6	10	12	—	—	—
4	其他部位管节的管口中心		15	20	25	10	15	20	10.0,12.0,10.0,10.0 mm	4	100
5	鞍式支座顶面弧度和样板间隙		2			2			—	3	100
	滚动支座或摇摆支座的支墩垫板高程和纵、横中心		±5			±4			高程 +2.0 mm,纵中心 +1.0 mm,横中心 +3.5 mm		
6	与钢管设计轴线的平行度		2/m			2/m			1.5 mm/m	1	100
7	各接触面的局部间隙(滚动支座或摇摆支座)		0.5			0.5			0.3,0.35,0.4,0.3,0.35 mm	5	100

检验结果	主要项目共测 3 点,合格 3 点,合格率 100%
	一般项目共测 13 点,合格 13 点,合格率 100%

评定意见		质量等级
主要项目 2 项,全部优良;一般项目 4 项,全部优良		优良

测量人	××× ××年×月×日	施工单位	××× ××年×月×日	建设(监理)单位	××× ××年×月×日

(二) 闸门安装单元工程

闸门设备指平面闸门、弧形闸门和人字闸门等。下面以平面闸门为例,介绍平面闸门埋件安装和闸门门体安装。

1. 平面闸门埋件安装

单元工程划分:以一扇闸门的埋件安装为一个单元工程,评定表填写样式见表6-9。

表6-9　平面闸门埋件安装单元工程质量评定表

单位工程名称	水闸工程	单元工程量		15.4 t	
分部工程名称	闸门机械安装	施工单位		××水利水电工程局	
单元工程名称、部位	平面闸门埋件安装	评定日期		××年×月×日	
项次	项目	主要项目(个)		一般项目(个)	
		合格	优良	合格	优良
1	底槛、门楣安装	9	9	3	3
2	主轨、侧轨安装	2	2	4	4
3	反轨、侧止水座板安装	5	5	3	3
4	护角、胸墙安装	1	1	3	3
5	各埋件距离	—	—	5	5
6	防腐蚀表面处理	—	—	4	4
7	防腐蚀涂料涂装	—	—	3	2
合计		17	17	25	24
优良项目占全部项目的百分数(%)		97.6			
评定意见		单元工程质量等级			
主要项目全部符合质量标准,一般项目检查的实测点96%符合质量标准,其余基本符合质量标准。优良项目占全部项目的97.6%,其中主要项目优良率为100%		优良			
测量人	××× ××年×月×日	施工单位	××× ××年×月×日	建设(监理)单位	××× ××年×月×日

2. 平面闸门门体安装

以一扇门体安装为一个单元工程,质量评定表填写样式见表6-10。

· 313 ·

表 6-10　平面闸门门体安装单元工程质量评定表

单位工程名称	水闸工程	单元工程量	15.8 t
分部工程名称	闸门安装	施工单位	××水利水电工程局
单元工程名称、部位	平面闸门门体安装	评定日期	××年×月×日

项次	项目	主要项目(个)		一般项目(个)	
		合格	优良	合格	优良
1	止水橡皮、反向滑块安装	3	3	1	1
2	焊缝对口错位	2	1	—	—
3	一、二类焊缝内部焊接质量,门体表面清除和局部凹坑焊补	1	0	2	2
4	焊缝外观质量	4	4	7	6
5	门体防腐蚀表面处理、涂料涂装	—	—	2	2
6	门体防腐蚀金属喷镀	—	—	—	—
	合计	10	8	12	11

优良项目占全部项目的百分数(%)	86.4
评定意见	单元工程质量等级
主要项目全部符合质量标准,一般项目检查的实测点91.7%符合质量标准,其余基本符合质量标准。优良项目占全部项目的86.4%,其中主要项目优良率为80%	合格

测量人	×××　×× 年 × 月 × 日	施工单位	×××　×× 年 × 月 × 日	建设(监理)单位	×××　×× 年 × 月 × 日

(三)启闭机机械安装单元工程

启闭设备及安装指桥式启闭机、门式启闭机、油压式启闭机、螺杆式启闭机、卷扬式启闭机等安装。

1.桥式启闭机轨道安装单元工程

(1)以一台桥机的轨道安装为一个单元工程。

(2)单元工程量填写本单元轨道型号及长度。桥式启闭机轨道安装单元工程质量评定表填写式样见表6-11。

表 6-11　桥式启闭机轨道安装单元工程质量评定表

单位工程名称		发电厂房工程		单元工程量		QU120,2×120 m		
分部工程名称		闸门及启闭机安装		施工单位		××市第×工程局		
单元工程名称、部位		桥式启闭机轨道安装		评定日期		××年×月×日		
项次	项目	设计值（mm）	允许偏差（mm）		实测值（mm）		合格数（点）	合格率（%）
			合格	优良	左	右		
1	△轨道实际中心线对轨道设计中心线位置的偏移：L≤10 m L>10 m		2 3	1.5 2.5	+2.0～+3.0，共测15点（偏向上游侧）		15	100
2	△轨距：L≤10 m L>10 m	18 000	±3 ±5	±2.5 ±4	17 997.0～18 002.0，共测21点		21	100
3	△轨道纵向直线度		1/1 500 且全过程不超过2个	1/1 500 且全过程不超过2个	0.5/m～0.7/m，共测79点		79	100
					全程上游8.0 m，下游9.0 m			
4	△同一断面上，两轨道高程相对差		8	8	7.8～8，共测38点		38	100
					L/800=22.0			
5	轨道接头左、右、上三面错位		1	1	0.5～0.8，共测24点		24	100
6	轨道接头间隙		1～3	1～2	2.0～4.0，共测21点		19	90.5
7	伸缩节接头间隙		+2　-1	±1	—		—	—
检验结果	主要项目共测153点，合格153点，合格率100%							
	一般项目共测45点，合格43点，合格率95.6%							
	评定意见				单元工程质量等级			
	主要项目全部符合质量标准，一般项目检查的实测点95.6%符合质量标准，其余基本符合质量标准				合格			
测量人	××× ××年×月×日		施工单位	××× ××年×月×日		建设（监理）单位	××× ××年×月×日	

2. 门式启闭机安装单元工程

以一台门机为一个单元工程,质量评定表填写式样见表 6-12。

表 6-12　门式启闭机安装单元工程质量评定表

单位工程名称	水闸工程	单元工程量		525 t	
分部工程名称	闸门及启闭机安装	施工单位		××水利水电工程局	
单元工程名称、部位	门式启闭机安装	评定日期		××年×月×日	
项次	项目	主要项目(个)		一般项目(个)	
		合格	优良	合格	优良
1	门腿安装	3	3	2	2
2	制动器安装	—	—	3	3
3	联轴器安装	—	—	5	5
4	门架和大车行走机构	4	3	3	2
5	小车行走机构	3	3	2	2
合计		10	9	15	14
优良项目占全部项目的百分数(%)		92			
试运转		符合质量标准要求			
评定意见		单元工程质量等级			
主要项目全部符合质量标准,一般项目检查的实测点 93.3% 符合质量标准,其余基本符合质量标准。优良项目占全部项目的 92%,其中主要项目优良率为 90%,试运转符合质量标准要求		优良			
测量人	×××　　　　　×× 年 × 月 × 日	施工单位	×××　　　×× 年 × 月 × 日	建设(监理)单位	×××　　　×× 年 × 月 × 日

3. 油压式启闭机安装单元工程

以一台油压式启闭机为一个单元工程,质量评定表填写式样见表 6-13。

表 6-13　油压式启闭机安装单元工程质量评定表

单位工程名称	水闸工程	单元工程量		75.5 t	
分部工程名称	闸门及启闭机安装	施工单位		××水利水电工程局	
单元工程名称、部位	油压式启闭机安装	评定日期		××年×月×日	
项次	项目	主要项目(个)		一般项目(个)	
		合格	优良	合格	优良
1	机架安装及活塞杆铅直度	3	3	3	2

项次	项目	主要项目(个)		一般项目(个)	
		合格	优良	合格	优良
2	钢梁与推力支座安装	3	3	1	1
3	油桶、储油箱管道安装	—	—	6	6
4	△启闭机试验和液压试验	符合质量标准要求			
	合计	6	6	10	9
	优良项目占全部项目的百分数(%)	93.75			
	试运转	符合质量标准要求			
	评定意见	单元工程质量等级			
	主要项目全部符合质量标准,一般项目检查的实测点90%符合质量标准,其余基本符合质量标准。优良项目占全部项目的93.75%,其中主要项目全部优良,试运转符合质量标准要求	优良			
测量人	××× ××年×月×日	施工单位	××× ××年×月×日	建设(监理)单位	××× ××年×月×日

4. 螺杆式启闭机安装单元工程

螺杆式启闭机安装单元工程质量评定表填写式样见表6-14。

表 6-14 螺杆式启闭机安装单元工程质量评定表

单位工程名称	1#副坝工程	单元工程量	1.6 t
分部工程名称	闸门及启闭机安装	施工单位	××水利水电第×工程局
单元工程名称、部位	螺杆式启闭机安装	评定日期	××年×月×日

项次	项目	主要项目(个)		一般项目(个)	
		合格	优良	合格	优良
1	中心、高程和水平	2	2	1	0
2	螺杆铅直度	—	—	1	1
3	无负荷试运转	符合质量标准			
4	静负荷试运转	符合质量标准			
	合计	2	2	2	1
	优良项目全部项目的百分数(%)	75.0			

评定意见	单元工程质量等级
主要项目全部符合质量标准，一般项目符合或基本符合质量标准。项目优良率 75%，其中主要项目全部优良。试运转符合质量标准要求	优良

测量人	×××	施工单位	×××	建设（监理）单位	×××
	××年×月×日		××年×月×日		××年×月×日

（四）活动式拦污栅安装单元工程

以一道拦污栅为一个单元工程，质量评定表填写式样见表 6-15。

表 6-15　活动式拦污栅安装单元工程质量评定表

单位工程名称	水闸工程		单元工程量		5.3 t	
分部工程名称	闸门及启闭机安装		施工单位		××水利水电第×工程局	
单元工程名称、部位	进水口拦污栅左 3 号		评定日期		××年×月×日	
项次	项目		主要项目（个）		一般项目（个）	
			合格	优良	合格	优良
1	埋件安装		2	2	5	4
2	孔口部位各埋件间安装距离		—	—	5	5
3	栅体安装		3	3	—	—
合计			5	5	10	9
优良项目占全部项目的百分数（%）			93.3			
评定意见			单元工程质量等级			
主要项目全部符合质量标准，一般项目检查的实测点 90% 符合质量标准，其余基本符合质量标准。优良项目占全部项目的 93.3%，主要项目全部优良			优良			

测量人	×××	施工单位	×××	建设（监理）单位	×××
	××年×月×日		××年×月×日		××年×月×日

第二节　泵站与水力机械辅助设备安装工程

一、机械设备安装工程分类

机械设备安装主要指水利水电工程中固定资产的全部机械设备的安装,包括水电站和泵站两个部分。水力机械辅助设备安装包括辅助设备和系统管路安装。

二、单元工程质量标准

(一)主要设备部分

(1)合格:主要检查项目全部符合要求,一般检查项目的实测点有90%及以上符合要求,其余虽有微小出入,但不影响使用。系统试验符合要求。

(2)优良:检查项目全部符合合格要求,并有50%及以上检查项目达到优良标准(其中主要项目必须达到优良标准)。

(二)机械辅助设备部分

(1)合格:每台设备的主要检查项目全部符合规定,一般检查项目的实测点有90%及以上符合规定,其余虽有微小超差,但不影响使用。经试运转符合要求。组成单元工程的各台设备全部合格。

(2)优良:每台设备的检查项目全部符合合格标准,并有50%及以上检查项目达到优良等级。组成单元工程的各台设备有50%及以上达到优良等级。

三、相关资料表格填写范例

(一)空气压缩机安装工程

(1)单元工程划分:以一台或数台同一工作压力的空气压缩机安装为一个单元工程。

(2)单元工程量:填写本单元空气压缩机台数及主要技术数据。空气压缩机安装单元工程质量评定表式样见表6-16。

表6-16　空气压缩机安装单元工程质量评定表

工程单位名称	发电厂工程		单元工程量	一台(0.7 MPa,100 L/min)
分部工程名称	水力机械辅助设备安装		施工单位	××市第×工程局
单元工程名称、部位	2#低压气机安装,▽12.55 m,空压机室		检验日期	××年×月×日
项次	检查项目	允许偏差(mm)	实测值	结论
		合格 ｜ 优良		
1	设备平面位置	±10 ｜ ±5	横向:(3 000 + 4)mm 纵向:(1 000 + 5)mm	优良
2	高程(设计12.55 m)	+20, -10 ｜ +10, -5	▽12.548 m	优良

续表 6-16

项次	检查项目	允许偏差（mm） 合格	允许偏差（mm） 优良	实测值	结论
3	△机身纵、横向水平度	0.10/m	0.08/m	横向:0.07 mm/m 纵向:0.06 mm/m	优良
4	皮带轮端面垂直度	0.50/m	0.30/m	0.03 mm/m	优良
5	两皮带轮端面在同一平面内	0.50	0.20	0.10 mm	优良
6　无负荷试运转 （4~8 h）	6.1　润滑油压	不低于 0.1 MPa		0.12 MPa	优良
	6.2　曲轴箱油温	不超过 60 ℃		55 ℃	
	6.3　运动部件振动	无较大振动		轻微振动	
	6.4　运动部件声音检查	声音正常		正常	
	6.5　连接部件检查	应无松动		无松动	
7	7.1　渗油	无		无	优良
	7.2　漏气	无		无	
	7.3　漏水	无		无	
	7.4　冷却水排水温度	不超过 40 ℃		36 ℃	
	7.5　各级排气温度	符合设计规定 （小于 60 ℃）		58 ℃	
	7.6　各级排气压力	符合设计规定 （小于 0.75 MPa）		0.65 MPa	
	7.7　安全阀	压力正确,动作灵敏		压力正确,动作灵敏	
	7.8　各级自动控制装置	灵敏可靠		灵敏可靠	

检验结果	共检验 7 项,合格 7 项,其中优良 7 项,优良率 100%

评定意见	单元工程质量等级
每台设备主要检查项目全部符合规定,一般检查项目的实测点 100% 符合规定,全部达到优良标准。组成单元工程的各台设备 100% 达到优良等级	优良

测量人	××× ××年×月×日	施工单位	××× ××年×月×日	建设（监理）单位	××× ××年×月×日

注:本表适用于总装机容量大于 25 MW 或单机容量大于等于 3 MW 的水电站。

（二）泵站安装工程

泵站安装工程又分为深井水泵安装、离心水泵安装、齿轮油泵安装等,各泵站安装工程质量评定表如表 6-17 ~ 表 6-19 所示。

表 6-17　深井水泵安装单元工程质量评定表

单位工程名称	发电厂房工程	单元工程量	一台$(Q=550\text{ m}^3/\text{h},$ $H=25\sim40\text{ m})$
分部工程名称	水力机械辅助设备安装	施工单位	×××水电安装公司
单元工程名称、部位	1#检修排水泵	检验日期	××年×月×日

项次	检查项目	允许偏差(mm) 合格	优良	实测值	结论
1	设备平面位置	±10	±5	横向:(3 100+10)mm 纵向:(3 800-10)mm	合格
2	高程	+20,-10	+10,-5	▽15.115 m	合格
3	各级叶轮与密封环间隙	符合设计规定		厂内装配	—
4	叶轮轴向间隙	符合设计规定		厂内装配	—
5	△泵轴提升量	符合设计规定		1.9 mm	优良
6	泵轴与电动机轴线偏心	0.15	0.10	0.10 mm	优良
7	泵轴与电动机轴线倾斜	0.5/m	0.2/m	0.25 mm/m	合格
8	泵座水平度	0.10/m	0.08/m	横向:0.08 mm/m 纵向:0.07 mm/m	优良
9　水泵试运转 (在额定负荷下,试运转不小于2 h)	9.1　填料函检查	压盖松紧适当,只有滴状泄漏		有滴状泄漏	优良
	9.2　转动部分检查	运转中无异常振动和响声,各连接部分不应松动和渗漏		无异常振动和响声,各连接部分无松动和渗漏	
	9.3　轴承温度	滚动轴承不超过75 ℃,滑动轴承不超过70 ℃		滑动轴承68 ℃	
	9.4　电动机电流	不超过额定值		100 A	
	9.5　水泵压力和流量	符合设计规定		$Q=550\text{ m}^3/\text{h},$ $P=0.18\text{ MPa}$	
	9.6　水泵止退机构	动作灵活可靠		动作灵活可靠	
	9.7　水泵轴的径向振动	转速 (r/min) 750~1 000 1 000~1 500 1 500~3 000	双向振幅 (mm) ≤0.10 ≤0.08 ≤0.06	横向振幅:0.06 mm 纵向振幅:0.07 mm	

检验结果	共检验 7 项,合格 7 项,其中优良 4 项,优良率 57.1%	
评定意见		单元工程质量等级
每台设备主要检查项目全部符合规定,一般检查项目的实测点 100% 符合规定。组成单元工程的各台设备 57.1% 达到优良等级		合格

测量人	××× ××年×月×日	施工单位	××× ××年×月×日	建设(监理)单位	××× ××年×月×日

表 6-18 离心水泵安装单元工程质量评定表

单位工程名称	发电厂房工程	单元工程量	一台($Q = 50.4$ m³/h, $H = 25 \sim 35$ m)	
分部工程名称	水力机械辅助设备安装	施工单位	×××水电安装公司	
单元工程名称、部位	1#生活供水泵,▽14.75 m,技术供水泵房	检验日期	××年×月×日	

项次	检查项目	允许偏差(mm)		实测值	结论
		合格	优良		
1	设备平面位置	±10	±5	横向:(6 800 + 3)mm 纵向:(1 700 − 4)mm	优良
2	高程	+20, −10	+10, −5	▽15.04 m	合格
3	泵体纵、横向水平度	0.10/m	0.08/m	横向:0.08 mm/m 纵向:0.07 mm/m	优良
4	△叶轮和密封环间隙	符合设计规定		厂内装配	—
5	多级泵叶轮轴向间隙	大于推力头轴向间隙		厂内装配	—
6	主、从动轴中心	0.10	0.08	0.08 mm	优良
7	主、从动轴中心倾斜	0.20/m	0.10/m	0.15 mm/m	合格
8 水泵试运转(在额定负荷下,试运转不小于 2 h)	8.1 填料函检查	压盖松紧适当,只有滴状泄漏		有滴状泄漏	优良
	8.2 转动部分检查	运转中无异常振动和响声,各连接部分不应松动和渗漏		无异常振动和响声,各连接部分无松动和渗漏	

项次	检查项目	允许偏差(mm)		实测值	结论
		合格	优良		
8 水泵试运转（在额定负荷下，试运转不小于 2 h）	8.3 轴承温度	滚动轴承不超过 75 ℃，滑动轴承不超过 70 ℃		65 ℃	优良
	8.4 电动机电流	不超过额定值		38 A	
	8.5 水泵压力和流量	符合设计规定		$Q = 50.4 \text{ m}^3/\text{h}$，$P = 0.19 \text{ MPa}$	
	8.6 水泵止退机构	动作灵活可靠		动作灵活可靠	
	8.7 水泵轴的径向振动	转速（r/min） 750～1 000 1 000～1 500 1 500～3 000	双向振幅（mm） ≤0.10 ≤0.08 ≤0.06	横向振幅:0.07 mm 纵向振幅:0.06 mm	
检验结果		共检验 6 项,合格 6 项,其中优良 4 项,优良率 66.7%			
评定意见				单元工程质量等级	
每台设备主要检查项目全部符合规定，一般检查项目的实测点 100% 符合规定。组成单元工程的各台设备 66.7% 达到优良等级				合格	

测量人	××× ××年×月×日	施工单位	××× ××年×月×日	建设（监理）单位	××× ××年×月×日

表 6-19 齿轮油泵安装单元工程质量评定表

单位工程名称	发电厂房工程	单元工程量	一台（$Q = 150 \text{ L/min}$，$H = 38～45 \text{ m}$）
分部工程名称	水力机械辅助设备安装	施工单位	×××水电安装公司
单元工程名称、部位	1# 齿轮轴泵,▽13.38 m,透平油处理室	检验日期	××年×月×日

项次	检查项目	允许偏差(mm)		实测值	结论
		合格	优良		
1	设备平面位置	±10	±5	横向:(6 000＋10)mm 纵向:(2 100－10)mm	合格

项次	检查项目	允许偏差（mm）		实测值	结论
		合格	优良		
2	高程	+20，−10	+10，−5	▽13.381 m	优良
3	泵体水平度	0.20/m	0.10/m	横向：0.10 mm/m 纵向：0.09 mm/m	优良
4	△齿轮与泵体径向间隙	0.13～0.16		0.15 mm	优良
5	齿轮与泵体轴向间隙	0.02～0.03		0.02 mm	优良
6	△主、从动轴中心	0.10	0.08	0.07 mm	优良
7	主、从动轴中心倾斜	0.20/m	0.10/m	0.17 mm/m	合格
8　油泵试运转（在无压情况下运行 1 h 及额定负荷的 25%、50%、75%、100% 各运行 15 min）	8.1　振动	运转中无异常振动		运转中无异常振动	优良
	8.2　响声	无异常响声		无异常响声	
	8.3　各连接部分检查	不应松动及渗漏		无松动和渗漏	
	8.4　温度	油泵轴承处外壳温度不超过 60 ℃		49 ℃	
	8.5　油泵的压力波动	小于设计值的 ±1.5%		−0.004 MPa	
	8.6　油泵输油量	不小于设计值		150 L/min	
	8.7　油泵电动机电流	不超过额定值		6.6 A	
	8.8　油泵停止观察	符合规定		停泵检查正常	
检验结果	共检验 8 项，合格 8 项，其中优良 6 项，优良率 75%				
评定意见				单元工程质量等级	
每台设备主要检查项目全部符合规定，一般检查项目的实测点 100% 符合规定。组成单元工程的各台设备 75% 达到优良等级				合格	

测量人	××× ××年×月×日	施工单位	××× ××年×月×日	建设（监理）单位	××× ××年×月×日

（三）水力测量仪表安装工程

水力测量仪表安装单元工程质量评定表式样见表 6-20。

表 6-20　水力测量仪表安装单元工程质量评定表

单位工程名称	发电厂工程		单元工程量	6 套	
分部工程名称	2#水轮发电机组安装		施工单位	××市第×工程局	
单元工程名称、部位	水力测量仪表安装,交通走廊		检验日期	××年×月×日	
项次	检查项目	允许偏差(mm)		实测值	结论
		合格	优良		
1	仪表设计位置	10	5	距墙边:设计 120 mm, 实测 115 ~ 121 mm	优良
2	仪表盘设计位置	20	10	横向:(800 + 8)mm, 纵向:(120 - 66)mm; 横向:(3 200 + 8)mm, 纵向:(1 200 - 5)mm	优良
3	仪表盘垂直度	3/m	2/m	1.5 mm/m,1.7 mm/m, 2.0 mm/m,1.8 mm/m, 1.8 mm/m	优良
4	仪表盘水平度	3/m	2/m	1.5 mm/m,1.8 mm/m, 1.5 mm/m,2.0 mm/m, 1.7 mm/m	优良
5	仪表盘高程 (设计 - 3.90 m)	±5	±2	- 3.902 m, - 3.898 m, - 3.899 m, - 3.898 m, - 3.901 m	优良
6	取压管位置	± 10	± 5	横向:(300 + 5)mm 纵向:(3 190 + 2)mm	优良
检验结果	共检验6项,合格6项,其中优良6项,优良率100%				
评定意见				单元工程质量等级	
一般检查项目的实测点100%符合规定,组成单元工程的各台设备100%达到优良等级				优良	

测量人	××× ××年×月×日	施工单位	××× ××年×月×日	建设(监理)单位	××× ××年×月×日

四、质量评定

水力机械辅助设备安装工程质量等级评定表见表6-21、表6-22。

表6-21 单元(扩大单元)工程质量等级评定表

编号：

分部工程名称	水力机械辅助设备安装		单元工程名称	水泵安装	部位	
施工单位	××水电安装公司		工程量		开工日期	
序号	项目名称		主要项目		一般项目	
			优良(个)	合格(个)	优良(个)	合格(个)
1						
2						
3						
4						
合计						
检验评定意见				评定等级		
甲方检查人		乙方检查人			施工单位技术负责人	

表6-22 分部工程质量等级评定表

编号：

分部工程名称		单元工程名称		部位	
施工单位		工程量		开工日期	
序号	单元工程名称	质量等级		备注	
		优良(个)	合格(个)		
1					
2					
3					
4					
合计					
单元工程共　　项,其中优良　　项,优良率　　%					
检验评定意见			评定等级		
甲方代表		监理单位代表		乙方代表	

第三节 电气设备安装工程

一、电气设备安装工程分类

电气设备包括发电电气设备和升压变电电气设备。发电电气设备安装包括电气照明装置安装、互感器安装、电缆线路安装、铅蓄电池安装等。升压变电电气设备安装可划分为主变压器安装、油断路器安装、隔离开关安装、厂区馈电路安装等。

二、单元工程质量评定表填写说明

(1)表头"单元工程名称、部位",一般名称用本单位主要设备名称或再加上编号表示。部位指电气设备在电气接线图的位置,如1#主变压器安装、2B出线隔离开关安装等。

(2)表中加"△"的项目为主要检查项目。

(3)凡在"质量标准"栏中有"产品技术规定"、"产品技术要求"者,应注明具体要求(规定)。

(4)检查项目"结论"栏以"优良"、"合格"表示。

(5)操作试验、试运行和交接验收项目的"合格"、"优良",对不同设备有不同要求,有要求的就要填写,详见各表填表说明和相关规范。

三、相关资料填写范例

(一)发电电气设备安装

1. 电气照明装置安装

(1)单元工程划分:以一个单位工程的整个照明系统为一个单元工程。

(2)单元工程量:填写本单元照明灯具安装数量(盏)。

电气照明装置安装单元工程质量评定表填写范例如表6-23所示。

表6-23　电气照明装置安装单元工程质量评定表

单位工程名称		发电厂房	单元工程量		照明灯具450盏
分部工程名称		电气二次设备安装	施工单位		×××水电安装公司
单元工程名称、部位		电气照明装置安装	检验日期		××年×月×日
项次	检验项目	质量标准(或允许偏差)		检验记录	结论
1 线管配线检查	1.1 线管加工	线管弯曲处无褶皱、凹穴和裂缝,弯曲程度应不大于管外径的10%。配管的弯曲半径:明配管应≥6D(D为管外径),一个弯头的配管应≥4D。暗配管≥6D,埋设于地下或混凝土楼板的配管≥10D		无褶皱、裂缝,有个别凹穴弯曲程度为外径的2%,弯曲半径>6D(埋管>10D)	合格

项次	检验项目	质量标准(或允许偏差)	检验记录	结论
1 线管配线检查	△1.2 线管敷设	明配管水平、垂直敷设的允许偏差均应≤0.15%。按规范规定涂刷防腐漆。敷设于潮湿场所的线管口、管子连接处应加密封	水平、垂直偏差均在0.10%以内,管口、管子连接处密封,按规定涂防腐漆	合格
	1.3 线管连接和固定	线管连接应牢固、严密,排列整齐。管卡与终端或电气器具间的距离允许偏差:固定点间距50 mm,同规格钢管间距5 mm,固定后钢管水平度(在任何2 m段内)3 mm,固定后钢管垂直度(垂直敷设在任何2 m段内)3 mm	牢固,整齐,固定点间距偏差≤50 mm,同规格钢管间距≤5 mm,垂直度≤3 mm	
	1.4 线管配线	线芯截面:铜芯1 mm²,铝芯2.5 mm²,管内导线不得有接头和扭结,绝缘应无损伤。管内导线总截面≤管截面的40%。布置应符合图纸要求,接线紧固,导线绝缘电阻应大于0.5 MΩ	铜芯线截面≥1 mm²,管内无接头,无扭曲,绝缘无损伤,绝缘电阻≥1 MΩ	
2 瓷件、瓷柱、瓷瓶配线的检查	2.1 瓷件及支架安装	平整、牢固、排列整齐,瓷件等清洁、完整,间距均匀,高度一致	平整、牢固、整齐。间距均匀,高度一致,局部欠清洁	合格
	2.2 导线敷设	导线不得有扭结、死弯和绝缘层损坏等缺陷。敷设平直整齐,绑扎牢固	无扭结、死弯、损坏,平直整齐,牢固	
	2.3 导线连接	应牢固,包扎紧密,不损伤线芯	牢固,紧密,不伤线	
	2.4 接地线连接	应牢固,接触良好	牢固,接触良好	
	2.5 绝缘电阻值	导线间及对地电阻≥0.5 MΩ	≥1 MΩ	
3	塑料护套线配线的检查	与2.2、2.3、2.5项要求相同	无扭结,损伤,牢固,紧密,绝缘良好	优良

项次	检验项目	质量标准(或允许偏差)			检验记录	结论
4 照明配电箱安装的检查	4.1 配电箱安装	位置符合设计要求。安装垂直允许偏差≤3 mm,安装牢固,油漆完整,回路标志正确、清晰			垂直偏差≤2 mm,牢固、完整,标志正确、清晰	优良
	4.2 箱内电器安装	排列整齐,安装牢固。裸露截流部分(≤380 V)与非金属部分间表面距离≥20 mm。连接牢固,接触良好,导线引出板面部分应套绝缘管			整齐,牢固。截流部分与非金属部分距离≥40 mm。连接牢固,接触良好	
	4.3 各相负荷分配	均匀			符合设计,均匀	
	4.4 照明电压变化	电源电压变化≤5%			—	
	△4.5 绝缘电阻	≥0.5 MΩ			≥5 MΩ	
5 灯器具安装检查	5.1 灯具配件	应齐全,无机械损伤、变形、油漆剥落等			齐全,无损伤、变形、油漆剥落	优良
	5.2 灯具所用导线	线芯截面应符合规范有关规定			室内≥0.5 mm², 室外≥1 mm²	
	5.3 灯具及开关、插座安装	暗开关(插座)	垂直度	<0.15%	≤0.05%,最大 1 mm	
			相邻高低差	<2 mm		
			同室内高低差	<5 mm		
		同场所的交流直流或不同电压的插座应有明显区别,不应互相插入。灯具吊杆用钢管直径≥10 mm。日光灯和高压水银灯与其附件的配套规格应一致			有明显区别,不互相插入。钢管直径 20~25 mm,配套规格一致	
	5.4 金属卤化物灯的电源线	应经接线柱连接,电源不得靠近灯具表面			电源未靠近灯具表面	

项次	检验项目	质量标准(或允许偏差)	检验记录	结论
5 灯器具安装检查	5.5 顶棚上灯具的安装	应固定在专设的框架上,电源线不应贴近灯具外壳。矩形灯具边缘应与顶棚面装修直线平行。对称安装的灯具,纵横中心轴线的偏斜度应≤5 mm。日光灯管组合的灯具,灯管排列整齐,金属间隔片应无弯曲、扭斜	固定在框架上,电源线不贴近灯具外壳。对称安装灯具纵横中心线偏差≤3 mm。日光灯管组合灯具排列整齐,金属隔片无弯曲、扭斜	优良
	5.6 室外照明灯具安装	安装高度＞3 m。墙上安装的高度＞2.5 m,应固定牢固	安装高度最小3.8 m,墙上灯具最低2.5 m	
	5.7 投光灯	底座应固定牢固,光轴方向应符合实际需要,框轴拧紧固定	牢固,光轴方向与设计一致,框轴拧紧固定	
	5.8 事故照明灯	应有专门标志	有专门标志	
	△5.9 接地	必须接地或接零的灯具金属外壳与接地(接零)网之间应用螺栓连接固定	接地、接零可靠、牢固,与设计相符	
检验结果		共检验5项,合格5项,其中优良3项,优良率60%		
评定意见			单元工程质量等级	
主要检查项目全部符合质量标准,一般检查项目符合或基本符合质量标准。试验结果能正常照明的灯具占88%			合格	

测量人	××× ××年×月×日	施工单位	××× ××年×月×日	建设(监理)单位	××× ××年×月×日

2. 互感器安装

(1)以一组电流式电压互感器安装为一个单元工程。

(2)单元工程量填型号及组数。

20 kV 及以下互感器安装单元工程质量评定表填写范例见表6-24。

表 6-24 20 kV 及以下互感器安装单元工程质量评定表

单位工程名称		发电厂房	单元工程量	JDJ－10 电压互感器 1 组
分部工程名称		电气一次设备安装	施工单位	××市第×工程局
单元工程名称、部位		10 kV 母线电压互感器安装	检验日期	××年×月×日

项次	检查项目		质量标准	检验记录	结论
1 外观检查	1.1	外观	清洁,完整,外壳无渗漏现象。法兰无裂纹或损伤,穿心导电杆固定牢固	无渗漏,无裂纹,固定牢固,局部不够清洁	优良
	1.2	瓷套管	无裂纹或损伤,与上盖间的胶合应牢固	无裂纹,胶合牢固	
	1.3	接地	牢固,可靠	牢固,可靠	
2 安装质量检查	2.1	本体安装	放置稳固。垂直固定牢固,同一组的中心应在同一平面上,间隙一致	同一组中心基本在同一平面上,牢固,垂直,间隙一致	优良
	2.2	二次引线端子	接线正确,连接牢固,绝缘良好,标志正确	接线正确,绝缘良好	
3	3.1	一次绕组	不作规定	500 MΩ	优良
	3.2	二次绕组	√电压互感大于 5 MΩ 电流互感器大于 10 MΩ	300 MΩ	
4	△交流耐压试验		一次绕组试验电压标准见 GB 50150—2006 附录 A	一次绕组对地 27 kV,二次绕组对地 2 kV,交流耐压 1 min 无异常	优良
5	测量电流互感器的励磁特性曲线		同型号互感器特性曲线相互比较,应无显著差别	—	—
6	测量电压互感器一次线圈直流电阻		与厂家实测数值比较,应无显著差别(出厂值 A:3.09 kΩ,B: 3.08 kΩ,C:3.1 kΩ)	A: 3.08 kΩ,B:3.07 kΩ, C: 3.09 kΩ	优良
7	测量 1 000 V 以上的电压互感器空载电流		空载电流值不作规定,与出厂值相比应无明显差别(出厂值 a－x:0.095 A,b－x:0.091 A, c－x:0.095 A)	a－x:0.095 A b－x:0.090 A c－x:0.096 A	优良
8	电压互感器绝缘油试验		符合 GB 50150—2006 要求		

项次	检查项目	质量标准	检验记录	结论
9	△检查三相互感器接线组别和单相互感器的极性	必须与铭牌及外壳上的符号相符	组别与铭牌相符,极性与设计相符	优良
10	检查变化	应与铭牌值相符	与设计一致	优良
检验结果		共检验 8 项,合格 8 项,其中优良 8 项,优良率 100%		
评定意见			单元工程质量等级	
主要检查项目全部符合质量标准,一般检查项目符合质量标准			优良	

测量人	××× ××年×月×日	施工单位	××× ××年×月×日	建设（监理）单位	××× ××年×月×日

3. 电缆线路安装

（1）控制电缆以同一控制保证系统的控制电缆总数为一个单元工程;35 kV 及以下电力电缆以同一电压等级电缆总数为一个单元工程。

（2）单元工程量填写单元安装电缆长度。

35 kV 及以下电缆线路安装单元工程质量评定表填写范例见表 6-25。

表 6-25　35 kV 及以下电缆线路安装单元工程质量评定表

单位工程名称	发电厂房	单元工程量	电力电缆 2.5 km
分部工程名称	电气一次设备安装	施工单位	××市第×工程局
单元工程名称、部位	10 kV 电力电缆安装	检验日期	××年×月×日

项次	检查项目	质量标准	检验记录	结论
1	一般规定	电缆附件齐全,符合国家标准规定,电缆隐蔽工程应有验收签证,电缆防火设施安装应符合设计规定	附件齐全,有验收签证,按设计要求涂有防火材料	优良
2	电缆支架安装	平整牢固,排列整齐、均匀,成排安装的支架高度应一致,允许偏差不超过 ± 5 mm。支架与电缆或建筑物的坡度应相同。托架的制作安装应符合设计要求。支架应涂刷防腐漆和油漆,漆层完好。按规定可靠接地	牢固,排列整齐,高度基本一致,$\Delta h \leqslant +4$ mm,支架油漆完好,接地可靠	合格

项次	检查项目		质量标准	检验记录	结论
3	电缆管加工及敷设	加工弯制	每根电缆管弯头小于等于 3 个,直角弯头小于等于 2 个,管的弯曲半径不应小于所穿电缆的最小允许弯曲半径。管子弯制后无裂纹,弯扁程度不大于管子外径的 10%。管口平齐,呈喇叭形,无毛刺	每根电缆管弯头小于等于 3 个,弯曲半径符合要求,管口无毛刺	合格
		敷设与连接	安装牢固、整齐,裸露的金属管应刷防腐漆。连接紧密,出入地沟、隧道、建筑物的管口应密封。管道内清洁,无杂物	安装整齐,牢固,密封良好,管内无杂物	
4	控制敷设安装	敷设前的检查	电缆无扭曲变形,外表无损伤。绝缘层无损伤,铠层不松散。电缆绝缘电阻应符合 GB 50150—2006 的要求	—	—
		△电缆的敷设	数量、位置与电缆设计书、图纸相符,厂房内、隧道、沟道内敷设、排列顺序应符合 GB 50168—2006 规定。电缆排列整齐。最小弯曲半径大于等于 10 倍电缆外径。标志牌齐全、清晰、正确	—	
		电缆的固定	垂直敷设(或超过 45°倾斜敷设)应在每个支架上固定,水平敷设时在电缆首末端及转弯处固定,各固定支持点间的距离符合设计规定	—	
5	电力电缆敷设安装的其他要求	敷设	明敷电缆应剥除麻护层,并列敷设的电缆相互间净距符合设计要求,并联运行的电力电缆,其长度相等	麻护片已剥除,净距符合设计	优良
		△电缆头制作	电缆终端头和接头的制作符合 GB 50168—2006 要求	制作符合规范要求	
		△电气试验	绝缘电阻:绝缘良好,达到敷设前要求。直流耐压试验无异常,试验过程中泄漏电流应稳定无异常	绝缘良好,直流耐压试验无异常,泄漏电流呈线性,见试验记录	

检验结果	共检验 4 项,合格 4 项,其中优良 2 项,优良率 50%	
评定意见		单元工程质量等级
主要检查项目全部符合质量标准,一般检查项目基本符合质量标准,试验结果达到规范规定		合格

测量人	××× ××年×月×日	施工单位	××× ××年×月×日	建设(监理)单位	××× ××年×月×日

4. 铅蓄电池安装

(1)以一组蓄电池为一个单元工程。

(2)单元工程量填写本单元电池安装个数。

铅蓄电池安装单元工程质量评定表填写范例见表 6-26。

表 6-26　铅蓄电池安装单元工程质量评定表

单位工程名称	发电厂房	单元工程量	1 组 115 个
分部工程名称	电气二次设备安装	施工单位	××市第×工程局
单元工程名称、部位	铅酸蓄电池组安装	检验日期	××年×月×日

项次	检查项目		质量标准	检验记录	结论
1 母线及台架安装	1.1 硬母线安装		质量应符合硬母线安装要求	安装正确,基本符合要求	合格
	1.2 母线		支持点间距小于 2 m,与建筑物或接地部分之间距离大于 50 m。平直、排列整齐、弯曲度一致。母线全长、金属支架、绝缘子铁脚均应涂刷耐酸漆,相色正确。与绝缘固定用的绑线,铜母线截面应大于 2.5 mm²,铁线截面应大于 3 mm²。绑扎应牢固,并涂耐酸漆,与电池连接的端头应搪锡且连接紧固	支持点间距 1 500 mm,与接地部分距离 60 mm。涂耐酸漆,钢线截面大于等于 6 mm²,绑扎牢固,端头搪锡	
	1.3 引出线		应有正负极性标志,电缆穿管口(或洞口)应有耐酸材料密封	正极红色,铀极黑色,管口用耐酸材料密封	
	1.4 穿墙接线板		应为耐酸、非可燃又不吸潮的绝缘材料,接线板与固定框架之间及固定螺栓处应放置耐酸密封	绝缘材料、固定螺栓、密封垫等均为耐酸材料	
	1.5 开口式蓄电池木台架		应涂刷耐酸漆,台架之间不得用金属连接固定,台架安装平直,台架与地面之间应有绝缘垫绝缘	涂有耐酸漆,无金属连接,台架与地面之间有绝缘垫	

项次	检查项目	质量标准	检验记录	结论
2	安装前外观检查	部件齐全、无损伤,密封良好,极板平直,无受潮及剥落,接线柱无变形,极性正确	部件齐全、无损伤,密封良好,极板平直,无受潮,极性正确	优良
3	蓄电池安装	安装平稳,排列整齐,池槽高低一致,间距符合要求。接线正确,螺栓紧固,极板规格数量符合产品的技术要求,极板焊接牢固,池槽编号应清晰、正确	平稳、整齐、高低一致,接线正确,焊接部位牢固,编号清晰、正确	优良
4	电解液配制与灌注	符合产品技术规定	用蓄电池硫酸,有合格证,配制符合规定	优良
5	蓄电池充电	符合产品技术规定	恒流、均定、不过充,充电容量达到产品技术要求	优良
6	△蓄电池的首次放电	按产品规定进行,不应"过放",放电终了应符合规定	未放过,符合"优良"要求	优良
7	绝缘电阻测量	符合产品技术规定(大于 0.5 MΩ)	1 MΩ	优良
8	蓄电池切换器的安装	应符合 GB 50172 规定	底板绝缘良好,灵活可靠,开关动作可靠,指示正确	优良
检验结果		共检验 8 项,合格 8 项,其中优良 7 项,优良率 87.5%		
评定意见				单元工程质量等级
主要检查项目全部符合质量标准,一般检查项目符合质量标准				合格

测量人	××× ××年×月×日	施工单位	××× ××年×月×日	建设(监理)单位	××× ××年×月×日

注:本表适用于电压大于等于 48 V 且容量大于 100 A·h 者。

(二)升压变电电气设备安装

1. 主变压器安装

(1)以一台变压器安装为一个单元工程。

(2)单元工程量填写本单元工程主变压器型号及台数。

主变压器安装单元工程质量评定表填写范例见表 6-27。

表 6-27　主变压器安装单元工程质量评定表

单位工程名称		发电厂房	单元工程量	SF8 – 20000/121,1 台
分部工程名称		主变压器安装	施工单位	××市第×工程局
单元工程名称、部位		2#变压器安装	检验日期	××年×月×日
项次	检查项目	质量标准	检验记录	结论
1	一般规定	油箱及所有的附件应齐全,无锈蚀或机械损伤,无渗漏现象。各连接部位螺栓应齐全,紧固良好。套管表面无裂缝、伤痕,充油套管无渗油现象,油位指示正常	附件齐全,无损伤,无渗漏,连接固定良好,油位指示正确	优良
2 器身检查	△2.1　铁芯	应无变形和多点接地。铁轭与夹件、夹件与螺杆等处的绝缘应完好,连接部位应紧固	铁芯无变形和多点接地,绝缘完好,连接坚固	优良
	2.2　线圈	绝缘层应完好无损,各组线圈排列应整齐,间隙均匀,油路畅通。压钉应紧固,绝缘良好,防松螺母锁紧	绝缘良好,排列整齐,间隙均匀,油路畅通,连接坚固	
	△2.3　引出线	绝缘包扎坚固,无破损、拧扭现象,固定牢固,绝缘距离符合设计要求。引出线裸露部分应无毛刺或尖角,焊接良好。引出线与套臂的连接应正确,连接牢固	包扎坚固,绝缘距离符合设计要求,裸露部分无毛刺,焊接良好,与套管接线正确、牢固	
	△2.4　电压切换装置	无激磁电压切换装置分接点与线圈的连接应紧固正确,接点接触紧密,转动部位应转动灵活,密封良好,指示器指示正确。有载调压装置的各开关接点接触良好。分接线连接牢固、正确,切换部分密封良好	连接坚固正确,接点接触紧密良好,转动部位灵活,密封良好,指示正确	
	△2.5　箱体	各部位无油泥、金属屑等杂物。有绝缘围屏者,其围屏应绑扎牢固	无油泥、金属屑等杂物	
3	变压器干燥的检查	检查干燥记录,应符合 GBJ 148—90 有关要求	检查干燥记录,符合规范要求	优良

项次	检查项目	质量标准	检验记录	结论
4 本体及附件安装	4.1 轨道检查	两轨道间距允许误差应小于2 mm,轨道对设计标高允许误差应不超过±2 mm,轨道连接处水平允许误差应小于1 mm	距离误差:2 mm,高程误差:-1 mm,水平误差:0.50 mm	优良
	4.2 本体就位	轮距与轨距中心应对正,滚轮应加制动装置且该装置应固定牢固。装有气体继电器的箱体顶盖应有1%~1.5%的升高坡度	中心对正,滚轮能拆卸,制动装置固定,箱体顶盖沿气体继电器气流方向,升高坡度为1.2%	
	△4.3 冷却装置	安装前应进行密封试验,无渗漏。与变压器本体及其他部位的连接密封良好,管路阀门操作灵活,开闭位置正确。油泵运转正常。风扇电动机及叶片应安装牢固、转动灵活、运转正常,无振动或过热现象。冷却装置安装完毕,试运行正常,联动正确	试验检查无渗漏,连接牢固,密封良好,阀门操作灵活,油泵运转正常,风扇电动机良好,冷却装置试运行正常,联动正确	
	△4.4 有载调压装置的安装	传动机构应固定牢固,操作灵活无卡阻。切换开关的触头及其连线应完整,接触良好。限流电阻完整无断裂。切换装置的工作程序及切换时间应符合产品技术要求,机械联锁与电气联锁动作正确。位置指示器动作正常,指示正确。油箱应密封良好,油的电气绝缘强度应符合产品技术要求。电气试验符合标准要求	传动机构牢固,操作灵活,切换开关连接完整,接触良好,限流电阻完整,切换装置符合产品技术要求,联锁动作正确,油箱密封良好,油的电气试验符合标准	
	△4.5 储油柜及吸潮器安装	储油柜应清洁干净,固定牢固。油位表应动作灵活,指示正确。吸潮器与储油柜的连接管应密封良好,吸潮剂应干燥	清洁、牢固,油位表动作灵活,油位指示正确,连接管密封良好,吸潮剂干燥	
	△4.6 套管的安装	套管表面无裂纹、伤痕,套管应试验合格,各连接部位接触紧密,密封良好。充油套管不渗漏油,油位正常	套管试验合格,密封良好,无渗漏,油位正常	
	4.7 升高座的安装	安装正确,边相倾斜角应符合制造要求,与电流互感器中心一致。绝缘筒应安装牢固、位置正确	安装正确,中心一致,绝缘筒安装牢固、正确	

项次	检查项目	质量标准	检验记录	结论
4 本体及附件安装	4.8 气体断路器的安装	安装前应检验整定,安装水平,接线正确,与连通管的连接应密封良好	安装水平,接线正确,与管连接密封良好	优良
	4.9 安全气道的安装	内壁清洁干燥,隔膜的安装位置及油流方向正确	清洁干燥,安装正确	
	4.10 测温装置的安装	温度计应经校验,整定值符合要求,指示正确	温度计整定值符合要求,指示正确	
	4.11 保护装置的安装	配备应符合设计要求,各保护应经校验,整定值符合要求。操作及联动试验过程中保护装置应动作正常	联动试验动作正常,整定值符合要求	
5	△变压器油	应符合 GB 50150—2006 的要求	①在冲击合闸前和运行 24 h 后的油中气体色谱分析两次测得的氢、乙炔、总烃含量无差别;②油中微水含量为 10 mg/L;③$\tan\delta = 0.24(90\ ℃)$;④击穿电压 56 kV	优良
6	变压器与母线或电缆的连接	应符合 GBJ 149—90 的有关规定	采用铜铝过渡板,铜端搪锡,接连紧固,符合规范要求	优良
7	各接地部位	应牢固可靠,并按规定涂漆。接地引下线及引下线与主接地网的连接应满足设计要求(铁芯1点,外壳2点)	接地可靠、涂漆标志明显,连接满足设计要求	优良
8	△变压器整体密封检查	符合 GB 50150—2006 的要求	静压 0.03 MPa,24 h 无渗漏,无损伤	优良
9	测量绕组连同套管一起的直流电阻	相间相互差别不大于2%	高压:1,2,3,4,5 A0:1.871,1.819,1.778, 1.781,1.191 B0:1.875,1.831,1.778, 1.739,1.695 C0:1.871,1.831,1.782, 1.739,1.696 低压:ab:0.021 3;bc: 0.020 09;ca:0.021 5	优良

项次	检查项目	质量标准	检验记录	结论
10	检查分接头的变压比	额定分接头变压比允许偏差为±0.5%,其他分接头与铭牌数据相比,应无明显差别,且应符合变压比规律	实测误差: AB/ab:0.23,0.18,0.16,0.16,0.13;BC/bc:0.24,0.18,0.17,0.15,0.12;CA/ca:0.24,0.21,0.18,0.15,0.14	优良
11	△检查三相变压器的接线组别和单相变压器的极性	应与铭牌及顶盖上的符号相符(YN,d11)	用电压比电桥测定接线组别为YN,d11	优良
12	测量绕组连同套管一起的绝缘电阻和吸收比	符合 GB 50150—2006 的要求(绝缘电阻不低于出厂值的70%,吸收比大于等于1.3)	高－低地:5 000/2 800 = 1.78,低－高地:3 700/1 500 = 2.47,高低－地:3 700/2 300 = 1.61,符合要求	优良
13	△测量绕组连同套管一起的正切值 $\tan\delta$	符合 GB 50150—2006(不大于出厂值的130%)	高－低地:$\tan\delta(\%) = 0.4$ 低－高地:$\tan\delta(\%) = 0.5$ 高低－地:$\tan\delta(\%) = 0.7$ 与出厂值相同	优良
14	测量绕组连同套管直流泄漏电流	符合 GB 50150—2006 要求(20 ℃时,110 kV,< 50 μA,30 ℃时,<74 μA)	见试验报告,26 ℃时,低－高地:7 μA,高－低地:9 μA,高低－地:10 μA	优良
15	工频耐压试验	试验电压标准见 GB 50150—2006,试验中应无异常	高－低地,免做,低－高地,35 kV,60 s 无异常	优良
16	与铁芯的各紧固件及铁芯引出套管与外壳的绝缘电阻测量	用2 500 V 兆欧表测量,时间1 min,无闪络及击穿现象	用2 500 V 兆欧表测量,时间 1 min,无闪络及击穿现象	优良

项次	检查项目	质量标准	检验记录	结论
17	非纯瓷套管试验	符合 GB 50150—2006 第 15.0.3条的有关规定	绝缘电阻 1 600 ~ 4 000 MΩ,tanδ(%) = 0.5 ~ 0.65 (20 ℃),电容值与出厂比较,最大差值 +8%	优良
18	18.1 测量限流元件的电阻	与产品出厂值比较应无显著差别,与出厂测量值一致	与出厂测量值一致	优良
	18.2 检查开关动、静触头动作顺序	应符合产品技术要求	有载调压开关动、静触头动作顺序正确	
	18.3 检查切换装置的切换过程	全部切换过程,应无开路现象	全部切换过程均无开路现象	
	18.4 检查切换装置的调压情况	电压变化范围和规律与产品出厂数据相比,应无显著差别	电压变化范围和规律与出厂数据基本一致	
19	△ 相位检查	必须与电网相位一致	与电网相位一致	优良
20	额定电压下的冲击合闸试验	试验 5 次,应无异常现象	试验 5 次,无异常	优良
检验结果		共检验20项,合格20项,其中优良20项,优良率100%		
评定意见			单元工程质量等级	
主要检查项目全部符合质量标准,一般检查项目符合质量标准,启动试运行达到优良标准			优良	

测量人	××× ××年×月×日	施工单位	××× ××年×月×日	建设(监理)单位	××× ××年×月×日

注:本表适用于额定电压小于等于 330 kV,额定容量大于等于 6 300 kVA 的油浸式变压器安装。

2. 油断路器安装

(1)单元工程划分:以一组断路器为一个单元工程。

(2)单元工程量:填写本单元断路器安装量。

油断路器安装单元工程质量评定表填写范例见表6-28。

表 6-28　油断路器安装单元工程质量评定表

单位工程名称		升压变电站	单元工程量	SW_6-110 少油断路器 1 组	
分部工程名称		其他电气设备安装	施工单位	××水电安装公司	
单元工程名称、部位		2YX 出线少油断路器安装	检验日期	××年×月×日	
项次	检查项目	质量标准	检验记录		结论
1	一般规定	所有部件应齐全完整、无锈蚀。油箱应焊接良好,无渗漏油且油漆完好。安装前需进行电气试验的部件,其试验结果应与产品说明书相符	无锈蚀、无渗漏,电气试验合格		合格
2 基础及支架安装	2.1 基础部分允许偏差	中心距及高度不超过 ±10 mm;预留孔中心不超过 ±10 mm;基础螺栓中心不超过 ±2 mm	中心距 5 mm,高度 3 mm,孔中心 4 mm,螺栓中心 ≤2 mm		合格
	2.2 支架	金属支架焊接质量应良好,螺栓固定部位应紧固	焊接良好,螺栓紧固		
3	本体安装	安装垂直,固定牢固,底座与基础之间的垫片总厚度不大于 10 mm,各垫片之间焊接牢固。油箱内部清洁,无杂质。绝缘衬套干燥,无损伤。放油阀畅通。油箱、顶盖法兰等处应密封良好,箱体焊缝无渗油,油漆完整	垂直,牢固,垫厚 5 mm,油箱清洁,绝缘干燥,油阀畅通,无渗油,油漆完整		优良
4	消弧室检查	组装应正确,中心孔径一致,安装位置应正确,固定牢固	组装正确,中心孔径一致,位置正确,固定牢固		优良
5 套管及电流互感器安装	5.1 套管	介损值应符合要求,安装位置应正确。法兰垫圈应完好,固定螺栓应紧固	介损值符合要求,法兰垫圈完好,螺栓紧固		优良
	5.2 电流互感器	安装位置正确、固定牢固,绝缘电阻应符合要求。引线无损伤、脱焊等缺陷。接触应良好,端子板应完整,编号及接线正确	安装位置正确、固定牢固,绝缘电阻符合要求。引线无损伤,端子接线正确		优良
6	提升杆及导向板检查	应无弯曲及裂纹,绝缘漆层完好、干燥,绝缘电阻值应符合要求(≥6 000 MΩ)	无弯曲及裂纹,绝缘完好,电阻值 = 10 000 MΩ		优良

项次	检查项目	质量标准	检验记录	结论
7	△导电部分检查	触头表面清洁,镀银部分不得挫磨,铜钨合金不得有裂纹或脱焊。动、静触头应对准,分合闸过程无卡阻,同相各触头弹簧压力均匀一致,合闸触头接触紧密。调整后的触头行程、超行程、同相各断口间相间接触的同期性等技术指标均应符合产品技术规定	清洁,无挫磨,动、静触头对准,分合闸无卡阻,触头行程、同期性与指标一致	优良
8	缓冲器检查	应符合规范或产品的有关规定(GBJ 147—90)	安装正确,基本符合规范规定	合格
9	断路器与电缆软母线连接	应符合标准要求	连接牢固,符合安全距离要求	合格
10	△操作机构和传动装置安装	部件齐全完整、连接牢固,各锁片、防松螺母均应拧紧,开口销张开。分合闸线圈绝缘完好,线圈铁芯动作应灵活,无卡阻。合闸接触器和辅助切换开关的动作应准确可靠,接点接触良好,无烧损或锈蚀。操纵机构的调整应满足动作要求,检查活动部件与固定部件的间隙、移动距离、转动角度等数据均应在产品允许的误差范围内。操作机构密封良好。与断路器的联动动作正常,无卡阻,分合闸位置指示器指示正确	部件齐全完整、连接牢固,合闸接触器、切换开关动作准确可靠,操纵机构活动与固定部分间隙、移动距离、转动角度在允许误差范围内。联动动作正常,无卡阻,分闸指示正确	优良
11	接地	应牢固可靠	牢固可靠	合格
12	提升杆绝缘电阻测量	符合产品技术要求(出厂6 000 MΩ)	A、B、C 三相电阻分别为:10 000 MΩ、11 000 MΩ、11 000 MΩ	优良
13	测量 35 kV 多油断路器介损	$\tan\delta(\%)\leqslant1.5$(10 ℃时测值)	—	—

项次	检查项目	质量标准	检验记录	结论
14	测量少油断路器泄漏电流	35 kV 以上应≤10 μA(试验电压为直流 40 kV),220 kV 以上≤5 μA	通直流 40 kV,泄漏电流为 A:6.5 μA,B:6.3 μA,C:6 μA	优良
15	交流耐压试验	试验电压标准见 GB 50150—2006 附录 A,试验应无异常	—	—
16	△测量每相导电回路电阻	应符合产品技术规定(≤200 μΩ)	A 相为 150 μΩ,B 相为 150 μΩ,C 相为 150 μΩ	优良
17	△测量固有分合闸时间	应符合产品技术规定,分闸≤0.04 s,合闸≤0.2 s	分闸时间:0.03 s,0.03 s,0.032 s;合闸时间:0.1 s,0.103 s,0.105 s	优良
18	△测量分合闸速度	应符合产品技术规定	刚分 7 m/s,刚合 6.5 m/s;最大分闸 12 m/s,最大合闸 6.5 m/s	优良
19	△测量触头分合闸同期性	应符合产品技术规定,合闸≤10 ms,分闸≤4 ms	合闸 8 ms,分闸 2 ms	优良
20	测量分合闸线圈及合闸接触器线圈的绝缘电阻及直流电阻	应符合产品技术规定	符合产品技术要求,详见试验记录	合格
21	检查合闸接触器及分闸电磁铁的最低动作电压	合闸:85% ~ 110% U_n 时能可靠动作;分闸:< 30% U_n 时不应分闸,>65% U_n 时能可靠分闸	合闸接触器 U_{min} = 176 V 分闸电磁铁 U_{min} = 107 V	优良
22	检查并联电阻及均压电容器	符合产品技术要求(GB 50150—2006)	均压电容,tanδ(%)≤0.9,电容值偏差≤4%	优良
23	△绝缘油试验	应符合规范要求	试验合格,详见试验记录	优良
24	操作试验	在额定操作电压下进行分合闸操作各 3 次,断路器动作正常	分合 3 次,断路器动作正常	优良

项次	检查项目	质量标准	检验记录	结论
检验结果		共检验 22 项,合格 22 项,其中优良 16 项,优良率 72.7%		
评定意见			单元工程质量等级	
主要检查项目全部符合质量标准,一般检查项目符合或基本符合质量标准,试验结果优良			合格	

测量人	××× ××年×月×日	施工单位	××× ××年×月×日	建设(监理)单位	××× ××年×月×日

注:本表适用于额定电压为 35~330 kV 的户外式油断路器及其操作机构。

3. 隔离开关安装

(1)以一组隔离开关为一个单元工程。

(2)单元工程量填写本单元隔离开关型号和组数。

隔离开关安装单元工程质量评定表填写范例见表 6-29。

表 6-29　隔离开关安装单元工程质量评定表

单位工程名称	升压变电站	单元工程量	GW4 – 110,1 组
分部工程名称	其他电气设备安装	施工单位	××市第×工程局
单元工程名称、部位	2B 出线隔离开关安装	检验日期	××年×月×日

项次	检查项目	质量标准	检验记录	结论
1	外观检查	所有部件、附件齐全,无损伤、变形及锈蚀,瓷件应无裂纹及破损。固定部分安装正确,固定牢固。操动机构部件齐全,连接紧固,动作灵活。液压操作机构部件齐全,连接紧固,动作灵活,油位正常,无漏油。气压操作机构密封应良好,无漏气现象	安装正确,连接紧固,动作灵活。液压机构油位正常,无渗漏。气压机构密封良好	合格
2	开关组装	相间距离允许误差:110 kV 及以下应不超过 ± 10 mm,110 kV 以上应不超过 ± 20 mm。支持绝缘子与底座平面应垂直且固定牢固。同一绝缘子支柱的各绝缘子中心线应在同一垂直面内。均压环应安装牢固、平整	开关相间误差:A→B, +5 mm,B→C, +5 mm,绝缘子支柱中心线垂直	优良

项次	检查项目	质量标准	检验记录	结论
3	△导电部分检查	触头应接触紧密,两侧压力均匀。接触表面应平整,无氧化膜。触头及开关与母线的接触面用厚 0.05 mm×10 mm 塞尺检查:线接触应塞不进。面接触,接触面宽度在 60 mm 以上,塞入深度小于 6 mm。三相触头接触的前后差值应符合产品技术规定(小于等于 10 mm)。开关与母线的连接应符合标准要求	接头接触紧密,触头表面平整,无氧化膜。触头与母线接触面塞尺塞入深度 3 mm。三相触头接触的前后差值为 6 mm,与母线连接符合标准要求	优良
4	操动机构及传动装置检查	应符合 GBJ 147—90 有关规定	安装正确,操作灵活,基本符合规范规定	合格
5	接地	应牢固,可靠	牢固,可靠	优良
6	△交流耐压试验	试验电压标准见 GB 50150—2006,试验中应无异常	265 kV,耐压 1 min 无异常,详见试验记录	优良
7	测量操动机构线圈的最低动作电压	符合 GB 50150—2006 规定,其电压值为 80%～110% U_a	合闸 191 V,分闸 173 V	优良
8	开关动作情况检查	在额定操作电压(气压、液压)下进行分合闸操作 3 次,动作正常	分合闸操作 3 次,动作正常	优良
检验结果		共检验 8 项,合格 8 项,其中优良 6 项,优良率75%		
评定意见			单元工程质量等级	
主要检查项目全部符合质量标准,一般检查项目基本符合质量标准,试验结果优良			合格	

测量人	××× ××年×月×日	施工单位	××× ××年×月×日	建设(监理)单位	××× ××年×月×日

注:本表适用于额定电压 35～330 kV 户外者。

4.厂区馈电线路安装

(1)以同一电压等级的线路安装为一个单元工程。

(2)单元工程量填写本单元线路安装量(km)。

厂区馈电线路安装单元工程质量评定表填写范例见表 6-30。

表 6-30　厂区馈电线路安装单元工程质量评定表

单位工程名称	升压变电站	单元工程量	LGZ－70,2 km
分部工程名称	其他电气设备安装	施工单位	××市第×工程局
单元工程名称、部位	厂房至坝区 10 kV 线路	检验日期	××年×月×日

项次	检查项目	质量标准	检验记录	结论
1	一般规定	线路所用导线、金具、瓷件等器材的规格、型号应符合设计要求,并具有产品合格证。外观检查符合规范的有关规定。电杆基坑的施工及埋设深度应符合设计图纸和规范的有关规定	导线和所有金具均符合设计要求,具有合格证,基坑施工及埋设深度均符合设计要求	优良
2	△电杆组立	符合 GB 50173—92 的规定	预应力杆、组合符合标准	优良
3	△拉线安装	符合 GB 50173—92 的规定	位置及角度正确,符合标准	优良
4	导线架设	符合 GB 50173—92 的规定	LGZ—70 符合设计,架设符合规范	优良
5	电杆上电器设备的安装	符合 GB 50173—92 的有关规定	符合标准	优良
6	绝缘电阻测量	绝缘子的绝缘电阻符合 GB 50150—2006 的有关规定(单个≥300 MΩ)	单个测量,均≥400 MΩ,见试验记录	优良
7	检查相位	各相两端的相位应一致	相位一致	优良
8	△冲击合闸试验	在额定电压下,对空载线路冲击合闸 3 次,无异常	10 kV,冲击 3 次无异常	优良
9	测量杆塔的接地电阻	接地电阻值应符合设计规定(<3 Ω)	2.18～2.78 Ω	优良

检验结果	共检验 9 项,合格 9 项,其中优良 9 项,优良率 100%		

评定意见	单元工程质量等级
主要检查项目全部符合质量标准,一般检查项目基本符合质量标准。交接验收过程中各验收项目符合规范要求,其技术参数达到设计规定	优良

测量人	×××	施工单位	×××	建设(监理)单位	×××
	××年×月×日		××年×月×日		××年×月×日

注:本表适用于额定电压 0.4～35 kV 者。

346

思考题

1. 金属结构及启闭机安装工程质量等级评定资料如何填写？
2. 电气设备安装工程质量等级评定资料如何填写？

第七章　水利工程工艺设备材料资料整编

【学习目标】

知识目标:通过本章学习,了解机械设备的购置程序,熟悉设备材料到货验收的内容。

能力目标:掌握水泥、砂石、钢筋、钢材检测试验项目,掌握工艺设备材料文件资料的归档范围与保管期限。

第一节　水利机电工程工艺设备资料

一、编制机械使用计划表

水利水电工程项目部应根据施工进展情况及中标的工程机械总体使用计划,编制月、季度机械使用计划表,避免机械使用过程中的混乱。中标工程机械总体使用计划表式样见表7-1。

表7-1　中标工程机械总体使用计划表

工程名称	×××工程	所在省市	×省×市	总工作量	
工期		工程内容			
序号	机械名称	规格	计划使用日期	来源	计划台数

季(月)度机械使用计划表式样见表7-2。

表7-2　季(月)度机械使用计划表

序号	机械名称	规格	施工计划			需要数量(台)				调配(台)			备注
			作业名称	数量	计划台班	季均需要量	月	月	月	现有	调入	调出	

二、机械设备的购置

机械设备选型的主要依据有使用范围、技术条件、技术装备、机型与单机价格等。

如果由承包人购置施工机械,应提交设备采购计划申报表,见表7-3。经监理机构审核,然后填写机械设备购置申请表,监理机构审核批准后方可按申报计划进行机械设备采购。机械设备购置申请表式样见表7-4。

表7-3 设备采购计划申报表

(承包[　　]设采　　号)

合同名称:　　　　　　　　　合同编号:　　　　　　　承包人:

致:(监理机构)
根据合同约定和工程建设需要,我方将按下表进行工程设备采购,请审核。

序号	名称	品牌	规格/型号	厂家/产地	数量	拟采购日期/计划进场日期	备注

承包人(全称及盖章):	监理机构将另行签发审批意见。
项目经理(签名):	监理机构(全称及盖章):
	签收人(签名):
日期:　　年　月　日	日期:　　年　月　日

表7-4 机械设备购置申请表

序号	机械名称	规格	厂家	数量	单价	使用项目	备注
1	推土机						
2	夯实机						
3	搅拌机						
4	起重机						

三、到货验收

机械管理人员和设备购置部门的人员同时参加到货验收,依据合同发票和运单检查样品、规格、数量是否相符。如有问题及时向承运单位及厂家提出质问、索赔或拒付货款或运费。

(1)数量验收:由接运部门开箱验收,确认是否符合合同规定的数量和要求。

(2)质量验收:请生产厂家派人参加验收,调试合格后签字确认。引进设备的试验及机械本身性能的试验,除运转检查外,主要技术数据要通过仪器、仪表检测,测定各种数据是否满足合同及规范要求。

验收结束后填写固定资产验收单。

设备开箱检验记录表和固定资产验收单式样见表7-5、表7-6。

表7-5　设备开箱检验记录表

设备名称	×××	规格型号	×××	总数量	×××
装箱单号	×××	检验数量	×××	检查日期	年　月　日
检验记录	包装情况				
	随机文件				
	备件与附件				
	外观情况				
	测试情况				
检验结果	缺损附备件明细表				
	序号	名称	规格	单位	数量	备注
结论:					
签字栏	建设(监理)单位		施工单位		供货单位

注:本表由施工单位填写并保存。

四、机械设备技术试验

新购的设备在投产使用前,必须进行检查、鉴定和试运转,以测定机械的各项技术性能和工作性能。未经技术试验或试验不合格的,不得投入使用。试验合格后,应填写技术试验记录表,参加试验人员共同签字,一份交使用单位,一份作为技术档案存入生产厂家。

表 7-6　固定资产验收单

资产类别：　　　　　　　　　　　　　　　验收单号：

资产编号：　　　　　　　　　　　　　　　验收日期：　　　年　　月　　日

资产名称		型号规格		生产厂家	出厂日期	出厂号码	新旧程度	来源	
设备组成	动力	主	厂牌	型号	规格	号码	出厂年月		
		副	厂牌	型号	规格	号码	出厂年月		
	底盘		厂牌	型号	规格	号码	出厂年月		
	附属机组		厂牌	型号	规格	号码	出厂年月		

购入价值(元)			估计重置价格(元)			外形尺寸及自重		牌照号码
原价	配套件价值	运杂费	每台价值	完全价值	残余价值	自重(kg)	外形尺寸(长×宽×高)(mm)	

随机工具及附件				验收情况	一、质量是否合格			
名称	规格	单位	数量		二、构件是否完整齐全			
					三、外部是否完好无损			
					四、需要处理的问题或其他事项			
				主管部门	管理	会计	验收	

第二节　水利工程施工材料管理资料

一、施工材料验收、试验文件

（一）水泥

水泥质量的好坏直接关系到工程质量，因此把好水泥验收关极为重要。水泥进场时应对其品种、等级、包装或散装仓号、出厂日期等进行检查，并应对其强度、安定性及其他必要的性能指标进行复验，其质量必须符合现行国家标准的规定。

水泥验收资料相关表格式样见表 7-7～表 7-9。

表 7-7　水泥化学检测报告表

检测单位：　　　　　　　　　　　　　　　　　　　　合同编号：

委托单位	××项目部	水泥品种	硅酸盐水泥
工程名称	×××	水泥强度等级	42.5级
检测条件	标准养护	生产厂家	××厂
检测依据	GB 748—2005	出厂日期	××年×月×日
检测项目	检测结果	结论	
氧化镁(%)	3.5		
三氧化硫(%)	2.0	合格	
烧失量(%)	2.5		
不溶物(%)	10		
备注		检测单位(盖章)	

负责：　　　　　　　审核：　　　　　　　试验：　　　　　

表 7-8　水泥检测报告表

检测单位：　　　　　　　　　　　　　　　　　　　　合同编号：

分项工程名称			×××混凝土坝体	工程部位	
厂家品种和强度等级			P.S 42.5	取样日期	××年×月×日
序号	检查项目			检验结果	附记
1	密度(g/cm³)				
2	细度	80 μm 方孔筛筛余量		—	
		比表面积		—	
3	标准稠度(%)			25.4	
4	凝结时间	初凝(时:分)			
		终凝(时:分)			
5	安定性			合格	
6	强度(MPa)	抗折强度	(3)d	4.4	
			(28)d	8.7	
			( )d		
		抗压强度	(3)d	23.5	
			(28)d	53.1	
			( )d		
7	水化热(J/g)		( )d		
			( )d		
			( )d		

负责：　　　　　　　审核：　　　　　　　试验：

表 7-9　水泥物理品质试验记录表

检测单位：　　　　　　　　　　　　　　　　　　　　　　　合同编号：

水泥品种	细度(0.08 mm)			凝结时间(时:分)			体积安定性
	筛前(g)	筛余(g)	细度(%)	加水时间	初凝	终凝	

负责：_____　　　　　审核：_____　　　　　试验：_____

(二)混凝土

现场混凝土多采用搅拌站预拌的方式。预拌混凝土质量检验分为出厂检验和交货检验。

1. 出厂检验

出厂检验由预拌混凝土生产企业负责。

预拌混凝土生产企业在供应预拌混凝土时应向购货单位(施工单位或建设单位)提供下列出厂资料：

(1)原材料复试报告和预拌混凝土配合比报告。

(2)预拌混凝土发货单和预拌混凝土合格证。

2. 交货检验

交货检验由施工单位专人按规定负责制样，预拌混凝土生产企业、监理单位、建设单位旁站见证。预拌混凝土质量判定应以交货检验结果为依据，预拌混凝土进入施工现场时，施工单位应当在建设、监理单位的监督下，会同生产单位对进场的每一车预拌混凝土进行联合验收。

混凝土验收资料相关表格式样见表 7-10 ~ 表 7-15。

表 7-10　混凝土外加剂物理性能检验报告表

检测单位：　　　　　　　　　　　　　　　　　　　　　　　合同编号：

品种名称			生产厂家	
取样地点			取样日期	××年×月×日
序号	检测项目	控制目标	检验结果	备注
1	固体含量(%)			
2	密度(kg/m³)			
3	pH 值			
4	表面强度			
5	泡沫性能			

负责：_____　　　　　审核：_____　　　　　试验：_____

表 7-11　混凝土用砂检验报告表

检测单位：　　　　　　　　　　　　　　　　　　　　　合同编号：

分项工程名称				工程部位		
取样地点				试验日期	××年×月×日	
项目	检测结果			项目	检测结果	
表观密度(kg/m³)				吸水率(%)		
紧密密度(kg/m³)				有机物含量(%)		
堆积密度(kg/m³)				云母含量(%)		
含泥量(%)				轻物质含量(%)		
泥块含量(%)				坚固性(%)		
氯盐含量(%)				三氧化硫含量(%)		
含水量(%)				碱活性		
颗粒级配						
筛孔尺寸(mm)	10.0	5.0	2.5	1.25	0.63	0.315	0.15
筛余百分数(%)							
累计筛余百分数(%)							
细度模数 F.M							
检验结论							

校核：＿＿＿＿＿　　计算：＿＿＿＿＿　　试验：＿＿＿＿＿　　　　年　　月　　日

表 7-12　混凝土用碎石或卵石检验报告表

检测单位：　　　　　　　　　　　　　　　　　　　　　合同编号：

分项工程名称			工程部位	
取样地点			试验日期	××年×月×日
项目	检测结果		项目	检测结果
表观密度(kg/m³)			针片状颗粒含量(%)	
紧密密度(kg/m³)			有机物含量(%)	
堆积密度(kg/m³)			云母含量(%)	
含水量(%)			压碎指标(%)	
泥块含量(%)			坚固性(%)	
吸水率(%)			三氧化硫含量(%)	
含泥量(%)			碱活性	
超逊径含量				
颗粒粒径(mm)	5~20	20~40	40~80	80~150
超径含量(%)				
逊径含量(%)				
检验结论				

校核：＿＿＿＿＿　　计算：＿＿＿＿＿　　试验：＿＿＿＿＿　　　　年　　月　　日

表 7-13 混凝土拌和配料报告表

检测单位：   合同编号：

分项工程名称				浇筑部位						
混凝土强度等级				水灰比			拌和量(m³)			
项目	水	水泥	粉煤灰	外加剂	砂	石				备注
						5～20 mm	20～40 mm	40～80 mm	80～150 mm	
预定拌和用量(kg)										
超逊径校正用量(kg)										
表面含水率(%)										
表面含水量(kg)										
校正后拌和用量(kg)										

校核：_____   计算：_____   试验：_____   年   月   日

表 7-14 混凝土拌和质量检测报告表

检测单位：   合同编号：

单位工程名称			分部工程名称		
分项工程名称			工程部位		
取样方法及检测数量			取样日期		
项目		检测项目	质量标准	检测值	说明
拌和质量	1				
	2				
	3				
试块质量	1				
	2				
	3				
	4				
承建单位质量评定等级	□优良 □合格 质检单位： 日期： 年 月 日			监理机构认证意见	□优良 □合格 质检单位： 日期： 年 月 日

说明：本表一式四份报监理部，完成认证后返回报送单位两份，其余留存作混凝土单元工程质量评定资料备查。

表 7-15　混凝土试件检验报告表

检测单位：　　　　　　　　　　　　　　　　　　　　　　　合同编号：

分项工程名称		工程部位			取样地点	
试件编号	试件尺寸（mm）	试验日期	龄期（d）	抗压强度		
				破坏荷载（kN）	单块强度（MPa）	平均强度（MPa）

负责人：＿＿＿＿＿　校核：＿＿＿＿＿　计算：＿＿＿＿＿　试验：＿＿＿＿＿　　　年　　月　　日

（三）砂石

对于砂子，每验收批至少应进行颗粒级配、含泥量和泥块含量检验。如为海砂，还应检验其氯离子含量。

对于石子，每验收批至少应进行颗粒级配、含泥量、泥块含量及针片状颗粒含量检验。对重要工程或特殊工程，应根据工程要求，增加检测项目。当质量比较稳定、进料量又较大时，可定期检验。

砂石的数量验收可按重量或体积计算。测定重量可用汽车地量衡或以船舶吃水线为依据。测定体积可以车皮或船的容积为依据。用其他小型工具运输时，可按量方确定。

砂在运输、装卸和堆放过程中，应防止离析和混入杂质，并应按产地、种类和规格分别堆放。供货单位应提供产品合格证或质量检验报告。

砂石骨料常用资料式样见表 7-16～表 7-18。

表 7-16　砂石骨料产品质量检验报告表

承建单位：　　　　　　　　　　　　　　　　　　　　　　　合同编号：

砂石材料种类		□砂料　□小石　□中石　□大石　□特大石		
序号	检测项目	质量标准	检测结果	说明
1				
2				
3				
4				
5				
承建单位质量评定等级	□优良　　　□合格 质检单位： 日期：　　年　月　日		监理机构认证意见	□优良　　　□合格 质检单位： 日期：　　年　月　日

说明：本表一式四份报监理部，完成认证后返回报送单位两份，其余留存作混凝土单元工程质量评定资料备查。

表 7-17　砂石骨料产品颗粒级配检验报告表

承建单位：　　　　　　　　　　　　　　　　　　合同编号：

分项工程名称			工程部位		
取样地点			试验日期		
颗粒级配					
筛孔尺寸(mm)	筛余量(g)		平均筛余量 (g)	累计筛余量 (g)	累计百分比 (%)
	1	2			
$5.0(A_1)$					
$2.5(A_2)$					
$1.25(A_3)$					
$0.63(A_4)$					
$0.315(A_5)$					
$0.16(A_6)$					
<0.16					
$F.M = [(A_2 + A_3 + A_4 + A_5 + A_6) - 5A_1]/(100 - A_1)$					
吸水率(%)			有机质含量(%)		
含泥量(%)			三氧化硫含量(%)		
密度(g/cm³)					

校核：＿＿＿＿＿　　计算：＿＿＿＿＿　　试验：＿＿＿＿＿　　　　年　　月　　日

表 7-18　粗骨料检测试验记录表

检测单位：　　　　　　　　　　　　　　　　　　合同编号：

分项工程名称				工程部位			
取样地点				试验日期			
最大粒径 (mm)	超径 (%)	逊径 (%)	含泥量 (%)	吸水率 (%)	有机质 含量(%)	针片状 (%)	硫化物 (%)	软弱颗粒 含量(%)

校核：＿＿＿＿＿　　计算：＿＿＿＿＿　　试验：＿＿＿＿＿　　　　年　　月　　日

(四)钢筋、钢材

用于建筑结构的钢筋,应按以下要求进行检验：

(1)进入工地的钢筋必须具有有效的合格证,有国家或省部级批准的生产许可证编号。

(2)钢筋进场时,施工单位收料人员要对照质量证明文件验证钢筋的品种、牌号、批号、炉号、数量、规格是否与合格证一致,不一致不准卸货,立即退场。

(3)对进入料场的钢筋,施工、监理单位要对照质量证明文件对钢筋的品种、牌号、批号、炉号、数量、规格等再次进行验证。检查合格后见证取样送试,力学性能、化学成分、几何尺寸复试全部合格后,方可使用。

用于建筑结构的钢材,应按以下要求进行检验:

(1)施工、监理单位应对进场的钢材、钢铸件合格证明文件、中文标志及检验报告进行检查,其品种、规格、性能等应符合现行国家产品标准和设计要求。

(2)对按《钢结构工程施工质量验收规范》(GB 50205—2001)规定应进行复试检验的钢材,除进行力学性能检验外,必须进行化学成分检验。

对钢材、钢筋的复试检验,应严格执行见证抽样制度,检测检验机构在接收试件来样时,必须核对见证和抽样人员的身份,并留存见证和抽样人员的相应证件的复印件。钢筋、钢材资料相关表格式样见表7-19及表7-20。

表7-19　钢筋力学性能检验记录表

检测单位:　　　　　　　　　　　　　　　　　　　　　　合同编号:

分项工程名称				工程部位				取样地点				
厂家规格品种								试验日期				
	拉伸试验								弯曲试验			
试件编号	直径(mm)	屈服力F_g(kN)	屈服点σ_g(MPa)	抗拉强度σ_b(MPa)	原始标距L_0(mm)	断后标距L_1(mm)	断后延伸率δ_b(%)	试件编号	弯心直径(mm)	弯心角度(°)	检验结果	备注

校核:　　　　　　　计算:　　　　　　　试验:　　　　　　　　年　　月　　日

表7-20　钢筋、钢构件焊接质量检测报告表

承建单位:　　　　　　　　　　　　　　　　　　　　　　合同编号:

单位工程名称			分部工程名称			
分项工程名称			工程部位			
取样方法及检测数量						
钢筋等级或钢号			焊接方法			
试验室名称		取样日期	年　月　日	试验人员	×××	
外观检查记录						
试件质量		编号	规格	抗拉强度	冷弯指标	…　　　说明
		1				
		2				
		3				
承建单位质量评定等级	□优良　　□合格 质检单位: 日期:　年　月　日			监理机构认证意见	□优良　　□合格 质检单位: 日期:　年　月　日	

说明:本表一式四份报监理部,完成认证后返回报送单位两份,其余留存作混凝土单元工程质量评定资料备查。

(五)钢筋混凝土预制构件

预制厂应根据钢筋、混凝土和构件的试验、检验资料,确定构件的质量。对合格的构件应盖章,并出具"构件合格证"交付使用单位。预制构件加工单位应保存各种原材料的质量证明、复试报告及混凝土、钢构件、木构件的性能试验报告和有害物含量检测报告等资料,并保证资料的可追溯性。

钢筋混凝土预制构件质量报告表式样见表7-21。

表7-21 钢筋混凝土预制构件质量报告表

承建单位: 合同编号:

使用部位	单位工程名称			分部工程名称		
	分项工程名称			单元工程名称		
生产日期		报验日期		报验数量或批号		
构件名称		生产厂、站		混凝土设计强度		
序号	检查项目		检测项目		其他检测项目	
	项目	检查结果	项目	质检等级	项目	测点数	合格点数
1	配筋						
2	混凝土试块强度						
3	保护层厚度						
4	有无漏筋、麻面						
施工单位抽查记录	检测点数		合格率(%)		复检等级		复检人日期
承建单位质量评定等级	□优良　□合格　质检单位:日期:　年　月　日			监理机构认证意见	□优良　□合格　质检单位:日期:　年　月　日		

说明:本表一式四份报监理部,完成认证后返回报送单位两份,其余留存作混凝土单元工程质量评定资料备查。

二、施工材料出厂证明文件

工程施工所用材料应有出厂证明文件。建设(监理)和施工单位应对质量进行检查,并填写材料出厂证明文件。相关表格式样见表7-22～表7-26。

表 7-22　材料质量检验合格证

承建单位：　　　　　　　　　　　　　　　　　　　　合同编号：

申报使用工程项目及部位				工程项目施工时段		
材料	序号	规格型号	入库数量	生产厂家	出厂日期/入库日期	材料检验单号
钢筋	1					
	2					
	3					
	4					
水泥	1					
	2					
	3					
外加剂	1					
	2					
	3					
止水材料	1					
	2					
	3					
承建单位报送记录	报送单位： 日期：　年　月　日			监理机构认证意见	□优良　　□合格 工程监理部： 认证人： 日期：　　年　　月　　日	

表 7-23　半成品钢筋出厂合格证

工程名称			委托单位		加工日期	
钢筋种类		合格证编号		供应总量(t)		供货日期
序号	级别规格	供应数量(t)	进货日期	生产厂家	原材报告编号	复试报告编号	使用部位
备注：						
供应单位技术负责人				供应单位名称 （盖章）		
填表人						
填表日期						

说明：本表由半成品钢筋供应单位提供，建设单位、施工单位各保存一份。

表 7-24　预制混凝土构件出厂合格证

编号：

工程名称			合格证编号			
构件名称			型号规格		供应数量	
混凝土设计强度等级		混凝土浇筑日期		生产制造厂及出厂日期		
性能检验评定结果	混凝土抗压强度					
	达到设计强度(%)	试验编号	力学性能		工艺性能	
	外观					
	质量状况			规格尺寸		
	结构性能					
	承载力(kPa)	挠度(mm)	抗裂检验(kPa)		裂缝宽度(mm)	
备注：			结论：			
供应单位技术负责人			供应单位名称 （盖章）			
填表人						
填表日期						

说明：本表由预制混凝土构件单位提供，建设单位、施工单位各保存一份。

表 7-25　钢构件出厂合格证

编号：

工程名称				合格证编号		
钢材材质		供应总量(t)		防腐状况		
焊条或焊丝型号			焊药型号			
序号	构件名称及编号	构件数量	构件单重(kg)	原材报告编号	复试报告编号	使用部位
备注：						
供应单位技术负责人			供应单位名称 （盖章）			
填表人						
填表日期						

说明：本表由钢构件供应单位提供，建设单位、施工单位各保存一份。

表 7-26　预拌混凝土出厂合格证

编号：

工程名称及浇筑部位						合格证编号		
配合比编号		强度等级		抗渗等级			供应数量	
使用单位			供应日期	年　月　日至		年　月		日
原材料名称	水泥	砂		石	掺合料		外加剂	
品种及规格								
试验编号								

每组抗压强度值（MPa）	试验编号	强度值	试验编号	强度值	备注：

抗渗试验	试验编号	强度值	试验编号	强度值	

抗压强度统计结果			
组数	平均值		最小值

供应单位技术负责人		供应单位名称（盖章）
填表人		
填表日期		

第三节　文件资料归档范围与保管期限

水利水电工程工艺设备材料(含国外引进设备材料)文件资料归档范围与保管期限
见表 7-27。

表 7-27　文件资料归档范围与保管期限

序号	归档文件	保管期限		
		项目法人	运行管理单位	流域机构档案馆
1	工艺说明、规程、路线、试验、技术总结		长期	
2	产品检验、包装、装配图、检测记录		长期	
3	采购工作中有关询价、报价、招标投标、考察、购买合同等文件材料	长期		
4	设备、材料报关(商检、海关)、商业发票等材料	长期		
5	设备、材料检验、安装手册、操作使用说明书等随机文件		长期	
6	设备、材料出厂质量合格证明、装箱单、工具单、单品备件单等		短期	
7	设备、材料开箱检验记录及索赔文件等材料	长期		
8	设备、材料的防腐、保护措施等文件材料		短期	
9	设备图纸、使用说明书、零部件目录		长期	
10	设备测试、验收记录		长期	
11	设备安装调试记录、测定数据、性能鉴定		长期	

思考题

1. 水泥有哪些必试的项目？
2. 钢筋、钢材有哪些检验项目？
3. 水利工程工艺设备文件资料的归档范围与保管期限有哪些规定？

第八章 水利工程竣工验收资料整编

【学习目标】

知识目标:通过本章学习,了解各种竣工报告的基本格式和要求,理解工程竣工验收资料的收集范围、整编要求、编制方法。

能力目标:掌握工程竣工验收的程序及竣工验收资料的内容及归档范围。

第一节 竣工验收申请报告及批复

一、水利工程竣工验收一般规定

(1)竣工验收应在工程建设项目全部完成并满足一定运行条件后1年内进行。不能按期进行竣工验收的,经竣工验收主持单位同意,可适当延长期限,但最长不得超过6个月。一定运行条件是指:

①泵站工程经过一个排水或抽水期;

②河道疏浚工程完成后;

③其他工程经过6个月(经过一个汛期)至12个月。

(2)工程具备验收条件时,项目法人应向竣工验收主持单位提出竣工验收申请报告。竣工验收申请报告应经法人验收监督管理机关审查后报竣工验收主持单位,竣工验收主持单位应自收到申请报告后20个工作日内决定是否同意进行竣工验收。

(3)工程未能按期进行竣工验收的,项目法人应提前30个工作日向竣工验收主持单位提出延期竣工验收专题申请报告。申请报告应包括延期竣工验收的主要原因及计划延长的时间等内容。

(4)项目法人编制完成竣工财务决算后,应报送竣工验收主持单位财务部门进行审查,报送审计部门进行竣工审计。审计部门应出具竣工审计意见。项目法人应对审计意见中提出的问题进行整改并提交整改报告。

(5)竣工验收分为竣工技术预验收和竣工验收两个阶段。

(6)大型水利工程在竣工技术预验收前,应按照有关规定进行竣工验收技术鉴定。中型水利工程,竣工验收主持单位可以根据需要决定是否进行竣工验收技术鉴定。

二、水利工程竣工验收的程序

(1)项目法人进行竣工验收自查。

(2)满足竣工验收条件和要求后,项目法人向竣工验收主持单位报送工程竣工验收申请报告。

(3)审查合格后,竣工验收主持单位组织进行竣工验收技术鉴定(适用于大型水利工程）、竣工技术预验收、竣工验收。

（4）通过竣工验收后，进行工程移交和备案。

三、竣工验收自查

（1）申请竣工验收前，项目法人应组织竣工验收自查。自查工作由项目法人主持，勘测、设计、监理、施工、主要设备制造（供应）商以及运行管理等单位的代表参加。

（2）竣工验收自查应包括以下主要内容：

①检查有关单位的工作报告；

②检查工程建设情况，评定工程项目施工质量等级；

③检查历次验收、专项验收的遗留问题和工程初期运行所发现问题的处理情况；

④确定工程尾工内容及其完成期限和责任单位；

⑤对竣工验收前应完成的工作做出安排；

⑥讨论并通过竣工验收自查工作报告。

（3）项目法人组织工程竣工验收自查前，应提前 10 个工作日通知质量和安全监督机构，同时向法人验收监督管理机关报告。质量和安全监督机构应派员列席自查工作会议。

（4）项目法人应在完成竣工验收自查工作之日起 10 个工作日内，将自查的工程项目质量结论和相关资料报质量监督机构核备。

（5）参加竣工验收自查的人员应在自查工作报告上签字。项目法人应自竣工验收自查工作报告通过之日起 30 个工作日内，将自查报告报法人验收监督管理机关。工程项目竣工验收自查工作报告格式见表 8-1。

表 8-1　工程项目竣工验收自查工作报告格式

| ×××工程项目竣工验收
自查工作报告

×××工程项目竣工验收自查
工作组
　年　　月　　日 | 自查主持单位：

法人验收监督管理机关：

项目法人：

代建机构（如有时）：

设计单位：

监理单位：

主要施工单位：

主要设备制造（供应）商：

质量和安全监督机构：

运行管理单位： | 前言（包括组织机构、自查工作过程等）
一、工程概况
　（一）工程名称及位置
　（二）工程主要建设内容
　（三）工程建设过程
二、工程项目完成情况
　（一）完成情况
　（二）完成工程量与初设批复工程量比较
　（三）工程验收情况
　（四）工程投资完成及审计情况
　（五）工程项目移交和运行情况
三、工程项目质量评定
四、验收遗留问题处理情况
五、尾工及安排意见
六、存在的问题及处理意见
七、结论
八、工程项目竣工验收自查工作组成员签字表 |

四、竣工验收申请报告及批复

竣工验收申请报告格式见表8-2。

表8-2　竣工验收申请报告格式

×××工程 竣工验收申请报告 项目法人:××× 年　月　日	竣工验收申请报告包括以下主要内容: 一、该工程的基本情况 二、竣工验收应具备条件的检查情况 三、尾工情况及安排意见 四、验收准备工作情况及建议验收时间 附件:1.竣工验收自查工作报告 　　　2.专项验收成果性文件 法人验收监督管理机关初步审查意见: 法人验收监督管理机关:(单位名称) 法人验收监督管理机关初审时间:

五、竣工技术预验收

(1)竣工技术预验收应由竣工验收主持单位组织的专家组负责。技术预验收专家组成员应具有高级技术职称或相应执业资格,2/3以上成员应来自工程非参建单位。工程参建单位的代表应参加技术预验收,负责回答专家组提出的问题。

(2)竣工技术预验收专家组可下设专业工作组,并在各专业工作组检查意见的基础上形成竣工技术预验收工作报告。

(3)竣工技术预验收应包括以下主要内容:

①检查工程是否按批准的设计完成;

②检查工程是否存在质量隐患和影响工程安全运行的问题;

③检查历次验收、专项验收的遗留问题和工程初期运行中所发现问题的处理情况;

④对工程重大技术问题作出评价;

⑤检查工程尾工安排情况;

⑥鉴定工程施工质量;

⑦检查工程投资、财务情况;

⑧对验收中发现的问题提出处理意见。

(4)竣工技术预验收应按以下程序进行:

①现场检查工程建设情况并查阅有关工程建设资料;

②听取项目法人、设计、监理、施工、质量和安全监督机构、运行管理等单位工作报告;

③听取竣工验收技术鉴定报告和工程质量抽样检测报告;

④专业工作组讨论并形成各专业工作组意见;

⑤讨论并通过竣工技术预验收工作报告;

⑥讨论并形成竣工验收鉴定书初稿。

竣工技术预验收工作报告格式见表8-3。

表8-3　竣工技术预验收工作报告格式

<table>
<tr><td colspan="2" align="center">×××工程
竣工技术预验收工作报告

×××工程竣工技术预验收专家组
年　　月　　日</td></tr>
<tr><td>

前言(包括验收依据、组织机构、验收过程等)
第一部分　工程建设
一、工程概况
　　(一)工程名称、位置
　　(二)工程主要任务和作用
　　(三)工程设计主要内容
　　　　1. 工程立项、设计批复文件
　　　　2. 设计标准、规模及主要技术经济指标
　　　　3. 主要建设内容及建设工期
二、工程施工过程
　　(一)主要工程开工、完工时间(附表)
　　(二)重大技术问题及处理
　　(三)重大设计变更
三、工程完成情况和完成的主要工程量
四、工程验收、鉴定情况
　　(一)单位工程验收
　　(二)阶段验收
　　(三)专项验收(包括主要结论)
　　(四)竣工验收技术鉴定(包括主要结论)
五、工程质量
　　(一)工程质量监督
　　(二)工程项目划分
　　(三)工程质量检测
　　(四)工程质量核定
六、工程运行管理
　　(一)管理机构、人员和经费
　　(二)工程移交
七、工程初期运行及效益
　　(一)工程初期运行情况
　　(二)工程初期运行效益
　　(三)初期运行检测资料分析
八、历次验收及相关鉴定提出主要问题的处理情况
九、工程尾工安排
十、评价意见

</td><td>

第二部分　专项工程(工作)及验收
一、征地补偿和移民安置
　　(一)规划(设计)情况
　　(二)完成情况
　　(三)验收情况及主要结论
二、水土保持设施
　　(一)设计情况
　　(二)完成情况
　　(三)验收情况及主要结论
三、环境保护
　　(一)设计情况
　　(二)完成情况
　　(三)验收情况及主要结论
四、工程档案(验收情况及主要结论)
五、消防设施(验收情况及主要结论)
六、其他

第三部分　财务审计
一、概算批复
二、投资计划下达及资金到位
三、投资完成及交付资产
四、征地拆迁及移民安置资金
五、结余资金
六、预计未完工程投资及费用
七、财务管理
八、竣工财务决算报告编制
九、稽查、检查、审计
十、评价意见

第四部分　意见和建议

第五部分　结论

第六部分　竣工技术预验收专家组专家签名表

</td></tr>
</table>

六、竣工验收

竣工验收委员会可设主任委员1名,副主任委员以及委员若干名,主任委员应由验收主持单位代表担任。竣工验收委员会由竣工验收主持单位、有关地方人民政府和部门、有关水行政投资方代表组成。

项目法人、勘测、设计、监理、施工和主要设备制造(供应)商等单位应派代表参加竣工验收,负责解答验收委员会提出的问题,并作为被验收单位代表在验收鉴定书上签字。

竣工验收会议应包括以下主要内容和程序:

(1)现场检查工程建设情况及查阅有关资料。

(2)召开大会:

①宣布验收委员会组成人员名单;

②观看工程建设声像资料;

③听取工程建设管理工作报告;

④听取竣工技术预验收工作报告;

⑤听取验收委员会确定的其他报告;

⑥讨论并通过竣工验收鉴定书;

⑦验收委员会和被验收单位代表在竣工验收鉴定书上签字。

工程项目质量达到合格以上等级的,竣工验收的质量结论意见为合格。

竣工验收鉴定书数量按验收委员会组成单位、工程主要参建单位各一份以及归档所需份数确定。自鉴定书通过之日起30个工作日内,由竣工验收主持单位发送有关单位。

第二节　水利工程建设管理工作报告

水利工程建设管理工作报告内容与格式见表8-4。

表8-4　工程建设管理工作报告

×××工程 建设管理工作报告 建设单位:＿＿＿＿ 年　　月　　日	一、工程概况 二、主要项目的施工工程及重大问题处理 三、项目管理 四、工程质量 五、工程初期运用及效益 六、历次验收情况 七、工程移交及遗留问题 八、竣工决算 九、经验与建议 十、附件

第三节　水利工程设计工作报告

水利工程设计工作报告内容与格式见表8-5。

表8-5　水利工程设计工作报告

<table>
<tr>
<td colspan="2" style="text-align:center">

×××工程竣工验收

工程设计工作报告

××××水利勘测设计院

年　　月　　日

</td>
</tr>
<tr>
<td>

一、工程概况

二、工程规划设计要点

三、工程设计审查意见落实

四、工程标准

五、设计变更

六、设计文件质量管理

七、设计服务

八、工程评价

九、经验与建议

十、附件

　　1. 设计机构设置和主要工作人员情况表

　　2. 工程设计大事记

</td>
<td>

十一、工程概况

十二、工程规划设计要点

十三、工程设计审查意见落实

十四、工程标准

十五、设计变更

十六、设计文件质量管理

十七、设计服务

十八、工程评价

十九、经验与建议

二十、附件

　　1. 设计机构设置和主要工作人员情况表

　　2. 工程设计大事记

</td>
</tr>
</table>

第四节　水利工程施工管理工作报告

水利工程施工管理工作报告内容及式样见表8-6。

表 8-6　水利工程施工管理工作报告

×××工程
施工管理报告

施工单位：＿＿＿＿＿＿
年　　月　　日

一、工程概况	五、施工质量管理
1.地理位置及工程简介	1.质量保证体系
2.气象与水文	2.质量保证措施
3.工程地形地质	3.质量事故及处理
4.工程内容及特点	4.施工质量自检情况
二、工程投标	六、文明施工与安全生产
1.标前准备	1.文明施工
2.投标书的编制依据	2.安全生产
3.施工组织设计编制原则	七、价款结算与财务管理
4.施工组织设计编制依据	1.价款结算
5.开标、中标与签订施工承包合同	2.财务管理
三、施工总体布置	八、经验与建议
1.施工总体布置	1.经验
2.施工总进度	2.建议
3.工程完成情况	九、附件
四、主要施工方案	1.施工管理机构设置及主要工作人员情况表
1.原有混凝土拆除施工	2.投标时计划投入的资源与施工实际投入资源情况
2.混凝土浇筑施工	
3.土石方施工	3.×××工程施工大事记
4.金属结构安装施工	4.本单位工程竣工图纸
	5.向建设单位提交的案卷目录清单

第五节　水利工程监理工作报告

水利工程监理工作报告内容及格式见表8-7。

表 8-7　水利工程监理工作报告

×××工程竣工验收 监理工作报告 监理单位：＿＿＿＿＿ 年　月　日	
一、工程概况	2. 进度控制
1. 工程说明	3. 合同管理和信息资料管理
2. 工程项目划分	四、监理效果
3. 主要项目工作内容及设计变更	1. 质量控制情况
4. 本工程完成的主要工程量	2. 工程进度执行情况
二、监理规划	3. 工程投资执行情况
1. 监理范围和监理目标	4. 文明施工与安全生产管理情况
2. 监理依据	五、特别采取的技术及管理措施
3. 建立健全各项监理制度	六、经验与建议
三、监理过程	七、监理大事记
1. 工程质量控制	

第六节　水利工程运行管理工作报告

水利工程运行管理工作报告内容及格式见表8-8、表8-9。

表 8-8　水利工程运行管理准备工作报告

×××工程 运行管理准备工作报告 ××××管理处××××管理所 年　月　日	一、工程概况
	二、管理单位筹建及参与工程建设情况
	三、工程初期运行情况
	四、对工程建设的建议
	五、运行管理情况
	六、人员培训情况
	七、已接管工程运行维护情况
	八、规章制度建设情况
	九、工程效益发挥情况
	十、附件
	1. 运行管理机构设置的批文
	2. 运行机构的设置情况及人员情况
	3. 规章制度目录

表 8-9　水利工程运行管理总结报告

×××工程 运行管理总结报告	一、概况
	二、运行工作完成情况简述
	三、运行设备缺陷及处理
	四、安全文明生产运行
	1.安全运行管理组织机构
	2.主要安全管理措施及制度
××××管理处×××管理所	五、运行管理制度
年　　月　　日	六、运行设施及设备的主要缺陷及建设工作展望

第七节　水利工程质量监督工作报告

一、建设工程质量监督报告

建设工程质量监督报告是指监督机构在建设单位组织的工程竣工验收合格后向备案机关提交的,是在监督检查(包括工程竣工验收监督)过程中形成的,评估各方责任主体和有关机构履行质量责任、执行工程建设强制性标准的情况及工程是否符合备案条件的综合文件。填写要点如下。

(一)工程报监,开工前的质量监督情况

(1)办理报监手续的日期,报监资料是否齐全。

(2)进行首次监督检查的日期,检查的内容和检查的结果,格式如下:

××年×月×日,办理报监手续,报监资料齐全(或报监时缺资料、手续,经督促,已补齐或未见)。

××年×月×日,监督人员到现场进行了首次监督检查。审查了各方质量保证体系文件、各方有关人员的资格证书和岗位证书,审查了施工组织设计、监理规划和细则等文件的内容和审批手续,检查了施工现场的质量标准条件。经审查,基本符合规定要求(或发现有问题,要求整改(见××号整改单)。××年×月×日,整改完毕)。

(二)工程参建各方执行有关建设工程的法律、法规、强制性标准,质量行为及质量责任制履行的情况

(1)在什么施工阶段进行了监督检查。

(2)监督检查的结果:参建各方质量保证体系是否基本达到规定要求,有关人员质量责任是否基本落实。

(三)施工过程中质量监督检查情况

(1)施工过程中共进行了几次质量监督检查。

（2）每次检查的形象进度、抽查部位。

（3）每次质量检查的结果。

（四）工程施工技术管理文件、竣工技术资料抽查情况

（1）参建各方是否已经分别提交了经签字盖章,内容填写齐全的工程质量合格证明书。

（2）抽查的工程实物竣工质量、技术资料是否基本符合规定要求。

（3）施工过程中出现的质量问题的整改情况:

①共开出几张整改指令单;

②是否已经收到经参与各方签证的书面整改回复;

③经现场复查,质量问题是否已经进行整改。

（4）工程竣工验收监督意见:

①通过竣工验收的日期;

②是否符合工程竣工的标准;

③工程竣工验收的组织形成、验收程序、执行标准、验收内容是否正确;

④工程实物质量与质量保证资料有无重大缺陷;

⑤竣工验收人员及建设参与各方主要质量责任人签字手续是否齐全。

（五）监督部门签证

对工程遗留质量缺陷的监督意见:工程遗留质量缺陷是否已有处理意见（论证）和处理方案;按处理意见处理后,经各方验收的结论。

二、工程质量检测报告

工程质量检测报告内容及式样见表8-10。

表8-10　工程质量检测报告

×××工程 质量检测报告 ××××水利水电工程质量检测中心 年　月　日	一、工程概况
	二、检测内容
	三、检测成果
	四、检测结论

第八节　水利工程决算报告

一、竣工决算报告内容

竣工决算报告是考核基本建设项目投资效益、反映建设成果的文件,是建设单位向生产、使用或管理单位移交财产的依据。建设单位从项目筹建开始，即应明确专人负责，做好有关资料的收集、整理、积累、分析工作。项目完建时，应组织工程技术、计划、财务、物资、统计等有关人员共同完成工程竣工决算报告的编制工作。

基本建设项目完建后，在竣工验收之前应当根据有关资料开列的数字预编制竣工决算报告。未预编制竣工决算报告的项目原则上不能通过竣工验收。

编制竣工决算报告应当依据以下文件、资料：

（1）经批准的初步设计、修正概算、变更设计文件，以及批准的开工报告文件；

（2）历年年度基本建设投资计划；

（3）经核复的历年年度基本建设财务决算；

（4）与有关部门或单位签订的施工合同、投资包干合同和竣工结算文件，与有关单位签订的终止经济合同（或协议）等有关文件；

（5）历年有关物资、统计、财务会计核算、劳动工资、环境保护等有关资料；

（6）工程质量鉴定、检验等有关文件，工程监理有关资料；

（7）施工企业交工报告等有关技术经济资料；

（8）有关建设项目的产品、简易投产、试生产、重载负荷试车等产生基本建设收入的财务资料；

（9）其他有关的文件。

二、竣工决算报告的组成

竣工决算报告由以下四部分组成：

（1）封面、目录；

（2）竣工工程平面示意图；

（3）竣工决算报告说明书；

（4）竣工决算表格。

竣工决算报告说明书是竣工决算报告的重要组成部分，主要内容包括：工程项目概况，工程建设过程和工程管理工作中的重大事件、经验教训，工程投资支出和财务管理工作的基本情况以及工程遗留问题和需要解决的问题。

竣工决算报告表式分为两部分。第一部分为工程概况表专用表式，第二部分为通用表式。通用表式内容包括：

（1）财务决算总表；

（2）财务决算明细表；

（3）资金来源情况表；

（4）应核销投资及转出投资明细表；

（5）建设成本和概算执行情况表；

（6）外资使用情况表；

（7）交付使用财产总表；

（8）交付使用财产明细表。

第九节　水利工程建设声像材料

规划、建设、管理工作中形成的有保存价值的照片、影片、录音带、录像带、视盘、唱盘、磁盘等统称声像材料,是以特殊材料为载体,声音、图像同步,文字说明、视听结合为形式的反映工程建设和发展过程的历史记录。

水利工程建设声像档案是纸质载体档案的必要补充。参建单位应指定专人,负责各自产生的照片、胶片、录音、录像等声像材料的收集、整理、归档工作,归档的声像材料均应标注事由、时间、地点、人物、作者等内容。工程建设重要阶段、重大事件、事故必须有完整的声像材料归档。

第十节　水利工程交接、移交及竣工证书

一、工程交接

(1)通过合同工程完工验收或投入使用验收后,项目法人与施工单位应在30个工作日内组织专人负责工程的交接工作,交接过程应有完整的文字记录并由双方交接负责人签字。

(2)项目法人与施工单位应在施工合同或验收鉴定书约定的时间内完成工程及其档案资料的交接工作。

(3)在工程办理具体交接手续的同时,施工单位应向项目法人递交工程质量保修书,保修书的内容应符合合同约定的条件。

(4)工程质量保修期从工程通过合同工程完工验收后开始计算,但合同另有约定的除外。

(5)在施工单位递交了工程质量保修书(见表8-11)、完成施工场地清理以及提交有关竣工资料后,项目法人应在30个工作日内向施工单位颁发合同工程完工证书(见表8-12)。

表8-11　工程质量保修书格式

×××工程 质量保修书 施工单位:＿＿＿＿＿ 　　年　月　日	一、合同工程完工验收情况 二、质量保修的范围和内容 三、质量保修期 四、质量保修责任 五、质量保修费用 六、其他 施工单位: 法定代表人(签字): 　　年　月　日

表 8-12　合同工程完工证书格式

×××工程 ×××合同工程 （合同名称及编号） 完 工 证 书 项目法人：＿＿＿＿ 　年　　月　　日	项目法人： 代建机构（如有时）： 设计单位： 监理单位： 施工单位： 主要设备制造（供应）商： 运行管理单位：

合同工程完工证书

　　×××合同工程已于××年×月×日通过了由×××主持的合同工程完工验收，现颁发合同工程完工证书。

　　项目法人：

　　法定代表人（签字）：

　　　　　　　　　　　　　　　　　　　　　　　　　年　　月　　日

二、工程移交

（1）工程通过投入使用验收后，项目法人宜及时将工程移交运行管理单位管理，并与其签订工程提前启用协议。

（2）在竣工验收鉴定书印发后 60 个工作日内，项目法人与运行管理单位应完成工程移交手续。

（3）工程移交应包括工程实体、其他固定资产和工程档案资料等，应按照初步设计等有关批准文件进行逐项清点，并办理移交手续。

（4）办理工程移交，应有完整的文字记录和双方法定代表人签字。

三、竣工证书颁发

（一）验收遗留问题及尾工处理

（1）有关验收成果性文件应对验收遗留问题有明确的记载。影响工程正常运行的，不得作为验收遗留问题处理。

（2）验收遗留问题和尾工的处理由项目法人负责。项目法人应按照竣工验收鉴定书、合同约定等要求，督促有关责任单位完成处理工作。

（3）验收遗留问题和尾工处理完成后，有关单位应组织验收，并形成验收成果性文件。项目法人应参加验收并负责将验收成果性文件报竣工验收主持单位。

（4）工程竣工验收后，应由项目法人负责处理的验收遗留问题，项目法人已撤销的，由组建或批准组建项目法人的单位或其指定的单位处理完成。

（二）工程竣工证书颁发

（1）工程质量保修期满后 30 个工作日内，项目法人应向施工单位颁发工程质量保修责任终止证书，但保修责任范围内的质量缺陷未处理完成的除外。

（2）工程质量保修期满以及验收遗留问题和尾工处理完成后，项目法人应向工程竣工验收主持单位申请领取竣工证书。申请报告应包括以下内容：

①工程移交情况；

②工程运行管理情况；

③验收遗留问题和尾工处理情况；

④工程质量保修期有关情况。

（3）竣工验收主持单位应自收到项目法人申请报告后 30 个工作日内决定是否颁发工程竣工证书，颁发竣工证书应符合以下条件：

①竣工验收鉴定书已印发；

②工程遗留问题和尾工处理已完成并通过验收；

③工程已全面移交运行管理单位管理。

（4）工程竣工证书是项目法人全面完成工程项目建设管理任务的证书，也是工程参建单位完成相应工程建设任务的最终证明文件。

（5）工程竣工证书数量按正本三份和副本若干份颁发，正本由项目法人、运行管理单位和档案部门保存，副本由工程主要参建单位保存。

竣工证书颁发相关表格式样见表 8-13 ～ 表 8-15。

表 8-13　工程质量保修责任终止证书格式

×××工程 （合同名称及编号） 质量保修责任终止证书 项目法人：_____ 　　年　　月　　日	×××工程 质量保修责任终止证书 　　×××工程（合同名称及编号）保修期已于××年×月×日期满，合同约定的质量保修责任已履行完毕，现颁发质量保修责任终止证书。 项目法人： 法定代表人：（签字） 　　年　　月　　日

表 8-14　工程竣工证书(正本)格式

×××工程竣工证书

　　×××工程已于××年×月×日通过了由×××主持的竣工验收,现颁发工程竣工证书。

颁发机构:

年　　月　　日

注:正本证书外形尺寸:长 60 cm×宽 40 cm。

表 8-15　工程竣工证书(副本)格式

×××工程	竣工验收主持单位:
	法人验收监督管理机关:
	项目法人:
	项目代建机构(如有时):
竣 工 证 书	设计单位:
	监理单位:
	主要施工单位:
	主要设备制造(供应)商:
	运行管理单位:
	质量和安全监督机构:
	工程开工日期:　　年　　月　　日
年　　月　　日	竣工验收日期:　　年　　月　　日

工程竣工证书

　　×××工程已于××年×月×日通过了由×××主持的竣工验收,现颁发工程竣工证书。

颁发机构:

年　　月　　日

第十一节 水利工程竣工验收文件资料归档范围与保管期限

水利工程竣工验收文件资料归档范围与保管期限见表8-16。

表8-16 水利工程竣工验收文件资料归档范围与保管期限

序号	归档文件资料	保管期限		
		项目法人	运行管理单位	流域机构档案馆
1	工程验收文件材料	长期	长期	长期
2	工程建设管理工作报告	长期	长期	长期
3	工程设计总结(设计工作报告)	长期	长期	长期
4	工程施工总结(施工管理工作报告)	长期	长期	长期
5	工程监理工作报告	长期	长期	长期
6	工程运行管理工作报告	长期	长期	长期
7	工程质量监督工作报告(含工程质量检测报告)	*长期	长期	长期
8	工程建设声像材料	长期	长期	长期
9	工程审计文件、材料、决算报告	长期	长期	长期
10	环境保护、水土保持、消防、人防、档案等专项验收意见	长期	长期	长期
11	工程竣工验收鉴定书及验收委员签字表	*长期	长期	长期
12	其他重要文件材料及记载竣工验收会议主要情况的声像材料	长期	长期	长期
13	项目评优报奖申报材料、批准文件及证书	长期	长期	长期

注:保管期限中有 * 的类项,表示相关单位只保存与本单位有关或较重要的文件材料。

思考题

1. 水利水电工程竣工验收的程序是什么?
2. 水利水电工程竣工验收自查主要内容有哪些?
3. 竣工验收要具备什么条件?
4. 竣工技术预验收与竣工验收各主要验收哪些内容? 各形成什么文件资料?
5. 如何办理工程移交手续?
6. 工程验收遗留问题及尾工问题处理有哪些规定?
7. 竣工验收文件的归档范围是什么?

参 考 文 献

[1] 中华人民共和国水利部.SL 288—2003 水利工程建设项目施工监理规范[S].北京:中国水利水电出版社,2003.

[2] 中华人民共和国国家能源局.DL/T 5111—2012 水电水利工程施工监理规范[S].北京:中国电力出版社,2012.

[3] 中华人民共和国水利部.SL 223—2008 水利水电建设工程验收规程[S].北京:中国水利水电出版社,2008.

[4] 中华人民共和国国家发展和改革委员会.DL/T 5113.1—2005 水电水利基本建设工程单元工程质量等级评定标准 第1部分:土建工程[S].北京:中国电力出版社,2005.

[5] 中华人民共和国国家能源局.DL/T 5113.8—2012 水电水利基本建设工程单元工程质量等级评定标准 第8部分:水工碾压混凝土工程[S].北京:中国电力出版社,2012.

[6] 中华人民共和国水利部.SL 176—2007 水利水电工程施工质量检验与评定规程[S].北京:中国水利水电出版社,2007.

[7] 水利部建设与管理司,水利部水利工程质量监督总站.水利水电工程施工质量评定表填表说明与示例(试行)[M].北京:中国水利水电出版社,2003.

[8] 水利水电工程现场管理人员一本通系列丛书编委会.资料员一本通(水利水电工程现场管理人员一本通系列丛书)[M].北京:中国建材工业出版社,2008.

[9] 张家驹.水利水电工程资料员培训教材[M].北京:中国建材工业出版社,2010.

[10] 张保同.水利水电工程施工资料整编[M].北京:中国水利水电出版社,2011.

[11] 卜贵贤.水利工程施工资料整编[M].北京:中国水利水电出版社,2010.

[12] 石庆尧.水利工程质量监督理论与实践指南[M].2版.北京:中国水利水电出版社,2009.